“十三五”
国家重点出版物
出版规划项目

地下水污染风险识别与修复治理关键技术丛书

区域地下水
污染风险分级分类防控技术

李 娟　席北斗　李 翔　等编著

化学工业出版社
·北京·

内容简介

本书为“地下水污染风险识别与修复治理关键技术丛书”中的一个分册。全书共分6章，详细介绍了地下水污染风险防控的基本概念、研究现状和发展趋势，阐述了地下水污染源识别评价方法、地下水脆弱性评价方法、地下水污染风险区划方法、地下水污染风险防控技术筛选方法等，并在典型地区进行了方法应用。

本书具有较强的技术应用性和针对性，可供从事地下水污染风险评估、污染治理及修复等的工程技术人员、科研人员和管理人员参考，也可供高等学校环境科学与工程、地下水科学与工程及相关专业师生参阅。

图书在版编目（CIP）数据

区域地下水污染风险分级分类防控技术／李娟等编著．
—北京：化学工业出版社，2020.12
（地下水污染风险识别与修复治理关键技术丛书）
ISBN 978-7-122-38224-5

Ⅰ．①区… Ⅱ．①李… Ⅲ．①地下水污染－污染防治－研究 Ⅳ．①X523.06

中国版本图书馆CIP数据核字（2020）第259608号

责任编辑：刘兴春 卢萌萌 陆雄鹰　　装帧设计：王晓宇
责任校对：宋 玮

出版发行：化学工业出版社（北京市东城区青年湖南街13号 邮政编码100011）
印　　装：北京瑞禾彩色印刷有限公司
787mm×1092mm 1/16 印张$24^3/_4$ 字数554千字 2021年10月北京第1版第1次印刷

购书咨询：010-64518888　　售后服务：010-64518899
网　　址：http://www.cip.com.cn
凡购买本书，如有缺损质量问题，本社销售中心负责调换。

定　　价：198.00元

《区域地下水污染风险分级分类防控技术》

编著人员名单

席北斗　李　娟　李　翔　鹿豪杰　袁　英　李绍康　杨津津　赵昕宇
史俊祥　肖　超　汪　洋　高志永　翟天恩　张丽萍　王　颖　孟素花
张学庆　杨　洋　李妍颖　唐　军　洪　慧

前言

地下水作为我国重要的饮用水和供水水源，近年来污染事件频频发生，污染问题日益突出，对人体健康和生态环境安全造成了严重威胁，已经引起国家有关管理部门的高度重视。为加快落实生态文明建设，积极应对日益严峻的地下水污染问题，国家相继出台了《全国地下水污染防治规划（2011—2020年）》《华北平原地下水污染防治工作方案》《地下水污染防治实施方案》等一系列地下水污染防治的政策性文件，确定了“预防为主、综合施策，突出重点、分类指导，问题导向、风险防控，明确责任、循序渐进”的地下水污染防治基本原则，明确了地下水污染防治的主要目标以及“一保、二建、三协同、四落实”等主要任务。可见，地下水作为我国城乡居民饮用水的重要水源，防治其污染是我国水环境保护工作的重要组成部分，对保障饮用水安全和生态环境保护具有重要的战略意义。

由于缺乏相应的地下水污染防治技术和管理体系，上述目标的实现和任务的完成推进较为缓慢，亟须构建系统性的、行之有效的地下水污染防治技术体系和综合方案以有效保障上述规划、计划目标的实现。为此，本书针对我国地下水环境管理方面的重大需求，通过地下水污染源识别评价、地下水脆弱性评价、地下水功能价值评价等方法，建立了适合我国的区域地下水污染风险分级指标体系和分级防控技术方法，并在京津冀等典型区域进行了应用研究。本书的编著，旨在通过对区域地下水污染风险分级防控技术进行深入探索，为我国地下水环境管理和优化区域行业规划布局提供借鉴，推动我国地下水污染防治目标的实现。

本书是“十三五”水体污染控制与治理科技重大专项“京津冀地下水污染特征识别与系统防治研究”（2018ZX07109—001）研究成果的凝练与提升，由中国环境科学研究院牵头组织编著，生态环境部土壤与农业农村生态环境监管技术中心、中国地质科学院水文地质环境地质研究所、中持水务股份有限公司等单位参与完成。

本书为“地下水污染风险识别与修复治理关键技术丛书”中的一个分册，是关于地下水风险评估、风险防控区划以及风险防控技术的实用型技术图书。全书共6章：第1章全面论述地下水污染风险分级防控的内涵和研究现状；第2章系统介绍不同类型地下水污染源的调查评价方法以及在典型区域的应用情况；第3章阐述区域尺度下的地下水污染风险分级评价方法和在京津冀平原区的应用情况；第4章论述城市尺度地下水污染风险分级评价方法和在典型区域的应用情况；第5章分别介绍了地下水污染风险分级分类防控的基本原则、主要措施以及在典型区域的应用情况；第6章主要围绕重金属、石油等典型地下水污染场地，介绍污染防治技术的应用情况。

本书由李娟、席北斗、李翔等编著，具体编著分工如下；第1章由席北斗、李娟、鹿豪杰、袁英编著；第2章由李翔、李绍康、杨津津、赵昕宇编著；第3章由鹿豪杰、唐军、汪洋、张学庆、李妍颖、孟素花编著；第4章由袁英、汪洋、洪慧、孟素花、李妍颖、肖超编著；第5章由袁英、高志永、翟天恩、张丽萍编著；第6章由鹿豪杰、史俊祥、杨洋、王颖编著。全书最后由席北斗统稿并定稿。

限于编著者水平及编著时间，书中存在不足和疏漏之处在所难免，敬请读者提出修改建议。

编著者

2021年1月

目录

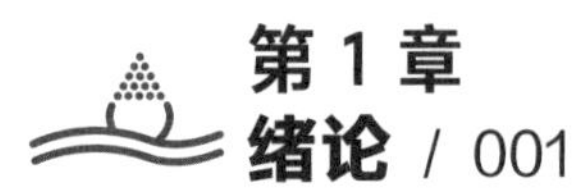

第 1 章 绪论 / 001

第 2 章 地下水污染源分类与调查 / 015

第1章 绪论

1.1 概述

地下水为地球上最主要、分布最广泛的水资源之一，不仅是人类生活、工业及农业最基本的水源保障，也对维持生态平衡、支持社会和经济发展有着不可替代的作用[1]。尤其是在一些地表水比较匮乏的地区，地下水几乎承担了人类生产生活所需用水的全部重任。随着人口的剧增以及工业化和城镇化进程的加快，人们对于水资源的利用量也在逐年增长，据统计在全球范围内水的利用量正在以每15年翻一番的数量递增。世界卫生组织（WHO）的调查报告显示，目前世界上有超40%的人口处于缺水状态，甚至有20亿以上的人都无法得到足够的、清洁的水资源保障[2,3]。在我国，地下水总量约有2.8万亿立方米，占水资源总量的31%，但人均占有量仅为2630m^3，在世界范围内属于人均占有水资源严重匮乏的国家[3]。我国全国近700个城市中，有400多个以地下水为饮用水源。据《全国地下水污染防治规划（2011—2020年）》[4]，我国地下水开采总量已占总供水量的18%，全国大约有70%的人口的饮用水源都来自地下水，北方地区65%的生活用水、50%的工业用水和33%的农业灌溉用水来自地下水。随着我国城市化、工业化进程加快，部分地区地下水超采严重，水位持续下降；一些地区城市污水、生活垃圾和工业废弃物污液以及化肥农药等渗漏渗透，造成地下水环境质量恶化、污染问题日益突出，给人民群众生产生活造成严重影响[5,6]。

《2010中国环境状况公报》显示，全国地下水质量状况不容乐观，水质为优良-良好-较好级的监测点总计为1759个，占全部监测点的42.8%；2351个监测点的水质为较差-极差级，占全部监测点的57.2%。2011年的《中国国土资源公报》对我国的200个城市中的4727个水质监测点的监测结果进行统计，水质情况呈现良好级的有29.3%，而呈较差级的占40.3%。在2012年的《中国国土资源公报》中，全国的地下水水质监测点显示有11.8%的水质为优良，27.3%的为良好，较好的有3.6%，而较差水质的占40.5%。监测资料分析表明，地下水的污染范围不断扩展，且污染还在加重。由中国地质调查局组织进行的《华北平原地下水可持续利用调查评价》[7]显示，不用任何处理直接可以饮用的地下水资源(Ⅰ～Ⅲ类水)只占24.24%，经适当处理可以饮用的地下水资源(Ⅳ类水)也只占25.05%。据《全国城市饮用水安全保障规划（2006—2020年）》[8]显示，全国近20%的城市集中式地下水水源水质劣于Ⅲ类。一些城市的饮用水严重超过正常的化学标准含量。污染加剧的同时，地下水开采量也在增加。据《中国地下水科学的机遇与挑战》[9]显示，在过去几十年内，为满足不断增加的用水需求，我国的地下水开采量以每年25亿立方米的速度递增。统计显示，2008年，全国有地下水降落漏斗222个，其中浅层133个、深层78个、岩溶11个，主要分布在华北、华东地区。在华北平原，200万口机井遍布田间地头。有资料显示，华北地下水超采量达1200亿立方米，相当于200个白洋淀的水量。地下水位不断下降，一个世界上最大的地下水降落漏斗区已经在华北形成。而地下水的过度开采不仅仅反映在水量的减少，一方面，降落漏斗的形成为各类污染物进入更深层次的地下水提供了优势通道；另一方面，回补水的水质、水岩相互作用及水位波动下污染物的迁移变化都会导致地下水水质的恶化。

《全国地下水污染防治规划（2011—2020年）》调查结果显示，我国地下水污染正呈现出由点向面扩散、由浅层向深层渗透、由城市向农村蔓延的趋势。对比来看，我国南方地区地下水环境质量变化保持得相对稳定，地下水污染主要发生在城市及其周边地区。但华北地区、西北地区和东北地区近年来地下水环境质量持续恶化，并逐渐由城市及其周边地区向高新技术开发区及农村扩散；而且，由于超采导致的地下水降落漏斗区的形成，使得地表水和地下水交互作用加强，污染物更容易向地下渗透，甚至进入更深层的地下水中。加之一些企业用以排污的渗坑、渗井，以及违法偷排的深井，都导致了更深层次的地下水污染。整体上来说，我国的地下水污染形势较为严峻，如果不能采取有效的措施防治地下水污染，那么地下水污染就会继续蔓延，甚至会不断地扩散到其他领域，进而影响到整体环境与资源的安全。

京津冀地区是我国地下水环境质量较为突出的代表性区域之一。地下水是京津冀地区重要的工农业生产和生活的供水水源[10]，该区域75%以上的用水需求靠地下水支撑，其中北京市地下水供水量占总供水量的47%，河北省地下水供水量占总供水量高达80%。地下水是京津冀地区重要的饮用水水源，京津冀地区共有233个城镇集中式地下水饮用水水源地，其供水服务总人口2844.05万人；京津冀地区农村地下水饮用水水源地26153个，其供水总服务人口3089.56万人。可见，地下水为该区域重要的战略水资源和饮用水水源。但是，目前其超采和环境质量恶化趋势尚未得到有效遏制，地下水污染形势严峻，严重危及京津冀区域协同发展和饮用水安全[11]。为加快落实生态文明建设，积极应对日益严峻的地下水污染问题，国家相继出台了《全国地下水污染防治规划（2011—2020年）》《京津冀协同发展规划》《华北平原地下水污染防治工作方案（2012—2020年）》《水污染防治行动计划》等一系列地下水污染防治的纲领性文件，确定了包含京津冀地区在内的全国地下水污染防治的总体目标和战略任务。但由于缺乏相应的地下水污染防治技术和管理体系，上述目标的实现和任务的完成较为缓慢，亟须构建系统性的、行之有效的地下水污染防治技术体系和综合方案以有效支撑上述规划、计划目标的实现。

2018年，科学技术部“水体污染控制与治理科技重大专项”中设置了“京津冀地下水污染防治关键技术研究与工程示范”项目，其中的“京津冀地下水污染特征识别与系统防治研究”课题针对京津冀地下水风险源识别、地下水污染风险分级区划及防控等方面开展了研究，构建了地下水污染源分类与贡献率计算方法，识别了地下水污染重点风险源；综合地下水污染源危害性、地下水脆弱性和地下水功能价值三方面，形成了京津冀地下水风险分级方法，划定了京津冀地下水风险区域，并制定了相应的防控措施。

研究成果可为京津冀地下水污染精细化管理提供抓手，为地下水环境管理和优化区域行业规划布局提供借鉴，可支撑京津冀地下水污染防治目标的实现。同时，该研究希望能以京津冀为起点，形成在全国范围内可复制、可推广的地下水风险分级及防控技术方法体系，为全国的地下水污染防治提供技术支撑。

1.2 地下水环境现状

根据前国土资源部2000～2002年“新一轮全国地下水资源评价”成果，全国地下水环境质量“南方优于北方，山区优于平原，深层优于浅层”。按照《地下水质量标准》（GB/T 14848—93）进行评价，全国地下水资源符合Ⅰ类～Ⅲ类水质标准的占63%，符合Ⅳ类～Ⅴ类水质标准的占37%。南方大部分地区水质较好，符合Ⅰ类～Ⅲ类水质标准的面积占地下水分布面积的90%以上，但部分平原地区的浅层地下水污染严重，水质较差。北方地区的丘陵山区及山前平原地区水质较好，中部平原区水质较差，滨海地区水质最差。根据对京津冀、长江三角洲、珠江三角洲、淮河流域平原区等地区地下水有机污染调查，主要城市及近郊地区地下水中普遍检测出有毒微量有机污染指标。2009年，经对北京、辽宁、吉林、上海、江苏、海南、宁夏和广东8个省（自治区、直辖市）641眼井的水质分析，水质Ⅰ类～Ⅱ类的占总数2.3%，水质Ⅲ类的占23.9%，水质Ⅳ类～Ⅴ类的占73.8%，主要污染指标是总硬度、氨氮、亚硝酸盐氮、硝酸盐氮、铁和锰等。2009年，全国202个城市的地下水水质以良好-较差为主，深层地下水水质普遍优于浅层地下水，开采程度低的地区优于开采程度高的地区。

2005年全国195个城市监测结果表明，97%的城市地下水受到不同程度污染，40%的城市地下水污染趋势加重；北方17个省会城市中16个污染趋势加重，南方14个省会城市中3个污染趋势加重。全国多数城市地下水水质呈下降趋势。不同地区地下水污染程度不同，分为污染严重、污染中等和污染较轻三级，反映的地下水污染组分包括硝酸盐氮、亚硝酸盐氮、氨氮、铅、砷、汞、铬、氰化物、挥发性酚、石油类、高锰酸盐指数等指标。

东北地区重工业和油田开发区地下水污染严重。东北地区的地下水污染差异性较大。松嫩平原的主要污染物为亚硝酸盐氮、氨氮、石油类等[12,13]；下辽河平原硝酸盐氮、氨氮、挥发性酚、石油类等污染普遍[14,15]。各大中城市地下水的污染程度不同，其中，哈尔滨、长春、佳木斯、大连等城市的地下水污染较重。

华北地区地下水污染普遍呈加重趋势。华北地区人类经济活动强烈，从城市到乡村地下水污染比较普遍，主要污染组分有硝酸盐氮、氰化物、铁、锰、石油类等[16-20]。此外，该区地下水总硬度和矿化度超标严重，大部分城市和地区的总硬度超标，其中北京、太原、呼和浩特等城市污染较重[20-22]。

西北地区地下水受人类活动影响相对较小，污染较轻。内陆盆地地区的主要污染组分为硝酸盐氮；黄河中游、黄土高原地区的主要污染物有硝酸盐氮、亚硝酸盐氮、铬、铅等，以点状、线状分布于城市和工矿企业周边地区[23-25]，其中，兰州、西安等城市污染较重。

南方地区地下水水质总体较好，但局部地区污染严重。西南地区的主要污染指标有亚硝酸盐氮、氨氮、铁、锰、挥发性酚等，污染组分呈点状分布于城镇、乡村居民点，污染程度较低，范围较小[23,26,27]。中南地区主要污染指标有亚硝酸盐氮、氨氮、汞、砷等，污染程度低[28,29]。东南地区主要污染指标有硝酸盐氮、氨氮、汞、铬、锰等，地下水总体污染较轻，但城市及工矿区局部地域污染较重，特别是长江三角洲、珠江三角洲地区经济发达，浅层地下水污染普遍[23,30]。南方城市中，武汉、襄樊、昆明、桂林等污染较重。

根据《2017年中国生态环境状况公报》[31]，2017年原国土资源部门以地下水含水系统为单元，以潜水为主的浅层地下水和承压水为主的中深层地下水为对象，对全国31个省（自治区、直辖市）223个地市级行政区的5100个监测点（其中国家级监测点1000个）开展了地下水水质监测，结果显示：水质为优良级、良好级、较好级、较差级和极差级的监测点分别占8.8%、23.1%、1.5%、51.8%和14.8%；主要超标指标为总硬度、锰、铁、溶解性总固体、“三氮”（亚硝酸盐氮、氨氮和硝酸盐氮）、硫酸盐、氟化物、氯化物等，个别监测点存在砷、六价铬、铅、汞等重（类）金属超标现象。水利部门所掌握的地下水水质监测井主要分于松辽平原、黄淮海平原、山西及西北地区盆地和平原、江汉平原重点区域，监测对象以浅层地下水为主，基本涵盖了地下水开发利用程度较大、污染较严重的地区。2145个测站地下水质量综合评价结果显示：水质优良的测站比例为0.9%，良好的测站比例为23.5%，无较好的测站，较差的测站比例为60.9%，极差的测站比例为14.6%（见表1-1）；主要污染指标除总硬度、溶解性总固体、锰、铁和氟化物可能由于水文地质化学背景值偏高外，“三氮”污染情况较重，部分地区存在一定程度的重金属和有毒有机物污染。

表1-1　水利部门地下水水质监测井水质监测情况

流域	测站比例/%		
	良好以上	较差	极差
松花江	11.2	81.4	7.4
辽河	8.8	81.0	10.2
海河	31.4	52.8	15.7
黄河	26.8	45.7	27.5

续表

流域	测站比例/%		
	良好以上	较差	极差
淮河	24.4	67.3	8.2
长江	14.3	80.0	5.7
内陆河	39.1	47.8	13.0
全国	24.4	60.9	14.6

2018年，全国10168个国家级地下水水质监测点中，Ⅰ类水质监测点占1.9%，Ⅱ类占9.0%，Ⅲ类占2.9%，Ⅳ类占70.7%，Ⅴ类占15.5%[32]；超标指标为锰、铁、浊度、总硬度、溶解性总固体、碘化物、氯化物、“三氮”和硫酸盐，个别监测点铅、锌、砷、汞、六价铬和镉等重（类）金属超标。全国2833处浅层地下水水质监测井水质总体较差，Ⅰ～Ⅲ类水质监测井占23.9%，Ⅳ类占29.2%，Ⅴ类占46.9%。超标指标为锰、铁、总硬度、溶解性总固体、氨氮、氟化物、铝、碘化物、硫酸盐和硝酸盐氮，锰、铁、铝等重金属指标和氟化物、硫酸盐等无机阴离子指标可能受到水文地质化学背景影响。

2019年，全国10168个国家级地下水水质监测点中，Ⅰ～Ⅲ类水质监测点占14.4%，Ⅳ类占66.9%，Ⅴ类占18.8%[33]。全国2830处浅层地下水水质监测井中，Ⅰ～Ⅲ类水质监测井占23.7%，Ⅳ类占30.0%，Ⅴ类占46.2%。超标指标为锰、总硬度、碘化物、溶解性总固体、铁、氟化物、氨氮、钠、硫酸盐和氯化物。

由此可见，我国的地下水水质状况不容乐观，甚至出现了逐渐恶化的趋势。随着我国城市化与工业化进程加快，部分地区地下水污染问题日益突出，给人民群众生产生活造成了严重影响，使得本来就短缺的地下水资源的可利用量越来越少。

1.3 地下水环境监管现状

党中央、国务院高度重视地下水环境保护工作，不断加强地下水环境保护与污染防控工作力度。一方面，先后发布了《全国地下水污染防治规划（2011—2020年）》《水污染防治行动计划》《华北平原地下水污染防治工作方案》《地下水污染防治实施方案》等政策文件，明确地下水环境保护和污染防治工作的目标和方向；另一方面，自然资源部、生态环境部等部委分别组织开展了不同尺度的地下水环境调查与评价项目，以期查明我国的地下水环境现状。

（1）《全国地下水污染防治规划（2011—2020年）》

2011年10月，环境保护部会同发改委、财政部、国土资源部、住房城乡建设部、水利部发布了《全国地下水污染防治规划（2011—2020年）》（以下简称《规划》）。《规划》中对我国地下水资源分布和开发利用状况、地下水环境质量状况及变化趋势、地下水污染防治存在的主要问题进行了总结，明确提出了“预防为主、综合防治，突出重点、分类指导，落实责任、强化监管”的地下水污染防治基本原则，以及两个阶段的有限目标：到2015年，基本掌握地下水污染状况，全面启动地下水污染修复试点，逐步整治影响地下水环境安全的土壤，初步控制地下水污染源，全面建立地下水环境监管体系，城镇集中式地下水饮用水水源水质状况有所改善，初步遏制地下水水质恶化趋势；到2020年，全面监控典型地下水污染源，有效控制影响地下水环境安全的土壤，科学开展地下水修复工作，重要地下水饮用水水源水质安全得到基本保障，地下水环境监管能力全面提升，重点地区地下水水质明显改善，地下水污染风险得到有效防范，建成地下水污染防治体系。

为实现地下水污染防治目标，《规划》明确提出了开展地下水污染状况调查、保障地下水饮用水水源环境安全、严格控制影响地下水的城镇污染、强化重点工业地下水污染防治、分类控制农业面源对地下水污染、加强土壤对地下水污染的防控、有计划开展地下水污染修复、建立健全地下水环境监管体系等8项地下水污染防治主要任务。

（2）《华北平原地下水污染防治工作方案》

2013年4月，环境保护部、国土资源部、住房城乡建设部、水利部联合发布了《华北平原地下水污染防治工作方案》（以下简称《方案》）。《方案》对华北平原存在的主要地下水污染问题、成因及形势进行了总结，提出了“预防为主、协同控制，分区防治、突出重点，加强监控、循序渐进”的地下水污染防治基本原则，并将华北平原及其地下水重要补给区划分为30个地下水补水、径流和排水相对独立的污染防治单元[34]，见表1-2。

表1-2　华北平原地下水污染防治单元

序号	地下水污染防治单元		地下水环境现状
1	地下水污染治理单元（8个）	蓟运河冲洪积扇单元、蓟运河古河道带单元、潮白河古河道带单元、温榆河冲洪积扇单元、永定河冲洪积扇单元、滹沱河冲洪积扇单元、滏阳河冲洪积扇单元、内黄南-冠县-宁津古河道带单元	地下水污染严重，并已对地下水饮用水水源构成了严重威胁，迫切需要开展污染治理
2	地下水污染防控单元（16个）	滦河冲洪积扇单元、滦河冲积海积平原单元、潮白河冲洪积扇单元、潮白河-蓟运河冲积海积平原单元、永定河古河道带单元、瀑河-漕河冲洪积扇单元、唐河-界河冲洪积扇单元、大沙河-磁河冲洪积扇单元、滹沱河古河道带单元、子牙河古河道带单元、子牙河冲积海积平原单元、漳卫河冲洪积扇单元、漳卫河古河道带单元、漳卫河冲积海积平原单元、武陟-内黄河间带单元、现代黄河影响带单元	地下水污染相对不够严重，地下水饮用水水源存在一定风险

续表

序号	地下水污染防治单元		地下水环境现状
3	地下水污染一般保护单元（6个）	拒马河-大石河冲洪积扇单元、大清河古河道带单元、濮阳南-高唐-阳信古河间带单元、聊城-临邑古河道带单元、古黄河冲积海积平原单元、海河-黄河中下游山间盆地及基岩山区单元	地下水环境质量相对较好，地下水饮用水水源环境比较安全

《方案》同样提出了两个阶段的有限目标：到2015年年底，初步建立华北平原地下水质量和污染源监测网，基本掌握地下水污染状况，加快华北平原地下水重点污染源和重点区域地下水污染防治，初步遏制地下水水质恶化趋势，城镇集中式地下水饮用水水源水质状况有所改善；到2020年年底，全面监控华北平原地下水环境质量和污染源状况，科学开展地下水污染修复示范，重点区域地下水水质有所改善，地下水饮用水水源水质明显改善，地下水环境监管能力全面提升，地下水污染风险得到有效防范。

（3）《水污染防治行动计划》

2015年4月，为切实加大我国水污染防治力度，保障国家水安全，国务院发布了《水污染防治行动计划》（以下简称《水十条》）。《水十条》中给出了三个阶段的水污染防治工作目标：到2020年，全国水环境质量得到阶段性改善，污染严重水体较大幅度减少，饮用水安全保障水平持续提升，地下水超采得到严格控制，地下水污染加剧趋势得到初步遏制，近岸海域环境质量稳中趋好，京津冀、长江三角洲、珠江三角洲等区域水生态环境状况有所好转；到2030年，力争全国水环境质量总体改善，水生态系统功能初步恢复；到21世纪中叶，生态环境质量全面改善，生态系统实现良性循环[35]。

《水十条》中对于我国地下水环境保护工作提出了以下工作任务：

① 严控地下水超采，包括严格控制开采深层承压水，编制地面沉降区、海水入侵区等区域地下水压采方案，开展华北地下水超采区综合治理，划定地下水禁采区、限采区和地面沉降控制区范围等；

② 攻关地下水污染修复技术；

③ 完善地下水环境管理的法律法规和标准体系；

④ 完善地下水环境监测网络，提升饮用水水源水质全指标监测、地下水环境监测及环境风险防控技术支撑能力；

⑤ 防治地下水污染，包括定期调查评估集中式地下水型饮用水水源补给区等区域环境状况，石化生产存贮销售企业和工业园区、矿山开采区、垃圾填埋场等区域进行必要的防渗处理，加油站地下油罐于2017年年底前全部更新为双层罐或完成防渗池设置，报废矿井、钻井、取水井实施封井回填，以及公布京津冀等区域内环境风险大、严重影响

公众健康的地下水污染场地清单，开展修复试点。

（4）《地下水污染防治实施方案》

2019年3月，生态环境部、自然资源部、住房城乡建设部、水利部、农业农村部联合发布了《地下水污染防治实施方案》。《地下水污染防治实施方案》中给出了“强基础、建体系、控风险、保安全”的指导思想，以及“预防为主、综合施策，突出重点、分类指导，问题导向、风险防控，明确责任、循序渐进”的基本原则。

《地下水污染防治实施方案》中指出地下水污染防治的主要工作目标为：到2020年，初步建立地下水污染防治法规标准体系、全国地下水环境监测体系，全国地下水质量极差比例控制在15%左右，典型地下水污染源得到初步监控，地下水污染加剧趋势得到初步遏制；到2025年，建立地下水污染防治法规标准体系、全国地下水环境监测体系，地级及以上城市集中式地下水型饮用水水源水质达到或优于Ⅲ类比例总体为85%左右，典型地下水污染源得到有效监控，地下水污染加剧趋势得到有效遏制；到2035年，力争全国地下水环境质量总体改善，生态系统功能基本恢复。

《地下水污染防治实施方案》中明确了到2035年的地下水污染防治主要工作任务，包括：“一保”，即确保地下水型饮用水水源环境安全；“二建”，即建立地下水污染防治法规标准体系、全国地下水环境监测体系；“三协同”，即协同地表水与地下水、土壤与地下水、区域与场地污染防治；“四落实”，即落实《水十条》确定的四项重点任务，开展调查评估、防渗改造、修复试点、封井回填工作。

（5）地下水环境调查与评价项目

在过去的15年时间里，我国实施了大批不同精度地下水环境调查与评价项目，基本摸清了近55万平方千米范围内的地下水水质状况，掌握了地下水污染的分布范围和污染特征。

自2005年起，国土资源部组织开展了我国首轮地下水污染调查评价工作，到2011年年底，已经完成了我国长江三角洲、珠江三角洲、华北平原、淮河流域和下辽河平原等地区区域地下水污染调查55万平方千米，系统查明了上述地区区域地下水水质和污染状况；到2015年，基本掌握了我国地下水水质形成演化规律和地下水污染主要类型及分布特征。调查报告显示，我国地下水1/3可直接作为饮用水水源，1/3经适当处理可作饮用水水源，1/3不宜作为饮用水水源；地下水污染组分超标率达15%，主要污染物为“三氮”、重金属和有毒有害有机物。

2011年，环境保护部启动了“全国地下水基础环境状况调查评估”项目，以地下水开发利用区和潜在地下水开发区涉及的集中式地下水饮用水水源地、危险废物堆存场、垃圾填埋场、矿山开采区、再生水灌溉区、工业园区等重点污染源为对象，开展了地下水环境状况的调查评估工作。主要调查评估内容包括：

① 全面调查基本属性、管理状况、水质状况及风险源存在情况；

② 开展地下水污染状况综合评估、地下水防控性能评估、风险评估和修复（防控）方案评估；

③ 建设调查评估数据库、评估系统及信息平台；

④ 制定地下水环境监管方案，构建地下水环境保护的技术政策体系、经济政策体系和污染风险管理体系。

2011年，率先在北京市、山东省、贵州省以及海南省开展了试点工作；到2019年，已经在全国各个省市开展了一系列地下水环境状况调查评估项目，基本查明了“双源”周边地区地下水水质状况及敏感点分布情况，建设了地下水调查评估数据库及信息平台，并且形成了《地下水环境状况调查评价工作指南》《地下水污染防治分区划分工作指南》等一系列技术指南。

1.4 地下水环境监管存在的不足

虽然国家不断加强地下水环境保护工作的力度，但由于相关法律法规体系、地下水污染防治技术和管理体系的不完善[36-41]，导致我国地下水环境监管工作仍存在很多不足。

（1）地下水污染防治技术落后

地下水污染防治技术的落后是制约我国地下水环境污染防控与监管能力建设的重要瓶颈[42-44]。长期以来，由于我国对地下水污染防治的重要性和紧迫性认识不足，导致地下水污染防治工作起步较晚，地下水污染修复治理技术尚不成熟，多数技术仍处于实验室模拟研究或者中试阶段，缺乏工程实践和示范[45-47]。

（2）地下水环境保护法律法规不健全

发达国家一般具有专门的地下水环境保护与污染控制法律法规，例如，美国有《清洁水法》、《超级基金法》和《棕色地块法》，欧盟有《地下水指令》，英国有《英国水资源法》和《地下水管理条例》，荷兰有《水管理基本法》和《地下水法》，日本有《水质污染防治法》等[48,49]。我国目前缺少专项的地下水环境保护法律法规，相关的水环境法规有《中华人民共和国水法》和《中华人民共和国水污染防治法》，其中提出了地下水环境保护的一般原则，但一般把重点放在地下水量方面，也未明确指出地下水环境保护的具体内容和划分地下水环境保护的责任[38,39]。例如，《中华人民共和国水法》第二十五条、第三十六条规定“控制和降低地下水的水位”“严格控制开采地下水”;《中华人民共和国水污染防治法》第三十八条规定“兴建地下工程设施或者进行地下勘探、采矿等活动，应当采取防护性措施，防止地下水污染”，但对于如何采取措施保护地下水环境、防止地下水污染，如何对已受污染的地下水进行修复，并未给出具体的规定，使得相关条款实施难度较大。为建立健全突发环境事件应急机制，2006年我国发布了《国家突发环境事件应急预案》，规定了环境事件分级、应急组织体系、应急响应机制、应急保障和后期处置等。针对突发地下水污染事件，目前我国尚未颁布专项的应急预案。

（3）地下水环境监管能力薄弱，缺乏完善的风险管理体系

1999年，国土资源部与财政部组织实施了国土资源大调查项目，已完成华北平原、长江三角洲、珠江三角洲、淮河流域平原区、下辽河平原等重点地区的地下水污染调查评价。国土资源部于2015年开展了我国首轮地下水污染调查评价工作，2011年环境保护部、国土资源部、水利部联合开展了《全国地下水基础环境状况调查评估》工作，计划用5年时间完成。2010年国家地下水监测工程立项，该项目将建成含有20445个监测站点的全国地下水监测网，初步实现对全国地下水动态的有效控制。以上工作完成后可为我国地下水污染防治提供重要的数据支撑。总体上，长期以来我国水环境保护的重点是地表水，地下水环境的监管能力建设相对薄弱，相关工作明显滞后。

污染土壤和地下水的修复治理资金需求巨大，为此发达国家一般采取基于风险的管理模式，优先处置高风险的污染场地，根据土地利用规划情况（住宅、商业、工业、农业或娱乐设施用地等）开展风险评估[48,49]，基于风险管理的模式制定不同管理对策，将风险控制在可接受范围内。目前我国污染场地的风险管理中则更多地关注表层土壤和包气带，以往的污染场地监管中也很少考虑地下水污染风险管理，相对于大气、地表水和土壤污染，地下水污染不易察觉，易被忽视[50-53]。随着我国经济社会快速发展对水资源需求的不断增加，因地下水污染而引发的相关问题正受到越来越多的关注，有关地下水污染风险管理的工作亟待加强。

参考文献

［1］郑才庆，支国强，李田富. 我国地下水污染现状及对策措施分析［J］. 环境科学导刊，2018, 37(S1):50-52.

［2］张新钰，辛宝东，王晓红，等. 我国地下水污染研究进展［J］. 地球与环境，2011, 39(3):415-422.

［3］昌圣. 地下水的过度开采与污染［J］. 水利科学与寒区工程，2018, 1(2): 43-45.

［4］中华人民共和国环境保护部. 全国地下水污染防治规划（2011—2020年）［R］. 2011:6-8.

［5］徐子杨. 浅议城市地下水污染治理与防治对策［J］. 风景名胜，2019(4):210.

［6］方玉莹. 我国地下水污染现状与地下水污染防治法的完善［D］. 青岛：中国海洋大学，2011.

［7］中国地质调查局. 华北平原地下水可持续利用调查评价［M］. 北京：地质出版社，2009.

［8］国家发展改革委、水利部、建设部、卫生部、国家环保总局. 全国城市饮用水安全保障规划（2006—2020年）［R］. 北京：国家发展改革委、水利部、建设部、卫生部、国家环保总局，2007.

［9］薛禹群. 中国地下水科学的机遇与挑战［J］. 水文地质工程地质，2010, 37(1): 53.

［10］席北斗，李娟，汪洋，等. 京津冀地区地下水污染防治现状、问题及科技发展对策［J］. 环境科学研究，2019, 32(1): 1-9.

［11］李翔，汪洋，鹿豪杰，等. 京津冀典型区域地下水污染风险评价方法研究［J］. 环境科学研究，2020, 33(6): 1315-1321.

［12］郭涛，陈海洋，滕彦国，等. 东北典型农产区流域地下水水质评价与污染源识别［J］. 北京师范大学学报（自然科学版），2017, 53(3): 316-322.

［13］吴娟娟，卞建民，万罕立，等. 松嫩平原地下水氮污染健康风险评估［J］.中国环境科学，2019, 39(8): 3493-3500.

［14］王瑞. 松嫩平原地下水水化学特征及演化机理研究［D］. 长春：吉林大学，2015.

［15］李育松. 松嫩平原潜水污染风险与健康风险评价［D］. 长春：吉林大学，2015.

［16］王璇，于宏旭，熊惠磊，等. 华北平原地下水污染特征识别及防控模式探讨［J］. 环境与可持续发展，2016, 41(3): 30-34.

［17］刘琰，乔肖翠，江秋枫，等. 滹沱河冲洪积扇地下水硝酸盐含量的空间分布特征及影响因素［J］. 农业环境科学学报，2016, 35(5): 947-954.

［18］田夏. 滹沱河超采区地下水水化学演变特征与模拟［D］. 北京：中国地质大学，2016.

［19］王东，刘伟江，井柳新，等. 华北平原典型地区地下水污染防治区划探讨［J］. 环境污染与防治，2016，38(3): 99-102.

［20］张宇喆. 华北平原地区地下水现状分析及对策建议［J］. 资源节约与环保，2015(9): 29, 46.

［21］张光辉，王茜，田言亮，等. 我国北方区域地下水演化研究综述［J］. 水利水电科技进展，2015, 35(5): 124-129.

［22］钱永，张兆吉，费宇红，等. 有害有机组分对华北平原地下水水质的影响［A］. 中国环境科学学会. 2015年中国环境科学学会学术年会论文集［C］. 中国环境科学学会，2015: 7.

［23］Jia Y F, Xi B D, Jiang Y H, et al. Distribution, formation and human-induced evolution of geogenic contaminated groundwater in China: A review［J］. Science of the Total Environment, 2018,643(1):967-993.

［24］李圣品，李文鹏，殷秀兰，等. 全国地下水质分布及变化特征［J］. 水文地质工程地质，2019, 46(6): 1-8.

［25］孙丹阳，朱东波. 中国西北地区高砷地下水赋存环境对比及其成因分析［J］. 资源环境与工程，

2019, 33(3): 386-391.

[26] 卢丽，王喆，裴建国，等. 西南地区典型岩溶地下水系统污染模式 [J]. 南水北调与水利科技，2018, 16(6): 89-96.

[27] 陈传友. 西南地区水资源及其评价 [J]. 自然资源学报，1992(4): 312-328.

[28] 奚德荫. 鲁中南地区岩溶水文地质条件及其特征 [J]. 中国岩溶，1988(3): 43-48.

[29] 于丽莎，潘晓东，曾洁，等. 鲁中南泰莱盆地岩溶地下水赋存特征和找水规律 [J]. 地质与勘探，2019, 55(1): 168-177.

[30] 周迅，张后虎，刘林，等. 中国东南地区偏酸性地下水的分布及影响因素 [J]. 环境科技，2017, 30(4): 52-57.

[31] 中华人民共和国生态环境部. 2017年中国生态环境状况公报 [R]. 北京：生态环境部，2018.

[32] 中华人民共和国生态环境部. 2018年中国生态环境状况公报 [R]. 北京：生态环境部，2019.

[33] 中华人民共和国生态环境部. 2019年中国生态环境状况公报 [R]. 北京：生态环境部，2020.

[34] 环境保护部、国土资源部、住房和城乡建设部、水利部. 华北平原地下水污染防治工作方案 [R]. 北京：环境保护部、国土资源部、住房和城乡建设部、水利部，2013.

[35] 国务院. 水污染防治行动计划 [R]. 北京：国务院，2015.

[36] 高赞东. 我国地下水污染保护存在的问题及治理研究 [J]. 吉首大学学报（社会科学版），2014, 35(S1): 91-93.

[37] 杨清龙，彭思毅. 我国地下水污染原因分析以及策略思考 [J]. 环境科学导刊，2020, 39(S1): 34-35.

[38] 景晓聪. 我国地下水污染防治法律问题研究 [D]. 石家庄：河北科技大学，2020.

[39] 吴浓娣，刘定湘，刘卓，等. 严格标准规范　加强地下水超采管理 [J].水利发展研究，2019, 19(9): 6-9.

[40] 王彦昕. 我国加速推进地下水污染防治 [J]. 生态经济，2019, 35(9): 9-12.

[41] 袁扬. 我国地下水污染现状与防治对策研究 [J]. 农村科学实验，2019(13): 106-107.

[42] 茹佳欢. 城市地下水污染特征及治污策略研究 [J]. 砖瓦，2020(4): 93-94.

[43] 曲智，尹勇. 城市地下水污染现状及防治技术研究 [J]. 清洗世界，2019, 35(11): 46-47.

[44] 文一. 地下水污染修复技术导则亟待出台 [N]. 中国环境报，2017-12-18(006).

[45] 杨柳涛，刘莹. 地下水污染防治技术方法进展 [J]. 广东化工，2015, 42(11): 116-117.

[46] 鲍英超，张海峰. 浅谈地下水水源污染防治技术与方法 [J]. 环境与生活，2014(22): 98-99.

[47] 刘彦宏，王军，张杰. 地下水污染及防治技术研究进展 [J]. 科技传播，2012, 4(21): 51-56.

[48] 刘金淼，李媛媛，姜欢欢，等. 美国地下水污染防治资金运营模式经验及对我国的启示 [J]. 环境与可持续发展，2020, 45(1): 133-138.

[49] 陈平，李文攀，刘廷良. 日本地下水环境质量标准及监测方法 [J]. 中国环境监测，2011, 27(6): 59-63.

[50] 曾颖，何江涛，马文洁. 地下水中潜在危害有机物识别与筛选方法 [J]. 环境工程学报，2016, 10(4): 2132-2138.

[51] 陈梦舫，骆永明，宋静，等. 中、英、美污染场地风险评估导则异同与启示［J］. 环境监测管理与技术，2011, 23(3): 14-18.

[52] 陈守煜，伏广涛，周惠成，等. 含水层脆弱性模糊分析评价模型与方法［J］. 水利学报，2002(7): 23-30.

[53] 陈云敏，施建勇，朱伟，等. 环境岩土工程研究综述［J］. 土木工程学报，2012, 45(4): 165-182.

第2章

地下水污染源分类与调查

2.1 地下水污染源分类方法

地下水污染源分类是研究地下水污染过程以及地下水污染风险识别的基础，通过对污染源类型以及污染物特征的研究，可为地下水风险识别提供依据。

地下水污染来源通常包括直接污染来源和潜在污染来源。早期地下水污染源分类方法是由美国国家环保局于1977年提出，依据污染物的释放方式进行分类[1]。美国技术评估办公室于1984年对该分类进行了修订，将其扩展到6类，主要包括：a.用于排放污染物质的污染源；b.用于储存、处理污染物质的污染源；c.运输和运输过程中污染源；d.由于其他活动导致排放污染物质的污染源；e.通过改变流场提供导管或诱导排放的污染源；f.自然发生的污染源。最近几十年按照污染源分类的方法被广泛应用和认可。20世纪70年代初期，Jean Fried提出了一个简单分类方法，分为工业污染源、生活污染源、农业污染源和环境污染源。目前根据污染源进行分类的方法更加广泛，可划分亚类。

根据污染源分布特征，通常将污染源分为点源、线源和面源：点源污染物通常被限定在一个界限明确的范围内，如固体废物和加油站储存罐等；线源和面源污染物通常扩散到更远的距离或更广泛的范围，其中线源污染包括河流、沟渠、地下渗漏管线等，面源污染包括使用农药、化肥的农用地等。

目前国际上并无统一的分类方法，研究者往往依据不同的需求和目的进行分类。常见分类方法如下所述。

（1）基于污染源的空间分布特征分类

1）点状污染

污染源的面积与被污染的土壤、地下水面积相比很小，可忽略不计时，也称点状污染。例如垃圾填埋场渗滤液泄漏的污染物、地下储存罐和管道破裂泄漏的污染物等。

2）线状污染

主要为带状侧向渗漏污染。例如已污染的地表河流、沟渠等的水体对两侧土壤、地下水的污染。

3）面状污染

主要为面状垂直渗漏污染源，面状污染主要来自许多扩散性的污染来源。例如：降水和雨雪等在径流过程中携带天然或人为的污染物进入土壤和地下水中；农业活动中过量的化肥、农药污水灌溉，大气沉降对土壤、地下水的污染等。

（2）基于产生污染物的行业和场所分类

1）工业污染源

包括废物（废水、废气和废渣）储存装置和运输管道的渗漏、事故发生的偶然性污染源及放射性污染源；未经处理的工业废水如电镀工业废水、工业酸洗污水、冶炼工业废水、石油化工有机废水等有毒有害废水直接流入或渗入地下水中，造成地下水污染；工业废渣如高炉矿渣、钢渣、粉煤灰、选矿厂尾矿及污水处理厂的淤泥等，由于露天堆放或地下填埋防渗处理不合格，其中的有毒有害渗滤液渗入地下含水层中。

2）农业污染源

由于不适当地使用农药、化肥，或利用污水进行灌溉，以及农业废弃物的排放，造成了土壤和地下水大面积的污染。

3）生活污染源

包括生活垃圾、居民生活污水、行政事业单位排出的废水、医疗卫生部门的废水。

（3）基于发生污染作用的时间动态特征分类

1）连续性污染源

污染源持续泄漏进入地下水中。例如：垃圾填埋场底部防渗层泄漏；储存化学物品、石油等油罐、管道的渗漏，在被发现和控制之前属于连续性污染源。连续性污染源特点：往往具有隐蔽性，不易被发现；有的污染源即使发现了渗漏，也难以控制，如大型垃圾填埋场防渗层的渗漏。

2）间断性污染源

地下水污染源的释放具有不连续性，但具有周期性。例如，农业活动对地下水的污染、降雨淋滤的污染等，其具有一定的间断性规律。

3）瞬时性污染源

由于发生事故而产生的污染源，使污染物泄漏进入地下水中。该类污染源具有不可预知的特点，由于泄漏场所具有不确定性，很难有预先防护措施，发生事故后造成的污染也比较严重。

（4）其他分类方法

按照行业分类的方法，可以将污染源划分为工业类、农业类、生活类三大类。在此基础上，考虑到重点突出潜在危害性较大的污染源，补充地表水体类、废物处置类以及地下设施类三大类污染源，形成了以下六个门类的污染源划分方法。

1）工业源

主要包括规模化的工业区或者规模较大的工矿企业，主要污染排放方式包括废水排放、废渣堆放、淋滤液下渗等。

2）农业源

主要包括农业种植区、规模较大的畜禽养殖等，主要污染排放方式包括灌溉水下渗、污水排放等。

3）生活源

主要包括城市建成区及规模较大的人口聚集区，主要污染排放方式为生活污水排放。

4）地表水体类

主要包括污染的地表湖库、河流及沟渠，主要污染排放方式为污水下渗。

5）废物处置类

主要包括固废（危废）堆放场、填埋场，主要污染排放方式为淋滤液渗漏。

6）地下设施类

主要包括油库、加油站等地下储存设施，主要污染排放方式包括污染物渗漏、淋滤液下渗等。

结合污染源存在状态，做出如表2-1所列的污染源分类结果。

表2-1　地下水污染源分类表

污染源分类	点源	线源	面源
工业源	工厂、矿山、医院、废渣堆、石油、化工、制革、电镀、造纸、冶金、煤炭、纺织、机械、电子	—	—
农业源	—	—	农作物种植（化肥、农药）、畜禽养殖、污水灌溉
生活源	—	—	居民区，生活污水
地表水体类	—	河流、地表排污水体	—
废物处置类	危险废物填埋场、生活垃圾填埋场	—	—
地下设施类	油库、加油站		—

注：“—”表示该种污染源不涉及该污染源类型（点源、线源、面源）。

2.2 地下水污染源调查方法

污染源调查需要收集的资料包括环境背景资料与污染源基础资料两类。环境背景资料主要包括气象、水文、地质、区域自然社会经济信息等。气象资料包括气温、湿度、风力、年雨雪量等。水文地质资料涉及当地原始记录整理汇编成的水文（地质）年鉴、水文（地质）特征值统计、水文（地质）图集、水文（地质）手册和各种水文（地质）

资料报告等。区域自然社会经济信息包括地理位置图、土地利用现状、地形、地貌、绿化、水系、人口密度分布、所在地经济现状和发展规划等。

对地下水潜在污染风险源进行分析的过程中，需要筛选出各个污染风险源中的特征污染物，在筛选污染物时需要遵从以下几个原则：a.代表性原则；b.典型性原则；c.均衡性原则。另外，同时结合文献调研分析各污染物的毒性特征、迁移性等环境影响性能。

（1）工业源

地下水主要的工业污染源按行业划分主要包括石化、农药制造、纺织印染、机械制造等，这些行业产生难降解的有机污染物、重金属等，主要污染环节包括各类工业的退役污染场地、工业固废堆存及填埋场渗滤液下渗、石油开采工程及加油站物料泄漏、有毒有害物质的地下管线泄漏等，工业企业的生产、储存装置的物料泄漏、污水泄漏是造成地下水污染的主要因素。另外，制酸工业排放的二氧化硫、氯化氢、硫化氢等有毒有害物质，随着降雨到达地面，下渗后也将造成地下水污染[2]。

首先对调查区域内的工业企业分类整理，划分为县市级以上的工业园区、园区外工业企业和废弃工业污染场地；考虑调查区工业企业区域分布、行业分布和污染排放特点，提出根据工业污染源遴选原则确定重点调查对象，重点研究这些工业企业的污染情况。利用地下水污染调查资料、污染源普查最新成果、工业污染源监测数据等资料，对基本情况进行统计。其统计信息主要包括工业园区的级别、类别、地理位置，是否存在储存、使用、生产排放有毒有害物质，有毒有害物质种类及数量、主要污染指标、有毒有害物质排放方式，工业企业的生产工艺设备和防范措施等因素。在此基础上更新工业污染源信息清单，为后面地下水工业污染源风险评价提供数据支撑。

调查资料来源如下。

① 工业园区：其清单资料主要来自各地市发改委的经济发展年报，工信委、环保部工业园区规划环评报告，工业园区内各企业的建设项目环评报告等。

② 园区外工业企业：主要涉及重污染的行业，资料来自环保系统的污染源普查资料及各企业建设项目环评资料。

③ 废弃工业污染场地：资料来自环境保护部门的场地资料。

工业污染源重点调查对象遴选原则：

① 属于重污染行业，且运行年限5年以上（含5年）的工业污染源：a.重污染行业为主导，正式运行至少5年的工业园区；b.工业园区外的重污染行业，生产运行至少7年的县控（包括县控）以上工业企业；c.工业园区外的重污染行业，且场地面积达到0.1km^{2}以上的废弃场地。

② 位于地下水型集中式饮用水水源Ⅰ级保护区和补给径流区且涉及重污染的工业污染源。

③ 发生过地下水污染事件、危险品爆炸事故的工业园、园区外工业企业或废弃工业污染场地。

筛选满足上述原则之一的工业园、园区外工业企业或废弃工业污染场地进行调查。

（2）农业源

区域地下水农业源污染主要来源两个方面：一方面过量施用的农药和化肥残留在土壤中，经雨水淋渗、地表径流等造成地下水污染；另一方面畜牧业粪便、污水灌溉以及不合理的灌溉用水等，都会通过土壤污染或者渗透压的影响，导致地下水污染[3-5]。因此主要考虑调查区域内的规模化畜禽养殖场和再生水农用区。基于研究区可调查的规模化畜禽养殖场和再生水农用区研究对地下水农业源污染产生的影响。

具体调查对象的确定规则如下：

① 根据《再生水农用区清单》，对符合以下两个条件之一的再生水农用区进行重点调查[6]：a.地下水饮用水水源保护区、补给径流区部分或全部位于再生水农用区内；b.灌溉面积在1万亩（1亩 = 667m^2，下同）及以上的大中型灌区，以未经处理的污水直接灌溉或污水处理厂出水（再生水）灌溉，且灌溉历时达5年以上。

② 对列入清单之内，满足以下两个条件之一的畜禽养殖场，需进行重点调查：a.位于地下水集中饮用水水源地保护区和补给径流区内的畜禽养殖场需做重点调查；b.对位于冲洪积扇轴部、河漫滩、古河道带以及地下水浅埋区等地下水脆弱性较强地带的规模化畜禽养殖场需做重点调查。

对于再生水农用区，主要调查地理位置信息，灌溉区面积，农用薄膜、地膜的覆盖面积及使用量等因素；对于规模化畜禽养殖场，主要调查地理位置信息、畜禽种类及对应的存栏数、化肥和农药的施用量、污染物种类及数量、污染物排放方式等因素。

（3）生活源

地下水生活源污染一般来自生活污水与生活垃圾两个方面，其中含有悬浮固体、氨氮、细菌、含磷化合物等，若未经过处理直接排入河道、沟渠，仅靠河流和土壤的自净能力来消除污染物，会对地下水造成污染。一般采用填埋法处理的垃圾，随着日晒雨淋以及地表径流的影响，污染物质会慢慢渗入地下、污染地下淡水层；此外，居民区的化粪池因防渗措施不当也会成为地下水污染的重要渠道[7]。

生活源主要考虑生活污水的影响，通过调查区域内常住人口和污水处理厂信息，包括其地理位置，生活污水排放量，生活污水中污染物种类、排放量及排放浓度等信息，为地下水生活源风险评价提供数据支撑。

（4）地表水体类

地表水体类污染风险源主要包括受污染的地表湖库、河流、沟渠及坑塘等。研究表明，受污染的地表河流湖泊、污水灌溉、垃圾渗滤液、农业超量施用化肥和农药等都是地下水污染的主要来源，地表水的水质水量及污染状况会对地下水产生直接影响，在地表水渗透补给地下水的过程中，河流湖泊中所挟带的污染物也随之进入地下水，造成地下水出现不同程度的污染[8]。在此过程中，污染物之间的迁移反应、与土壤之间的生化作用也可能加剧新污染物种类的形成，造成毒性更大的地下水污染物。

受污染的地表水体类调查的主要内容有：

① 主要河流湖泊数量、地理位置（经纬度）、地质分区、占地面积、土地利用现状、防污染措施、排放方式、周边地下水位等。

② 通过样品采集法，确定不同时期（丰水期、平水期和枯水期）地表水和周边地下水水质各特征污染物的种类数量、排放量等指标。具体测定指标应包括悬浮物（SS）、化学需氧量（COD）、生化需氧量（BOD_5）、pH值、高锰酸盐指数、总硬度、总磷、“三氮”、有机污染物、大肠菌值、氯化物、挥发性酚、氰化物、氟化物、多环芳烃、汞、铅、砷、六价铬、镍、镉等。

（5）废物处置类

废物处置类污染风险源主要包括固废堆放场、处置场、垃圾填埋场及危险废物处置场等。其中垃圾填埋场承载着城市大部分的生活垃圾，而危险废物处置场承担着大部分对生态环境危害严重的工业废物，这两种废物处置类污染风险源对生态环境危害严重，因而将其作为重点调查对象具有重要意义。

我国范围内处理生活垃圾的主要方式有填埋、集中堆肥以及焚烧三种，其中填埋是最为主要的处置方式。一直以来，生活垃圾填埋场都是环境风险监督管理的重点对象，应竭力避免因管理不当而引发生活垃圾二次污染[9]。然而垃圾填埋场造成渗滤液污染地下水的现象仍屡见不鲜，垃圾填埋场中生活垃圾中所含的水分经过不断的积蓄慢慢渗透到周围土壤层中，造成严重的土壤污染及水体污染，给周围居民的生活以及农作物的生长造成巨大的威胁。生活垃圾渗滤液种类繁多、成分复杂，侵入地下水造成污染后将难以修复。

因此危险废物处置场及填埋场调查的主要内容有：

① 处置场及填埋场数量、地理位置（经纬度）、地质分区、占地面积、土地利用现状、周边地下水位、排放方式、处理量、填埋深度、处置场建设年代、防污染措施等。

② 通过样品采集法，采样确定不同填埋时间危险废物处置场及填埋场周边地下水各特征污染物的种类、数量、排放量等指标。具体测定指标应包括排污口悬浮物（SS）、化学需氧量（COD）、生化需氧量（BOD_5）、pH值、高锰酸盐指数、总硬度、总磷、“三氮”、有机污染物、大肠菌值、氯化物、汞、铅、砷、六价铬、镍、镉等。对于危险废物处置场及填埋场，应重点关注重金属离子含量这一指标[10]。

（6）地下设施类

随着我国国民经济的快速发展和人民生活水平的不断提高，汽车保有量不断增加，加油站数量也不断增加。加油站主要经营易挥发、易扩散、有毒的汽柴油，加油站地下水环境污染的主要途径是油品泄漏及污水排放[11]。加油站的污水主要包括收发区污水、生活污水和含油初期雨水等。收发区污水主要来自油罐清洗水、地面冲洗水和辅助设施排水，其中油罐清洗水的污染物与油罐储存油品的性质、检修周期、操作管理等密切相关，排放的这些污水存在排放不连续、水量变化幅度大、变化规律性差、难以控制等特点[12]。加油站将油罐与石油输送管道掩埋于地下，一般而言，油罐、管道在20年左右会因锈蚀和腐蚀发生泄漏，使石油直接流入土壤中，下渗进入地下水中造成土壤、地下水的严重污染，尤其是地下水位较高地区的加油站，受到的污染更加严重[13]。土壤、地下水一旦受到污染将很难修复。此外，在加油、接卸油品的过程中，“跑、冒、滴、漏”产生的油污经水冲洗后，若未能正确处理或进入油水分离池，则可能直接进入排水沟、河流和池塘，造成地表水的污染[14]。

因此对加油站进行调查的主要内容有：

① 加油站数量、土地利用现状、地理位置（经纬度）、地质分区、占地面积、周边地下水位、防污染措施、清洗水量、油品进出库台账、加油站土地利用变迁资料、地下储罐罐龄（或者加油站的建设年代）、加油机数量、储油罐类型和总数、输油管线类型及是否有防渗池等。

② 通过样品采集法，采样确定加油站造成地下水污染的特征污染物的种类、数量、排放量等指标。具体测定指标应包括石油类、硫化物、C_6H_6、C_7H_8、C_8H_{10}、$C_6H_4(CH_3)_2$、$C_{10}H_8$等有机污染物的含量，以及悬浮物（SS）、化学需氧量（COD）、生化需氧量（BOD_5）、pH值、高锰酸盐指数、总硬度、总磷、“三氮”等地下水水质指标。对于加油站这一污染风险源，应重点关注石油类有机污染物含量这一指标。

2.3 京津冀地区地下水污染源调查

2.3.1 污染源调查结果

2.3.1.1 工业源

调研针对的工业源主要包括规模化的工业区或者规模比较大的工矿企业。本部分汇总了整个区域京津冀地区的工业和矿山开采区企业的分布情况。

（1）工业企业

由图2-1可见，工业企业共2800家，其中河北省2076家（74%）、天津市596家

（21%）、北京市128家（5%）。京津冀地区半数以上的工业企业主要分布在河北省，因此要更加重视河北省的工业企业带来的地下水污染风险。

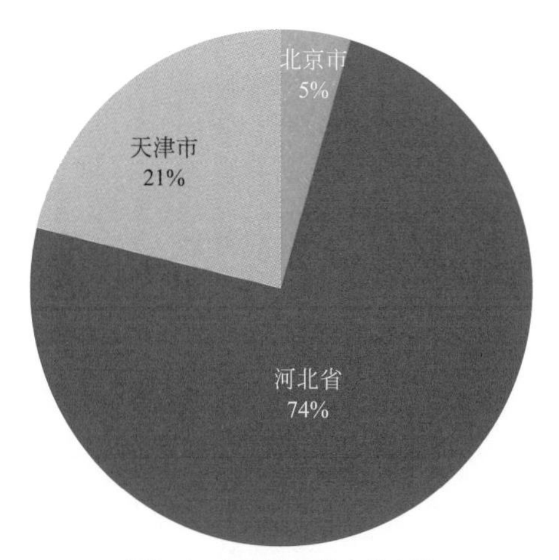

图2-1 京津冀工业企业占比

1）河北省

针对河北省11个主要的城市进行调研，如图2-2所示。河北省工业污染源较集中在石家庄市、保定市、沧州市，3个市共1378家工业企业，总数超过整个河北省的半数（57%），而秦皇岛市的工业企业只占到1%左右。因此需要重点关注石家庄市、保定市、沧州市3市的工业园区地下水污染风险。

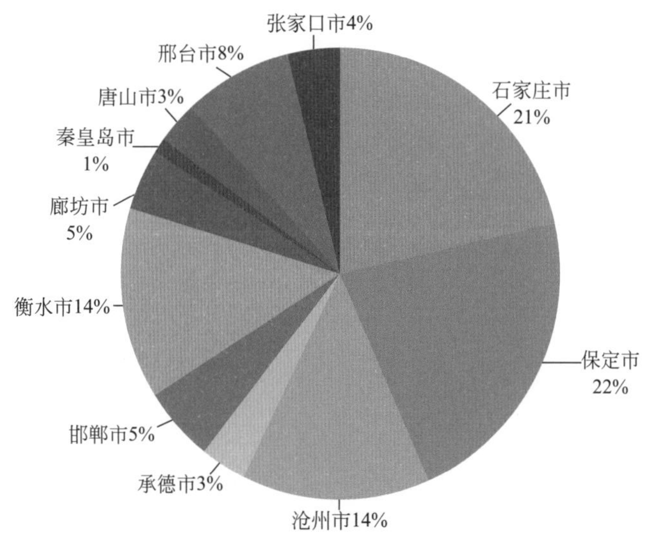

图2-2 河北省各地区工业企业占比

2）天津市

针对天津市15个主要区县进行调研，结果由图2-3所示，发现北辰区、滨海新区和静海区主要工业企业聚集区共365家，占整个天津市的61%左右；此外，南开区、宁河县、蓟州区、河西区、河东区、河北区、东丽区、红桥区、津南区分别占比不足5%。可以看出天津市工业污染源比较集中，且主要分布在北辰区、滨海新区和静海区。

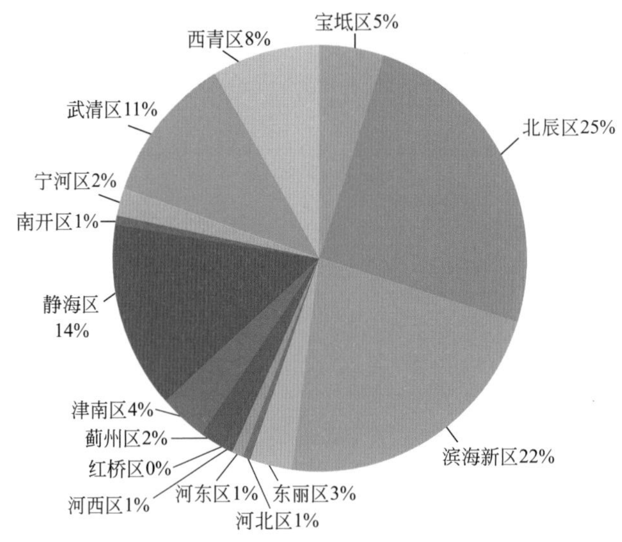

图2-3　天津市各地区工业企业占比

3）北京市

针对北京周边16个地区进行调研，结果如图2-4所示。工业企业主要集中分布在通州区、大兴区和房山区，占整个北京工业企业的54%；其余各地区都不足10%。北京地区地下水工业污染源总体较少，且分布较集中，主要分布在通州区、大兴区和房山区。

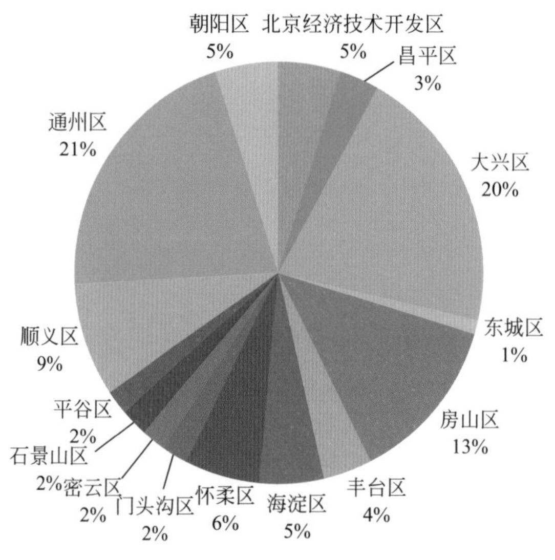

图2-4　北京市各地区工业企业占比

（2）矿山开采区

由图2-5可知，河北省的矿山开采区企业占据了京津冀的99.50%，个数为2762个，可见河北省作为矿山开采重点区域，其开发利用程度较大。

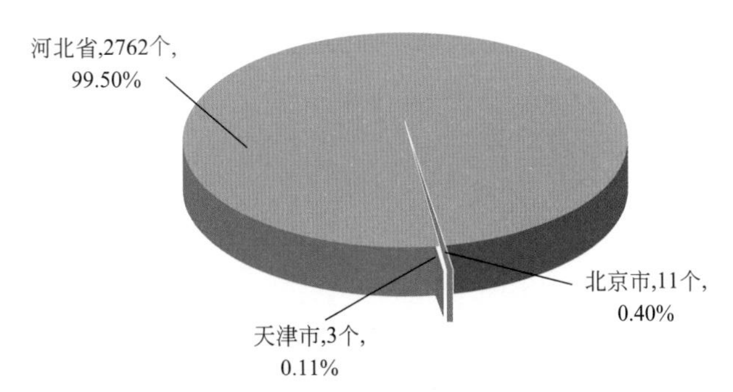

图2-5　京津冀三地矿山开采区数量及占比

1）河北省

河北省各地市区矿山开采企业数量及占比如图2-6所示。由图2-6可知，唐山市以1398个矿山开采企业占据河北省超过一半的矿山开采量；承德市凭借20%的占比次之；秦皇岛市紧随其后，拥有212个矿山开采企业。由以上数据表明唐山市矿产资源较为丰富，导致其开采企业较多，污染地下水的可能性较大。

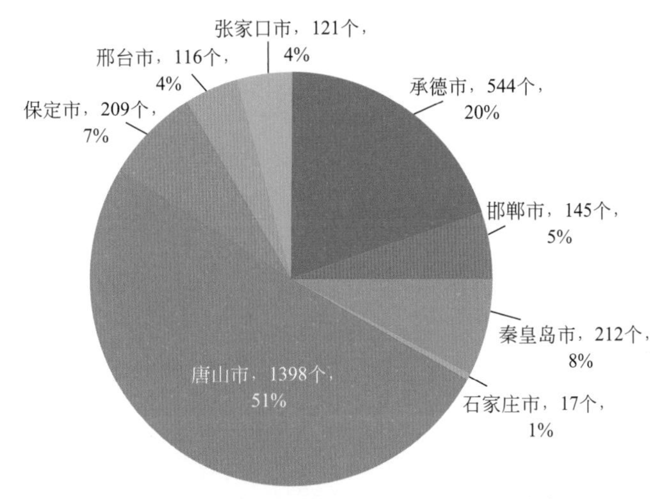

图2-6　河北省各地市区矿山开采区数量及占比

2）天津市

天津市共有3个矿山开采区，其中2个位于蓟州区、1个位于滨海新区。这些矿山开采区均分布在天津市周围郊区。

3）北京市

北京市各区矿山开采区数量及占比如图2-7所示。

由图2-7可知，北京市11个矿山开采区，分别有5个位于密云区、3个位于门头沟区、2个位于房山区、1个位于怀柔区。与天津市分布一样，这些矿山开采区分布在离市中心较远的郊区地带。

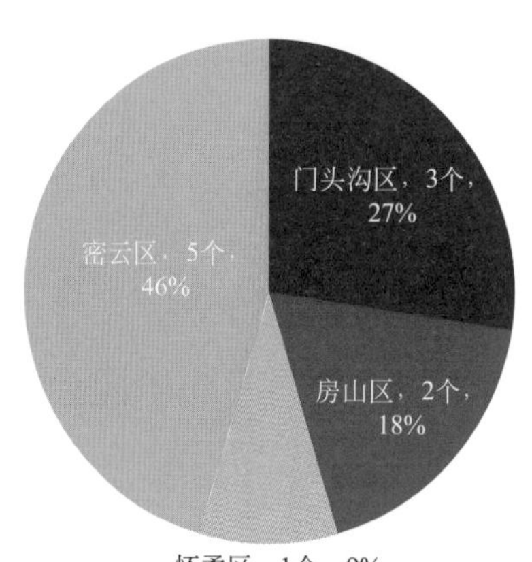

图2-7　北京市各区矿山开采区数量及占比

综合以上工业企业和矿山开采区企业可以得出，在北京市和天津市工业源主要分布在市中心周围郊区，污染源较分散；河北省工业企业较多，且污染源较为集中，对地下水污染可能性较大，且污染严重，集中在石家庄市、唐山市等地。

2.3.1.2　农业源

针对农业源主要包括畜禽养殖与农业种植进行调研，汇总了整个区域京津冀地区的农业分布情况。

（1）畜禽养殖

京津冀地区畜禽养殖场数量及占比如图2-8所示。

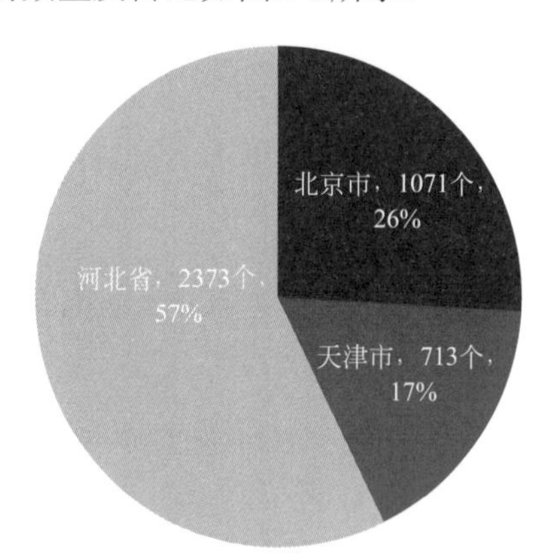

图2-8　京津冀地区畜禽养殖场数量及占比

由图2-8可知，北京市、天津市、河北省三地畜禽养殖场个数总量达4157个，其中河北省占比最大，数量2373个、占比达57%；北京市以数量1071个、26%的占比紧随其后；天津市畜禽养殖场个数最少，为713个。京津冀地区畜禽养殖场数量及占比具体情况如下。

1）河北省

河北省各市区畜禽养殖场数量及占比如图2-9所示。

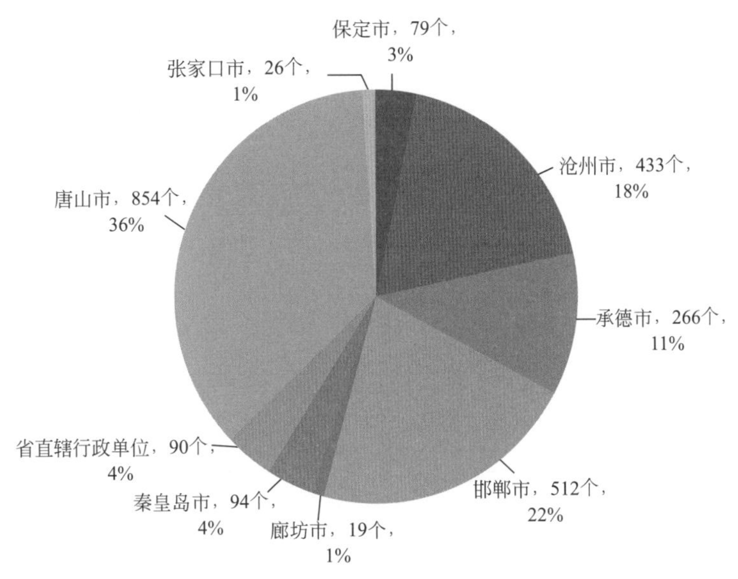

图2-9 河北省各市区畜禽养殖场数量及占比

由图2-9可知，在河北省共2373个畜禽养殖场中，唐山市、邯郸市、沧州市分别以36%、22%、18%占据前三的位置，其个数分别为854个、512个以及433个。由此可见，唐山市、邯郸市以及沧州市三市畜禽养殖较为发达，畜禽粪便等污染产生量较大。

2）北京市

北京市各区畜禽养殖场数量及占比如图2-10所示。

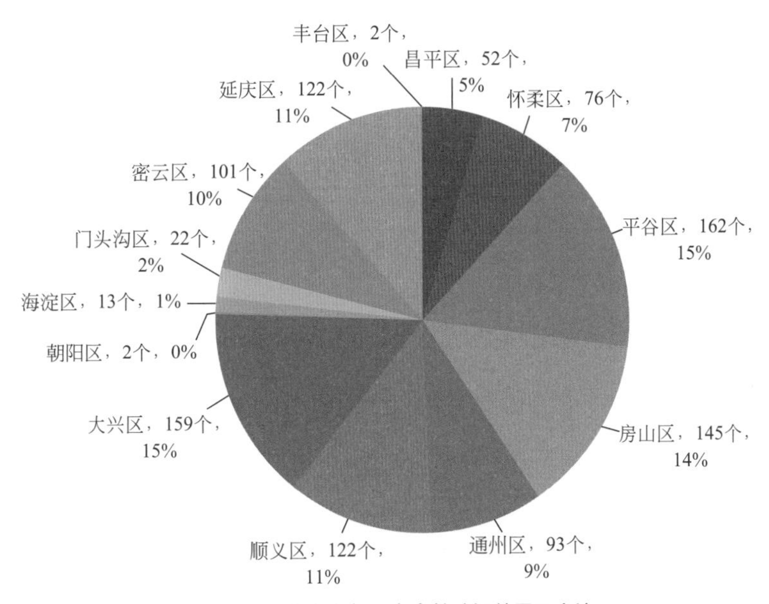

图2-10 北京市各区畜禽养殖场数量及占比

由图2-10可知，在北京市共1071个畜禽养殖场中，平谷区、大兴区、房山区分别以15%、15%、14%占据前三的位置，其个数分别为162个、159个以及145个。由地理位置可知，大部分畜禽养殖场分布在郊区，且较分散。

3）天津市

天津市各区畜禽养殖场数量及占比如图2-11所示。

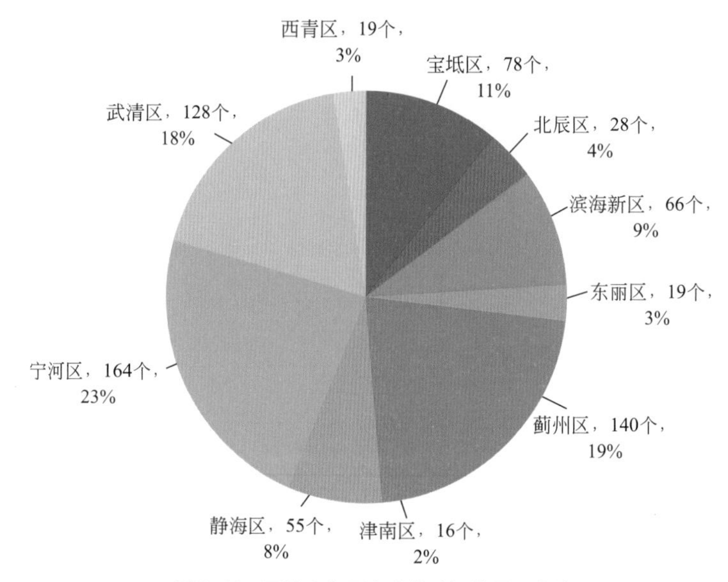

图2-11　天津市各区畜禽养殖场数量及占比

由图2-11可知，在天津市共713个畜禽养殖场中，宁河区、蓟州区、武清区分别以23%、19%、18%占据前三的位置，其个数分别为164个、140个以及128个。大部分畜禽养殖场分布在天津市郊区县域，主要集中在市区北部地区。

（2）农业种植

针对京津冀区域内水田旱地利用情况展开分析。

1）河北省

河北省水田旱地情况如图2-12所示。河北省土地利用以旱地为主，主要分布于河北省南部；水田利用零星分布于唐山市南部和张家口市中部。

2）天津市

如图2-13所示为天津市水田旱地分布情况。由图2-13可以看出天津市主要以旱地利用为主；水田利用零星夹杂分布于旱地之间，面积极小。

3）北京市

北京市水田旱地分布情况由图2-14所示。土地利用以旱地为主，主要分布于北京市南部；水田利用占比极少，零星分布于海淀区、房山区及通州区。

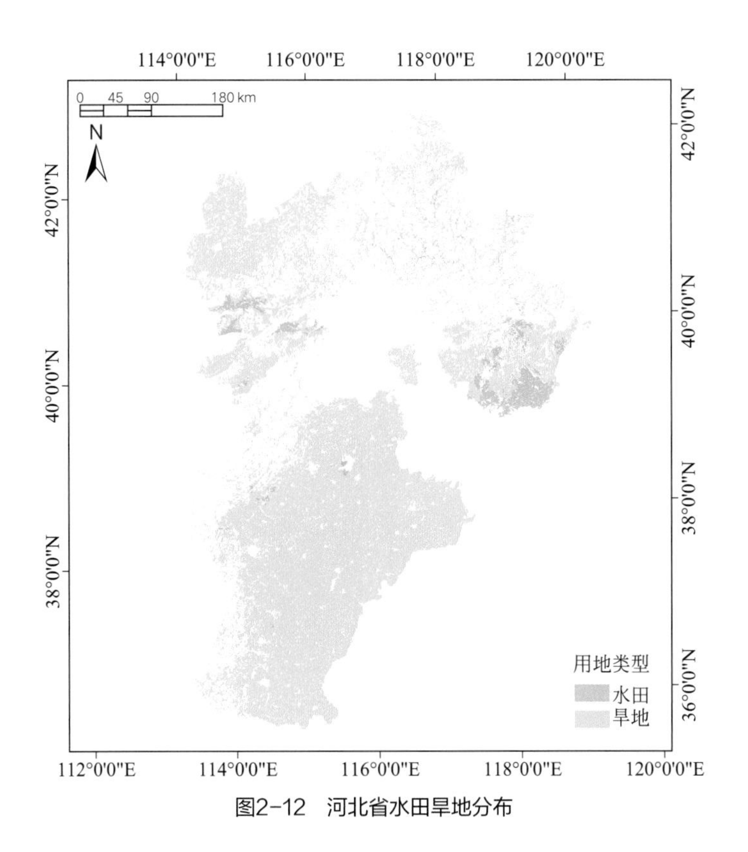

图2-12 河北省水田旱地分布

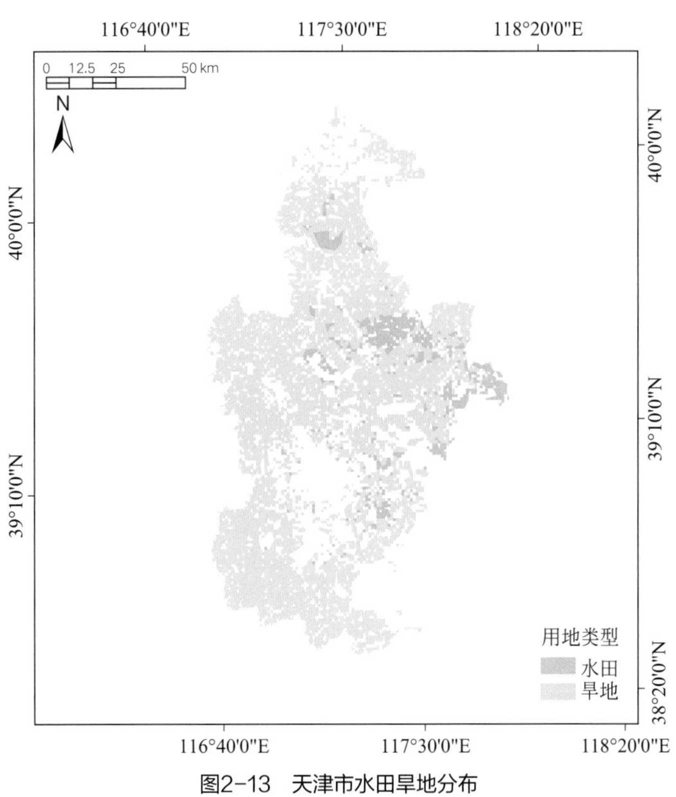

图2-13 天津市水田旱地分布

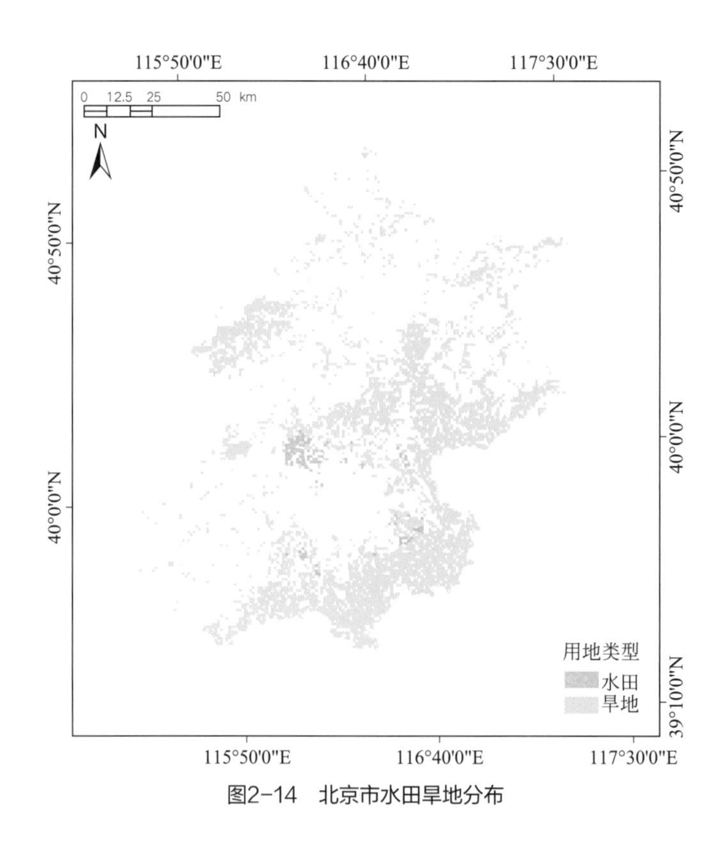

图2-14 北京市水田旱地分布

2.3.1.3 生活源

生活源主要根据京津冀各地区的人口密度情况进行分析。

（1）河北省

河北省各地区人口密度如表2-2所列。

表2-2 2018年河北省各地区人口密度

地区	面积/km^2	人口数/万人	人口密度/（万人/km^2）
石家庄市	14464	1031.49	0.071
唐山市	13472	793.58	0.059
保定市	22136	1050.45	0.047
秦皇岛市	7813	313.42	0.040
邯郸市	12066.18	952.81	0.079
邢台市	12143	737.44	0.061
张家口市	36800	443.36	0.012
承德市	39519	357.89	0.009

续表

地区	面积/km^2	人口数/万人	人口密度/（万人/km^2）
沧州市	14000	758.6	0.054
廊坊市	6429	483.66	0.075
衡水市	8815	447.2	0.051

从表2-2中可以看出，河北省人口密度较大的市有邯郸市、廊坊市和石家庄市，常住人口密度最多可达0.079万人/km^2；人口密度较小的市有承德市、秦皇岛市、张家口市。河北省各地区人口分布不均匀，差距较明显，人口主要集中在离京较近区域，如石家庄市、廊坊市等。

（2）天津市

天津市各区人口密度如表2-3所列。

表2-3　2018年天津市各区人口密度

地区	面积/km^2	人口数/万人	人口密度/（万人/km^2）
和平区	10	35.37	3.54
河东区	39	97.80	2.51
河西区	37	99.24	2.68
南开区	39	114.75	2.94
河北区	27	89.04	3.30
红桥区	21	56.73	2.70
滨海新区	2270	298.34	0.13
东丽区	460	76.33	0.17
西青区	545	86.34	0.16
津南区	401	89.60	0.22
北辰区	478	86.54	0.18
武清区	1570	119.15	0.076
宝坻区	1523	92.06	0.060
宁河区	1414	49.11	0.035
静海区	1476	79.01	0.054
蓟州区	1593	90.19	0.057

从表2-3中可以发现，人口最多的区域为滨海新区、南开区和武清区，最多可达298.34万人；人口较少的区域为和平区、宁河区等。天津市各地区人口分布差异较大，呈两极分化趋势，人口稀疏的区域人口密度约为0.035万人/km^2，人口密集的区域人口密度约为3.54万人/km^2。

（3）北京市

北京市各区人口密度如表2-4所列。

表2-4 2018年北京市各区人口密度

地区	面积/km^2	人口数/万人	人口密度/（万人/km^2）
东城区	41.84	82.20	1.96
西城区	50.70	117.90	2.33
朝阳区	470.8	360.50	0.77
丰台区	304	210.50	0.69
石景山区	85.74	59.00	0.69
海淀区	431	335.80	0.78
顺义区	1021	116.90	0.11
通州区	906	157.80	0.17
大兴区	1036	179.60	0.17
房山区	2019	118.80	0.059
门头沟区	1451	33.10	0.023
昌平区	1344	210.80	0.16
平谷区	948.24	45.60	0.048
密云区	2229	49.50	0.022
怀柔区	2123	41.40	0.020
延庆区	1994	34.80	0.017

从表2-4中可以看出人口较多的区为朝阳区、丰台区和海淀区等地，人口较少的区域是门头沟区、延庆区、怀柔区、平谷区和密云区；从空间分布上也可看出人口集中在北京市中心城区周围，而远郊地区的人口密度相对较小。因此，北京市中心城区的生活污水带来的风险不容忽视。

综上所知，北京市和天津市中心城区人口密集，远郊地区人口稀疏而人口量大，要重视来自各区域的生活污水产生的地下水污染风险，而河北省西南部人口较密集，东北部人口较稀疏。相对来说，要重点关注西南地区的生活污水产生的地下水污染风险。

2.3.1.4 地表水体类

地表水体类污染风险源主要包括受污染的地表湖库、河流、沟渠及坑塘等。京津冀地区位于海河流域片区内，东临渤海，西倚太行山，南界黄河，北接内蒙古高原。区域以全国2.3%的国土面积和1%的水资源，承担了全国8.1%的人口，产出了全国9.7%的GDP，是我国水资源最短缺、水污染与水生态退化最严重、水环境支撑力与发展矛盾最尖锐的地区。在我国主体功能规划中，京津冀整体定位是“以首都为核心的世界级城市群、区域整体协同发展改革引领区、全国创新驱动经济增长新引擎、生态修复环境改善示范区”，京津冀区域发展要统筹解决经济、生态、交通等方面的问题，综合建设与改善区域人居环境，成为生态修复环境改善示范区。

京津冀地表水资源短缺，海河流域水资源长期不足，且区域内水体遭受污染严重，污染物入河量远超其水体环境容量。地表水水源地主要沿燕山、太行山分布，流域总面积32.06万平方千米，占全国总面积的3.3%。海河水系包括五大支流（潮白河、永定河、大清河、子牙河、南运河）和一个小支流（北运河）。有研究表明，京津冀地区的水环境COD容量为57468t/a，COD入河量（83929t/a）是其容量的1.5倍；水环境氨氮容量为2806t/a，氨氮入河量（12354t/a）是其容量的4.4倍。京津冀四类主体功能区中重点开发区的COD入河量最多，68%的水功能区均超载。优化开发区的COD入河总量超载38%，超载的水功能区比例为22%；重点生态功能区的COD入河总量相对于水环境容量仍有部分盈余，但超载的水功能区比例也达到了20%。氨氮与COD的入河量超载情况相近，重点开发区的氨氮入河量最多，67%的水功能区超载，入河总量超载6.1倍；优化开发区的氨氮入河总量超载3.1倍，超载的水功能区比例为27%；重点生态功能区和农产品主产区的氨氮入河总量没有盈余，超载倍数分别为1.3倍和1.9倍，超载的水功能区比例也达到了20%。就具体京津冀城市在优化开发区的三个控制区中，唐山市、秦皇岛市污染物入河量与水环境容量相近，而北京、天津、廊坊市的氨氮入河量超载达14倍。重点开发区中以衡水区超载最为严重，COD入河量超载3.5倍，氨氮入河量超载9.6倍；承德区的氨氮入河量超载10倍，冀中南区氨氮入河量超载5倍。重点生态功能区中燕山地区丰水区的环境容量较大，但入河量超载倍数也较高，COD入河量超载50%，氨氮入河量超载1.6倍。COD容量盈余存在于燕山地区欠水区，氨氮容量盈余存在于太行山地少水区[15]。根据《2016年中国环境状况公报》，白洋淀、衡水湖、昆明湖、福海、东昌湖5个京津冀地区重点湖泊的水质为Ⅰ～Ⅲ类的水面面积仅占2.8%。流域内480个水功能区中有147个达到水质目标，达标率为30.6%[16]，说明京津冀区域内主要河流湖泊均已遭受严重污染。

京津冀地区地表水体类分布情况如下所述。

（1）北京市

北京市主要有23条水体，且分布较为分散。主要在通州区、海淀区和朝阳区，分别有3条河流；其余调研区域均不超过3条河流。河流的分布情况如表2-5所列，现以永定河与清河为代表分析河流水质情况，确定河流污染最为严重的时间，具体指标见图2-15。

表2-5 北京市主要河流水体分布情况

地区	条数	河流名称
西城区	1	北护城河
通州区	3	北运河、凤港引渠、龙凤减河
顺义区	1	潮白河
石景山区	1	永定河
平谷区	1	泃河
密云区	2	密云水库、潮河
门头沟区	1	永定河
怀柔区	2	怀柔水库、白河
海淀区	3	清河、土城沟、长河
丰台区	2	凉水河
房山区	2	拒马河、大石河
大兴区	1	龙河
朝阳区	3	坝河、清河、通惠河

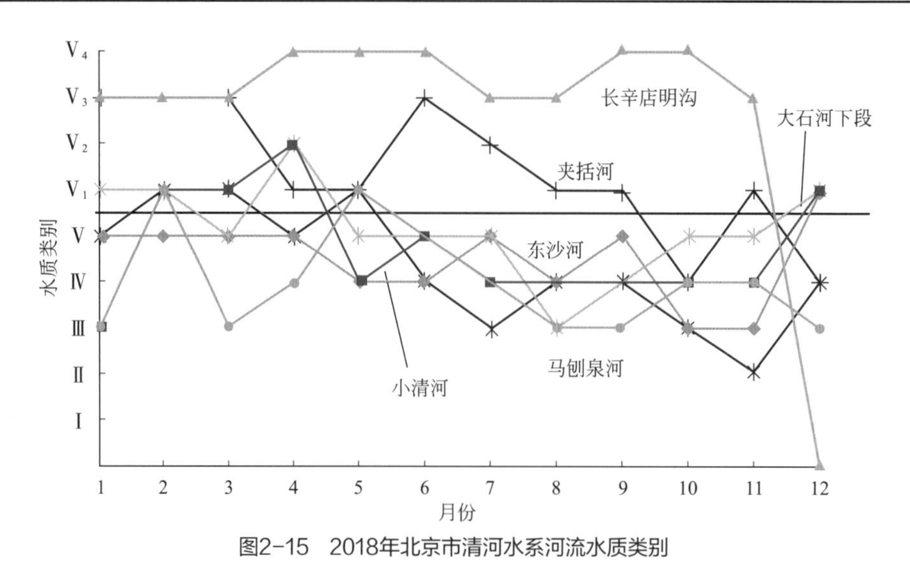

图2-15 2018年北京市清河水系河流水质类别

2018年北京市永定河水系河流水质类别如图2-16所示。

由图2-16可知，永定河水系，大龙河除8月外，其他月份水质均超标；小龙河除2月、3月、10月外，其他月份水质均超标；天堂河5月、9月水质超标；妫水河下段1月水质超标；高井沟河段3月水质超标。清河水系，长辛店明沟除12月外，其他月份水质均超标；夹括河除10月、12月外，其他月份水质均超标。大石河下段1月、2月、4月、12月水质超标；东沙河2月、3月、5月水质超标；马刨泉河2月、5月水质超标；小清河12月水质超标。因此，2月、3月和12月河流污染较为严重，所带来的风险也更大，应重点关注。

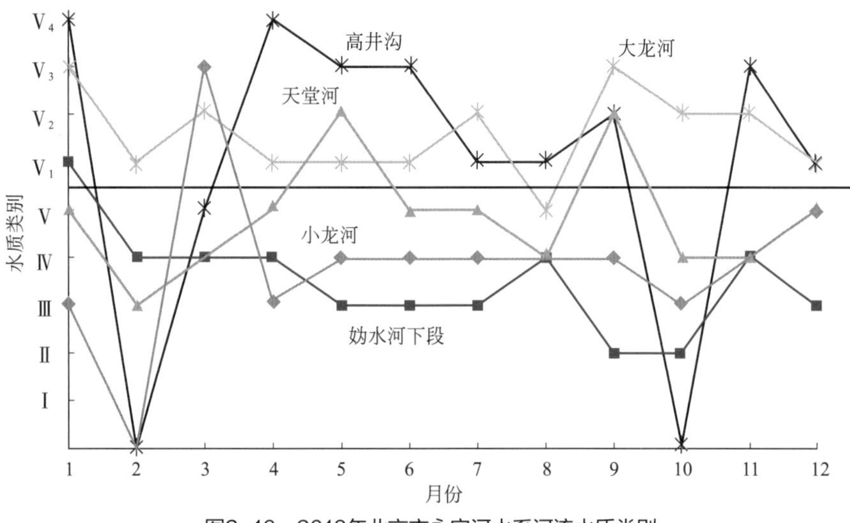

图2-16　2018年北京市永定河水系河流水质类别

（2）天津市

天津市主要河流为20条，分布较为集中，且河流较多。由于地理位置特殊，多数河流直接通向海洋，滨海新区和蓟州区河流较多，几乎占据总河流数量的1/2。见表2-6。

表2-6　天津市主要河流水体分布情况

地区	条数	河流名称
西青区	3	南运河、南水北调天津段、洪泥河
武清区	1	北运河
宁河区	2	永定新河、蓟运河
南开区	1	海河
静海区、西青区	1	独流减河
蓟州区	4	于桥水库、引滦天津河、果河、州河
滨海新区	5	海河、北排河、沧浪渠、青静黄排水渠、子牙新河
北辰区	1	子牙河
宝坻区	2	尔王庄水库、潮白新河

（3）河北省

河北省主要河流水体共56条，主要分布在唐山市、承德市、沧州市，由于地理位置靠近海边，因此地表河流水体分布较集中，且各调研区域河流分布较多，除邢台市和雄安新区（2条）以外各地区均存在4条及以上的河流。

河北省主要河流水体分布情况如表2-7所列。

表2-7　河北省主要河流水体分布情况

地区	条数	河流名称
张家口市	4	白河、清水河、桑干河、洋河
雄安新区	1	白洋淀
邢台市	2	滏阳河、牛尾河
唐山市	7	黎河、沙河、淋河、滦河、陡河、还乡河
石家庄市	5	滹沱河、绵河、绵河-冶河、石津总干渠、洨河
秦皇岛市	6	戴河、青龙河、石河、汤河、洋河、饮马河
廊坊市	6	北运河、潮白新河、龙河、大清河、沟河、子牙河
衡水市	5	滹沱河、江河、滏阳河、衡水湖、清凉江
邯郸市	4	漳河、滏阳河、马颊河、洺河
承德市	9	潮河、瀑河、清水河、滦河、柳河、瀑河、武烈河、伊逊河、老哈河
保定市	4	拒马河、府河、南拒马河、唐河
沧州市	7	沧浪渠、青静黄排水渠、南排河、宣惠河、子牙新河、北排河、子牙河

石家庄市地表水氨氮污染呈现季节性变化，主要集中在前半年丰水期（见图2-17）；河流的COD污染也是集中在一年中的几个月（见图2-18）；洨河TP相比另外几条河流污染明显，污染超标严重（见图2-19）。

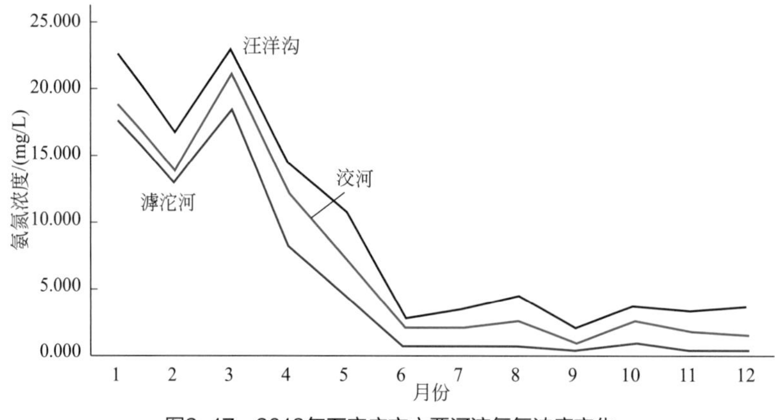

图2-17　2018年石家庄市主要河流氨氮浓度变化

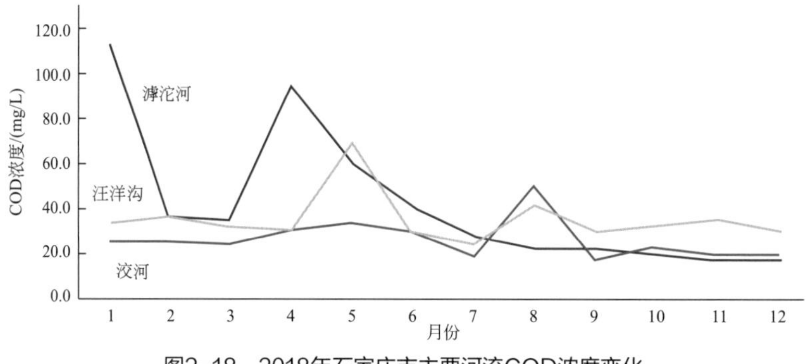

图2-18　2018年石家庄市主要河流COD浓度变化

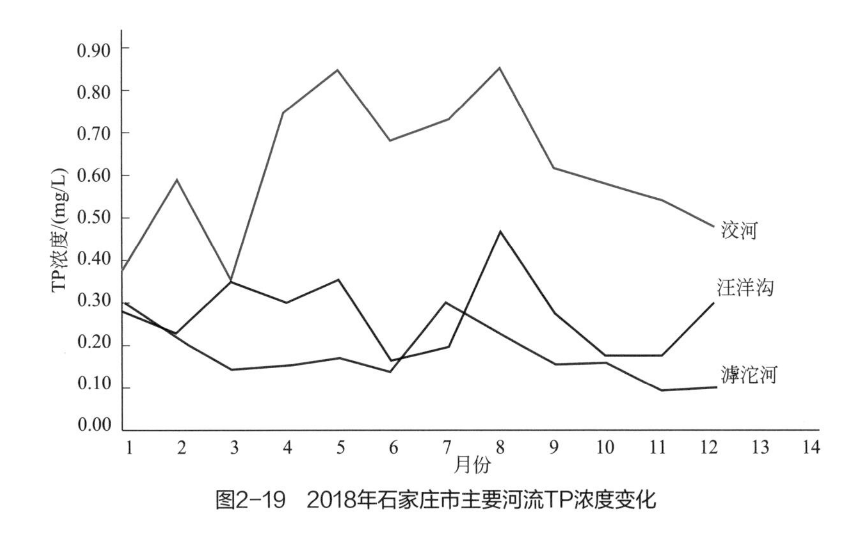

图2-19　2018年石家庄市主要河流TP浓度变化

（4）跨界河流

跨界河流主要分为两种：一种为在省内跨市的河流；另一种为跨省的河流。由于跨界河流流域界限较大，且治理难度较大，因此在污染治理和管理上需要特别关注。

京津冀主要跨界河流分布情况如表2-8所列。

表2-8　京津冀主要跨界河流分布情况

地区	河流名称
邢台市-聊城市	卫运河
沧州市-滨州市	漳卫新河
石家庄市-衡水市	滹沱河
衡水市-邯郸市	滏阳河
唐山市-承德市	滦河
北京通州区-廊坊市	潮白河

2.3.1.5　废物处置类

京津冀是我国化工业集中的区域，仅2017年北京、天津、石家庄、秦皇岛、廊坊、沧州、张家口、唐山8个市的危险废物产量129万吨，其中以钢铁金属制品为主，废酸、含锌废物量大[17]。目前国内危险废物的处置方法多采用填埋技术，填埋过程中会产生大量种类繁多、成分复杂的渗滤液，一旦发生泄漏事故，周边地下水环境就会受到严重影响。危险废物填埋场作为废物的陆地处置设施，包括废物预处理设施、废物填埋设施、渗滤液收集与处理设施、地下水导排设施等，必须做好防渗措施[18]。

针对固废堆放场、处置场、填埋场等废物处置类场所进行调研，并汇总了整个京津冀地区废物处置场所的分布情况。

（1）垃圾填埋场

京津冀地区垃圾填埋场数量及占比如图2-20所示。

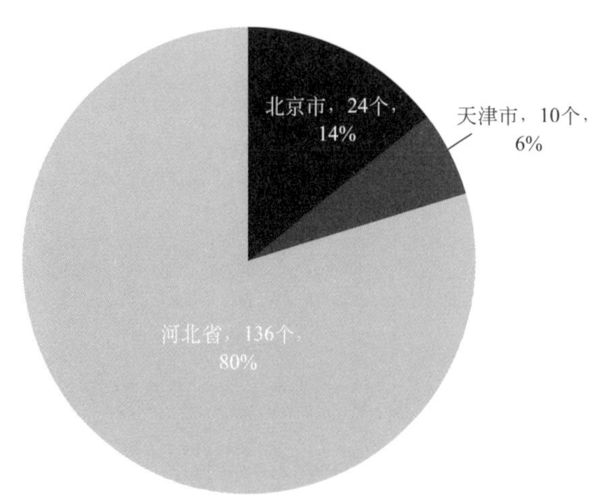

图2-20 京津冀地区垃圾填埋场数量及占比

由图2-20可知，北京市、天津市、河北省三地调查的垃圾填埋场个数达170个，其中河北省占比最大，达80%，数量达136个；北京市以14%的占比紧随其后；天津市垃圾填埋场个数最少。可能是因为北京市与天津市人口聚集程度较大，而河北省占地面积大，主要人口密集区多。为进一步探明三地垃圾填埋场具体占比，三地垃圾填埋场情况如下所述。

1）河北省

河北省各地区垃圾填埋场数量及占比如图2-21所示。

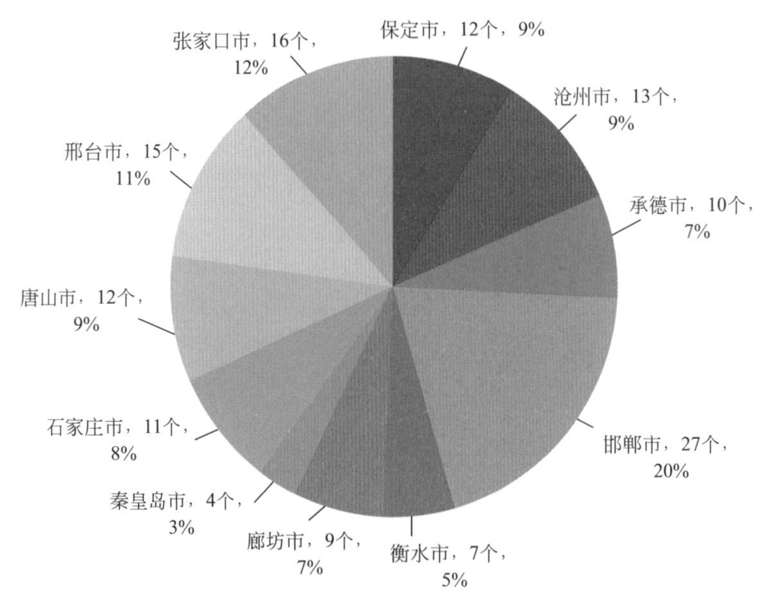

图2-21 河北省各地区垃圾填埋场数量及占比

由图2-21可知在河北省136个垃圾填埋场中，邯郸市、张家口市、邢台市分别以20%、12%、11%占据前三的位置，其个数分别为27个、16个以及15个。可以看出河北各地市垃圾填埋场个数都相差不大，其个数主要与各市区人口基数有关。

2）北京市

北京市各区垃圾填埋场数量及占比如图2-22所示。

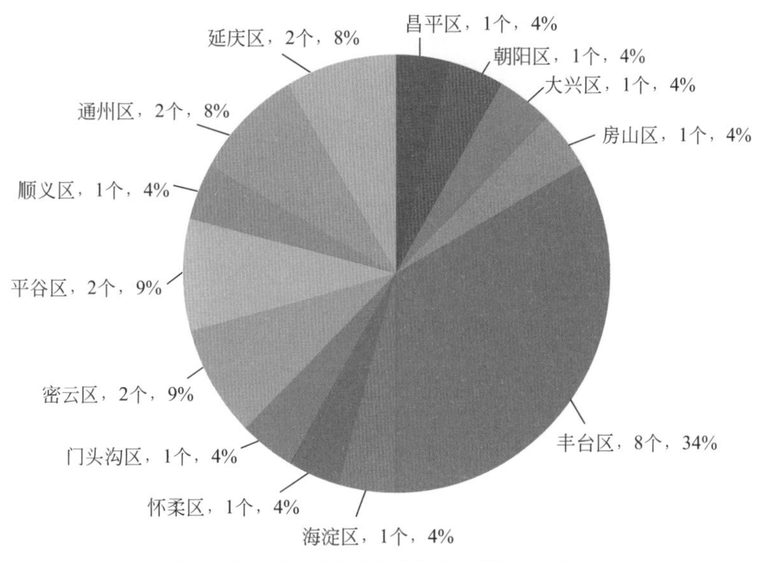

图2-22 北京市各区垃圾填埋场数量及占比

由图2-22可知在北京市共24个垃圾填埋场中，34%的垃圾填埋场在丰台区，占比远超其他区，且其余各区垃圾填埋场个数相差不大，部分地区如丰台区较为集中。

3）天津市

天津市各区垃圾填埋场数量及占比如图2-23所示。

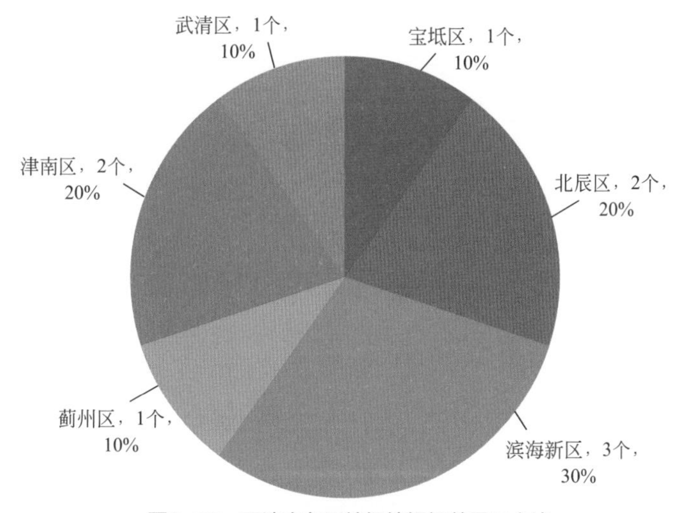

图2-23 天津市各区垃圾填埋场数量及占比

由图2-23可知在天津市共10个垃圾填埋场中，天津市各区垃圾填埋场个数相差不大，个数均不超过3个，分布较为均匀且分散。

（2）危险废物处置场

由数据可知，京津冀地区中危险废物处置场个数最多的是河北省，有27个危险废物处置场，远远超过其他两个地区；天津市并未建有集中式危险废物处置场，而北京市仅有一个危险废物处置场，且位于房山区。

为进一步探明河北省各地区危险废物处置场具体占比，将河北省各地区危险废物处置场情况列于图2-24。

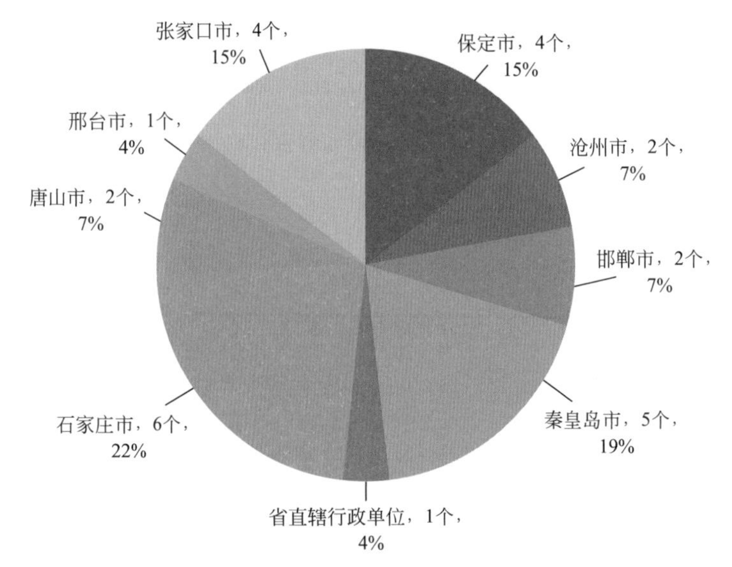

图2-24 河北省各地区危险废物处置场数量及占比

由图2-24可知，石家庄市、秦皇岛市个数较多，危险废物处置场分别为6个和5个，分别占总数的22%以及19%；保定市和张家口市，危险废物处置场数量均为4个；且主要集中在人口较集中的城市。

2.3.1.6 地下设施类

地下设施类污染风险源包含广泛，其中对京津冀地区污染风险较大的主要为油库、加油站等地下储存设施。2010年，中国科学院对天津市部分加油站做了调查。地下水样品中，总石油烃检出率为85%，强致癌物多环芳烃为79%。可见以加油站为主要污染源的地下藏污现象越发严重。

主要针对油库、加油站等地下储存设施等进行调研。汇总了整个京津冀地区地下设施类的分布情况。由图2-25可见，调研了京津冀4001座加油站，其中河北省共有加油站2809座，占据整个京津冀地区70%左右，远远超过北京市与天津市的17%和13%。

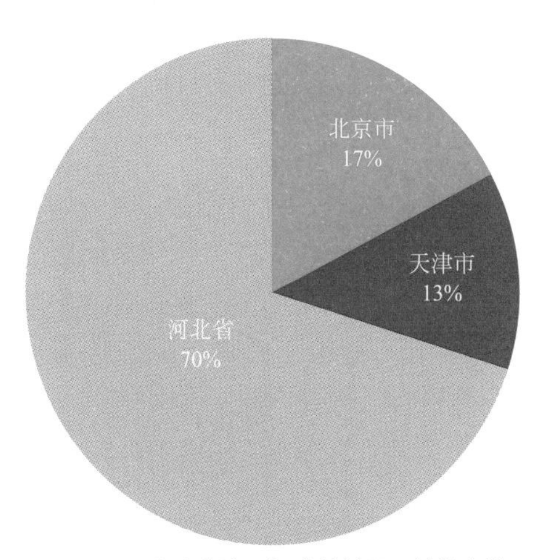

图2-25　京津冀地区加油站数量及总体占比

（1）河北省

如图2-26所示，在河北省加油站数量共2809个。较多的地区分别是保定市、唐山市和石家庄市，占比均达13%，其余地区均未超过10%，由图2-26可以看出河北省加油站位置和数量分布较均匀。

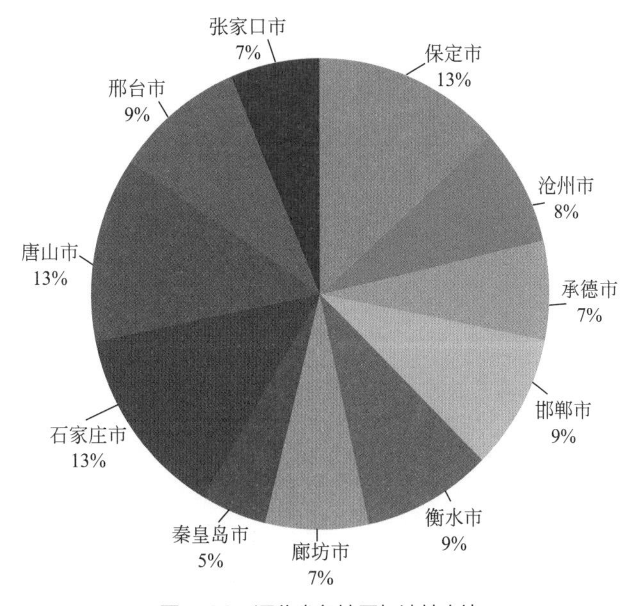

图2-26　河北省各地区加油站占比

（2）北京市

如图2-27所示，北京市加油站有692座，主要分布在房山区、朝阳区、通州区、顺义区、大兴区，总数量达379座，约占55%；从地理位置上看主要分布在北京各个地区方向，分布较为均匀。

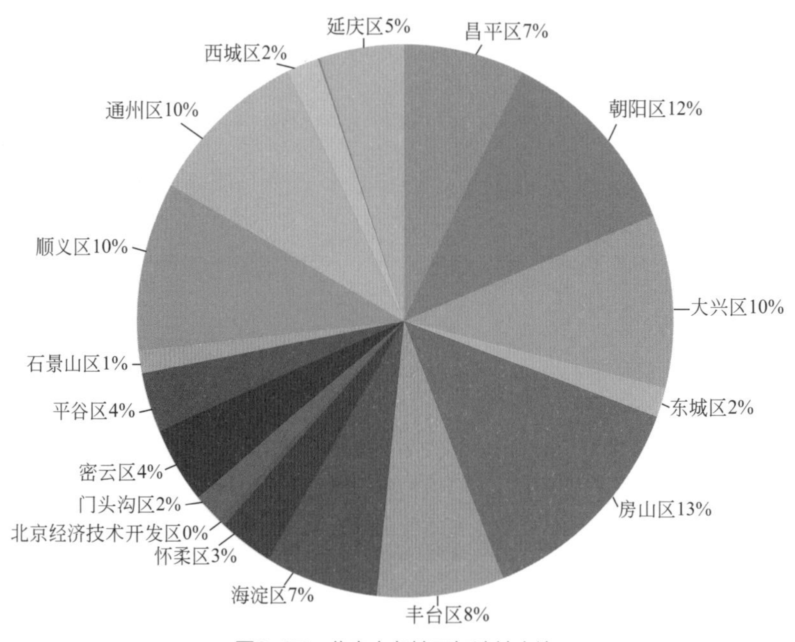

图2-27　北京市各地区加油站占比

（3）天津市

如图2-28所示，天津市共有加油站500座，其中蓟州区（63座）、静海区（54座）、宝坻区（45座）和滨海新区（46座）相比于其他地区加油站数量较多，共占总数的42%；其余地区分布较均匀，在2%～7%之间，集中部分在天津市区周边。

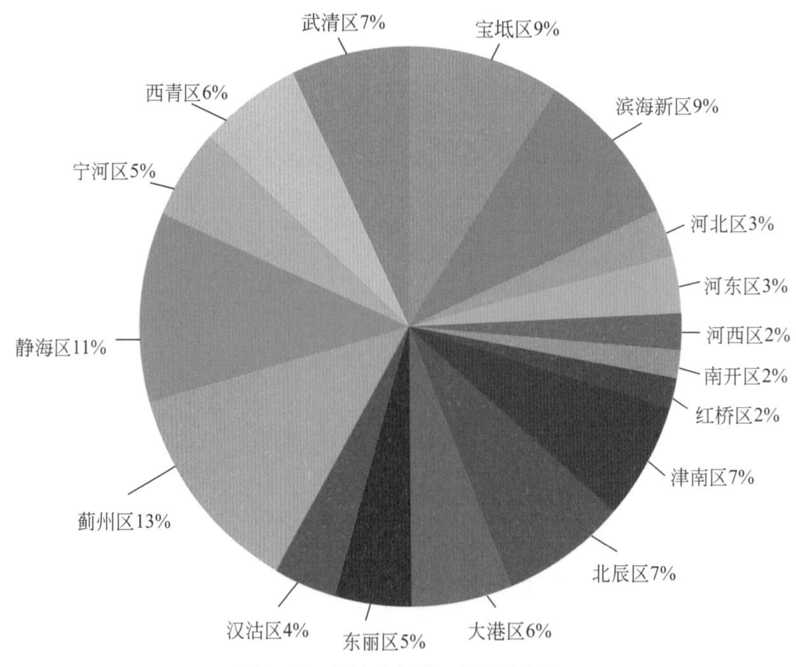

图2-28　天津市各地区加油站占比

2.3.2 京津冀地下水污染源分布特征

通过多方面的资料收集和调研，按照污染源分类收集了京津冀研究区重点工矿企业9102个、废物处置类298个、地下设施类4210个、畜禽养殖场4159个，通过土地利用数据筛选出了农业用地，收集了我国人口分布数据。

京津冀研究区污染源情况如图2-29所示。

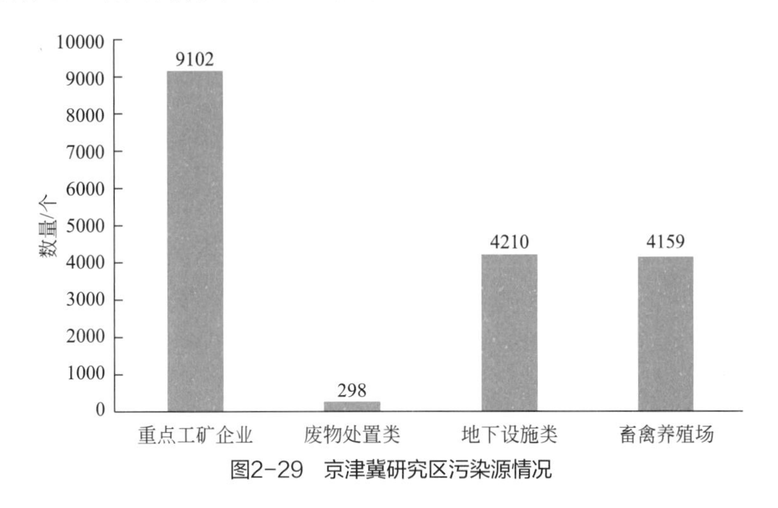

图2-29 京津冀研究区污染源情况

工业源主要集中在河北省秦皇岛市、石家庄市，天津市等地区；废物处置类在京津冀地区均有分布；地下设施类主要分布在北京市和天津市；生活源按照人口密度来划分，人口密集地区主要是北京市、天津市和石家庄市；农田主要集中在河北省南部地区及河北省西北地区，畜禽养殖场主要集中在北京市，天津市，河北省东部唐山市、秦皇岛市以及南部邯郸市；地表水体主要是在河北省东部、北京市东部以及天津市东部地区。

2.3.2.1 北京市地下水污染源分布特征

（1）工业源

北京市重点工业源总共有730个，其中医药制造业159个、皮革毛皮、羽毛（绒）及其制品业9个、金属制品业180个、化学原料及化学制品业83个、黑色金属冶炼业25个、黑色金属矿采选业3个、非金属矿物制品业271个，见图2-30。北京市的重点工业源主要分布在北京市南部房山区、大兴区、通州区等，北部延庆区、怀柔区等相对较少，总体呈现出南部重点工业源数量多于北部地区。

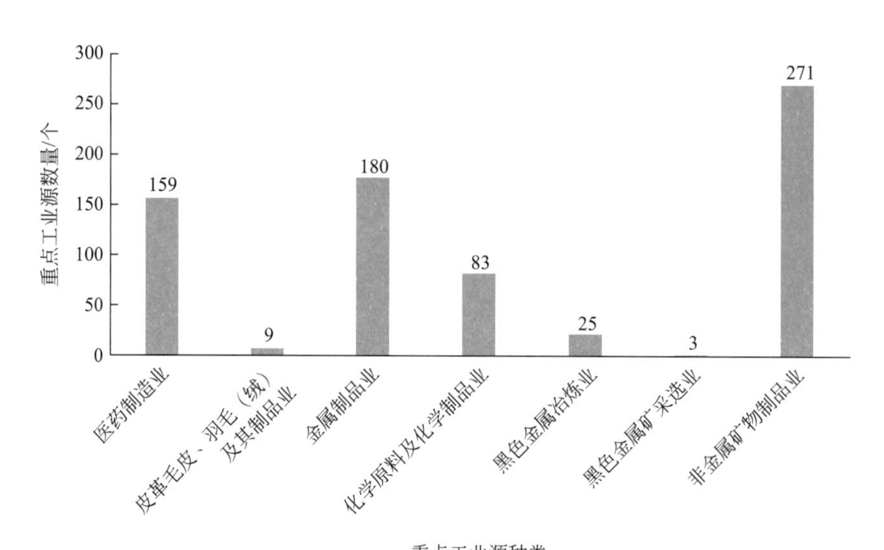

图2-30　北京市重点工业源数量

（2）废物处置类

北京市废物处置类污染源总共有25个，主要分布在密云区、顺义区，其他区分布较少，总体呈现出东部较西部多。

（3）地下设施类

北京市地下设施类污染源总共有693个，主要分布在北京市西城区、海淀区、朝阳区等，房山区、怀柔区、密云区、门头沟区等分布较少，总体呈现出东部较西部多、南部较北部多的形式。

（4）农业源

从土地利用现状中统计得出北京市目前的农田面积为3745.81km^2，主要集中在北京市延庆区、昌平区、顺义区、通州区、大兴区和房山区等。畜禽养殖方面，北京市畜禽养殖场主要集中分布在昌平区、顺义区、平谷区、大兴区、房山区等。

（5）生活源

北京市人口分布整体呈海淀区、西城区、东城区等市中心地区集中分布，周边人口分布相对较稀疏。

（6）地表水体类

北京市地表水体分布总体呈东部和南部较西部和北部分布密集。

2.3.2.2 天津市地下水污染源分布特征

（1）工业源

天津市重点工业源共有1503个，其中医药制造业74个、皮革毛皮、羽毛（绒）及其制品业25个、金属制品业513个、化学原料及化学制品业130个、黑色金属冶炼业317个、黑色金属矿采选业3个、非金属矿物制品业441个，见图2-31。天津市的重点工业源主要分布在天津市静海区、北辰区、武清区和滨海新区等，北部蓟州区、宝坻区、宁河区等地区分布较少，总体呈中部地区分布多于周边地区。

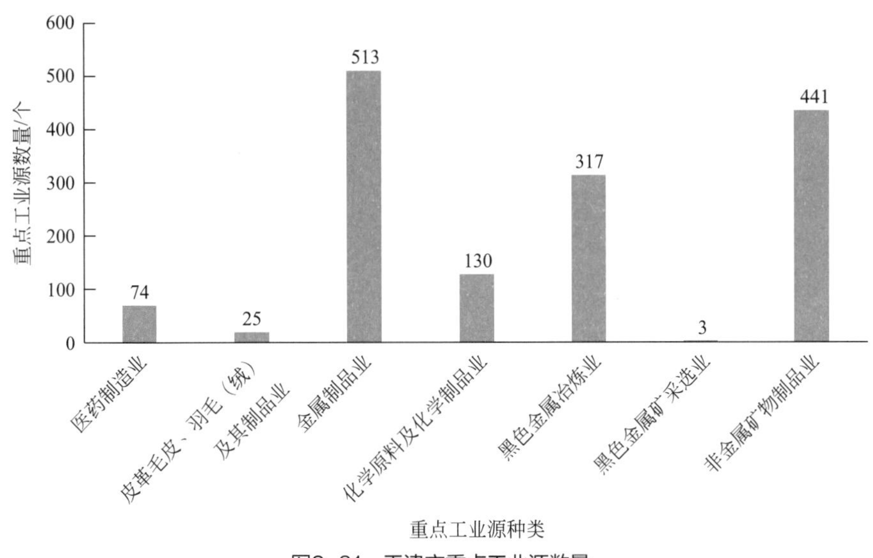

图2-31　天津市重点工业源数量

（2）废物处置类

天津市废物处置类污染源总共有10个，分布较均匀，中部略微较四周密集。

（3）地下设施类

天津市地下设施类污染源共有709个，其中心城区较周边地区地下设施污染源密集。

（4）农业源

从土地利用现状中统计得出天津市目前的农田面积为5855.65km^2，主要集中在天津市北部蓟州区、宝坻区、宁河区、武清区、静海区和津南区等，城区中心和东部近海区域分布较少。畜禽养殖方面，天津市有712个畜禽养殖场，主要分布于城区四周，且分布较均匀，城区几乎没有畜禽养殖场。

（5）生活源

天津市人口分布整体呈红桥区、河北区、河东区、和平区、南开区等城区中心集中，城区四周人口密度明显降低。

（6）地表水体类

天津市地表水体总体分布较密集，东部高于西部，中部和南部地区高于北部地区。

2.3.2.3 河北省地下水污染源分布特征

（1）工业源

河北省共有重点工业源6869个，其中医药制造业256个、皮革毛皮、羽毛（绒）及其制品业160个、金属制品业2335个、化学原料及化学制品业749个、黑色金属冶炼业529个、黑色金属矿采选业346个、非金属矿物制品业2494个，见图2-32。河北省的重点工业源主要分布在秦皇岛市、唐山市、承德市、石家庄市和邯郸市等地区，张家口市和廊坊市分布相对较少。

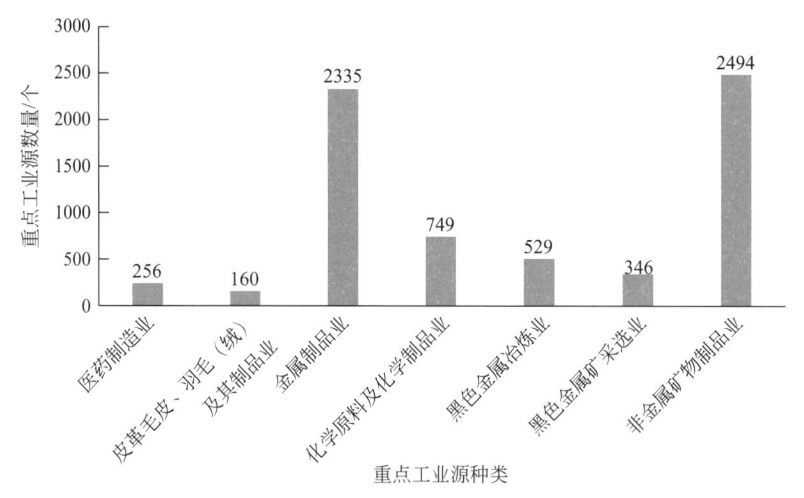

图2-32 河北省重点工业源数量

（2）废物处置类

河北省共有废物处置类污染源189个，张家口市、石家庄市、邯郸市、邢台市分布较多，北部秦皇岛市和承德市相对较少。

（3）地下设施类

河北省共有地下设施类污染源2809个，主要分布在秦皇岛市、承德市、石家庄市、保定市、邯郸市等地区，而张家口市分布相对较少。

（4）农业源

从土地利用现状中统计得出河北省目前的农田面积为90259.28km^2，主要集中在河北省南部沧州市、邯郸市、衡水市、邢台市、保定市、廊坊市以及东部唐山市、北部张家口市等地区，南部较北部分布更集中。在畜禽养殖方面，河北省共有畜禽养殖场污染源2374个，畜禽养殖场污染源主要分布在河北省南部邯郸市、东部沧州市和唐山市等地区，西部和中部总体分布较少。

（5）生活源

河北省人口分布整体为石家庄市、保定市、邯郸市、邢台市、沧州市、唐山市等市区人口分布较密集，城区四周人口分布相对稀疏。

（6）地表水体类

河北省地表水体总体分布东部较密集，东部高于西部，南部地区较北部地区密集。

参考文献

［1］U.S. Environmental Protection Agency. The report to congress: waste disposal practices and their effects on water［R］. Washington, DC, USA: U.S. Environmental Protection Agency, Office of Water Supply and Office of Solid Waste Management, 1997:512.

［2］王瑶，王若帆. 探讨区域地下水污染现状及污染途径［J］. 西部探矿工程，2020, 32(7): 150-152.

［3］刘雪春，李诗颖. 桂林漓江流域农村和农业污染源调查［J］. 湖北农业科学，2015, (14): 54-57.

［4］孙洁梅，王丽媛，凌娟. 秦淮河流域农业污染源调查及入河量计算［J］. 农业环境与发展，2011, 28(3):53-55.

［5］李巧，周金龙，贾瑞亮. 地下水农业面源污染研究现状与展望［J］. 地下水，2011, 33(2):73-76.

［6］地下水环境状况调查评价工作指南（试行）. 环境保护部，2014.

［7］王丹. 锦州市凌河区生活源污染状况调查分析［J］. 中国科技纵横，2014, (5): 13-14.

［8］张亚丽，张依章，张远，等. 浑河流域地表水和地下水氮污染特征研究［J］. 中国环境科学，2014, 34(1): 170-177.

［9］张秋花，贾洪波. 生活垃圾填埋场污染防控监管问题及解决办法［J］. 资源节约与环保，2020, (1): 110-112.

［10］李春萍，李国学，罗一鸣，等. 北京市6座垃圾填埋场地下水环境质量的模糊评价［J］. 环境科学，2008, (10): 2729-2735.

［11］张辉，陈小华，付融冰，等. 加油站渗漏污染快速调查方法及探地雷达的应用［J］. 物探与化探，2015, 39(5): 1041-1046.

［12］赵璐，邓一荣，黄霞，等. 加油站土壤与地下水环境管理问题思考与对策［J］. 环境监测管理与

技术，2019, 31(4): 4-7.

［13］李集勋. 加油站环境污染及防治措施［J］. 能源与节能，2019, (1): 89-91.

［14］陈荣. 加油站环境污染的途径及防控措施［J］. 石油库与加油站，2018, 27(3): 21-23, 5.

［15］温胜芳，单保庆，马静，等. 水资源缺乏地区地表水环境承载现状研究——以京津冀和西北五省(自治区)为例［J］. 中国工程科学，2017, 19(4): 88-96.

［16］曹晓峰，胡承志，齐维晓，等. 京津冀区域水资源及水环境调控与安全保障策略［J］. 中国工程科学，2019, 21(5): 130-136.

［17］凌润东，徐科. 区域危废分析之（五）京津冀：钢铁金属制品为主，废酸含锌废物量大［OL］. 搜狐新闻网，2018.

［18］史昕龙，钟江平. 关于危险废物填埋场的环境影响后评价探讨［J］. 环境与可持续发展，2018, 43(1): 76-80.

第3章

区域尺度地下水污染风险评价

3.1 地下水污染风险分级评价研究现状

3.2 基于迭置指数法的区域尺度地下水污染风险评价方法

3.3 基于迭置指数法的京津冀平原区地下水污染风险评价

3.4 集中式地下水饮用水水源地补给区地下水污染风险评价

3.1 地下水污染风险分级评价研究现状

3.1.1 地下水污染风险评价

地下水污染风险主要包含地下水脆弱性与污染荷载两方面的因素，目前国内外对其概念和评价内容尚未形成统一的认识[1,2]。最初开展地下水污染风险评价时通常将地下水本质脆弱性与人类活动影响两者间的复杂关系转化为简单的叠加关系，后期的研究发现，地下水污染风险评价不是简单的叠加关系，而是存在多种不同的组合关系[3,4]。1984年，Varnes与国际工程地质协会提出“风险=防污性×灾害性”，在地下水污染风险评价体系中引入了灾害理论；在实际应用中，一些学者将这种表征模式简化为“风险=本质脆弱性×污染物超标概率”。2006年，意大利学者Civita将地下水污染风险表示为：

$$R=H_rD$$

式中 H_r——地下水受污染的概率；

D——地下水的功能价值[5]。

国外地下水污染风险评价大多是在脆弱性评价的基础上，叠加人类活动引起的污染负荷，采用地下水流模型、污染物迁移模型、统计分析模型、非确定性模型等手段来评价地下水污染风险。英国在地下水污染风险评价中着重强调脆弱性和污染荷载；以色列在地下水污染风险评价中主要强调水文、地貌、土壤、植被以及土地利用强度的影响；意大利威尼斯地区开展的针对农业面源污染的地下水污染风险评价中，将水污染影响图和地下水脆弱性图进行叠加得到了地下水污染风险图。Al-Adamat等[6]将DRASTIC模型与土地利用参数相结合对约旦某盆地的地下水污染风险进行了评价；Barca等[7]运用SINTACS模型与基于专家经验的模糊逻辑法，将脆弱性与污染源荷载叠加，得到意大利某城市的地下水污染风险评价图；Rapti-Caputo等[8]采用COP模型评价了希腊雅典某垃圾填埋场的地下水污染风险；Capri等[9]将SINTACS模型与危害评价模型相结合，提出了地下水受硝酸盐污染的风险评估模型，并在意大利4座城市进行了推广应用。

国内的地下水污染风险评价研究大多强调地下水固有脆弱性、污染荷载以及地下水价值3个方面，评价方法大多与脆弱性迭置指数评价方法类似。董亮等[10]运用DRASTIC模型对西湖流域的地下水污染风险进行了评价；张雪刚等[11]选取DRASTIC模型中的D、R、A、I、C五个参数，并增加了地下水类型（G）和土地利用情况（L）两个参数，建立了GRADICL模型，并将其运用到张集地区的地下水污染风险评价中；梁婕等[12]考虑了含水层脆弱性和污染危害性，提出了基于随机-模糊模型的地下水污染风险评价方法，并将其应用于长沙某化工厂锰渣厂含锰废水对地下水污染的风险评价工作中；申利娜和李广贺[13]构建了包含地下水脆弱性和污染源特征两大要素的污染风险评价指标体系，并利用该体系对我国北方某大型岩溶地下水水源地开展了地下水污染风险区划研究；洪梅等[14]基于DRASTIC模型，根据生活垃圾填埋场特征提出了地下水污染风险评价方法，并将其应用于北京某垃圾填埋场；杨庆等[15]从地下水防污性能、污染源荷载及地下水社会效益三个方面评价了典型水源地的污染风险。

总而言之，关于地下水污染风险评价的研究仍处于起步探索阶段，对于评价的内容和方法尚无定论，目前的研究中倾向于认为地下水污染风险是受地下水脆弱性和污染荷载共同作用影响的。

3.1.2 地下水污染源危害性评价

国外地下水潜在污染风险源危害性研究较早。2007年，Nobre等基于污染物的毒性、迁移性、降解性污染风险源的数目，运用模糊聚类法对地下水危害性进行了评价。目前应用较多的是2009年Gustafson建立的GUS模型评价方法，该模型是建立在污染物的半衰期和有机分配系数基础上对农药类污染的淋溶迁移性进行的地下水危害性评价。同年，意大利研究者Ghiglieri和Capri等提出了主要针对农业硝酸盐污染的IPNOA参数评价方法，该方法主要对有机化肥、无机化肥、污泥量、硝酸盐含量、降水量、温度、农业耕作方式、灌溉条件等指标进行了分级并评分，对上述指标进行乘积叠加完成对地下水潜在污染风险源危害性进行评价。Andreo等基于危害性的类型，污染物的毒性、迁移性、可溶性建立HI危害性评价模型。

我国对地下水污染风险源危害性评价的研究较少，起步相对较晚。20世纪80～90年代，我国的地下水污染状况开始不容乐观，亟须地下水污染方面的研究提供解决对策。最初研究学者的研究方向是地下水的脆弱性，在此基础上考虑污染荷载从而对地下水进行评价，在后续的研究地下水污染风险源危害性评价中，又考虑了土地利用现状的影响。2010年，申利娜等[13]以北方某岩溶水源地为例，构建了污染物多指标危害性评价方法，基于污染源的衰减特性、污染物的存在方式、等标负荷等指标采用模糊层次分析法对地下水危害性进行了评价。同年，江剑等[16]将污染风险源分为点、线、面三类，利用简单评判法对北京市海淀区地下水污染风险源做了评价并分级。2012年，陆燕[17]以北京平原区作为研究区，把污染风险源分为工业类、农业类、生活类、垃圾填埋场、地表水体类、加油站及油库六大类，基于特征污染物的属性和排放量构建地下水污染风险源的识别与评价方法，最后对污染风险源污染风险分级，基于GIS叠加出北京市平原区地下水污染风险等级图。李广贺等[18]对地下水污染风险源识别与分级方法上提出了不同区域尺度的不同评价方法，即区域尺度和城市尺度。区域尺度以吉林省某中部地区作为研究区，首先把污染风险源分为工业污染风险源、加油站污染风险源、垃圾填埋场污染风险源、生活污染风险源和农业污染风险源，构建由污染风险源的类型、污染物产生量、污染物释放的可能性、影响范围四个因素的地下水危害性评价模型，从而对地下水危害性进行评价。典型城市尺度以北京平原区作为研究对象，选取特征污染物，基于特征污染物的毒性、迁移性和降解性以及污染物的排放量得出最终的地下水污染风险源危害性。2017年，唐军等[19]利用哈斯图解法识别出水中污染物，采用修正的内梅罗综合污染指数法对地下水污染源进行了评价。

3.1.3 地下水脆弱性评价

地下水脆弱性评价即地下水防污性能评价，地下水防污性能主要考虑包气带对污染物的衰减能力，主要与包气带的厚度、类型、结构以及污染物在包气带的迁移转化性质等有关[20]。因此地下水脆弱性评价可以分为两层：一是仅考虑研究区地下水系统的相关理化性质，如地下水埋深、含水层渗透性等；二是考虑对特定污染源或人类活动的防污性能，即考虑污染物污染性质及其在包气带的迁移转化作用。研究者也提出一系列的地下水防污性能评价方法。目前国内外常见的地下水污染风险评价的方法主要有迭置指数法、统计方法、过程模拟法等[21]。

（1）迭置指数法

作为最简单且应用最广泛的地下水防污性能评价法——迭置指数法，是将选取各种评价指标分别进行指数迭加，从而形成一个反映污染风险程度的综合指数，根据得到的综合指数对研究区地下水防污性能进行评价的一种方法[22,23]。迭置指数法又可分为水文地质背景参数法和参数系统法。水文地质背景参数法是指通过对比研究区域与已知污染风险大小的区域来确定研究区的污染风险，值得注意的是，需挑选与研究区水文地质条件类似的且已知防污性能的区域，这大大增加了评价工作的难度，一般适用于水文地质条件比较复杂的大区域；参数系统法是指根据实际水文地质条件选择相应的参数，按照各参数的数值范围分区间，对于每个区间都有相应的评分值，将各参数的评分值叠加起来即得到一个综合评分值，根据评分值对研究区地下水防污性能进行评价的方法。

迭置指数法典型的评价模型有DRASTIC、GOD、SINTACS等，其中DRASTIC模型操作性强，评价指标信息容易获取，在区域地下水污染风险评价工作中具有良好的应用效果，因此作为一种标准的方法被普遍采用[24]。

DRASTIC评价法由美国环保局于1985年提出，该方法评价因子体系包括含水层埋深（D）、含水层净补给量（R）、含水层介质类型（A）、土壤介质类型（S）、地形坡度（T）、包气带介质（I）和含水层渗透系数（C），对以上每个因子的内在属性及变化范围给以赋值，并根据因子对地下水污染风险影响的重要程度计算权重，各因子加权和即是DRASTIC指数。DRASTIC提出后被应用于美国各区地下水污染风险评价工作中，后又相继被加拿大、南非等国家采用；我国于20世纪90年代开始采用该方法对我国各区的地下水污染风险进行评价。

在后来的发展过程中，研究者对DRASTIC模型进行改进。改进内容主要分为以下3个部分。

① 对DRASTIC模型中的相关参数进行增减或替换，使得模型更加符合各国地下水水文地质特征。如采用地下水位埋深、黏性土厚度以及含水层厚度三个因素对我国河北平原的地下水污染风险进行评价。由于缺乏水力传导系数的详细数据，Al-Adamat等[6]在进行约旦玄武岩含水层地区地下水污染风险评价工作时，去除了原有模型的水力传导系数（C），构建了DRASTIC评价模型。DRASTIC模型在提出之初，其评价因子主要是针对地下水的固有脆弱性，在后来的模型参数的调整中往往需要考虑污染源或人类活动的参数。张保祥等[25]在模型中增加了对土地利用的考虑，建立了DRAMTICH评价体系并对黄水河流域中下游地区地下水污染风险进行了评价。

② 对模型进行敏感性分析。在DRASTIC模型参数进行调整的过程即增加、减少或替换相关参数过程中往往具有一定的主观性，为此需开展模型指标选取的可行性验证工作。地图参数移除法是由Lodwick[26]提出的一种敏感性分析方法，后被Saidi等[27]使用于突尼斯萨赫勒地区的地下水污染风险评价工作中，研究发现地下水位埋深值和净补给量两个指标对地下水污染风险的影响最大，该方法验证了Saidi等改进方法的合理性。除地图移除参数法外，单参数敏感性分析也可进行地下水污染风险评价的敏感性分析。

③ 对模型中的权重进行调整。DRASTIC模型规定，各参数权重值大小为1 ～ 5，最重要的评价参数取5，最不重要的评价参数取1。在应用模型进行评价时，需根据具体的研究区选定各评价参数权重取值的大小。Panagopoulos等[28]通过统计学技术修正了模型中的参数权重，修正后的模型提高了地下水污染风险与污染物浓度的相关性。

迭置指数法由于其评价方法简单、评价参数易于获取等优点，其使用较为普遍，但是由于因子的评分和权重体系多基于经验方法获取，客观性和科学性较差。

（2）统计方法

统计方法是指在收集大量地下水污染信息资料的基础上，通过统计方法明确地下水污染风险值与相关参数的联系，筛选出影响地下水风险的主要因子，并建立统计模型，对评价因子赋值输入至模型中，从而计算研究区地下水发生污染的概率。常用的统计方法有线性回归分析法、逻辑回归分析法、地理统计法和实证权重法等。

统计方法虽然能够实现客观地筛选出地下水污染的主要影响因素，并通过回归方程给出适当的权重值，避免了专家评判的主观性，但由于该法一方面没有涉及污染发生的基本过程，另一方面评价时需要大量的监测资料和相关信息作为基础，造成其应用有限。

（3）过程模拟法

过程模拟法是使用物理、化学、生物等过程模型模拟污染物在包气带和饱水带的迁移、转化的过程，利用模型得到一个用于评价污染风险性的指数。过程模拟法既可以描述地下水污染物的迁移转化过程，又可以估计污染物的时空分布情况，并且许多模拟结果是量化的，如污染物迁移时间、污染物浓度及污染面积等，近年来在地下水污染风险评价中受到越来越多的关注。

目前，地下水污染物质迁移转化模拟、预测和评价的计算机软件和模型主要有FEFLOW、FEMWATER、GMS、Visual MODFLOW、MT3D和RT3D、HYDRUS等。

3.1.4 地下水功能价值评价

国外对地下水功能区划研究最早出现于1915年，由地下水安全开采量表征，是指不会对地下水系统产生影响的最大地下水开采量。在20世纪70～90年代，由安全开采量表征地下水功能区划的评价方法已被大多数国家所接受，但是随着地下水的大规模开采，地下水的可持续开采逐渐成为了大家关注的焦点，针对地下水的可持续开采，各国都做了大量的研究，从多个角度来研究地下水的开采问题[29]。美国建立了含水层恢复系统，截至2002年，美国在运行的含水层恢复系统有56个，正在建的有100多个[30,31]。并且为解决地下水资源超采问题，美国还提出了“水银行”的概念；水银行还没有一个明确的定义，可以把它类比成我们现实的银行，在丰水期可以储备大量的水资源，到了枯水期可以把它作为一种交易的物品，用来弥补缺失的水量，从而使人们认识到水的重要，提高人们的节约意识[30-33]。随着研究的开展，单纯地考虑地下水安全开采量已经不能完全表征地下水功能区划，有研究学者丰富了其内涵，考虑到了经济指标，任何地下水的开采都是在一定的经济条件基础上进行的。2009年和2014年，Theis、Banks等分别引入了地下水的补给与排泄平衡、地下水水质问题、水权等指标，完善了地下水功能区划评价体系。

我国地下水功能评价形成于20世纪末。2002年，水利部发布了《中国水功能区划》在国内试行，根据《中国水功能区划》，我国有大量学者对地下水功能区划进行了研究。2003年我国的地下水功能评价初步展开，纪强等也对地下水功能划分的方法上做了大量研究。2004年，中国地质调查局发布了《全国地下水资源及其环境问题调查评价》(试行)，提出了在进行地下水功能评价中所要遵从的基本原则，做了相关的技术指导，并且提出了评价方法，确立地下水功能区划的一些相关概念。基于《全国地下水资源及其环境问题调查评价》(试行)，中国地质调查局对华北平原做了地下水功能划分，建立了10个评级指标和30个评价因子的指标体系，为后面做地下水功能划分方面的研究人员提供了思路。同年，唐克旺等[29]从我国地下水目前存在的问题角度出发，将地下水评价和地表水评价结合起来，完成地下水功能区划，划分为四个一级功能区。2006年，国土资源部发布了《地下水功能评价与区划技术要求》(试行)，该技术要求阐明了地下水功能评价的基本理念、原则、工作内容及评价方法等，为我国西北地区、华北地区和东北地区等地区的平原区第四系地下水功能区划提供了参考。基于《地下水功能评价与区划技术要求》（试行），研究学者分别在云南省、郑州市、山东省进行了功能区划分。2009年张光辉[34]将资源、生态和地质环境三方面结合起来对地下水功能区划进行评价，建立了完整的评价指标体系。2014年丁丽丽等通过收集到的地下水水量、水位等资料，得出了地下水保护目标，并提出了保护措施及建议；韩颖异以水文地质为基础，考虑水资源分区，结合行政区域，对大连进行了地下水功能划分。

3.2 基于迭置指数法的区域尺度地下水污染风险评价方法

在区域尺度上，由于调查尺度大，精度低，在污染源调查中，难以获取潜在污染源排放的特征污染物清单及其浓度、污染物流量、体积、污染的面积等数据。因此从实际角度出发，基于区域尺度的污染源分布特征，考虑地下水污染源危害性（PI）、地下水脆弱性（DI）、地下水功能价值（VI）三方面评价结果，构建地下水污染风险分级评价模型：

$$R=PI\cdot DI\cdot VI \tag{3-1}$$

式中 R —— 评价区的风险值；

PI —— 污染源危害性综合指数；

DI —— 污染源脆弱性综合指数；

VI —— 污染源功能价值综合指数。

结果采用自然间断点分级法划分为高、较高、中、较低、低五个等级，在GIS环境下编辑成图。指标体系如图3-1所示。

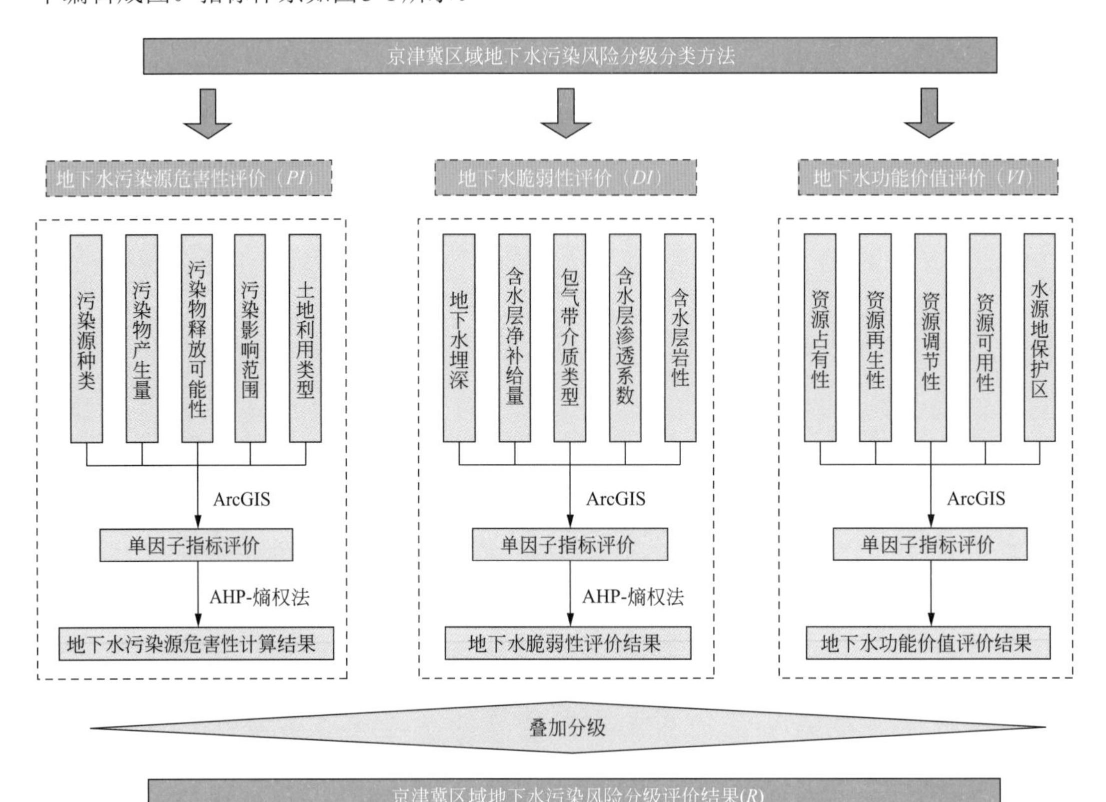

图3-1　区域尺度地下水污染风险评价指标体系

3.2.1　地下水污染源危害性评价方法

地下水污染风险分级及防控包括地下水污染风险源地识别与地下水污染源危害性评价，通过对污染源类型及特征污染物的研究，为地下水污染风险评价及防控措施的制定提供依据。地下水污染的来源及原因多种多样，包括直接的和潜在的污染物来源，随着潜在污染源数目的增多，对其分类及划分也逐渐增多。因此，准确有效地识别地下水污染源可进一步明确地下水污染的程度和危害性，并为地下水危害性评价提供支撑。污染源识别将综合考虑污染源分类、污染源规模和排放特征，并结合不同尺度区域环境要素进行识别。地下水污染源危害性是指各种潜在污染源对地下水产生污染的可能性，是地下水污染风险评价的重要技术手段。地下水污染源危害性评价将基于地下水污染源的多样性和复杂性，结合不同尺度划分，建立具有污染源分类、评价功能和特性的地下水污染源分级分类方法，从而表征污染源对地下水造成的危害程度。

地下水潜在污染源危害性是指在人为活动或者自然过程中产生的地表污染物向下运移对地下水可能造成的危害大小。我国的地下水污染主要包括工业产生的废水，农业使用化肥、农药产生的废水，人类正常生活产生的废水渗透到地下含水层中对地下水造成污染等。在一些地区，还存在垃圾填埋场、地下设施类等泄漏引起的地下水污染。地表产生的污染物对地下水造成污染主要包括直接污染和间接污染：直接污染是污染物直接侵入到含水层对地下水造成污染，这是地表污染物对地下水造成污染的最主要的方式；间接污染是指污染物通过其他物质使自身的某些主要成分进入地下水，间接污染的过程较为复杂，不容易查清其污染来源及其途径，治理相对也较为困难。地下水污染会对人体健康、畜牧、工农业等产业都造成重大的影响。工业废水会产生大量的有机和无机化合物，甚至产生重金属离子。农业化肥、农药的使用会导致区域硝酸盐含量升高，使地下水、天然淡水受碱水污染。生活废水会致使水中的硝酸盐等成分含量升高。地下水对于人类发展至关重要，而且地下水资源相对地表水资源而言，含量较少，地下水的地层结构更为复杂，一旦污染治理难度极大，依靠地下水系统自身的净化、更新，需要十几年甚至几十年才能恢复，在这期间还不能产生二次污染，否则将会更难治理。对于地下水的保护，应该以预防为主，多增设地下水质监测点，对于出现地下水水质超标的点位及时采取措施，在地表就及时清除污染物。

对于区域尺度的地下水污染源危害性评价，研究范围通常以多城市或区域的经济发展带为主，由若干个地下水系统单元构成，具有环境因素多、污染源要素复杂、模型概化度高、精度较低的特点。

在区域尺度上，由于调查尺度大、精度低，在污染源调查中，难以获取潜在污染源排放的特征污染物清单及其浓度、污染物流量、体积、污染的面积等数据。因此从实际角度出发，基于区域尺度的污染源分布特征，构建涵盖污染源荷载种类K（包括毒性、衰减能力、迁移性等）、污染物产生量Q、污染物释放可能性L（有无防护措施、有无泄漏）及污染缓冲半径D 4个指标的污染源评价体系，构建的评价模型为：

$$P=KQLD \tag{3-2}$$

式中 P——单个潜在污染源荷载危害性指数；

K——潜在污染源荷载种类，以不同等级的分值表示（见表3-1）；

Q——污染物产生量，以不同等级的分值表示；

L——污染物释放可能性，以不同等级的分值表示；

D——缓冲半径，是指在污染源占地面积的基础上污染物可能迁移扩散的半径范围，主要与污染物类型有关，若为面源D不予考虑，取值为1。

表3-1 污染源荷载种类K的分级标准

污染源类型	毒性类别	K评分/分
工业污染源	石油加工、炼焦及核燃料加工业	2.5
	有色金属冶炼及压延加工业	3
	黑色金属冶炼及压延加工业	2
	化学原料及化学制品制造业	2.5
	纺织业	1
	皮革、毛皮、羽毛（绒）及其制品业	1
	金属制品业	1.5
	其他行业	0.2
矿山开采区	煤炭开采和洗选业、石油和天然气开采业	1.5
	黑色金属矿采选业	2
	有色金属矿采选业	3
	非金属矿采选业	1
危险废物处置场	工业危废、危险化学品为主	2
垃圾填埋场	生活垃圾为主	1.5
加油站	石油烃类、多环芳烃类	2.5
农业种植	化肥、农药、重金属为主	1.5
规模化养殖场	抗生素药物为主	1
地表污水	工业、生活、农业废水排放等	1

注：资料来自《地下水污染防治区划分工作指南》(试行)。

污染物释放可能性与其防护措施有着密切关系。一般情况下，有防护措施且存在年限时间较短，污染物释放可能性低；时间久、防护措施维护不当，污染物释放可能性大；若未采取任何防护措施，污染物释放可能性认定为1。污染物释放可能性分级标准如表3-2所列。

表3-2 污染物释放可能性分级标准

污染源	释放可能性	L评分/分
工业污染源	建厂时间2011年之后	0.2
	建厂时间1998～2011年之间	0.6
	建厂时间1998年之前或无防护措施	1
矿山或石油开采区	≤5年，尾矿库或转运站有防渗	0.1
	>5年，尾矿库或转运站有防渗	0.3
	尾矿库或转运站无防渗	1

续表

污染源	释放可能性	*L*评分/分
垃圾填埋场	≤5年，正规Ⅰ级	0.1
	>5年，正规Ⅰ级	0.2
	≤5年，正规Ⅱ级	0.2
	>5年，正规Ⅱ级	0.4
	≤5年，正规Ⅲ级	0.4
	>5年，正规Ⅲ级	0.5
	非正规、简易防护（Ⅳ级）	0.6
	非正规、无防护（Ⅴ级）	1
危险废物处置场	正规	0.1
	无防护措施	1
石油储运和销售区	≤5年，双层罐或防渗池	0.1
	5～10年，双层罐或防渗池	0.2
	>15年，双层罐或防渗池	0.5
	≤5年，单层罐且无防渗池	0.2
	5～10年，单层罐且无防渗池	0.6
	>15年，单层罐且无防渗池	1
农业种植	水田	0.3
	旱地	0.7
规模化养殖场	有防护措施	0.3
	无防护措施	1
地表污水	有防渗层	0.1

注：资料来自《地下水污染防治区划分工作指南》（试行）。

可能释放污染物的量与污染源规模、污染物排放量等因素相关，污染源规模越大，污染物排放量越高，则可能释放到地下水中污染物的量越大，可能释放污染物的量分级及评分标准如表3-3所列。

表3-3　可能释放污染物的量分级及评分

污染源	类型	*Q*评分/分
工业污染源（废水排放量）/（10^3t/a）	<1	1
	(1,5]	2
	(5,10]	4
	(10,50]	6
	(50,100]	8
	(100,500]	9
	(500,1000]	10
	>1000	12

续表

污染源	类型	Q评分/分
矿山或石油开采区（规模）	小型	3
	中型	6
	大型	9
垃圾填埋场（填埋量）/（10^3m^3）	≤1000	4
	(1000,5000]	7
	>5000	9
危险废物处置场(堆放量或填埋量)/（10^3m^3）	≤10	4
	(10,50]	7
	>50	9
石油储运和销售区（油罐容量为30m^3的油罐数量)/个	1	1
农业种植（化肥使用量)/（kg/hm^2）	≤180	1
	(180,225]	3
	(225,400]	5
	>400	7
规模化养殖场（COD排放量)/（t/a）	≤2	1
	(2,10]	2
	(10,50]	4
	(50,100]	6
	(100,150]	8
	(150,200]	9
	>200	10
生活污水排放量/（人/km^2）	<130	1
	130～400	2
	>400	3
地表污水（径流量)/（m^3/s）	≤100	1
	(100,1000]	3
	(1000,5000]	5
	(5000,10000]	7
	>10000	9

注：规模化养殖场评分中，可根据已知多少（只）鸡或是（头）牛羊猪，按表3-5初步估算出COD排放量。资料来自《地下水污染防治区划分工作指南》(试行)。

对于缓冲半径D，是通过农业面源、污灌、加油站密度、人口密度按行政区获取的污水排放计算的，不考虑影响半径。缓冲半径分级及评分见表3-4。

表3-4 缓冲半径分级及评分

污染源类型	毒性类别	缓冲区半径推荐值/km
工业污染源	石油加工、炼焦及核燃料加工业	1.5
	有色金属冶炼及压延加工业	1
	黑色金属冶炼及压延加工业	1
	化学原料及化学制品制造业	2
	纺织业	2
	皮革、毛皮、羽毛（绒）及其制品业	2
	金属制品业	1
	其他行业	1
矿山开采区	煤炭开采和洗选业、石油和天然气开采业	1.5
	黑色金属矿采选业	1
	有色金属矿采选业	1
	非金属矿采选业	1
危险废物处置场	工业危废、危险化学品为主	1
垃圾填埋场	生活垃圾为主	2
加油站	石油烃类、多环芳烃类	1.5
农业种植	化肥、农药、重金属为主	1.5
规模化养殖场	抗生素药物为主	1
地表污水	工业、生活、农业废水排放等	1

注：资料来自《地下水污染防治区划分工作指南》（试行）。

畜禽类与COD、氨氮换算如表3-5所列。

表3-5 畜禽类与COD、氨氮换算

畜禽类别	猪/[kg/(头·年)]	奶牛/[kg/(头·年)]	肉牛/[kg/(头·年)]	蛋鸡/[kg/(只·年)]	肉鸡/[kg/(只·年)]
COD	36	1065	712	3.32	0.99
氨氮	1.8	2.85	2.52	0.1	0.02

注：资料来自《地下水污染防治区划分工作指南》（试行）。

区域尺度地下水危害性的权重将对工业源、农业源、生活源、垃圾场、加油站、地表排污河进行权重赋值，见表3-6。

表3-6 污染源权重

评估因子	工业源	农业源	生活源	废物处置类	地下设施类	地表水体类
权重	5	2	1	3	3	1

注：资料来自《地下水污染防治区划分工作指南》（试行）。

3.2.2 地下水脆弱性评价方法

目前地下水脆弱性评价中最常用的方法为DRASTIC方法。该方法适用于大区域的地下水脆弱性评价，其评价指标包括地下水位埋深（Depth of water table）、净补给量（Net recharge）、含水层介质（Aquifer media）、土壤介质（Soil media）、地形坡度（Topography）、包气带介质（Impact of vadose zone）、含水层渗透系数（Hydraulic conductivity）7个因子，这7个因子组成DRASTIC模型。

模型中每个因子都分成几个区段（对于连续变量）或几种主要介质类型（对于文字描述性指标），每个区段根据其在指标内的相对重要性赋予评分，评分范围为1～10分。

每个因子根据其对脆弱性影响重要性赋予相应权重，权重范围为1～5，脆弱性指数为7个指标的加权综合，见下式：

$$DI=D_W D_R+R_W R_R+A_W A_R+S_W S_R+T_W T_R+I_W I_R+C_W C_R \tag{3-3}$$

式中 DI —— 地下水脆弱性指数；

D、R、A、S、T、I、C —— 7个评价指标；

下标R —— 指标值；

下标W —— 指标的权重。

根据DI值，将脆弱性分为低脆弱性、较低脆弱性、中脆弱性、较高脆弱性和高脆弱性等类别。DI值越高，地下水脆弱性越高，反之地下水脆弱性越低。

不同地区水文地质条件不同，选取的评价指标及指标的评分标准、权重也不同。以孔隙水为例，其脆弱性评价指标体系及相关说明见表3-7。

表3-7 孔隙水脆弱性评价指标体系

评价指标	数据来源	说明
地形坡度	DEM坡度提取	污染物运移路径中的地表。以大气降水为区域潜水补给最主要来源时，净补给量可近似用降雨入渗补给量代替；在有其他主要的补给途径时，要综合考虑各种补给来源对潜水的补给量。在南方水系发育的地区，要考虑河网密度
净补给量	水资源评价中的所有垂向补给数据	
河网密度	按河长/面积计算，可收集河道管理方面的资料	
土壤介质	钻孔柱状图或区域土壤分区图	污染物运移路径中的包气带，包气带岩性和包气带黏土层厚度二选一
地下水位埋深	地下水水位统测资料，评价时应用水平年高水位期地下水水位统测资料	
包气带岩性	按钻孔资料分析或收集包气带岩性图	
包气带黏土层厚度	按钻孔资料分析	

续表

评价指标	数据来源	说明
含水层介质	按钻孔资料分析或收集水资源评价资料	污染物运移路径中的含水层
含水层厚度	钻孔资料或含水层顶底板等值线图	
含水层渗透系数	从经验值或野外抽水试验得到，可以从水资源评价中收集水文地质参数	

3.2.3 地下水功能价值评价方法

地下水功能指地下水的质和量及其在空间和时间上的变化对人类社会和环境所产生的作用或效应，主要包括地下水的资源供给功能（简称“资源功能”）、生态环境维持功能（简称“生态功能”）和地质环境稳定功能（简称“地质环境功能”）。

地下水功能价值评价主要注重地下水资源功能，从资源的占有性、再生性、调节性及可用性四个方面来进行评价，利用GIS图层叠加空间分析的技术和层次分析法实现地下水资源功能评价。

占有性评价指标有区外补给资源占有率、区内补给资源占有率、储存资源占有率和可利用资源占有率；再生性评价指标包括补给可利用率、补采平衡率、降水补给率；调节性评价指标包括水位变差开采比、水位变差降水比；可用性评价指标包括可采资源模数、资源质量指数和资源开采程度。

区域地下水功能价值评价指标体系如图3-2所示。

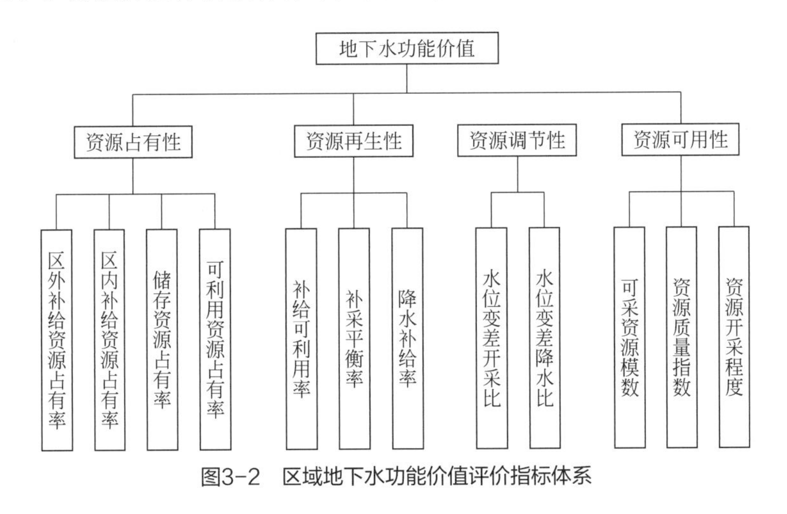

图3-2　区域地下水功能价值评价指标体系

另外，考虑水源地分布，水源地一级和二级保护区是地下水功能价值高区。地下水功能价值指标体系与指标等级划分见表3-8。

表3-8 地下水功能价值指标体系与指标等级划分

系统层	功能层	指标层				
		指标名称	指标意义	指标等级		
				强	中	弱
地下水功能价值	资源占有性	区外补给资源占有率	是指被评价分区从域外获取补给资源模数与该系统全区平均补给资源模数的比率	1	1～0	0
		区内补给资源占有率	是指被评价分区从域内获取补给资源模数与该系统全区平均补给资源模数的比率	1	1～0	0
		储存资源占有率	是指被评价分区地下水储存资源模数与该系统全区平均可利用资源模数的比率	1	1～0	0
		可利用资源占有率	是指被评价分区地下水可利用资源模数与该系统全区平均可利用资源模数的比率	1	1～0	0
	资源再生性	补给可利用率	是指被评价分区补给资源模数与可利用资源模数的比率	1	1～0	0
		补采平衡率	是指被评价分区的近10年年均补给量与对应年均开采量模数的比率	1	1～0	0
		降水补给率	是指被评价分区的近10年年均降水量与对应年均补给量模数的比率	1	1～0	0
	资源调节性	水位变差开采比	是指被评价分区的近10年年均开采量模数与对应年均水位变差的比率	1	1～0	0
		水位变差降水比	是指被评价分区的近10年年均降水量与对应年均水位变差的比率	1	1～0	0
	资源可用性	可采资源模数	是指被评价分区的单位面积上地下水可开采资源量	1	1～0	0
		资源质量指数	是指被评价分区的地下水质量等级，一般分为Ⅰ、Ⅱ、Ⅲ、Ⅳ、Ⅴ级水	1	1～0	0
		资源开采程度	是指被评价分区的近10年年均可利用量与对应实际开采量的比率	1	1～0	0

地下水功能价值评价的分级标准分为“系统层综合评价分级标准”“功能层综合评价分级标准”和“指标层状况评价分级标准”，见表3-9。

表3-9 地下水功能价值评价的分级标准

系统层综合评价分级标准					
综评指数值	0.8～1.0	0.6～0.8	0.4～0.6	0.2～0.4	0.2～0
状况分级	功能价值高	功能价值较高	功能价值一般	功能价值较低	功能价值低
功能层综合评价分级标准					
功能指数值	0.84～1.0	0.67～0.84	0.34～0.67	0.17～0.34	0.17～0
状况分级	强	较强	一般	较弱	弱
级别代码	Ⅰ	Ⅱ	Ⅲ	Ⅳ	Ⅴ
指标层状况评价分级标准					
属性指数值	0.8～1.0	0.6～0.8	0.4～0.6	0.2～0.4	0.2～0
状况分级	好	较好	一般	较差	差

采用ArcGIS图层叠加空间分析技术和层次分析法（AHP）进行地下水功能评价。首先利用AHP法把评价系统中相互关联的各个要素按隶属关系分解为若干层次，并按照上一层的准则对其下属同一层的各个要素进行两两判断比较，构筑出判断矩阵见表3-10。

表3-10 层次分析法的判断矩阵标度分级及其意义

标值	含义
1	表示两个因子相比，具有同等重要性
3	表示两个因子相比，前者比后者略重要
5	表示两个因子相比，前者比后者较重要
7	表示两个因子相比，前者比后者非常重要
9	表示两个因子相比，前者比后者绝对重要
2、4、6、8	表示上述两相邻标度的中间值，重要性介于两者之间
上述标值倒数	若因子i与j重要性比为b_{ij}，则因子j与i的重要性之比为$b_{ji}=1/b_{ij}$

经过计算确定各要素的相对重要性，给出定量指标，用数学方法求解各层次各要素相对重要性权重值作为综合分析的基础。然后，利用ArcGIS完成各指标的专题图层制作，并将各指标图层进行数值归一化处理。按照AHP法确定的各指标权重值，在ArcGIS软件中进行图层叠加，将结果分为高、较高、中等、较低、低5个等级，形成地下水功能价值评价图。

3.3 基于迭置指数法的京津冀平原区地下水污染风险评价

3.3.1 社会经济概况

京津冀地区包括北京市、天津市和河北省11个地级市以及雄安新区，区域总面积为21.6万平方千米，占全国区域面积的2.3%。京津冀地区是我国的政治中心和文化中心，也是我国北方重要的经济核心地区。地处我国华北平原，东临渤海，并依次与辽宁省、内蒙古自治区、山西省、河南省、山东省接壤，位于北纬36°05′～42°40′、东经113°27′～119°50′。

京津冀地区交通基础设施发达，京广、京九、京沪、大秦、京通、京包等多条铁路纵贯南北；京珠、京沈、京福、津石、济青、东大高速公路以及101、102、103、104、105、220等十余条国道分布其间，已形成以铁路为骨干，并与公路、航空、水运相结合的综合运输网。区内海岸线长，航海运输也占有十分重要的位置。

京津冀地区是我国重要农业基地，是我国主要粮、棉产区之一，粮食播种面积约占全部作物播种面积的80%。主要粮食作物有小麦、玉米、高粱、谷子、薯类等，经济作物有棉花、花生、大豆、蔬菜等，形成以种植业为主体的农业产业结构。工业经过多年的调整发展，已形成了以电力、煤炭、钢铁、机械制造、化工、石油等重工业和以纺织、医药、造纸、陶瓷等轻工业为基础的产业结构，并已初步形成了以农业为基础，以工业为主导，第一、第二、第三产业共同发展的多元化经济格局。

3.3.2 气象特征

京津冀地区属欧亚大陆东岸暖温带半干旱季风型气候区，春季多风，夏季炎热多雨，秋季晴朗气爽，冬季寒冷干燥，具有四季分明的特点。

根据1956～2000年的气象资料统计，京津冀地区降水量的季节分配不均，从降水量在全年时间的分布来看，降水多集中在7～9月，占全年降水量的75%左右，冬季最少，往往形成春旱秋涝而晚秋又旱的气候特点。这种降水特征易产生干旱、洪涝双重灾害。降水量年际变化大，少雨年份大部分地区降水量不足400mm（极端低值为148.6mm，河南清风站2002年数据），多雨年份大部分地区降水量多于800mm。多年平均降水量多在540～600mm之间，冀东平原可达700mm，或略高于700mm；滨海地区降水量较多，约为600～650mm。冀中平原辛集、南宫、衡水一带受泰山、沂蒙山雨影和北来气流下沉作用的影响，降水量减少，多年平均降水量不足500mm，为平原区降水低值区。本区干旱指数石家庄至衡水一带大于2.5，一般为1.5～2.0。

京津冀地区年平均气温10～15℃，全年1月份温度最低为-1.8～1.0℃；7月温度最高，在26～32℃之间；最高气温在40℃以上。全年日照时数为2400～3100h。无霜期在200d以上。水面蒸发量为1100～2000mm，1～2月较稳定，3月开始逐渐升高，4～5月明显增多，6～9月达到最大，10月以后开始下降。蒸发量随着气温上升而增加，又大致随纬度增加而递减。这种降雨与蒸发时空分布的不均匀性对本区地下水（包括咸水）资源的时空分布与盐碱地的形成有着直接影响。

3.3.3 水文条件

京津冀地区属海河及滦河流域，此外还有河北沿海诸河等直接入海的小河流，共有大小河流近60条，其主要河流特征见表3-11。

表3-11 京津冀平原区主要河流一览表

流域	水系	河流	发源地	长度/km	流域面积/km^2
滦河	河北沿海	陡河		20	647
	滦河	滦河	河北丰宁县	877	44900
海河	潮白河	潮河	沽源南	252	6920
		白河	沽源南	267	8710
		潮白河		458	18180
	蓟运河	泃河	河北兴隆县	139	2440
		州河	河北遵化市	112	2130
		蓟运河		301	11360
	北运河	温榆河	燕山南麓		186
		北运河		97	2440
	永定河	洋河	内蒙古高原南缘	594	18540
		桑干河	山西高原北部	364	25840
		永定河		650	50800
	子牙河	滹沱河	五台山南侧	540	26630
		滏阳河	太行山东侧	375	26300
		子牙河		706	62630
	大清河	大清河北支	太行山东坡	308	10000
		大清河南支	太行山东坡	380	22200
		大清河		448	39600
	南运河	漳河	山西	412	20900
		卫河	河南新乡	352	14980
		南运河		1021	49120

随着近20多年降水量减少及上游水库拦蓄，本区大部分河道常年干涸，或仅在汛期短时过流，或成为城市及工业的排污河。

3.3.4 土壤与植被

京津冀地区地带性土壤为棕壤或褐色土。地区耕作历史悠久，各类自然土壤已熟化为农业土壤。从山麓至滨海土壤有明显变化。沿燕山、太行山山前洪积-冲积扇或山前倾斜平原，发育有黄土（褐土）或潮黄垆土（草甸褐土），地区中部为黄潮土（浅色草甸土），冲积平原上尚分布有其他土壤，如沿永定河、滹沱河、漳河等大型河流的泛道有风沙土；河间洼地、扇前洼地及湖淀周围有盐碱土或沼泽土；黄潮土为华北平原最主要耕作土壤，耕性良好，矿物养分丰富，在利用、改造上潜力很大。地区东部沿海一带为滨海盐土分布区，经开垦排盐，形成盐潮土。

京津冀地区大部分属暖温带落叶阔叶林带，原生植被早被农作物所取代，仅在太行山、燕山山麓边缘生长旱生、半旱生灌丛或灌草丛，局部沟谷或山麓丘陵阴坡出现小片落叶阔叶林。广大地区的田间路旁，以禾本科、菊科、蓼科、藜科等组成的草甸植被为主。未开垦的黄河及海河一些支流泛滥淤积的沙地、沙丘上生长有沙蓬、虫实、蒺藜等沙生植物。地区上的湖淀洼地，不少低湿沼泽生长芦苇，局部水域生长荆三棱、湖瓜草、莲、芡实、菱等水生植物。在内陆盐碱地和滨海盐碱地上生长各种耐盐碱植物，如蒲草、珊瑚菜、盐蓬、碱蓬、莳萝蒿、剪刀股等。

3.3.5 地形地貌

京津冀地区是以河流堆积作用为主形成的平原，在地貌上处于太行山山脉以东、燕山山脉以南，地势平坦、广阔，海拔不超过100m，自北、西、南西三个方向向渤海湾倾斜。地形坡降由山前0.1%～0.2%变为东部临海平原的0.01%～0.02%。从山麓至渤海海岸分为山前冲积洪积倾斜平原、中部冲积湖积平原、东部冲积海积滨海平原三部分，山前冲积洪积倾斜平原的宽度一般为30～60km；中部冲积湖积平原与东部冲积海积滨海平原的界线东起唐海，向西位于宁河、北仓、静海、唐官屯、盐山一线。在平缓倾斜的大平原上，多种复杂的大地貌和小型地貌交错重叠，有大型冲积扇、扇间洼地、河道带、河间带，也有河口三角洲、岗地、浅碟状洼地和条状背河洼地等；主要大型洼地有白洋淀、永年洼、大陆泽、宁晋泊、大浪淀、东淀等。

上述特有的地形地貌对地表径流、地下水的运动和富集、地下咸水的形成与赋存、盐碱地的分布都具有重要的控制作用。

3.3.5.1 山前冲积洪积倾斜平原

山前冲积洪积倾斜平原沿太行山、燕山山麓呈带状分布。海拔高程在太行山山麓100m以下，在燕山山麓50m以下。由各河流的冲洪积扇连接而成。有相当一部分前第四纪山麓丘陵，被第四系冲洪积砂砾石层、亚砂土及亚黏土松散堆积物超覆掩埋，形成古潜山。平原区自东北向西南可划分为以下5个亚区。

1）滦河－洋河山前平原亚区

地面标高10～15m，由洋河、滦河、沙河、陡河等河流冲洪积扇构成。其中，滦河冲洪积扇最大。

2）州河－还乡河山前平原亚区

由于州河、还乡河短促，沉积物源少，地面高程低，地面标高2.5～15m。

3）永定河－潮白河山前平原亚区

地面标高15～60m，由永定河、温榆河、潮白河、白沟河等河流冲洪积扇构成。第四系沉积物之下掩埋古山麓丘陵；其中，碳酸盐岩古潜山分布广泛。

4）拒马河－唐河山前平原亚区

地面标高扇顶50～70m，东部白洋淀10～15m。由拒马河、易水河、漕河、府河、唐河等河流冲洪积扇构成。京广铁路以西，第四系沉积物之下掩埋由变质岩、闪长岩、白云岩及少量石灰岩组成的古山麓丘陵。

5）滹沱河山前平原亚区

地面标高扇顶110～120m，下部23～28m。由大沙河、磁河、滹沱河、坻河等河流冲洪积扇构成。扇顶第四系沉积物之下掩埋由变质岩为主的古山麓丘陵。

3.3.5.2 中部冲积湖积平原

由海河、滦河、古黄河等水系的冲积物组成。地面标高多在50m以下，天津地区以东10～20m以下，地势自北、西向渤海湾方向缓缓倾斜，逐渐降低。最低点位于天津市附近，地面标高3m左右。平原区内地面稍有起伏，缓岗、洼地交互分布，可分为以下5个亚区。

（1）永定河扇前平原亚区

位于河北省，包括香河县南部、安次县、永清县和固安县大部分，为永定河、潮白河山前冲洪积扇与扇前洼地的过渡地带。区内地形平坦，河流易泛滥改道，地面标高15～30m。

（2）白洋淀－黄庄洼低平原亚区

地处河北省与天津市交界处，包括河北的白洋淀、东淀、文安洼和天津黄庄洼等扇前洼地区。地形低洼，河道迂回，局部形成半封闭或封闭的湖泊和季节性积水洼淀。地面标高2.5～10m。

（3）滹沱河扇前平原亚区

位于河北省石家庄与衡水之间，包括辛集市、冀县、安国市等地，为滹沱河山前冲洪积扇的扇前泛滥平原。区内地形平坦，有沙垄状古河道分布。地面标高1.85～28m。

（4）永年－千顷洼低平原亚区

位于河北省南部邢台与衡水之间，包括永年洼、大陆泽、宁晋泊、千顷洼等山前冲洪积扇与黄河冲积平原的交接洼地。地形平坦，河道迂回曲折，形成半封闭的湖沼洼地。地面标高19～42m。

（5）黄河－漳卫河冲积平原亚区

位于河北邯郸、邢台、衡水地区的东部和沧州的西部地区。为古黄河大徙、改道、决口、泛滥所产生的河床、漫流、静水、歧流沉积作用区和现代漳卫河、马颊河、徒骇河的冲积区，是华北平原最大的二级地貌单元，地形平坦，南高北低，地面标高5～45m。

进入河北省、山东省，由一条条北东向岗、坡、洼相间展布，多种微地貌交错重叠分布。古河道河漫滩沉积而成的河滩高地，一个呈北东向带状分布在马颊河北侧的冠县、临清、恩城、宁津、乐陵、庆云县严家乡一带，面积较大；另一个分布在徒骇河与马颊河之间的莘县魏庄、聊城市梁水镇、高唐县姜店、禹城市张庄、临邑县太平寺、商河县沙河、阳信一带，面积较小。地形上较其两侧高出1～2m。地表岩性主要为粉砂、粉土和粉质黏土。

黄河决口歧流沉积形成决口扇形地，由沙岗、沙丘、沙洼组成，沿黄河北侧断续分布，面积较小。由于保水能力差，旱情突出，并常有风沙灾害。

洼地分为河间洼地和背河洼地。在徒骇河与马颊河之间零星分布着北东向河间洼地，表层多为粉质黏土和黏土，地形封闭平缓，多呈浅碟状，一般低于周围1～2m，地面坡降多小于0.1‰，易涝易碱。沿古今黄河泛道和卫运河堤下分布着槽带状背河洼地，是人工护堤、挖土修坝后形成的地貌，面积小，地势低洼，有的常年积水，涝灾和土壤盐渍化较重。

黄河泛滥漫流沉积形成的缓平坡地，是区内分布最广的微地貌类型，特征是近河高、远河低，地表岩性以粉质黏土为主。高坡地段近河或河滩高地地面坡降在0.025%～0.033%之间；平坡地地面坡降在0.02%左右；低坡地处在缓平坡地的下端，常有零星洼地分布。

3.3.5.3 东部冲积海积滨海平原

大致沿渤海湾北岸、西岸呈半环状分布。该平原区可分为滨海低平原亚区和沿海滩涂洼地亚区两个亚区。

（1）滨海低平原亚区

由近代海侵和河流冲积而成，一般宽15～50km，地势低平，地面标高2～5m，微向海倾斜，多为低洼盐碱地，分布有潟湖和洼地沉积，并遗留三道古海岸线遗迹贝壳堤。

（2）沿海滩涂洼地亚区

环渤海海岸线分布，为近代海退成陆的滩涂，一般宽8～15km，大的风暴潮仍可淹没。地貌呈现为沼泽、洼地、沙堤和盐田。

3.3.6 地质条件

京津冀地区是一个大型中、新生代的沉积盆地，基底下部由太古界和下元古界经过褶皱变质形成的一套复杂变质岩系组成，上部由中元古界、上元古界、下元古界和新生界两套沉积层组成，前者为海相碳酸盐岩，后者为陆相碎屑岩。京津冀地区内上奥陶至下石炭统普遍缺失。

研究区震旦纪时期是准平原，寒武纪、奥陶纪时期是稳定的陆缘海，中奥陶世后整体上升，直到中石炭世再度下陷接受沉积。此期间构造运动以升降运动为主，岩浆活动比较微弱。晚三叠世的印支运动后该区进入大陆边缘活动带发展阶段，燕山运动使其盖层遭受强烈的褶皱和断裂变动，并伴随有大规模的中酸性为主的火山喷发和花岗岩浆侵入，使原有构造格局发生了根本的变化，形成了一系列北北东和北东向排列的隆起和坳陷相间的次级构造和深大断裂，成为目前该区隆起坳陷构造格局的雏形。燕山运动晚期以来，华北平原继承性活动且以强烈升降运动为主，接受了巨厚的中生代、新生代的沉积。第四纪本区新构造运动仍然很活跃，并伴有火山活动和地震活动。在东部沿海地区曾发生多次海侵活动。第四纪以来，曾多次出现冷暖交替的气候变化。太行山东麓及燕山南麓有过多次冰川活动，致使第四纪沉积物具有明显的冰川、冰水活动特征。这对于本区地下水含水层的划分和咸水体的形成有直接关系。

新生界地层在平原中广泛分布，一般厚度为1000～3500m，最厚达5000m。其中以第三系沉积最厚，基本构成了平原基底。第四系沉积物的成因及厚度明显受基底构造控制，并受古气候、古地理环境制约。坳陷区第四系最大厚度可达500m以上，在隆起区及平原南部厚度变小，约200m。

本区第四系由新至老划分为全新统、晚更新统、中更新统、早更新统。

3.3.6.1 全新统

全新统（Qh_4）在山前平原为冲洪积砂砾层和砂质黏土与细砂互层；中部平原和滨海平原以冲积物为主，夹有湖沼沉积层和海侵层，由粉质黏土、粉土夹粉细砂组成，局部地区在底部见火山碎屑。中部平原至滨海平原发育地表下的第一稳定淤泥层，具有区域性对比意义。底界埋深10～20m。

3.3.6.2 晚更新统

晚更新统（Qp_3）在山前平原为冲洪积砂砾层夹砂质黏土；在中部滨海平原以冲洪积为主，由灰黄及棕黄色细砂、粉质黏土、黏土组成；在滨海地区夹有海侵层，局部见有火山岩及火山碎屑岩。底界埋深50～70m。

3.3.6.3 中更新统

中更新统（Qp_2）在山前平原以冲洪积砂砾石层为主，中部夹砂质黏土、粉土、细砂互层；中部平原滨海平原以冲湖积棕黄、黄棕至红棕色粉质黏土夹粉细砂为主，局部以粉细砂为主。底界埋深80～160m。

3.3.6.4 早更新统

早更新统（Qp_1）以褐黄、棕褐、黄棕、红棕夹灰绿及锈黄色为主，在山前平原为砂质黏土、粉土夹砂砾石层，下部有含泥砾卵石层；中部平原滨海平原由厚层黏土、砂质黏土夹中细砂组成。底界埋深330～400m。

3.3.7 水文地质条件

据华北平原地下水可持续利用调查评价项目成果，1959年，山前平原区浅层地下水位在25～80m之间，中东部平原为5～25m，滨海平原为0～5m，地下水动力场基本保持天然状态；1984年《华北地区地下水资源评价》项目报告提供的浅层地下水流场图显示，山前平原区浅层地下水位普遍下降5～20m，中东部及滨海平原区略有下降；

2001年，山前地下水位普遍下降10～30m，中东部普遍下降5～10m，滨海平原区普遍下降0～5m。

伴随地下水位下降，地下水埋深增大。从1959年地下水埋深分布图可以看出，地下水埋深普遍<4m，山前各冲洪积扇间地带埋深为4～10m，山前局部边缘地带埋深>15m。1984年，山前平原埋深多为0～18m，保定市的满城县、石家庄市、赵县、柏乡县、高邑县、邢台市、唐山市的唐海县埋深均>20m，形成了局部的地下水位降落漏斗；海河冲积湖积平原、古黄河平原和东部滨海平原埋深多在0～7m之间，局部地区为10～15m。2005年，山前平原形成串珠状的地下水位降落漏斗，埋深最大达65m；东部滨海平原和古黄河平原的现代黄河补给带埋深在0～7m之间；海河冲积湖积平原及古黄河平原西部地下水埋深普遍在10～30m之间。

包气带综合岩性在山前冲洪积扇地带呈现良好的分布规律，由卵砾石-粗砂-中砂-细砂-细粉砂-粉砂-粉土组成，其余地区综合岩性以黏土、粉质黏土和粉土为主。1959～2005年，随地下水位下降，包气带厚度增大，综合岩性颗粒有变粗的趋势，黏土和粉质黏土的分布范围和面积减少，山前平原包气带砂质颗粒分布范围增大。包气带岩性分布如图3-3所示。

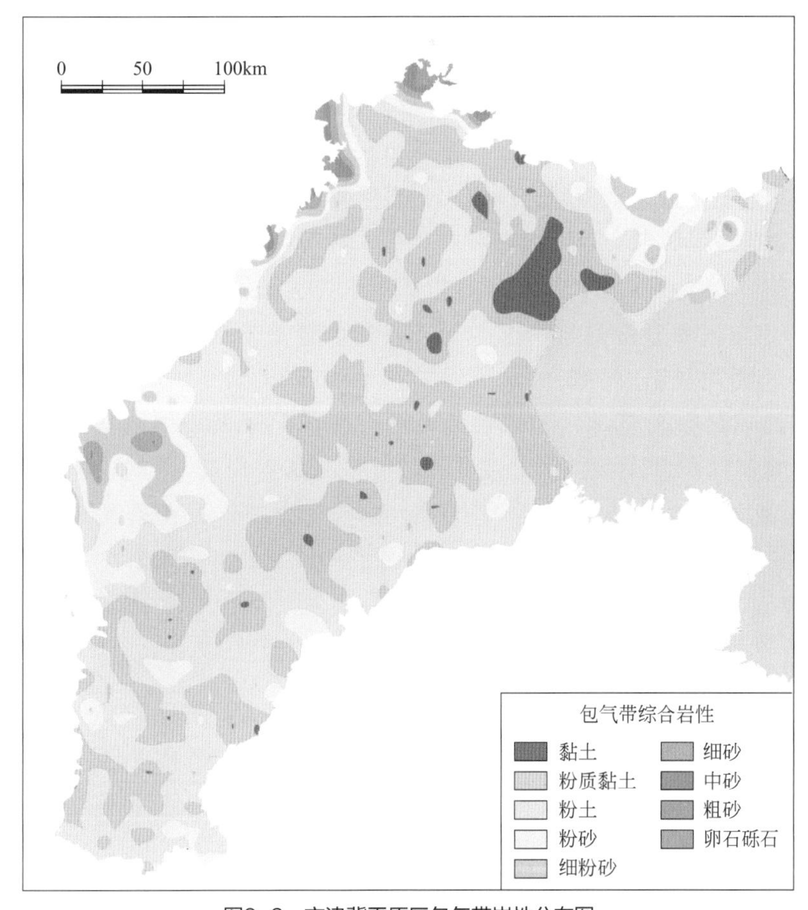

图3-3 京津冀平原区包气带岩性分布图

依据地层结构特点，可以将京津冀平原区划分为单层结构区和多层结构区，在多层结构区将第四系含水层自上而下划分为4个含水层组（见表3-12）。

表3-12　京津冀平原区第四系含水层组特征

分区	组别	层底深度/m	水文地质单元	含水层主要岩性
单层结构区		100 ～ 300	山前平原顶部	砾卵石、中粗砂、含砾中粗砂、中细砂
多层结构	第Ⅰ含水层组	10 ～ 50	山前平原下部	砾卵石、中粗砂、含砾中粗砂、中细砂
			中部平原	中细砂及粉砂、细砂、粉细砂
			滨海平原	粉砂为主
	第Ⅱ含水层组	120 ～ 210	山前平原下部	砾卵石、中粗砂、中细砂
			中部平原	中细砂及粉砂
			滨海平原	粉砂为主
	第Ⅲ含水层组	250 ～ 310	山前平原下部	砾卵石、中粗砂
			中部平原	中细砂及细砂
			滨海平原	粉细砂及粉砂
	第Ⅳ含水层组	研究深度底界	山前平原下部	砾卵石、中粗砂
			中部平原	中细砂及细砂
			滨海平原	粉细砂及粉砂

单层结构区主要分布于山前平原顶部，岩性颗粒粗，黏性土多以透镜状分布，上下水力联系好，构成单层水文地质结构。

多层结构区分布于山前平原底部、中部平原、滨海平原，砂层和黏性土层相间展布，构成多层水文地质结构，以第四系含水层组的划分原则，在研究深度内共划分为4个含水层组：第Ⅰ含水层组底界面埋深10～50m，是地下水积极循环交替层，该层对地下水开发利用意义不大，但对生态环境的研究和保护起到重要作用；第Ⅱ含水层组底界面埋深一般为120～210m，属于微承压、半承压地下水，地下水循环交替能力较强，是该区农业用水主要地下水开采层；第Ⅱ含水层组之下为深层承压地下水，地下水循环缓慢，是地下水开发利用应该严格控制层，目前该层地下水主要用作生活和工业用水，以地下水开发利用现状，又分为两层；第Ⅲ含水层组底界面埋深一般为250～310m，是目前深层承压地下水主要开采层；第Ⅳ含水层组底界至本次研究深度底界，在滨海平原局部开采该层。

3.3.7.1　第Ⅰ含水层组水文地质特征

第Ⅰ含水层组底界面埋深为10～50m，在山前平原冲洪积扇和扇间、扇前地带具有不同的水文地质特征。在冲洪积扇地区，含水层粒度大、厚度30～50m、垂向连续性强，属单层或双层结构，透水性强，导水系数多大于5000m^2/d，单位涌水量为20～30m^3/(h·m)。含水体直接裸露，或被薄层砂质黏土覆盖，具有强入渗补给和储存条件，又常与山区河谷含水体相连，具有侧向径流补给条件。石家庄以南的太行山东麓多为碳酸盐岩裸露区，降水易入渗转化为岩溶地下水，形成的地表径流较小，滏阳河、漳河、卫河等河流形成的冲洪积扇规模较小，分布孤立。地下水水力性质属潜水-微承压水，矿化度小于1g/L。

在山前冲洪积扇间及前缘地带，含水层厚度减小，粒度变细，呈薄层状多层含水层结构，含水层之间夹有厚度不等的黏土层。含水层透水性及导水性显著变差，导水系数多为100～500m^2/d，单位涌水量多为5～10m^3/(h·m)，地下水补给条件也变差。在扇前洼地区，含水层由粉砂组成，厚度多<10m，导水系数一般<100m^2/d，单位涌水量<5m^3/(h·m)。含水层多被黏土层覆盖，降水入渗系数小，地下水径流条件变差，发育矿化度5～10g/L的咸水。

在中部平原古河道带区，为条带状含水层，以粉砂、细砂为主，一般厚度为10～30m，导水系数为100～300m^2/d，单位涌水量为5～10m^3/(h·m)。古黄河河道、滦河河道以及其他局部地段含水层厚度一般为20～30m，厚者可达40～50m，导水系数为300～500m^2/d，单位涌水量为10～15m^3/(h·m)。在主河道带含水层多呈单层、双层结构，上覆地层透水性较强，利于降水入渗。地下水水力性质为潜水-微承压水，水质结构为“淡-咸”类型。上覆淡水体底界面埋深20～40m，多数>30m，古黄河河道带和漳卫河河道带可达60～70m，或分布规模不大的全淡水区。

在中部平原河道间带含水层不发育，为单一的薄层状、多层结构，岩性为粉细砂，厚度<10m。海河干流以南，各河流中下游有规模不等的无砂层区。含水层上覆与含水层之间发育黏土或砂质黏土，降水入渗补给和径流条件均较差，导水系数为50～100m^2/d，单位涌水量多<5m^3/(h·m)。上部分布厚度<10m的淡水体，或无淡水体，咸水矿化度一般为3～5g/L，或略大。

在滨海平原含水层以粉砂、细砂为主，厚度一般<10m，局部为10～20m。天津南部及其以南，含水层导水系数为10～50m^2/d，单位涌水量多<2.5m^3/(h·m)，多上覆黏土或砂质黏土，降水入渗补给差，除河道带具有微弱的径流外，一般处于滞流状态，地下水具有明显的承压性。由于蒸发强烈，又有海侵的影响，地下水矿化度多>5g/L，最高可达90g/L以上。

3.3.7.2 第Ⅱ含水层组水文地质特征

底界面埋深一般为120～210m。在山前平原和河南中部平原，与第Ⅰ含水层组之间缺乏稳定的隔水层，二者之间具有较好的水力联系。自西向东发育2～3套中细砂-中粗砂-砂砾石韵律层，含水层透水性与导水性均比第Ⅰ含水层组强。目前，由于两个含水层组混合开采，人工加强了二者之间的水力联系。

在中部平原含水层以河流冲积作用和湖沼沉积作用形成的中细砂、细砂为主，呈舌状、条带状分布，透水性和导水性比山前明显减弱，单位涌水量为5～10m^3/(h•m)，局部略大或略小，甚至因含水层不发育而不易成井开采地下水。第Ⅱ含水层组与第Ⅰ含水层组之间一般发育黏土或砂质黏土，尤其在古河间带，在天然条件下地下水补给弱，径流缓慢。在海河以南，含水层组水质特征逐渐发生两分，上部为咸水体，下部为淡水体。咸水体厚度自西向东、自北向南逐渐加厚。在衡水的西北部和沧州子牙河以西地段，咸水体厚度较薄，与下部淡水体之间水力联系较强，在含水层发育的地段，如滦河冲洪积扇前、永定河冲洪积扇向中部平原延伸地带及衡水一带，下部淡水在开采条件下水质易受咸水污染。在漳卫河以南河北部分和山东部分几乎全为咸水。第Ⅱ含水层组下部淡水是工农业生产的重要开采水源。

在滨海平原，由于受中更新世后期海侵的影响，普遍发育4个海侵层，含水层以粉砂、细砂为主，水质上部为咸水体与第Ⅰ含水层组咸水体连续，下部为淡水体。大致以海河为界分为南北两区：北区与南区相比，含水层粒度粗而厚，地下水补给条件和富水性、导水性相对强，矿化度低；南区上部咸水体自北向南逐渐加厚，在大港附近以南全为咸水体。

3.3.7.3 第Ⅲ含水层组水文地质特征

第Ⅲ含水层组底界面埋深250～310m。除局部洼地和近滨海地区外，一般均为淡水。

山前平原含水层呈扇状、扇群状展布，由3～4套中细砂-中粗砂-砾石岩性韵律层组成，下段含水层遭受不同程度的风化。石家庄以北，扇体内单位涌水量为20～50m^3/(h•m)，扇间地带单位涌水量为10～20m^3/(h•m)，部分地段如天津蓟县宝坻一带含水层组不发育。石家庄以南山麓地带第Ⅲ含水层组较薄，含水层不连续，并含有较多的泥砾层，富水性较弱，一般地区单位涌水量为5～10m^3/(h•m)。在大型扇体内部与上覆第Ⅱ含水层组之间无连续分布的隔水层，二者水力联系良好，在其他地段一般都有单层厚度5～10m的黏土或砂质黏土分布，水力联系变弱。

在中部平原含水层呈舌状、带状展布，由3～4套细砂-中砂岩性韵律层构成，与第Ⅱ含水层组相比，粒度粗，分选好，单层厚度大，导水性强，单位涌水量为5～15m^3/(h•m)，部分地段略大或略小。在天津武清北部、宁河北部，河北文安、大城及青县北部，含水层以中砂、中粗砂为主，单层厚度20～30m，分布稳定，累计厚度达70～100m，呈盆状含水结构。一般与上覆含水层组之间普遍分布有厚达10m以上的砂质黏土，含水层之间多为钙化黏土，补给较差。

在滨海平原，含水层以粉砂、细砂为主，富水性、导水性和补给条件较中部平原更差，单位涌水量一般为5～10m^3/(h•m)，局部略小。

3.3.8 污染源危害性评价

通过污染源荷载种类、污染物产生量、污染物释放可能性及缓冲区半径4个指标构建了污染源危害性评价体系，运用已建立的区域地下水污染源分级分类方法，对研究区进行了污染源潜在危害程度分析。潜在污染源综合危害性计算采用GIS的叠加分析功能，将评价区内所有潜在污染源的危害性进行叠加。最后运用Natural Breaks分级方法，将评价结果分为Ⅰ～Ⅴ级，表示污染源潜在危害程度。

3.3.8.1 污染源危害性评价结果

在污染源分布的基础上通过区域评价尺度模型计算京津冀区域地下水6大类污染源危害性，如图3-4所示。

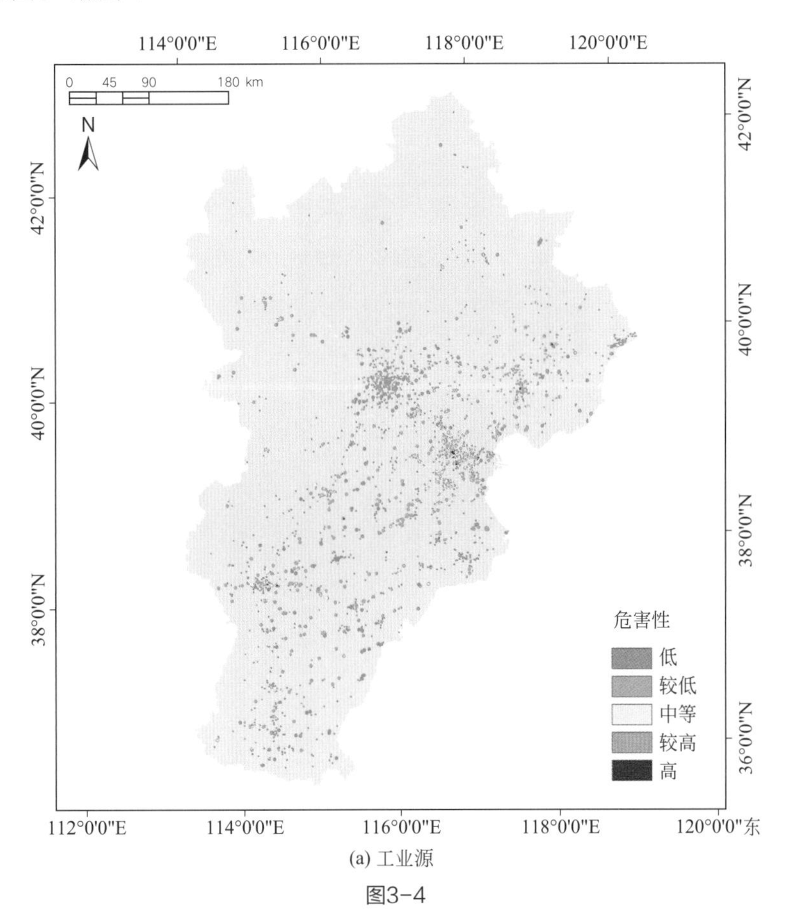

(a) 工业源

图3-4

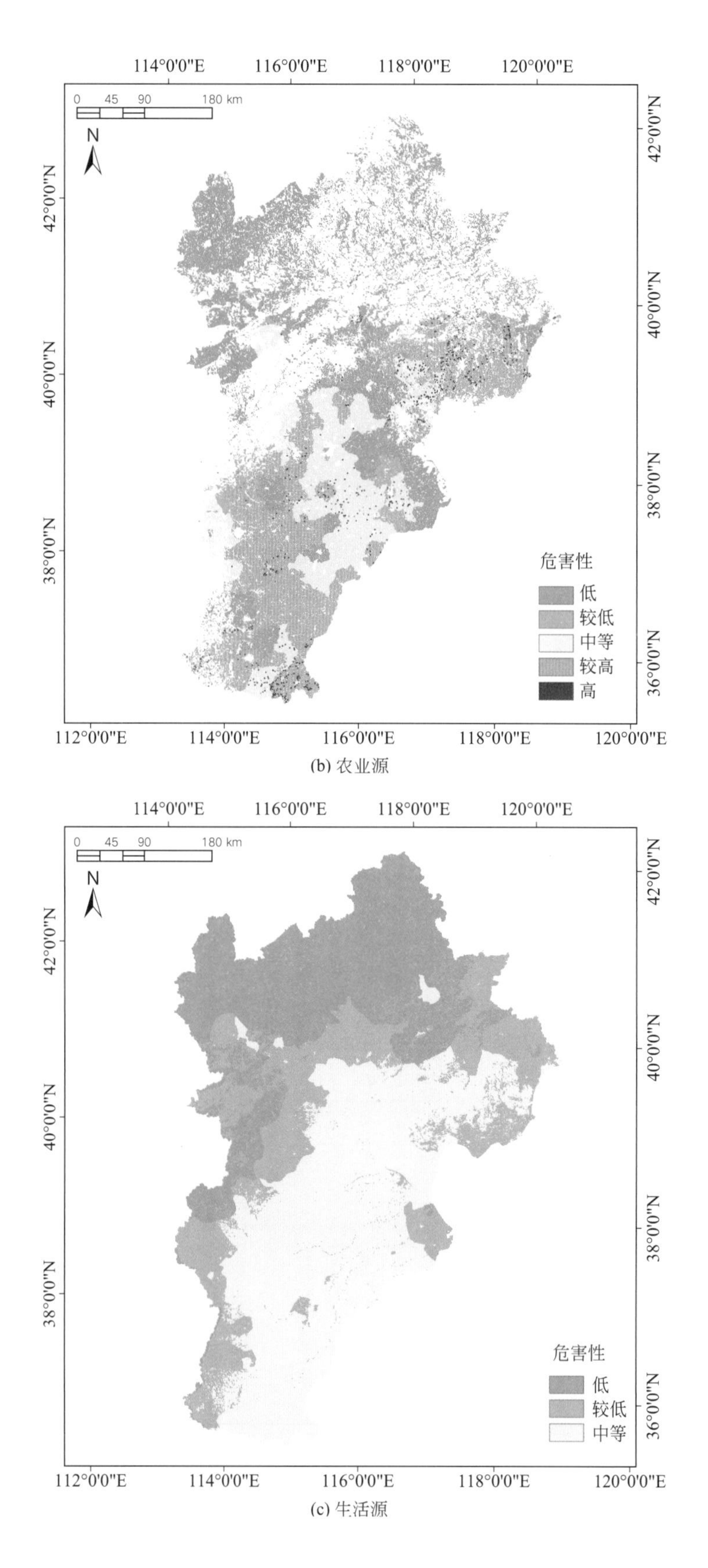
114°0'0"E
116°0'0"E
118°0'0"E
120°0'0"E
0 45 90 180 km
N
42°0'0"N
40°0'0"N
38°0'0"N
36°0'0"N
危害性
低
较低
中等
较高
高
112°0'0"E
114°0'0"E
116°0'0"E
118°0'0"E
120°0'0"E

(b) 农业源

114°0'0"E
116°0'0"E
118°0'0"E
120°0'0"E
0 45 90 180 km
N
42°0'0"N
40°0'0"N
38°0'0"N
36°0'0"N
危害性
低
较低
中等
112°0'0"E
114°0'0"E
116°0'0"E
118°0'0"E
120°0'0"E

(c) 生活源

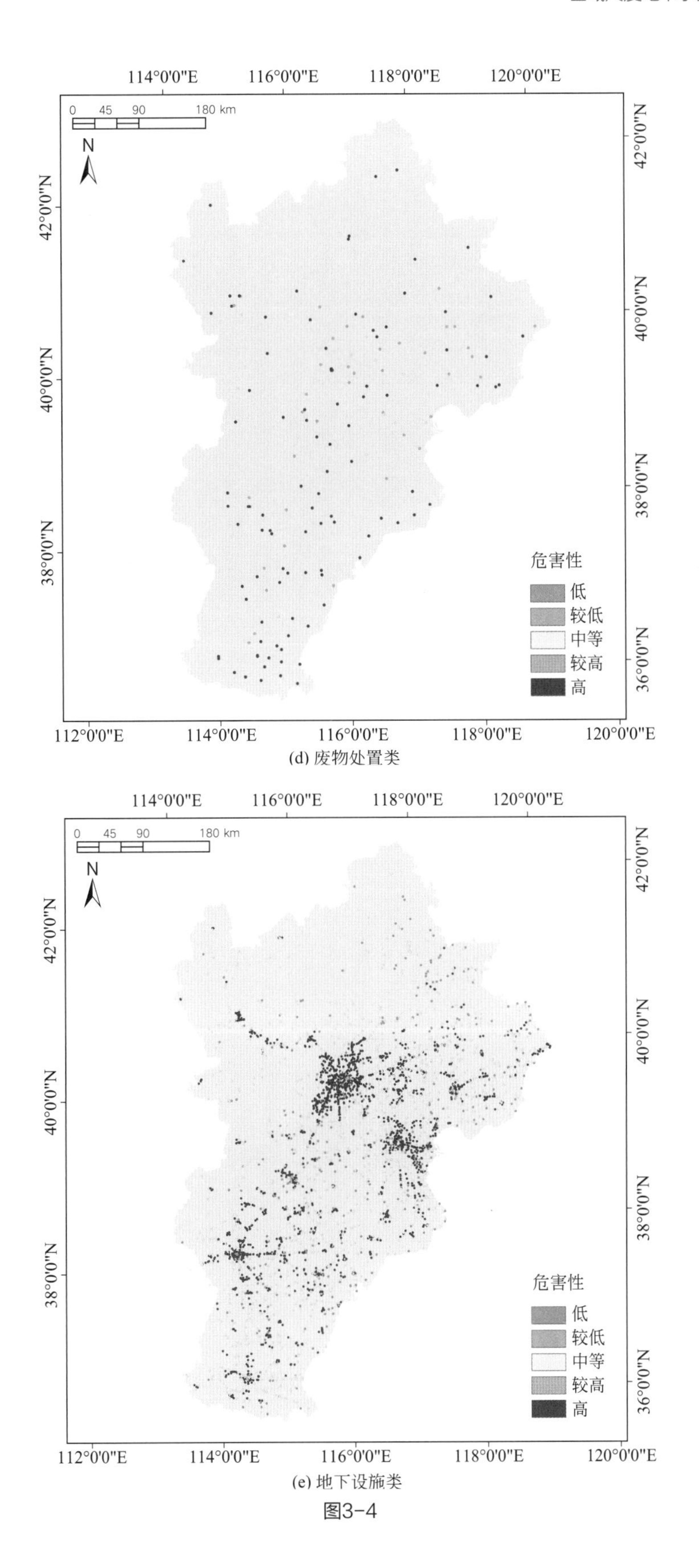

(d) 废物处置类

(e) 地下设施类

图3-4

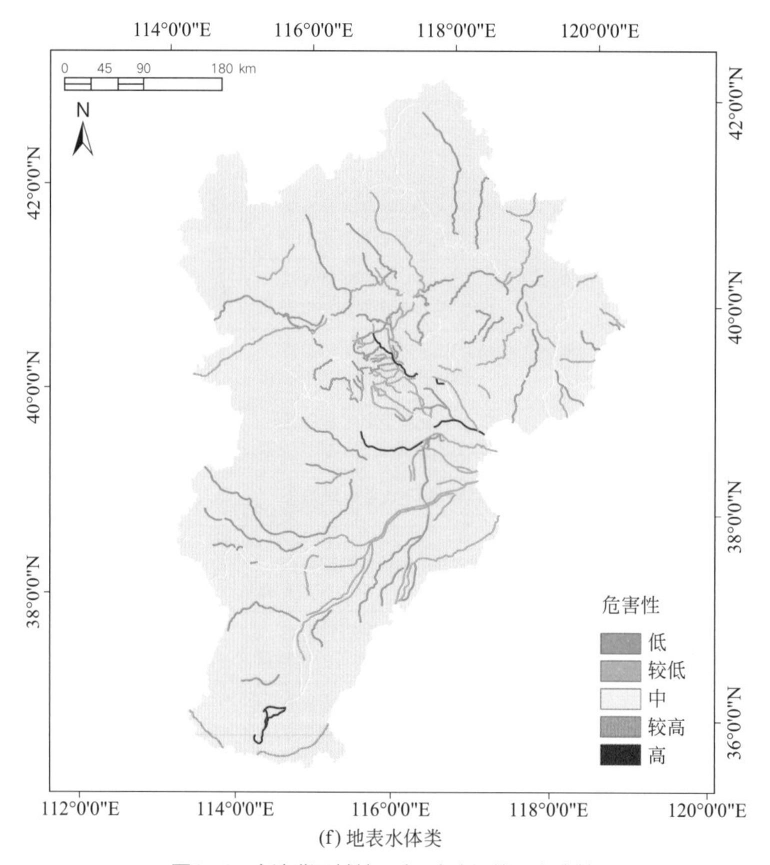

(f) 地表水体类

图3-4 京津冀区域地下水6大类污染源危害性

（1）工业源危害性

工业源危害性风险较高区域主要位于天津市、唐山市和石家庄市。天津市、唐山市和石家庄市工矿企业和重点工业企业分布多、密度大，导致工业源危害性较高；工业源危害性低的区域主要分布在张家口市、承德市等。

（2）农业源危害性

农业源危害性风险高的区域集中在唐山市、秦皇岛市南部、保定市中部、石家庄市西部、邢台市和邯郸市。上述地区耕地面积大，畜禽养殖业较为发达，养殖点密度大，导致农业源危害性高；农业源危害性低的区域多分布于太行山-燕山山区、张家口坝上草原等耕地较少的地区。

（3）生活源危害性

生活源危害性风险较高区分布在北京市、天津市和石家庄市。北京市、天津市、石家庄市等地人口密集，城市化程度高，生活源危害性较高；生活源危害性较低的区域分布于张家口市、承德市以及山区，这些地区人员较为稀少。

（4）废物处置类危害性

废物处置类危害性风险分布较为零散，主要集中于北京市、石家庄市、邯郸市和邢台市。

（5）地下设施类危害性

地下设施类危害性高风险区域主要集中于北京市中南部、石家庄市区和天津市区。北京市中南部、石家庄市区和天津市区等地区加油站数量多、密度大、分布集中是导致这些地区地下设施类危害性高的主要原因。

（6）地表水体类危害性

地表水体类危害性较高区域集中于天津市东部、廊坊市西部和邯郸市中部地区。

京津冀平原区地下水污染源危害性评价如图3-5所示。

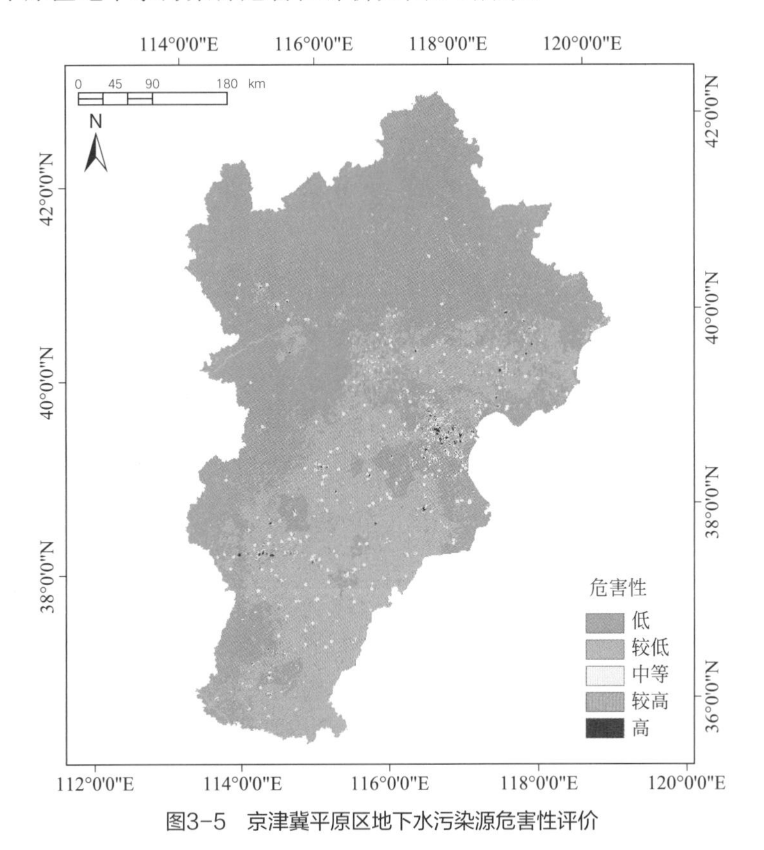

图3-5　京津冀平原区地下水污染源危害性评价

3.3.8.2　污染源危害性评价结果分析

（1）高危害性区域

京津冀地下水污染源危害性严重区域在京津冀大区域中占比较小，主要集中分布在天津市中南部，其余零散分布于石家庄市、唐山市市区和张家口市等。主要涉及乡镇如下。

1）北京市

宝山镇西部、张山营镇北部、旧县镇北部、千家店镇西部。

2）天津市

天津市城区、南湖镇中部、双街镇东北部、大张庄镇南部、天穆镇西北部及东北部边缘、杨柳青镇北部、大寺镇、么六桥回族乡中部、双港镇东部、辛庄镇西部、军粮城街道西部、无瑕街道东北部、胡家园街道西部、咸水沽镇东南部、中塘镇西北部、小站南部大丰堆镇北部、双塘镇东南部。

3）河北省

① 张家口市：贾家营镇东部、姚家庄镇西北部、洋河南镇西北部、春光乡东南部。

② 唐山市：唐山市城区、东荒峪镇北部、大崔庄镇南部、城区街道中部、野鸡坨镇东南部、雷庄镇中部、尖字沽乡南部、黑沿子镇中部。

③ 廊坊市：李旗庄镇东北部、苏桥镇中南部。

④ 保定市：西关街道西部、万安镇东北部、杨家庄乡西南部。

⑤ 石家庄市：石家庄城区、长寿街道东部、白鹿泉乡西北部、东回舍镇中部、栾城县街道西部、岗上镇西部、兴安镇东部、新垒头镇中部。

⑥ 沧州市：于村乡中部、车站街道西部、小王庄镇东部、垒头乡中部。

⑦ 邢台市：西门里街道北部、綦村镇东北部。

⑧ 邯郸市：临洺关镇中部、联纺东街道南部、西寺庄乡中部。

在生活源方面，人口密集、高度城市化导致生活源危害性较为突出；在地下设施类方面，加油站设施星罗棋布、数量众多，导致地下设施类危害性评价很差；在工业源方面，天津市分布较多的非金属矿物制造业、金属制造业和医药制造业，导致其工业源危害性高。

（2）较高危害性区域

京津冀地下水污染源危害性较高区域主要零散分布于太行山-燕山以东及以南地区，主要集中分布于天津市、唐山市和石家庄市，其余零散分布于北京市中部及东北部、张家口市中部、保定市中部、沧州市、邢台市北部及南部、邯郸市西部。在生活源方面，这些区域大多人口较为密集，生活源危害性较大；在地下设施类方面，以上各市的主要城区加油站密布，点源成块状分布，天津市和石家庄市危害性较为严重；在工业源方面，天津市市区和石家庄市市区工业源危害性最为严重。在上述几种因素叠加影响下，以上地区成为危害性较高区域。

（3）中等危害性区域

中等危害性区域分散地分布于京津冀各城市，集中位于天津市、北京市南部、唐山市、保定市东部、石家庄市和衡水市。主要由于该地区工矿企业数量适中，人口密度适中。

（4）较低危害性区域

较低危害性区域主要分布在太行山-燕山山区的东南部片区，少量分布于张家口市人口密度不高、农业较为发达地区，主要受农业污染源的影响。北京东南部周边地区工矿企业和农田稀少，但畜禽养殖业发展态势较好，主要受到畜禽养殖业的影响。保定市南部周边地区、唐山市东南部和沧州市东部周边地区危害性主要受地下设施类和生活源危害性影响。

（5）低危害性区域

低危害性地区主要分布在太行山-燕山山区的西部片区及张家口坝上草原等地区。这些区域人口密度低，工矿企业不发达，农田和畜禽养殖相对较少，地下设施密度低。

根据综合评价结果可知，天津市中南部、石家庄市市区、唐山市市区和张家口市市区地下水污染风险性较高，沧州市、保定市、衡水市风险性中等，太行山-燕山山区及张家口坝上草原等地区风险性较低。

3.3.9 地下水脆弱性评价

根据京津冀平原区水文地质条件及资料掌握状况，选取评价指标为地下水埋深（*D*）、降水入渗补给量（*R*）、包气带岩性（*I*）、含水层岩性（*A*）、含水层渗透系数（*C*）。

评分体系和权重体系分别见表3-13和表3-14。

表3-13 京津冀平原区地下水脆弱性评价指标等级划分及赋值

地下水埋深		降水入渗补给量		包气带岩性		含水层岩性		含水层渗透系数	
等级划分/m	评分/分	等级划分/mm	评分/分	等级划分	评分/分	等级划分	评分/分	等级划分/（m/d）	评分/分
0～2	10	50～70	2	黏土	0	粉砂	1	0～10	1
2～4	9	70～90	3	粉质黏土	2.5	细砂	3	10～15	2
4～7	8	90～120	4	粉土	4	中细砂	5	15～20	4
7～10	7	120～150	5	粉砂	5.5	中砂	6	20～50	6
10～15	6	150～180	6	细粉砂	7	粗砂	8	50～100	8
15～20	5	180～210	7	细砂	8	砂砾石	9	100～150	9
20～30	4	210～230	8	中砂	9	卵砾石	10	>150	10

续表

地下水埋深		降水入渗补给量		包气带岩性		含水层岩性		含水层渗透系数	
等级划分/m	评分/分	等级划分/mm	评分/分	等级划分	评分/分	等级划分	评分/分	等级划分/(m/d)	评分/分
30～40	3	230～250	9	粗砂	9.5				
40～50	2	>250	10	卵石砾石	10				
>50	1								

表3-14 评价指标权重体系

指标	地下水埋深	降水入渗补给量	包气带岩性	含水层岩性	含水层渗透系数
权重	5	3	4	1	1

(1)地下水埋深评价

基于2015年12月份京津冀平原区地下水位统测数据，进行地下水埋深评价。评价结果如图3-6所示。

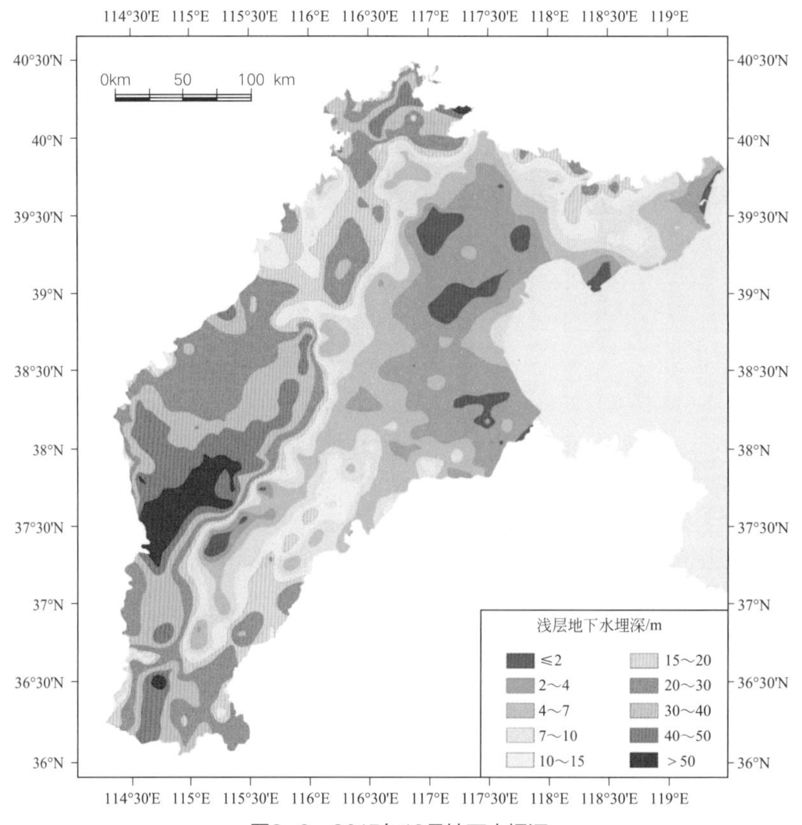

图3-6 2015年12月地下水埋深

从图3-6可以看出，自西往东地下水埋深逐渐减少。中东部平原浅层地下水多为咸水，开发利用程度低，因此地下水埋深较浅。山前平原地下水开发利用程度高，地下水埋深大，形成了多个地下水降落漏斗。

（2）降水入渗补给量评价

降水入渗补给量由2000年以来年平均降水量乘以降水入渗系数得到。评价结果如图3-7所示。由图3-7可知，山前入渗量较大，中东部入渗量较小，大部分地区入渗量在90 ～ 180mm/a之间。

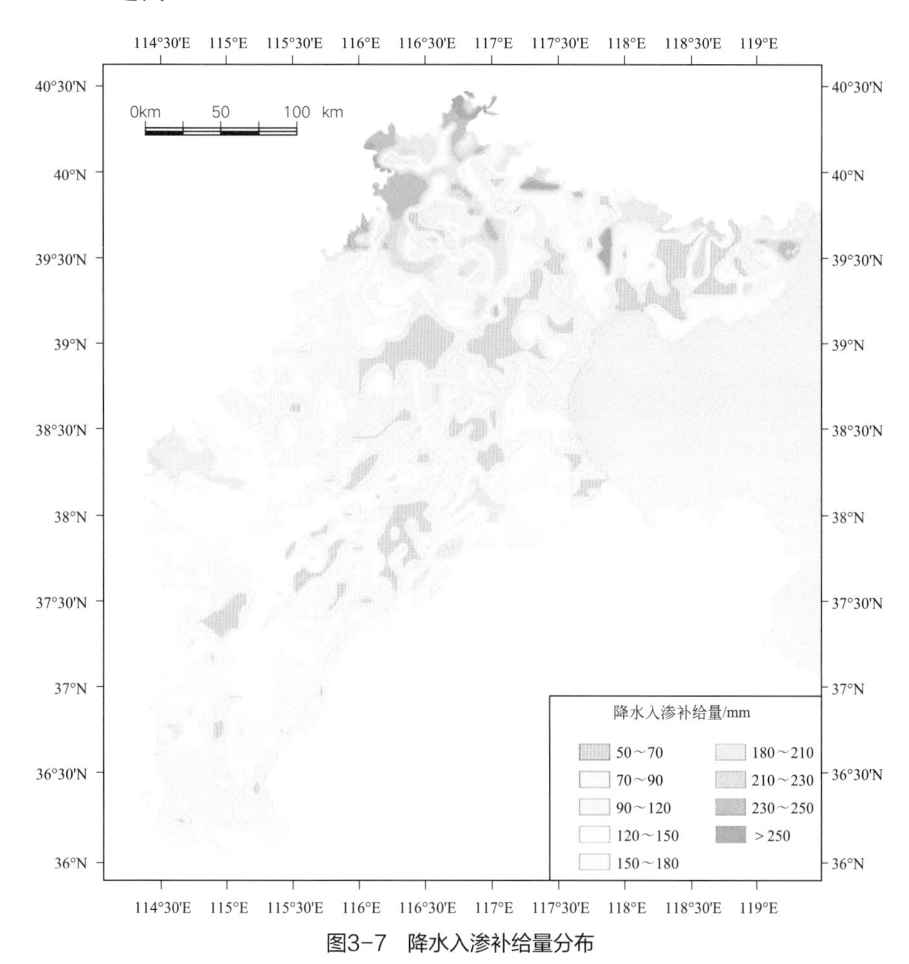

图3-7　降水入渗补给量分布

（3）包气带岩性评价

包气带岩性根据京津冀平原区钻孔数据计算得到，评价结果如图3-8所示。由图3-8可知，山前岩性颗粒相对较粗，至中东部逐渐变细。

（4）含水层岩性评价

依据华北平原地下水可持续利用调查评价项目成果，通过概化钻孔岩性，进行京津冀平原区含水层岩性评价，评价结果如图3-9所示。由图3-9可知，山前地带含水层岩性以卵砾石、砂砾石和粗砂为主，至中东部颗粒逐渐变细，中部平原区以中粗砂、细砂为主，滨海平原则以粉砂为主。

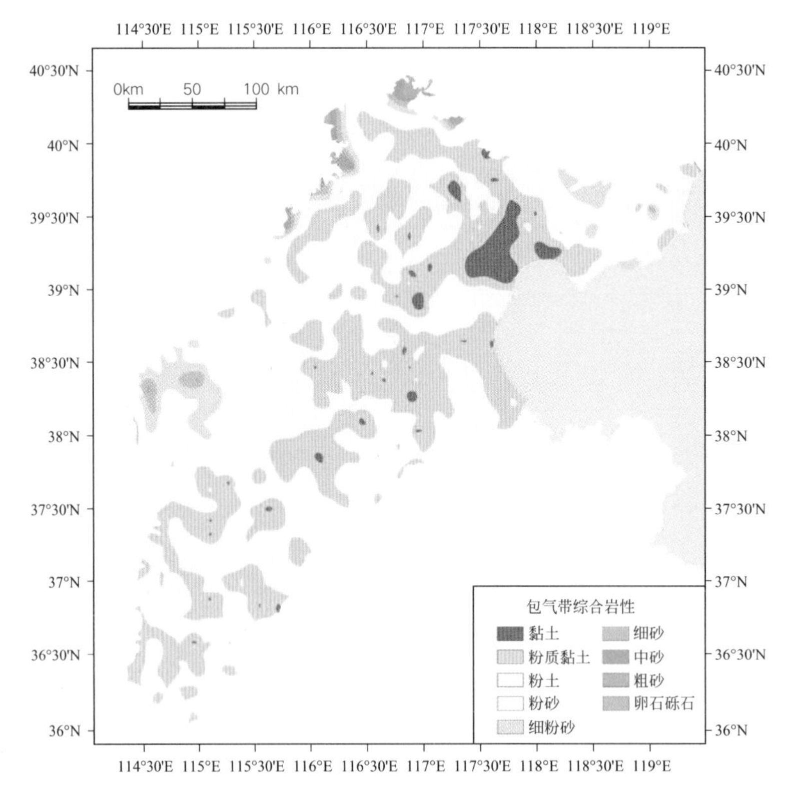

图3-8　包气带综合岩性分布

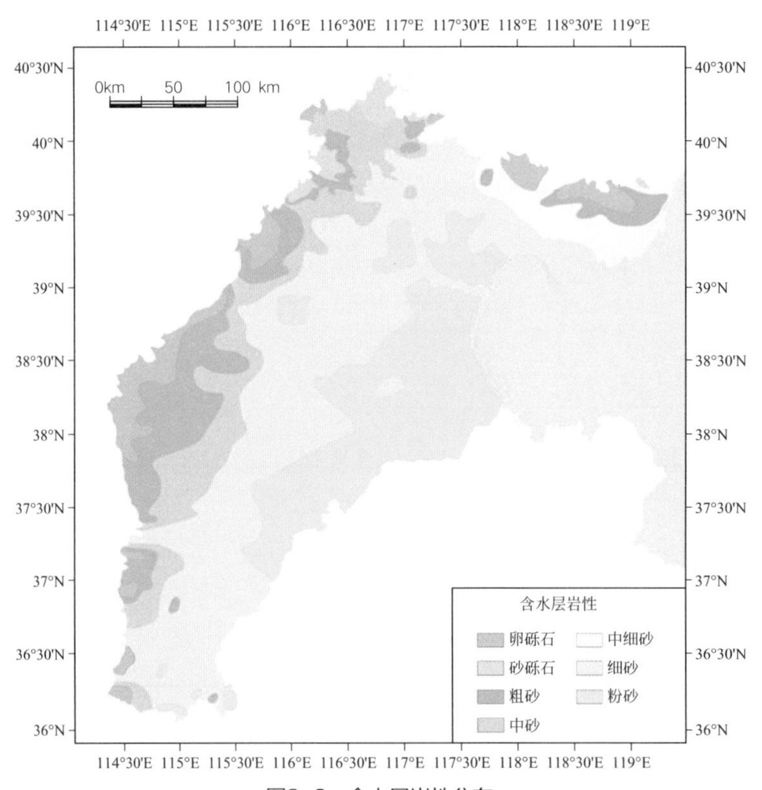

图3-9　含水层岩性分布

（5）含水层渗透系数评价

依据华北平原地下水可持续利用调查评价项目成果，进行京津冀平原区地下水渗透系数评价，评价结果如图3-10所示。由图3-10可知，北京市、石家庄市、唐山市、邢台市、邯郸市等山前地带地下水渗透系数相对较大，普遍在50m/d以上；中部平原、滨海平原地下水渗透系数相对较低，大多数地区的渗透系数小于10m/d。

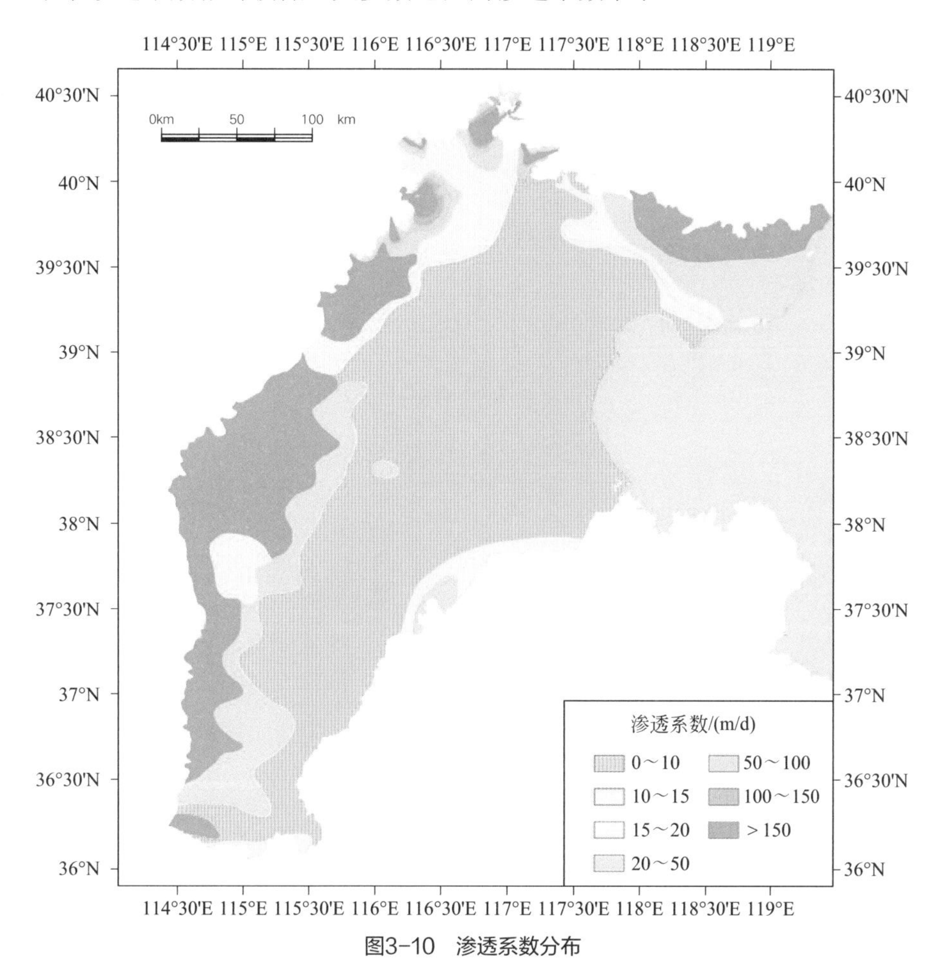

图3-10 渗透系数分布

（6）地下水脆弱性评价

基于各单指标评价结果，根据指标权重进行叠加计算得到京津冀平原区地下水脆弱性评价结果。脆弱性综合值范围为31 ～ 384.5，按照等间距划分原则，分成高、较高、中等、较低、低五个级别，如图3-11所示。脆弱性低级别分布面积最大，脆弱性高及较高区分布在山前。

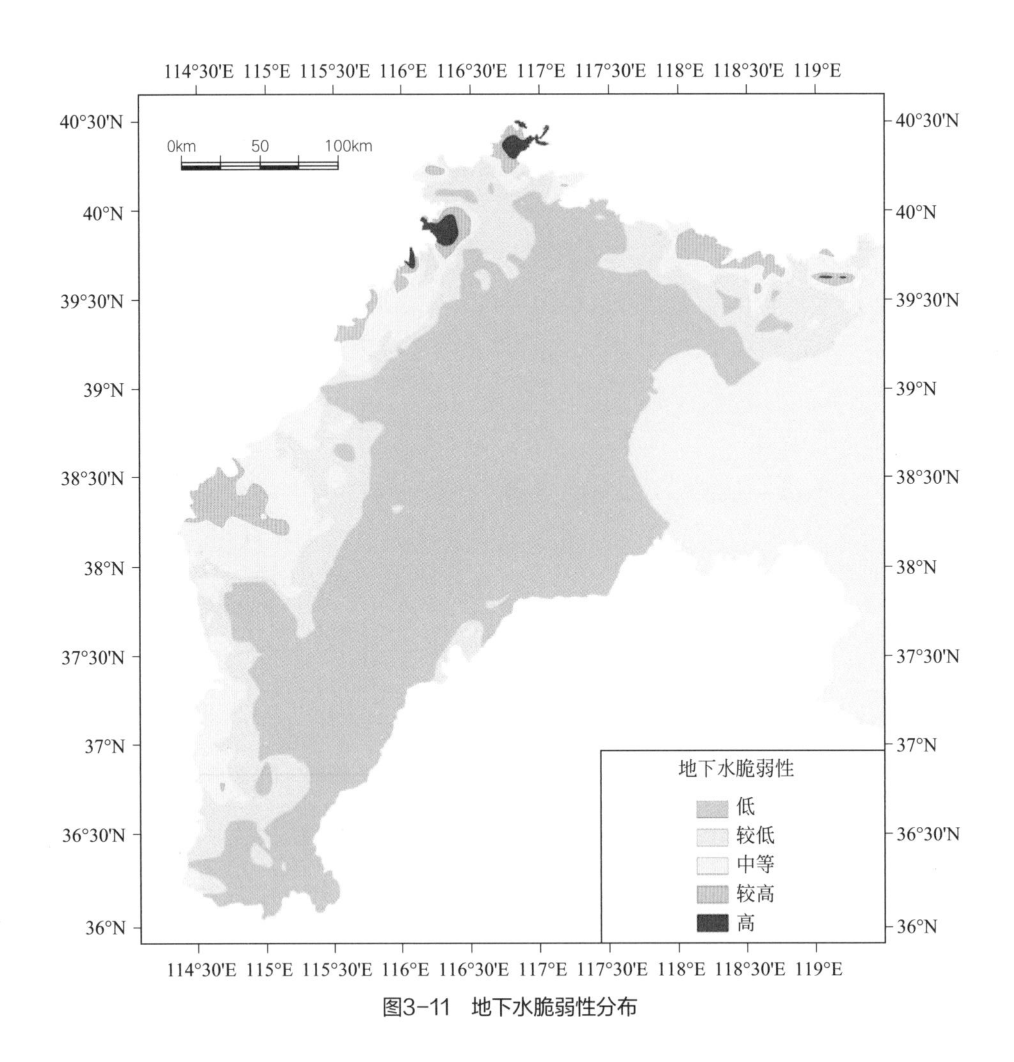

图3-11　地下水脆弱性分布

3.3.10　地下水功能价值评价

地下水功能价值评价由地下水功能价值和地下水水源地叠加形成。地下水功能价值考虑资源的占有性、再生性、调节性及可用性四个方面，可用性考虑了地下水可开采资源、地下水质量和地下水开采程度等因素。水源地仅考虑山前平原及天津岩溶裂隙水源地。地下水水源地一级和二级保护区，作为地下水功能高价值区。

（1）资源占有性

考虑了区内、区外地下水补给量，同时还考虑了地下水资源可利用量，按照表3-9中功能层状况评价的分级标准，将地下水资源占有性分为强、较强、一般、较弱、弱五级，如图3-12所示。

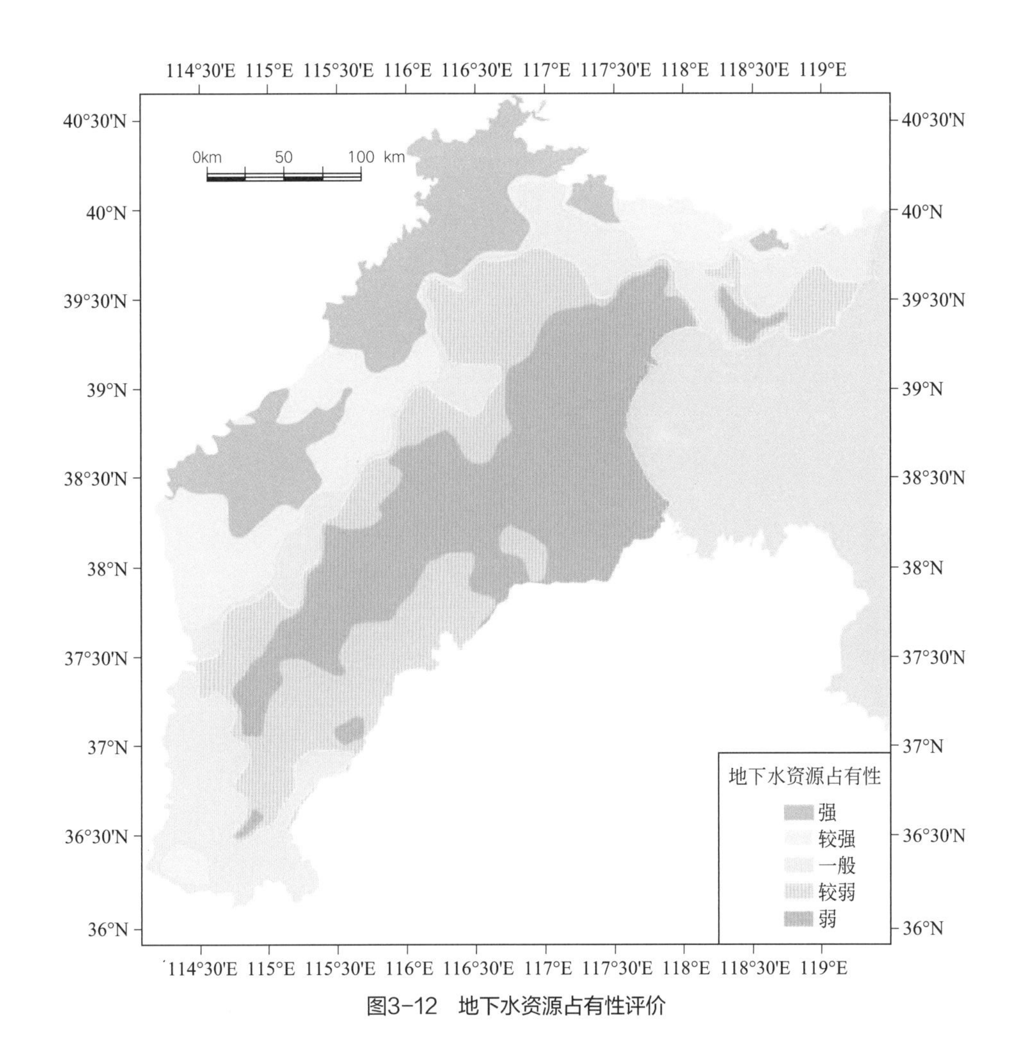

图3-12　地下水资源占有性评价

山前平原、沿黄地区地下水资源占有性都较好，评价级别为强及较强；中部平原沿滏阳河一带及东部滨海平原地下水资源占有性较差，评价级别为弱；中部平原及滏阳河、漳卫河冲洪积扇一带地下水资源占有性一般，评价级别为一般及较弱。

（2）资源再生性

考虑了补给资源与可利用资源、开采量、大气降雨量因素，按前述表3-9中功能层状况评价的分级标准，将地下水资源再生性分为强、较强、一般、较弱、弱五级，如图3-13所示。

地下水资源再生性的区域分布与地下水资源占有性区域分布相近，山前平原在滏阳河和漳卫河冲洪积扇以及沿黄地区地下水资源再生性较好，评价级别为强及较强；山前平原滏阳河与漳卫河冲洪积扇、中部平原以及古黄河古河道带地下水资源再生性一般，评价级别为一般及较弱；中部平原滏阳河古河道带、东部滨海平原地下水资源再生性差，评价级别为弱。

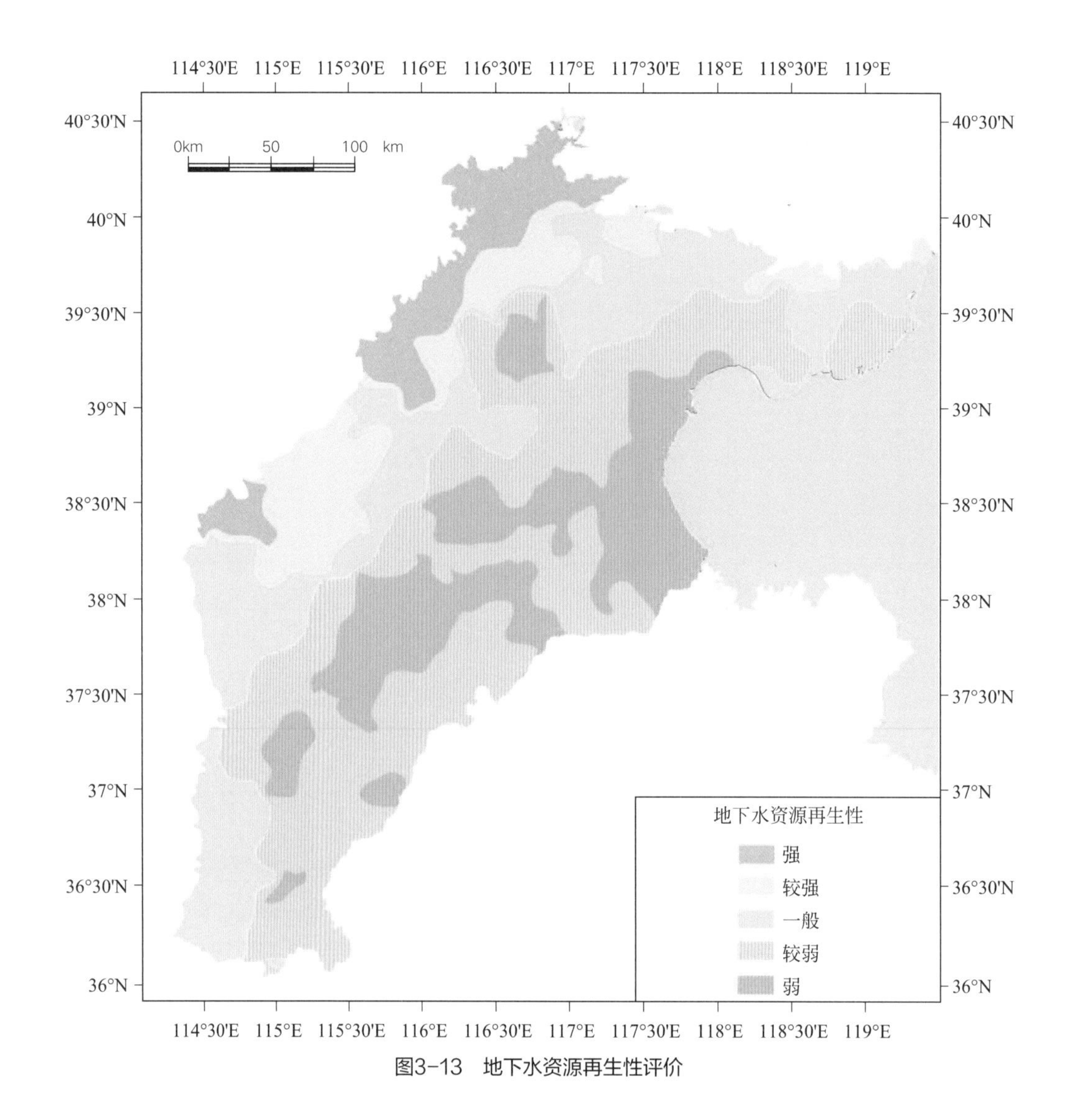

图3-13 地下水资源再生性评价

（3）资源调节性

考虑了地下水位变差、开采量、降雨量因素。按表3-9中功能层状况评价的分级标准，将地下水资源调节性分为强、较强、一般、较弱、弱五级，如图3-14所示。

太行山山前平原冲洪积扇上部、燕山山前平原大部、沿黄河一带，地下水资源调节性较好，评价级别为强及较强，尤其在黄河冲积海积平原西南大部分区域，地下水资源调节性都较好，评价级别为强；太行山山前平原中下部、中部平原以及黄河冲积海积平原北部，地下水资源调节性一般；古黄河古河道带以及潮白河-蓟运河冲积海积平原、子牙河冲积海积平原、漳卫河冲积海积平原等区域地下水资源调节性较差，评价级别为较弱及弱。

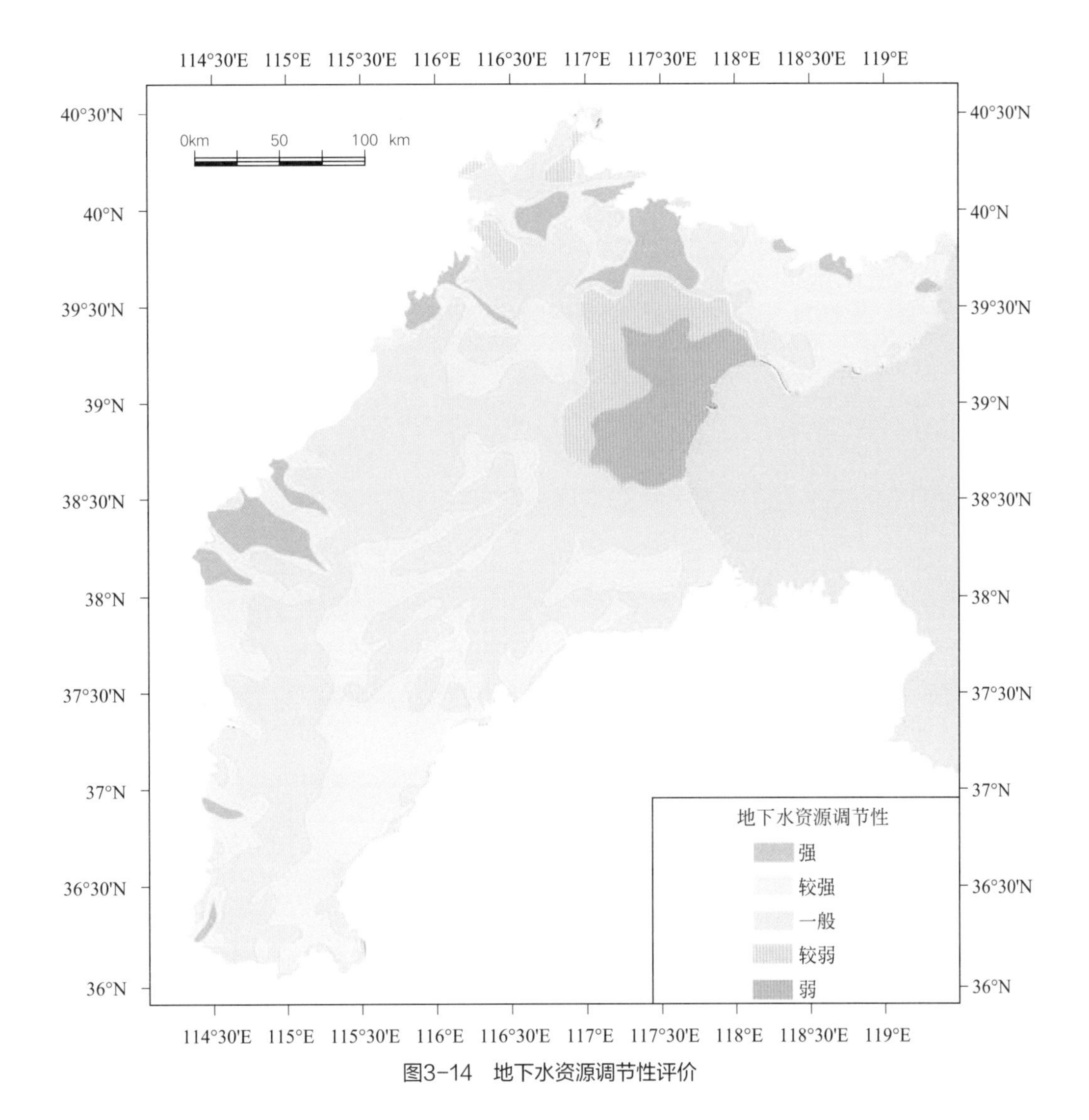

图3-14 地下水资源调节性评价

（4）资源可用性

考虑了可开采资源、地下水质量和地下水开采程度因素，按前述表3-9中功能层状况评价的分级标准，同样可将地下水资源可用性分为强、较强、一般、较弱、弱五级，如图3-15所示。

地下水资源可用性较好的区域分布范围很小，评价范围为强的区域只在蓟运河冲洪积扇、温榆河冲洪积扇以及现代黄河影响带上部有分布；地下水资源可用性较强的区域主要分布在临城水库以北的太行山山前平原大部分地区以及现代黄河影响带中上游地区；地下水资源可用性一般的区域主要分布在燕山山前及中部平原、滏阳河、漳卫河冲洪积扇以及古黄河古河道带等地区；地下水资源可用性较弱的区域则主要分布在中部平原滏阳河古河道带及其以东滨海平原地区。

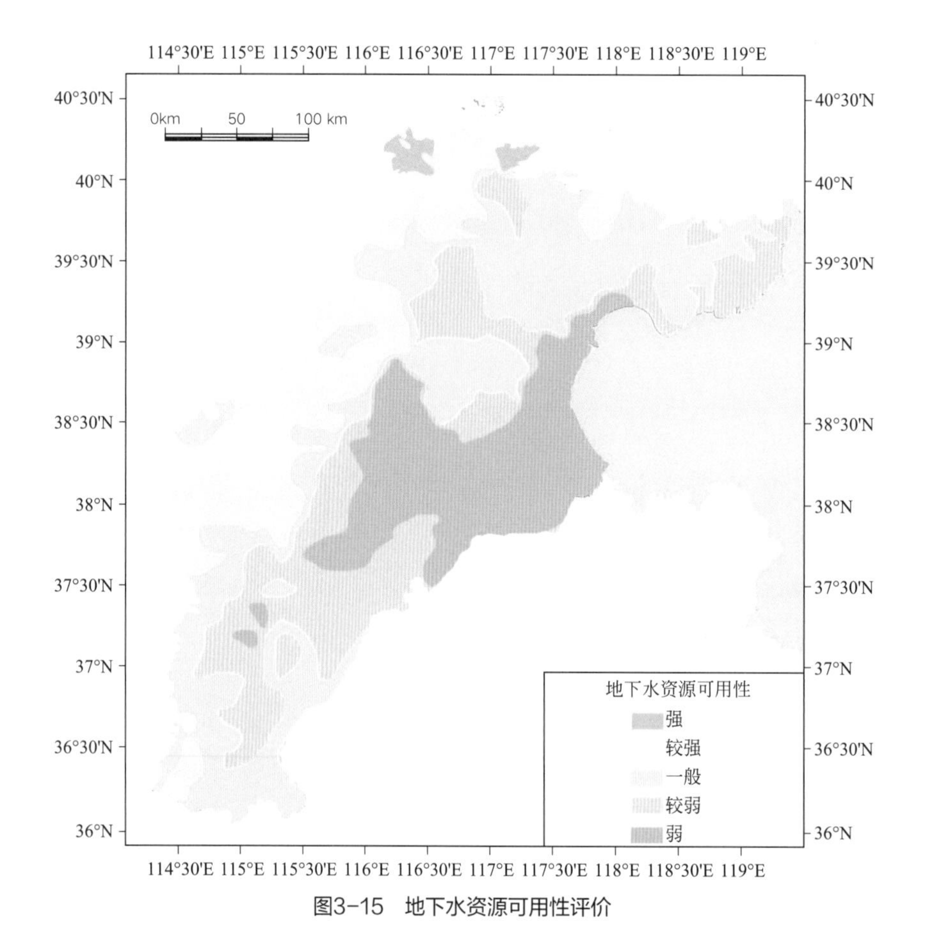

图3-15　地下水资源可用性评价

（5）权重计算

通过层次分析法，对各个指标的重要性进行对比分析，确定功能层各指标权重以及指标层相对功能层的权重，如表3-15所列。

表3-15　评价指标权重体系

系统层	功能层及权重	指标层	相对功能层权重
资源功能	资源占有性0.3	区内外补给资源占有率	0.5
		可利用资源占有率	0.5
	资源再生性0.2	补给可利用率	0.5
		补采平衡率	0.2
		降水补给率	0.3
	资源调节性0.1	水位变差开采比	0.5
		水位变差降水比	0.5
	资源可用性0.4	可采资源模数	0.3
		资源质量指数	0.3
		资源开采程度	0.4

（6）综合评价

综合考虑上述四方面因素及一级、二级水源地保护区范围，将功能价值评价结果划为高、较高、中等、较低、低5级，评价结果如图3-16所示。

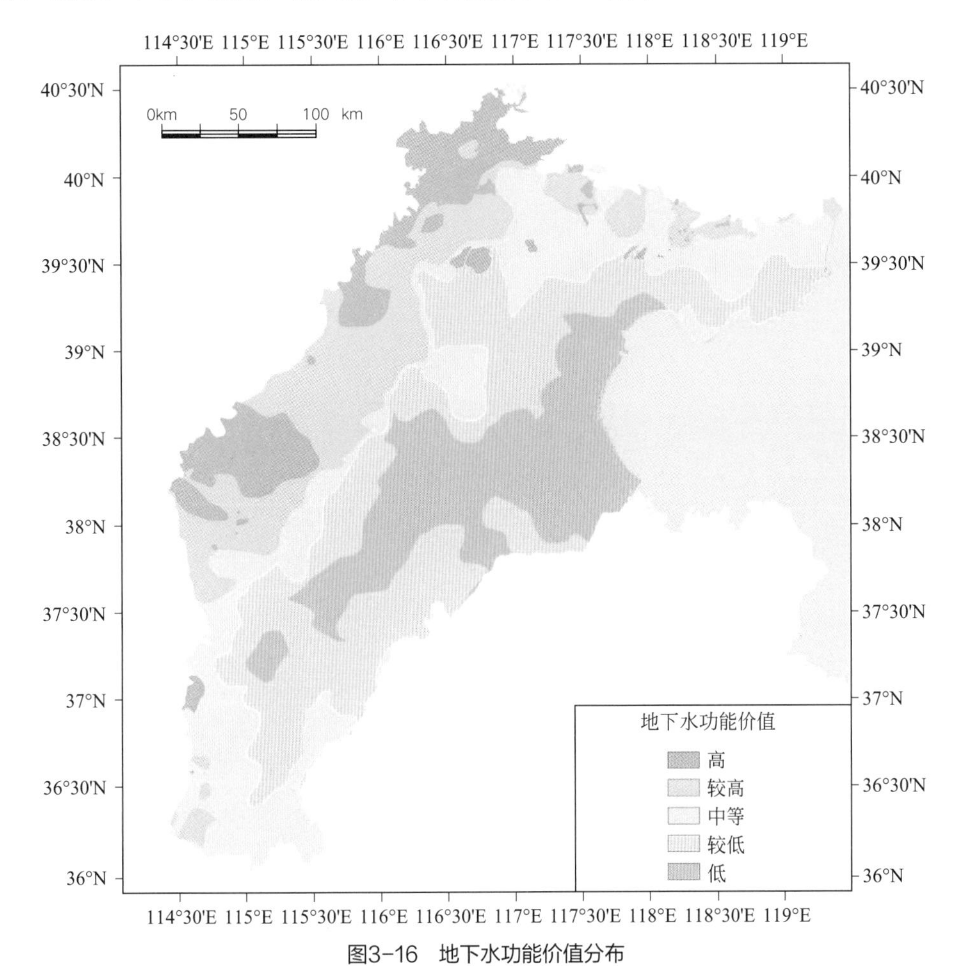

图3-16　地下水功能价值分布

由图3-16可见，地下水功能价值高的地区主要分布于太行山、燕山山前地带，这些地区水量大、水质好，是建立集中供水水源地的地区；功能价值较高的地区分布在功能强的区域外围，水量较大，水质较好，为地下水适度开采区；功能价值中等的区域为地下水调节开采区，较低的区域为地下水不宜开采区，低的区域为地下水禁止开采区。

1）功能价值性高的区域

浅层地下水再生性、调节性、恢复性、占有性好，水质良好，是建立集中供水水源地的地区，为规模开采区。

该区域主要分布于太行山、燕山山前地带和沿黄河地带，如平谷—顺义—丰台—房山—定兴山前地带、定州—安国—无极—新乐一带。

2）功能价值性较高的区域

浅层地下水再生性、调节性、恢复性、占有性较好，水质较好，为地下水适度开采区。

该区域主要分布在上述功能价值性高的区域外围，冀东平原的滦县—唐山市—丰润区的山前冲洪积扇群、玉田县、蓟州区以南—定坻以北、顺义以西、平谷南—通州区—大兴—涿州—雄县—高阳—深泽—石家庄一带。

3）功能价值性中等的区域

浅层地下水再生性、调节性、恢复性、占有性中等，水质中等，地下水功能价值中等，需合理利用区内各种水资源，为地下水调节开采区。

该区域主要分布在华北平原北部、西南和南部大部分地区，北部的三河—香河—宝坻—武清区—丰南—滦南—昌黎一带、华北平原西南的邢台—邯郸—大名一带。

4）功能价值性较低的区域

浅层地下水再生性、调节性、恢复性、占有性较低，地下水功能价值较低，为地下水不宜开采区，应该充分利用大气降水，涵养水源，增强地下水的功能价值。

该区域主要分布在中东部平原，包括乐亭—唐海—宁河—天津—任丘—肃宁及其以南地带。

5）功能价值性低的区域

浅层地下水再生性、调节性、恢复性、占有性低，地下水水质差，地下水功能价值低，为地下水禁止开采区，应该充分利用大气降水，涵养水源。

该区域主要分布在东部滨海平原的咸水区，自北往南沿汉沽—塘沽—大港—黄骅—河口区均为功能价值低的区域。

3.3.11 地下水污染风险分级评价

将地下水脆弱性、地下水功能价值和污染源危害性五个级别自低至高评分分别为1分、2分、3分、4分、5分。将3个图层叠加，评分相乘，污染风险指数范围为1～125，在ArcGIS里根据自然间断点法，分成五个级别，间距划分为1～6、7～18、19～36、37～64、65～125，得到地下水污染风险分级评价图。如图3-17所示。

地下水污染风险分布与地下水脆弱性、地下水功能价值分布类似。整体趋势为自山前平原至东部滨海平原地下水污染风险级别逐步降低。

地下水污染风险高和较高区分布在山前平原。山前平原污染风险低、较低、中等、较高、高区所占比例分别为2.30%、28.08%、33.57%、31.69%、4.36%。风险

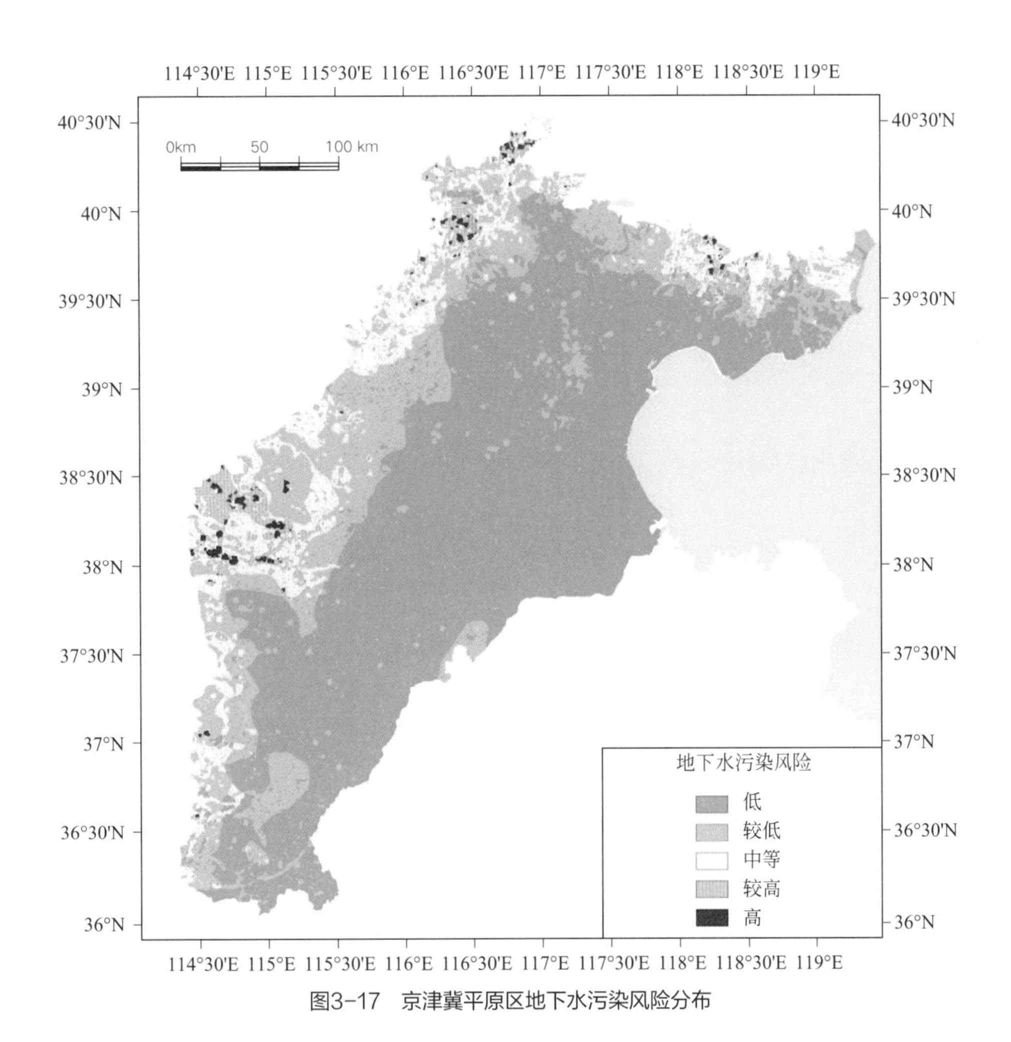

图3-17　京津冀平原区地下水污染风险分布

高的地区分布在北京市和石家庄市，多为水源地分布区，这些地区地下水功能价值高或较高、地下水脆弱性高或较高、污染源危害性高或较高。风险较高区分布在北京大部分地区、石家庄北部及保定南部、保定北部、唐山北部。这些地区地下水脆弱性中等或较高，地下水功能价值多为高或较高，污染源危害性中等、较高或高。风险中等和较低区分布在风险较高区的外围。风险低区主要分布在廊坊西北部，在其他地区零星分布。

中部、东部平原地下水污染风险级别主要为低和较低，中等区零星分布。污染风险低区分布在邢台中部、衡水西部、沧州、天津中东部及唐山北部。

污染风险中等区，地下水脆弱性较低或中等，功能价值中等或较高，污染源危害性中等、较高或高。污染风险较低区，地下水脆弱性低，功能价值中等或较低，污染源危害性中等或较高。污染风险低区，地下水脆弱性低，功能价值低，污染源危害性各级别均有分布。

3.4 集中式地下水饮用水水源地补给区地下水污染风险评价

地下水是我国重要的饮用水水源，地下水饮用水水源地污染也是我国重要环境问题之一。《水污染防治行动计划》（简称“水十条”）”第八条第二十四款中明确要求：定期调查评估集中式地下水型饮用水水源补给区等区域环境状况；公布京津冀等区域内风险大、严重影响公众健康的地下水污染场地清单，开展修复试点。本节针对集中式地下水饮用水水源地补给区，通过查阅文献、现场调研、收集资料等方法，系统分析集中式地下水饮用水水源地补给区的地下水污染及补排特征，筛选补给区地下水污染源危害性、包气带防污性、含水层和受体敏感性等特征指标。采用主控因子识别和敏感性分析等方法，建立地下水饮用水水源地补给区地下水污染风险评价指标库，结合层次分析法和模糊聚类等方法，构建饮用水水源地补给区地下水污染风险评价指标体系。以垃圾填埋场和石油污染场地为研究试点，确定污染源、包气带、含水层及受体健康风险等各项特征，对集中式地下水饮用水水源地补给区地下水污染风险评价指标体系进行优化。

3.4.1 饮用水水源地补给区地下水污染风险分级评价指标体系构建

基于典型集中式地下水饮用水水源地补给区地下水污染特征，结合“污染源-污染路径-污染受体”基本过程，系统分析集中式地下水饮用水水源地敏感性、补给区内污染源和地下水脆弱性影响因子，通过查阅文献、现场调研、收集资料等方法，初步确定出集中式地下水饮用水水源地补给区地下水污染风险分级评价指标库，为指标筛选提供依据，构建地下水污染风险评价指标体系。

3.4.1.1 饮用水水源地补给区地下水污染风险评价指标库构建

（1）集中式地下水饮用水水源地敏感性影响因子

分析因子包括饮用水水源地规模、含水层位置、饮用水水源地级别、与污染源距离、水源地补给类型等影响因子，这些因子构成了饮用水水源地补给区地下水污染风险评价指标库中的必要因素。

（2）补给区内污染源影响因子

污染源的污染特征直接决定着地下水污染风险，因此需要系统分析污染源的影响因子。污染源的污染特征主要包括污染物类型、污染物毒性、污染物挥发性、污染物溶解性、污染物吸附性、污染物位置、排放量、排放方式、排放强度、排放时间等。除此之外，污染源场地防护措施也是有必要考虑的，防护措施的好坏对污染物进入土壤的量有比较大的影响。

（3）地下水脆弱性影响因子

包气带一般是污染物进入含水层的必经途径，对污染物的迁移会起到一定的截留和降低毒性的作用。根据包气带脆弱性评价软件DRASTIC和污染物运移HYDRUS软件分析结果，包气带阻控性能影响因子主要包括包气带厚度、土壤厚度、岩性、结构、渗透系数、含水量、有机质含量等影响因子，这些因子也就构成补给区地下水污染风险评价指标库中的必要因素。

通过以上分析，集中式饮用水水源地补给区地下水污染风险评价指标库初步完成，如表3-16所列。

表3-16　集中式饮用水水源地补给区地下水污染风险评价指标

分类	评价指标
水源地敏感性影响因子	饮用水水源地规模（供水人口数或供水量）、含水层位置（地表水体、潜水含水层、承压含水层）、饮用水水源地级别（省级、地市级、区县级、分散式）、与污染源的距离、饮用水水源地补给类型（充沛、均衡、透支）
补给区内污染源影响因子	污染源类型（潜在污染源、已存在污染源）、污染源位置（地上、地下）及分布（点源、线源、面源）、污染物毒性、污染物溶解性、污染物吸附性、污染物挥发性、排放量、排放方式、排放时间、排放频率、产生方式、污染源防护措施
包气带特征	地形、结构、岩性、土壤厚度、渗透系数、包气带厚度、含水量、土壤及包气带稀释净化能力、透水性、土壤体积密度、有机质含量、包气带体积密度、坡度

3.4.1.2　饮用水水源地补给区地下水污染风险评价指标筛选

（1）饮用水水源地补给区特征指标

1）筛选方法

在参考《饮用水水源保护区划分技术规范》（HJ 338—2018）基础上，结合我国饮用水水源地基本情况，根据与污染源不同的位置关系等信息对指标进一步筛选。

2）饮用水水源地水体类型

分为地表水饮用水水源保护区和地下水饮用水水源保护区，其中集中式地下水饮用水水源保护区分为孔隙水型、裂隙水型和岩溶水型。

3）饮用水水源地规模

根据水源地供水人口和日供水量划分水源地规模。

4）饮用水水源地级别

根据我国的实际情况，饮用水水源地级别共分为三种类型：一是地市级政府立项报省政府或省级环境保护部门批准的、法律意义上的饮用水水源保护区；二是县级政府立项报地市级政府或环境保护部门批准的饮用水水源保护区；三是由乡、镇政府自行划定或未划定的乡村分散式饮用水水源地。

5）饮用水水源地与污染源的距离

根据饮用水水源地所处地理位置和污染源分布划定水源地与污染源的距离。

6）饮用水水源地补给类型

分为充沛补给型、均衡补给型和透支补给型。

（2）补给区内污染源特征指标

1）筛选方法

① 查阅资料、相关文献和现场踏勘收集污染源特征各因子数据和地下水污染现状数据，分析确定各因子的贡献率及相关性。

② 筛选污染源的特征污染物应是污染源的主要污染物，能够反映污染源的主要特征。与研究区域主要地下水污染物相吻合，同时优先考虑我国“水中优先控制污染物”《地下水水质标准》和《生活饮用水卫生标准》中所列的物质。

2）污染源类型

本项目基于目前我国典型场地的污染特征，根据污染源有无污染到地下水的界定将污染源分为潜在污染源和已存在污染源两大类。

① 潜在污染源为污染源的污染物尚未对该区包气带及地下水造成一定程度污染的污染源。

② 已存在污染源为污染源的污染物已对包气带造成污染或者对地下水造成一定程度污染的污染源。

3）污染物特征

由于不同类型行业排放的特征污染物组分不同，且不同特征污染物的物理、化学和生物性质不同，由此带来对地下水的危害程度不同，因此有必要考虑污染源特征污染物。而对于特征污染物的指标，需要选择无机污染物和有机污染物共同的且具有代表性的属性。首先溶解性是首要考虑的，不同污染物的溶解度不同，不溶物难以通过溶液下渗进入地下水，对地下水的危害较小，反之则危害较大。其次考虑毒性，毒性越大对环境及地下水的危害越大。降解性体现为污染物在环境存在的时间长短，降解性越强，则污染物存在时间越短，对环境危害相对较小，反之危害大。吸附性和挥发性也是污染物具有代表性的属性。污染物本身的吸附性代表了污染物在介质中的迁移能力，吸附性强，则污染物迁移能力弱，对地下水的危害较小；吸附性弱则对地下水的危害强。不同污染物挥发性不同，具有高挥发性的物质则可减少污染物与地面介质接触的浓度，相对而言可以减少对地下水的危害。

4）排放量与排放浓度

排放浓度与排放量的多少与进入包气带和地下水污染物的量有直接关系。当排放量较多时，则有利于污染物在包气带中的渗透进入到含水层中，反之则较难进入到含水层中。同理，当排放污染物浓度较高时则污染物进入到含水层的机会较多，污染地下水风险较大；当排放污染物浓度较低时则污染地下水风险较低。

5）污染源防护措施

污染源防护措施主要是指对污染源的防渗措施，防渗措施越好，地下水越不容易受到污染物污染。

6）污染源位置

污染源位置对地下水污染风险也有较大影响，对于相同污染源，处于包气带底部的污染源对地下水的危害大于处于包气带顶部的污染源对地下水的危害。这是由于处于包气带底部的污染源释放的特征污染物更容易通过包气带，换言之包气带对污染源处于包气带底部释放的污染物的净化能力弱于包气带对污染源处于包气带顶部释放的污染物的净化能力。

7）污染物的处理方式

不同行业、不同企业对污染物处理方式不同。有的企事业单位对于本单位的污水及污染物进行处理达标后再进行排放，因此对地下水造成的污染风险相对较低。但有的企事业单位产生的污水及污染物不经处理而直接排放，则地下水被污染的风险相对较大。

8）污染物组分形态

污染物组分形态主要是考虑污染物存在的状态，如固态污染物在自然状态下的迁移性远远小于液态污染物的迁移性，且固态污染物相对于液态污染物更容易控制，对地下水的危害也更小。

（3）地下水脆弱性特征指标

1）筛选方法

在参考美国经典地下水脆弱性评价模型DRASTIC的基础上对指标进行进一步筛选：① 主要是参考现有的地下水脆弱性评价指标体系及迭置指数法中各模型的指标对比

进行筛选；

② 相关监测、调查部门中有相关数据的；

③ 通过查阅文献、现场收集资料、HYDRUS软件分析敏感性因子、灰色关联度分析等方法，为指标筛选提供依据。

2）不同模型、不同方法考虑的包气带影响因素

不仅有主要因素还有次要因素，但是包气带的影响因素不仅仅包括表3-16中所列因素。实际上要建立一个包含所有影响因素的包气带评价因子体系是不可能和不现实的，因为有些因子的数据难以获得，如土壤成分含水量、黏土矿物含量等。或有些因子可操作性较差，在区域性的评价中取值比较困难，不易量化。另外，评价考虑的影响因子越多，不同因子之间的关系也就越复杂，容易造成因子之间相互关联或包容；同时因子太多也会淡化主要因子的影响作用，缺乏评价侧重点。因此本书在筛选包气带评价因子时重点考虑国内外学者普遍使用的指标，再结合实际情况进行补充或筛选。

3）包气带介质

包气带介质指土壤与含水层之间的介质，是污染物进入地下水的必经途径。包气带是由不同介质分层组成的，在不同深度范围内介质不同，不同介质间的理化性质有较大差异。同时，包气带也是污染物进入地下水之前发生物理、化学和生物作用的主要场所，例如砂土与粉土由于其粒径、紧实度和有机质含量等不同，造成它们对污染物的净化作用不同，由此它们对地下水的保护作用大小不同。

4）地下水埋深

地下水埋深直接决定污染源排放的污染物迁移到地下水的距离及时间。地下水埋深较大，则污染物迁移距离大，包气带对污染物净化作用增加，减少污染物迁移到地下水的量，进而减小地下水遭受污染的风险。地下水埋深较浅，则包气带对污染物的净化作用减小，增大了地下水遭受污染的风险。

5）黏土层厚度

黏土具有低含砂量，具有黏性。黏土层介质颗粒非常小，具有吸附性强和不透水等特点。对于污染物的截留作用明显，需要单独列出。黏土层可能在包气带的最上层，也可能在包气带的中间或下层。

6）渗透系数

渗透系数也是包气带的重要指标之一，它主要影响污染物在包气带中的垂直下渗速率。对于渗透系数大的包气带，污染物在包气带中的迁移时间相对较短，到达地下水的量较多，增加了地下水污染风险。

7）地形坡度

通常坡度越大，越有利于污染物的横向迁移，增加了污染物与包气带的接触面积，

加大了包气带对污染物的净化作用，有利于减小地下水遭受污染的风险。

3.4.1.3 饮用水水源地补给区地下水污染风险分级评价指标体系

通过以上分析，饮用水水源地补给区地下水污染风险分级评价指标体系初步构建完成，如图3-18所示。

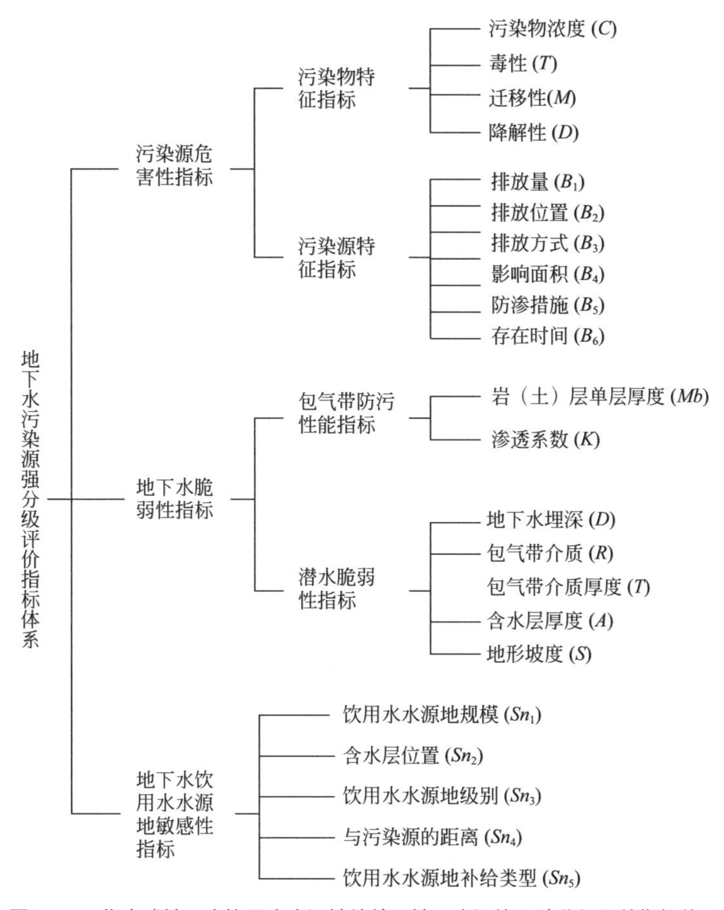

图3-18 集中式地下水饮用水水源地补给区地下水污染风险分级评价指标体系

3.4.2 饮用水水源地补给区地下水污染风险分级评价方法

集中式地下水饮用水水源地补给区地下水污染风险分级评价技术流程见图3-19。基于集中式地下水饮用水水源地补给区基础信息调查，开展包括饮用水水源地敏感性评价、补给区内污染源危害性评价和地下水脆弱性评价。最后，综合三方面的评价结果，进行集中式地下水饮用水水源地补给区地下水污染风险分级。

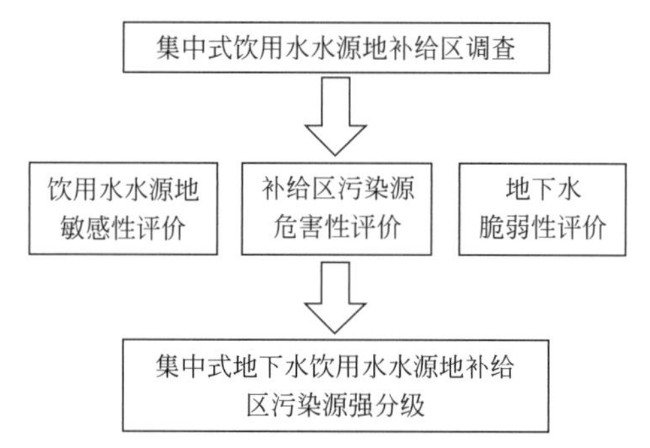

图3-19　集中式地下水饮用水水源地补给区地下水污染风险分级评价技术流程

3.4.2.1　集中式地下水饮用水水源地补给区基础信息调查

调查并收集集中式饮用水水源地补给区污染源所在区域和周边环境信息。调查方法满足《地下水环境监测技术规范》（HJ/T 164—2004）、《污染场地土壤和地下水调查与风险评价规范》（DD 2014—06）和《建设用地土壤污染状况调查技术导则》（HJ 25.1—2019）等规范和标准。

（1）集中式饮用水水源地基本情况

主要包括饮用水水源地类型、饮用水水源地级别、水源地补给类型、与污染源的距离（补给区内的）和饮用水水源地规模。现场调查基本信息表见表3-17。

表3-17　集中式饮用水水源地基本情况信息表

饮用水水源地调查信息表			
名称		级别	
位置		经纬度	
供水量/（m^3/a）		供水人口	
补给区情况			
补给类型		补给范围/m^2	
降雨入渗量/（m^3/a）		地表入渗量/（m^3/a）	
径流补给量/（m^3/a）		其他方式入渗量/（m^3/a）	
其他概况说明			

（2）集中式饮用水水源地补给区污染源调查

主要包括污染源类型、污染物浓度、污染物毒性、污染物迁移性、污染物降解性、污染源排放源强、排放位置、污染路径、影响面积、防渗措施、存在时间。现场调查信息见表3-18。

表3-18　集中式饮用水水源地补给区污染源调查信息表

<table>
<tr><th colspan="6">场地基本信息</th></tr>
<tr><td>场地名称</td><td></td><td colspan="2">场地类型</td><td colspan="2"></td></tr>
<tr><td>场地地址</td><td></td><td colspan="2">建成时间</td><td colspan="2"></td></tr>
<tr><td>经纬度</td><td></td><td colspan="2">场地面积/m^2</td><td colspan="2"></td></tr>
<tr><th colspan="6">污染源详细信息</th></tr>
<tr><td>污染源类型</td><td></td><td colspan="2">影响面积/m^2</td><td colspan="2"></td></tr>
<tr><td>排放源强/(m^3/a)</td><td></td><td colspan="2">排放位置</td><td colspan="2"></td></tr>
<tr><td>污染路径</td><td></td><td colspan="2">防渗措施</td><td colspan="2"></td></tr>
<tr><td>存在时间/a</td><td></td><td colspan="2">年均降雨量/mm</td><td colspan="2"></td></tr>
<tr><th colspan="6">污染源特征污染物</th></tr>
<tr><td>序号</td><td>名称</td><td colspan="2">初始浓度/(mg/L)</td><td colspan="2">处理后浓度/(mg/L)</td></tr>
<tr><td>1</td><td></td><td colspan="2"></td><td colspan="2"></td></tr>
<tr><td>2</td><td></td><td colspan="2"></td><td colspan="2"></td></tr>
<tr><td>3</td><td></td><td colspan="2"></td><td colspan="2"></td></tr>
<tr><td>4</td><td></td><td colspan="2"></td><td colspan="2"></td></tr>
<tr><td>5</td><td></td><td colspan="2"></td><td colspan="2"></td></tr>
<tr><th colspan="6">地层分布情况</th></tr>
<tr><td>序号</td><td>名称</td><td>厚度/m</td><td colspan="2">渗透系数/(m/d)</td><td>地下水埋深/m</td></tr>
<tr><td>1</td><td></td><td></td><td colspan="2"></td><td rowspan="2"></td></tr>
<tr><td>2</td><td></td><td></td><td colspan="2"></td></tr>
<tr><th colspan="6">地下水含水层分布情况</th></tr>
<tr><td colspan="6"></td></tr>
</table>

（3）集中式饮用水水源地补给区水文地质调查

主要包括水源地补给区地下水埋深、包气带介质、包气带介质厚度、地形坡度。现场调查基本信息见表3-19。

表3-19 集中式饮用水水源地补给区水文地质调查信息表

<table>
<tr><th colspan="6">包气带情况</th></tr>
<tr><td>序号</td><td>介质类型</td><td>厚度/m</td><td>渗透系数/(m/d)</td><td>含水量/m³</td><td>其他</td></tr>
<tr><td>1</td><td></td><td></td><td></td><td></td><td></td></tr>
<tr><td>2</td><td></td><td></td><td></td><td></td><td></td></tr>
<tr><td>3</td><td></td><td></td><td></td><td></td><td></td></tr>
<tr><th colspan="6">含水层分布情况</th></tr>
<tr><td>序号</td><td>埋深/m</td><td>厚度/m</td><td>补给量/(m³/a)</td><td colspan="2">其他</td></tr>
<tr><td>1</td><td></td><td></td><td></td><td colspan="2"></td></tr>
<tr><td>2</td><td></td><td></td><td></td><td colspan="2"></td></tr>
<tr><td>3</td><td></td><td></td><td></td><td colspan="2"></td></tr>
<tr><td colspan="6">其他概况说明</td></tr>
</table>

3.4.2.2 饮用水水源地敏感性评价

（1）指标权重和评分

饮用水水源地敏感性特征指标包括饮用水水源地类型、饮用水水源地规模、饮用水水源地补给类型、饮用水水源地级别和饮用水水源地与污染源的距离等方面。饮用水水源地敏感性特征指标衡量的是饮用水水源地自身污染潜力的大小。指标评分是其对地下水污染“贡献”的相对大小，评分越大，说明评价因子对地下水污染的风险相对越大。饮用水水源地类型、饮用水水源地补给类型和饮用水水源地与污染源的距离等因素影响了污染源对饮用水水源地的危害性。

饮用水水源地敏感性特征指标评分见表3-20。

表3-20 饮用水水源地敏感性特征指标评分

饮用水水源地敏感性特征指标评分	饮用水水源地类型	饮用水水源地级别	饮用水水源地补给类型	饮用水水源地与污染源的距离/km	饮用水水源地规模（日供水量）/m³
2	孔隙水型		充沛	水源地范围外	<1万
4		乡、镇级		距离>20	1万～3万
6	裂隙水型	地市级	均衡	5～20	3万～6万
8		省级		<5	6万～10万
10	岩溶水型		透支	水源地范围内	＞10万
权重	3	4	3	4	5

（2）饮用水水源地敏感性评价分级

集中式地下水饮用水水源地敏感性指数（Sn）计算见式（3-4）：

$$Sn = \sigma_1 Sn_1 + \sigma_2 Sn_2 + \sigma_3 Sn_3 + \sigma_4 Sn_4 + \sigma_5 Sn_5 \tag{3-4}$$

式中 Sn_i —— 各参数评分；

σ_i —— 参数权重。

Sn值越高，水源地敏感性越强，脆弱性越高，级别越高。将式（3-4）的取值范围分为三个等级：当$Sn<95$时，为Ⅰ级；当$95 \leqslant Sn<135$时，为Ⅱ级；当$Sn \geqslant 135$时，为Ⅲ级。

3.4.2.3 补给区内污染源危害性评价方法

（1）指标权重和评分

污染源特性指标衡量的是污染源输出污染潜力的大小。指标权重是评价因子对地下水污染“贡献”的相对大小，权重越大，说明评价因子对地下水污染的风险相对越大。根据层次分析法，以Saaty提出的9级标度法构造判断矩阵，合理确定各指标的权重值，从而达到对污染源准确评价的目的。具体地下水污染源指标权重见表3-21。确定地下水污染源指标权重后，根据场地实际情况对各指标进行评分。

表3-21 地下水污染源指标权重

名称	综合评价指数	排放源强	排放位置	污染路径	影响面积比	防渗措施	存在时间
权重	0.22	0.17	0.16	0.1	0.09	0.12	0.14

综合评价指数表示其对地下水环境可能造成的风险大小，采用修正的内梅罗指数法进行计算。

排放源强计算分为点源排放量计算、线源排放量计算和面源排放量计算。

地下水污染源的排放位置分为地表面、包气带、含水层3个位置。

地下水的污染路径是指污染物从污染源进入到地下水中需要经过的路径，包括间歇入渗型、连续入渗型、越流及径流型：间歇入渗型主要适用于垃圾填埋场、排土场和农业活动区；连续入渗型主要适用于受污染的地表水、渠、坑等污水的渗漏；越流及径流型主要适用于人为开采、地质天窗和特殊通道的渗漏。

地下水污染源的影响面积比依据其影响范围的大小而定，本书通过影响面积比的计算值来定量评价。影响面积比指污染源影响半径所覆盖的面积占总评价区面积的百分比。工业渣堆及农业面源的影响面积比可采用实际占用面积来计算；对于渗坑类、排污河等点、线状污染源，它们的影响面积比在实际调查中较难获取，可依据经验值来设定。设定渗坑类点状潜在污染源的影响半径为200m，河流类线状潜在污染源的影响范围设定为100m。

防渗措施按照地下水污染源防渗措施的可靠性，将其分为密封、部分密封、暴露3种类型。

存在时间即污染源存在的时间。

补给区内污染源危害性指标权重和评分具体见表3-21和表3-22。

表3-22 地下水污染源指标评分

B_1		B_2		B_3		B_4		B_5		B_6		B_7	
综合评价指数	评分/分	排放源强/（$10^4m^3/a$）	评分/分	排放位置	评分/分	污染路径	评分/分	影响面积比/%	评分/分	防渗措施	评分/分	存在时间/a	评分/分
<0.80	2	≤50	1	地表	6	间歇入渗型	6	≤0.1	2.5	密封	1	≤1	1
0.80～2.50	4	50～100	3	包气带	8					部分密封	5	1～5	3
2.50～4.25	6	100～500	5			连续入渗型	8	0.1～1	5			5～10	5
4.25～7.20	8	500～1000	7	含水层	10	越流及径流型	10	1～10	7.5	暴露	10	10～20	7
>7.20	10	>1000	10					10～100	10			>20	10

（2）污染源定量特征指标的计算方法

1）污染因子综合评价指标（B_1）

目前对于地下水污染源的评价大都采用等标污染负荷取均值的方法。该方法对于某一区域地下水中一种污染物含量较高而其他污染物含量均较低的情况，评价结果不能反映地下水环境的实际污染状况。内梅罗污染指数法是一种兼顾极值或称突出最大值的计权型多因子环境质量指数法，该方法可以较好地突显极值的作用，将其应用到污染场地地下水污染风险评价中可以有效填补研究中的空白。

内梅罗污染指数法应用到地下水污染风险评价时，将考虑不同污染因子对环境的毒性、迁移性、降解性，通过增加权重因素，对处于同一个质量级别的不同污染因子加以区别对待。

传统的内梅罗综合污染指数计算公式：

$$P_i=\frac{C_i}{C_{oi}} \tag{3-5}$$

$$P_{综}=\sqrt{\frac{P_{i\,ave}^2+P_{i\,max}^2}{2}} \tag{3-6}$$

式中 C_i ——第i种污染因子的实际浓度值，mg/L；

C_{oi} ——第i种污染因子的第j类评价标准的标准值，mg/L；

$P_{i\,ave}$ ——n种污染因子的平均值；

$P_{i\,max}$ ——n种污染因子的最大值；

$P_{综}$ ——第j类标准的内梅罗综合污染指数。

修正的内梅罗污染指数法则考虑了各污染因子在评价中的权重a_i，并引入$P'_{加权平均}$代替$P_{i\,ave}$。

$$P_{综}=\sqrt{\frac{P'^2_{加权平均}+P^2_{i\max}}{2}} \tag{3-7}$$

$$P'_{加权平均}=\frac{\sum_{i=1}^{n}P_i a_i}{n} \tag{3-8}$$

污染因子权重值a_i的确定：一般情况下，各污染因子对地下水危害程度的贡献量是不同的，各污染因子的权重主要考虑污染因子的毒性（T）、迁移性（M）、降解性（D）等。三者的权重经层次分析法计算分别为0.6、0.2和0.2，三者序列值确定见表3-23。通过式（3-9）计算污染因子属性l_i，通过式（3-10）计算污染因子权重值a_i。

表3-23　污染因子序列值的确定

名称	毒性	迁移性	降解性
排序说明	将各污染因子的C_{oi}按照从小到大排，并依次进行编号。即C_{oi}越大，对地下水的影响越小，序列值越大（顺序排列）	污染因子的迁移性依据$\lg K_{oc}$值，值越大，代表该污染物越难迁移，对地下水影响越小，序列值越大（顺序排列）	污染因子的降解性依据半衰期，半衰期越长对地下水的影响越大，序列值越小（逆序排列）

$$l_i=0.6T_i+0.2M_i+0.2D_i \tag{3-9}$$

式中　T_i——该污染源的第i种特征污染物的毒性序列数值；

M_i——该污染源的第i种特征污染物的迁移性序列数值；

D_i——该污染源的第i种特征污染物的降解性序列数值。

$$a_i=\frac{l_{\max}/l_i}{\sum_{i=1}^{n}(l_{\max}/l_i)} \tag{3-10}$$

式中　a_i——第i种污染因子的权重值。

2）排放量计算

污染源排放量是地下水污染风险评价的重要条件。以下按照污染源类型（点源、线源、面源）介绍几种污染源排放量的常规计算方法。

① 点源排放量计算：根据《环境影响评价技术导则　地下水环境》（HJ 610—2016）中关于常用污染场地废水入渗量的计算公式，对于固体废物填埋场，渗滤液产生量Q的计算公式：

$$Q=\alpha FX\times10^{-3} \tag{3-11}$$

式中　Q——渗滤液产生量，m^3/d或m^3/a；

α——降水入渗补给系数；

F——固体废物填埋场渗水面积，m^2；

X——降水量，mm/d或mm/a。

② 线源排放量计算：根据陆燕等的文章，对于地表排污河，可通过如下公式计算污染源排放量。

$$Q=LWV \tag{3-12}$$

式中 Q —— 污染源排放量，t/a；

L —— 河道的长度，m；

W —— 河道的宽度，m；

V —— 底泥入渗速率，m/s，参考淤泥质土的入渗速率；

③ 面源排放量计算：根据马国霞等的文献，农业活动区污染物排放量计算如下：

$$G_{pww}=E_{pww}S_{ps}L_{ps} \tag{3-13}$$

式中 G_{pww} —— 农业活动区污染物排放量，kg/a；

E_{pww} —— 农田污染物每年每公顷排放量，kg/(hm^2 • a)；

S_{ps} —— 播种面积，hm^2；

L_{ps} —— 种植业污染物流失系数。

（3）污染源危害性评价分级

基于上述对地下水污染源污染因子的计算及各参数的权重和评分，借鉴迭置指数法评价污染源危害性，具体见式（3-14）。将式（3-14）计算结果采用非等间距法取值范围（0 ~ 10）分为3个等级：当$B<4.0$时，为Ⅰ级；当$4.0\leqslant B<7.0$时，为Ⅱ级；当$B\geqslant 7.0$时，为Ⅲ级。B值越大，地下水污染源危害性越高，评价级别也越高。

$$B=0.22B_1+0.17B_2+0.16B_3+0.1B_4+0.09B_5+0.12B_6+0.14B_7 \tag{3-14}$$

式中 B_i—— 各参数评分。

3.4.2.4 地下水脆弱性评价方法

（1）包气带防污性能指标和评分

根据其包气带岩（土）层单层厚度和渗透系数，将包气带防污性能分为强、中、弱三个等级，具体参考指标见表3-24。

表3-24 包气带防污性能分级

分级	包气带岩（土）的渗透性能	评分/分
强	岩（土）层单层厚度$M_b\geqslant 1.0$m，渗透系数$K\leqslant 10^{-7}$cm/s，且分布连续、稳定。	1
中	岩（土）层单层厚度$0.5\text{m}\leqslant M_b<1.0$m，渗透系数$K\leqslant 10^{-7}$cm/s，且分布连续、稳定。 岩（土）层单层厚度$M_b\geqslant 1.0$m，渗透系数$10^{-7}\text{cm/s}<K\leqslant 10^{-4}$cm/s，且分布连续、稳定。	
弱	岩（土）层不满足上述“强”和“中”条件。	0

当包气带防污性能为“弱”时可不考虑地下水脆弱性。

（2）包气带脆弱性指标和评分

选择地下水埋深（D）、包气带评分介质（R）、包气带评分介质厚度（T）、含水层厚度（A）、地形坡度（S）5个影响因子。本书考虑到地形坡度（S）对于非正规垃圾填埋场、农业活动区等污染场地而言是污染物产生地表径流还是渗入地下的关键控制性因素，所以也将其作为地下水脆弱性评价指标之一。

采用DRTAS模型作为地下水脆弱性评价模型，各因子的权重值按照因子对脆弱性能影响大小给予权重，影响最大的权重值为5，最小的为1。各指标权重赋值结果为：地下水埋深(D)为5，包气带评分介质(R)为5，包气带评分介质厚度(T)为1，含水层厚度(A)为2，地形坡度(S)为2。各因子的评分范围为1～10分，防污性能越差分值越高，反之越低。地下水脆弱性指标权重和评分见表3-25和表3-26。

表3-25　DRTAS各评价指标权重

指标	地下水埋深/m	包气带评分介质/分	包气带评分介质厚度/m	含水层厚度/m	地形坡度/%
权重	5	5	1	2	2

表3-26　DRTAS各指标的类别及评分

地下水埋深/m		包气带评分介质		包气带评分介质厚度/m		含水层厚度/m		地形坡度/%	
D	评分/分	R	评分/分	T	评分/分	A	评分/分	S	评分/分
$D \leq 2$	10	岩溶发育的灰岩	10	$1<T \leq 1.5$	10	$A<10$	10	0～2	10
$2<D \leq 4$	9	玄武岩	8	$1.5<T \leq 2$	9	$10<A \leq 15$	9	2～6	9
$4<D \leq 6$	8	粉粒/黏粒少的砂砾石	8	$2<T \leq 2.5$	8	$15<A \leq 20$	8	6～12	5
$6<D \leq 8$	7	裂隙少的灰岩/中粗砂	6	$2.5<T \leq 3$	7	$20<A \leq 25$	7	12～18	3
$8<D \leq 10$	6	粉粒/黏粒多的砂砾石	4	$3<T \leq 3.5$	6	$25<A \leq 30$	6	>18	1
$10<D \leq 15$	5	细砂/风化的火成岩/变质岩	4	$3.5<T \leq 4$	5	$30<A \leq 35$	5		
$15<D \leq 20$	4	火成岩/变质岩/粉砂/页岩	3	$4<T \leq 4.5$	4	$35<A \leq 40$	4		
$20<D \leq 25$	3	粉土/泥质页岩	3	$4.5<T \leq 5$	3	$40<A \leq 45$	3		
$25<D \leq 30$	2	亚黏土/亚砂土/泥岩	2	$5<T \leq 5.5$	2	$45<A \leq 50$	2		
$D>30$	1	黏土、淤泥	1	$T>5.5$	1	$A>50$	1		

（3）地下水脆弱性分级

地下水脆弱性指数（DI'）计算见式（3-15）：

$$DI'=V(5D+5R+1TR+2A+2S) \tag{3-15}$$

式中　V、D、R、T、A、S——各因子的评分值。

DI'值的范围为0～240，地下水脆弱性评价分为3级：当$DI'<70$时，为Ⅰ级；当$70 \leq DI' \leq 120$时，为Ⅱ级；当$DI'>120$时，为Ⅲ级。DI'值越高，包气带防污性能越差，脆弱性越高，级别越高。

3.4.2.5 饮用水水源地补给区地下水污染风险分级评价结果

（1）单个地下水污染风险评价

单个污染源，需要综合考虑污染源危害性和地下水脆弱性，利用矩阵法判断单个地下水污染风险评价结果。当包气带防污性能为“弱”时，污染源具有防渗措施时污染源危害性分级作为单个地下水污染风险分级评价结果。如表3-27所列。

表3-27 单个地下水污染风险评价

地下水污染风险分级		污染源危害性分级		
		Ⅰ	Ⅱ	Ⅲ
地下水脆弱性分级	Ⅰ	Ⅰ	Ⅰ	Ⅱ
	Ⅱ	Ⅰ	Ⅱ	Ⅱ
	Ⅲ	Ⅱ	Ⅱ	Ⅲ

（2）集中式地下水饮用水水源地补给区地下水污染风险综合评价

将补给区内所有污染源进行源强评价，综合整体评价结果，求得源强评价结果平均值，给出分级。

$$P_{综}=\frac{\sum_{n=1}^{m}P_n}{m} \tag{3-16}$$

式中 $P_{综}$ —— 补给区地下水污染风险综合评价结果；

P_n —— 单个地下水污染风险评价结果；

m —— 补给区内地下水污染源个数。

（3）集中式地下水饮用水水源地补给区地下水污染风险分级评价

综合考虑饮用水水源地敏感性评价和地下水污染风险综合评价结果，利用矩阵法耦合，形成集中式地下水饮用水水源地补给区地下水污染风险分级评价结果。如表3-28所列。

表3-28 集中式地下水饮用水水源地补给区地下水污染风险分级评价

集中式地下水饮用水水源地补给区地下水污染风险分级评价		饮用水水源地敏感性评价分级		
		Ⅰ	Ⅱ	Ⅲ
补给区地下水污染风险综合评价分级	Ⅰ	Ⅰ	Ⅰ	Ⅱ
	Ⅱ	Ⅰ	Ⅱ	Ⅱ
	Ⅲ	Ⅱ	Ⅱ	Ⅲ

级别越高，场地污染源对于地下水影响越大，以污染源防护及移除、过程阻断及修复和末端治理及监控为原则，针对补给区内污染源分别提出相应的防控对策。

3.4.3 饮用水水源地补给区地下水污染风险分级评价案例

为表明所构建的集中式饮用水水源地补给区地下水污染风险评价的有效性和普适性，根据集中式地下水饮用水水源地补给区地下水污染风险分级评价流程，京津冀范围以内选择北京市某水源地补给区非正规生活垃圾填埋场为对象、京津冀范围以外选择陕西省吴起县某水源地补给区石油污染场地为对象分别进行污染风险评价。

3.4.3.1 北京市某水源地补给区非正规生活垃圾填埋场

（1）垃圾填埋场环境概况

1）自然地理条件

非正规垃圾填埋场位于北京市朝阳区北五环外。垃圾填埋场所属地貌单元为永定河冲洪积扇中下部，总体地势西北高东南低。垃圾填埋场现为郊野公园，公园内地形人工改造明显，中部堆砌假山，西部建有人工湖，整体地形起伏较大，地面标高为31.0～45.0m。

2）气象水文条件

北京地区位于东亚中纬度地带东侧，具有典型的暖温带半湿润半干旱大陆性季风气候特点：受季风影响，春季干旱多风，气温回升快；夏季炎热多雨；秋季天高气爽；冬季寒冷干燥，多风少雪。据北京市观象台近10年观测资料，年平均气温为13.2℃，极端最高气温41.1℃，极端最低气温−17.0℃，年平均气温变化基本上是由东南向西北递减，城区近20年最大冻土深度＜0.80m。

全市多年平均降水量640mm，降水量的年变化大，降水量最大的1959年达1406mm，降水量最小的1896年仅244mm，前者为后者的近5.8倍。降水量年内分配不均，汛期（6～8月）降水量约占全年降水量的80％以上。旱涝的周期性变化较明显，一般9～10年出现一个周期，连续枯水年和偏枯水年有时达数年。2001～2010年期间以2008年年降水量最大，为626.3mm；2006年年降水量最小，为318.0mm。

全市月平均风速以春季4月份最大，据北京市观象台观测，近10年市区平均风速为2.3m/s，最大风速为14.0m/s。

垃圾填埋场所属朝阳区河湖水系众多，区内地表水属海河流域北运河水系。场地所在区域分布的河流主要为清河和温榆河，清河位于场地北侧约700m，温榆河位于场地东北侧约5km。公园内西部人工开挖一人工湖，湖水域面积约5305m²，湖水深约1.50m。

清河是温榆河的支流，源于海淀区的西部山区。穿过八达岭高速公路入朝阳区，在上辛堡汇入温榆河，其在朝阳区北部边界地带流程15.68km。清河河道宽20～30m，常年流水，冬季不断流，清河河水总体自西南向东北方向流动。

温榆河是北运河的上游河段，源于北京西北山区。自昌平区流入朝阳区上辛堡，流经沙窝村东南，在通州区北关闸注入北运河，全程46.4km。

3）区域水文地质条件

北京市位于华北平原北部，在永定河、大清河、北运河、潮白河、蓟运河等水系冲洪积扇的中上部地段。由于河流频繁改道，形成多级冲洪积扇地，使地质条件较为复杂。总的趋势：西部以碎石类土为主，向东则逐渐形成黏性土、粉土与碎石类土的交互沉积，第四系覆盖层厚度也由数米增加到数百米。以此为背景，地下水的赋存状态也从西部的单一潜水层向东、东北和东南逐渐演变成多层地下水的复杂状态。垃圾填埋场位于永定河冲洪积扇的中下部，在古清河附近，如图3-20所示，第四系覆盖层厚度约为300m，地面以下至基岩顶板之间的土层岩性以黏性土、粉土与砂土、碎石土交互沉积土层为主。

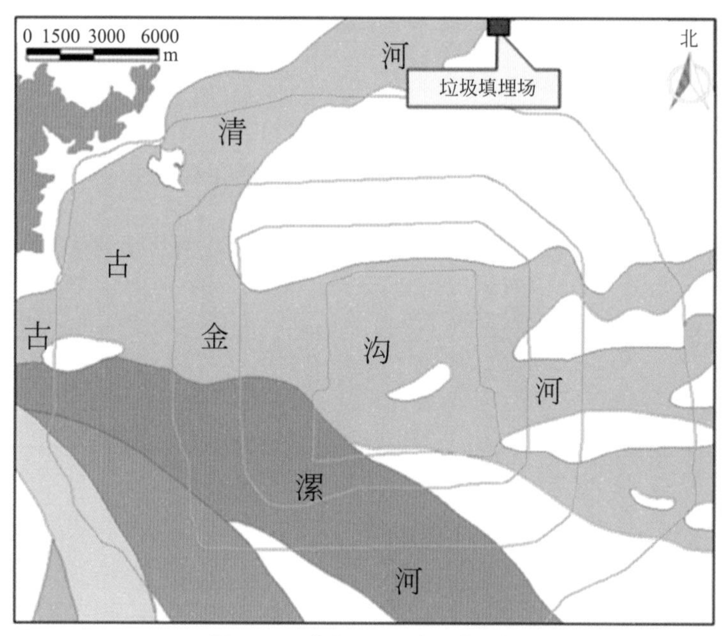

图3-20　北京平原区古河道分布

根据区域资料，垃圾填埋场所在区域地面下50m范围内主要分布3层地下水，地下水类型自上而下分别为潜水、层间水和承压水。潜水含水层岩性以细砂、中砂和粉土为主，含水层累计厚度在3m以上；层间水主要赋存于埋深15～23m的砂类土层中，从区域范围看，该层水分布不连续，主要在垃圾填埋场及其西部有分布，含水层厚度一般在3m内；承压水主要赋存于埋深约25m以下的砂、卵砾石层中，含水层厚度为5～18m，在填埋场北部区域含水层厚度逐渐增大，厚度可达15m以上。

（2）垃圾填埋场地层与地下水分布条件

1）地层岩性及分布特征

根据垃圾填埋场治理勘查成果、本次现场勘探及室内土工试验成果，按地层沉积年代、成因类型，将最大勘探深度（48m）范围内的土层划分为人工堆积层和第四纪沉积层两大类，并按地层岩性及其物理性质指标进一步划分为6个大层及亚层。总体来看，除人工堆积层分布范围及深度变化较大外，第四纪沉积层各土层在垂直方向上呈现较稳定的由黏性土、粉土至砂类土层的沉积旋回，体现第四纪冲洪积沉积特征；在水平方向上，各土层的分布厚度、岩性有一定的变化。

垃圾填埋场表层为厚度1.80～25.00m的人工堆积（填埋）的生活垃圾土①层、混合垃圾土$①_1$层、建筑渣土$①_2$层、黏质粉土填土$①_3$层、粉质黏土填土$①_4$层、细砂填土$①_5$层和碎石土填土$①_6$层。该地层在勘查区普遍分布。

人工堆积（填埋）层以下是第四纪沉积层，其各亚层分布如下：

① 标高31.23～31.40m以下为粉质黏土、黏质粉土②层和砂质粉土$②_1$层，该大层仅在填埋场东西边界GW2、GW1钻孔揭露，累计最大层厚为3.1m。

② 标高27.56～28.40m以下为砂质粉土、粉砂③层，粉质黏土$③_1$层和细砂、中砂$③_2$层，层厚为0.50～3.80m，该大层为区域第1层地下水的主要赋水层位，其中细砂、中砂$③_2$层主要分布于填埋场北部区域。

③ 标高19.81～27.63m以下为黏质粉土、粉质黏土④层，重粉质黏土$④_1$层，层厚为0.5～7.2m。该大层位于垃圾填埋土底板以下，为垃圾土与下伏含水层之间的主要防污层。

④ 标高17.94～21.26m以下为细砂、中砂⑤层，砂质粉土$⑤_1$层。该大层在填埋场内普遍存在，是集中填埋区垃圾土底板以下的第1个赋水层位，也是区域层间水的赋存层位；该层厚度为0.4～2.9m。

⑤ 标高16.74～20.03m以下为黏质粉土、粉质黏土⑥层，细砂$⑥_1$层，黏土、重粉质黏土$⑥_2$层，砂质粉土、粉砂$⑥_3$层。该大层以粉质黏土为主，厚度为13.90～19.50m。该大层中不连续分布的细砂$⑥_1$层中可赋存地下水。

⑥ 标高-1.14～2.84m以下为细砂⑦层，粉质黏土、黏质粉土$⑦_1$层，层厚＞5m。该大层在区域范围内普遍分布，其中的砂类土层是承压水的主要赋存层位。

2）地下水分布特征

根据勘探资料，结合填埋场监测井的水位量测结果分析，填埋场附近地面下约50m

深度范围内主要分布3层地下水，地下水类型自上而下分别为潜水、层间水和承压水。其具体分布特征如下所述。

① 第1层地下水：潜水。该层地下水主要赋存于埋深11.80～14.80m（标高24.60～27.63m）以内的砂质粉土、粉砂③层和细砂、中砂$③_2$层中，地下水类型为潜水。填埋场北部潜水含水层岩性以细中砂为主，填埋场南部潜水含水层岩性主要以粉土为主。根据2015年10月10日～2016年1月8日于地下水监测井内量测的水位资料，潜水水位埋深为7.20～15.21m，水位标高为25.74～30.61m。

② 第2层地下水：层间水。该层地下水主要赋存于埋深17.00～25.30m（标高17.94～21.26m）以下的细砂、中砂⑤层中，地下水类型属层间水。层间水含水层在填埋场范围内连续分布，厚度较薄，为0.50～2.70m，该含水层在距填埋场东边界约600m处尖灭。2015年10月10日～2016年1月8日量测的该层地下水水位埋深为8.64～19.42m，水位标高为22.36～28.28m。

③ 第3层地下水：承压水。该层地下水主要赋存于埋深34.70～43.00m（标高-1.14～2.84m）以下的细砂⑦层中，地下水类型为承压水，该层地下水在区域范围内连续分布，含水层厚度一般大于3m。2015年10月10日～2016年1月8日于地下水监测井内量测的该层地下水水位埋深在29.77～35.36m之间，水位标高为4.44～8.67m。

另外，填埋场内呈透镜状分布的细砂$⑥_1$层，砂质粉土、粉砂$⑥_3$层中可分布有地下水，2015年10月10日～2016年1月8日于地下水监测井内量测的地下水水位埋深为29.91～31.86m，水位标高为13.02～14.97m。

（3）垃圾填埋场渗滤液特征

1）填埋区渗滤液分布特征

根据本次评估期间揭露的渗滤液情况，结合前期勘查成果，绘制出垃圾填埋场渗滤液分布范围，见图3-21。由图3-21可见，垃圾渗滤液主要集中分布在填埋场南部生活垃圾集中填埋区以及东北部局部区域。各监测井2015年10月10日～2016年1月8日量测的渗滤液水位埋深为9.07～17.71m，水位标高为27.67～29.26m，渗滤液压力水头高度为4.95～9.93m，其压力水头高度与垃圾填埋厚度相关，垃圾填埋厚度越大，压力水头相对较高。

根据填埋场地层剖面资料分析，填埋场内垃圾土与周边含水层直接接触，填埋场垃圾土底板标高为17.52～37.40m，大部分低于第1层地下水水位标高（25.74～30.61m），垃圾堆体内的渗滤液与区域第1层地下水存在密切水力联系。

图3-22为利用2015年10月10日于地下水监测井和垃圾渗滤液监测井中量测的水位数据绘制的填埋场第1层地下水和渗滤液水位标高等值线图。从图3-22中可以看出，填埋场内渗滤液和第1层地下水直接连通，分布连续、统一，总体流向为自南向北，水力坡度约为0.3%。

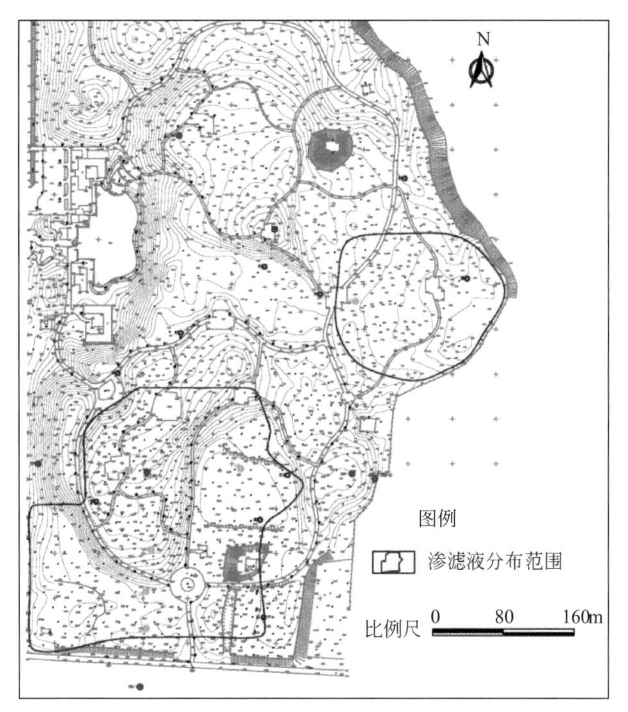

图3-21　垃圾渗滤液分布范围

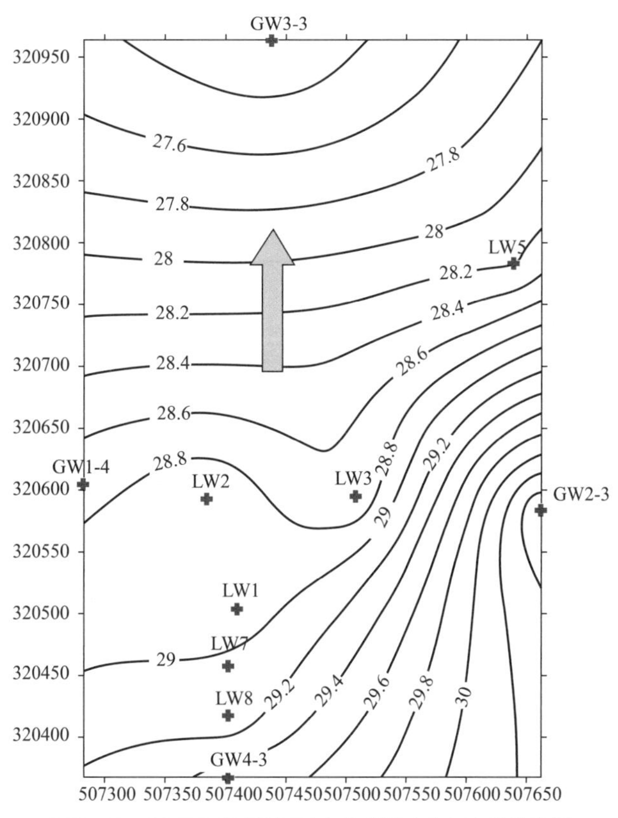

图3-22　2015年10月地下水与渗滤液水位标高等值线图

2）填埋区渗滤液水质

本次工作收集了填埋场内7个渗滤液监测井中采取12个渗滤液水样（含1个平行样、2个复测样）进行检测，共计检测68项指标。

① 常规指标：色度、悬浮物、COD_{Cr}、BOD_5、氨氮、总氮、总磷、总大肠菌群、粪大肠菌群、挥发酚、总硬度、溶解性总固体、硝酸盐、亚硝酸盐、氟化物、氰化物、硫酸盐、氯化物、钾、钠、钙、镁、重碳酸盐、碳酸盐、铵盐和pH值，共26项指标。

② 重金属：铁、锰、铜、锌、砷、汞、镉、总铬、六价铬和铅，共10项指标。

③ 挥发性有机物：苯、甲苯、乙苯、二甲苯、苯乙烯、1,1-二氯乙烯、二氯甲烷、1,2-二氯乙烯、三氯甲烷、1,2-二氯乙烷、1,1,1-三氯乙烷、四氯化碳、1,2-二氯丙烷、三氯乙烯、二氯一溴甲烷、1,3-二氯丙烯、1,1,2-三氯乙烷、二溴一氯甲烷、1,2-二溴乙烷、四氯乙烯、1,1,1,2-四氯乙烷、溴仿、1,1,2,2-四氯乙烷、1,2-二溴-3-氯丙烷、六氯丁二烯、氯苯、1,3-二氯苯、1,4-二氯苯、1,2-二氯苯、1,2,4-三氯苯、1,2,3-三氯苯、萘，共32项指标。

由于本垃圾填埋场内大部分垃圾土已受第1层地下水浸泡，垃圾渗滤液与第1层地下水存在密切水力联系，因此对于垃圾渗滤液采用《地下水质量标准》（GB/T 14848—2017）中的Ⅲ类标准进行分析评价，对于《地下水质量标准》中没有的指标参考《生活饮用水卫生标准》（GB 5749—2006）、《地表水环境质量标准》（GB 3838—2002）Ⅲ类和美国北卡罗来纳州地下水标准进行分析判断。

根据检测结果，垃圾渗滤液中常规指标氰化物，挥发性有机物1,1,1-三氯乙烷、四氯化碳、三氯乙烯、一溴二氯甲烷、1,3-二氯丙烯、1,1,2-三氯乙烷、二溴一氯甲烷、1,2-二溴乙烷、四氯乙烯、1,1,1,2-四氯乙烷、溴仿、1,1,2,2-四氯乙烷、1,2-二溴-3-氯丙烷、六氯丁二烯、1,3-二氯苯、1,4-二氯苯、1,2-二氯苯、1,2,4-三氯苯、1,2,3-三氯苯，共计20项指标浓度检测结果均低于检出限值，其余项目均有检出。

垃圾渗滤液中有检出的项目浓度范围见表3-29。

表3-29　垃圾渗滤液中检出项目浓度范围统计表

序号	检测项目	浓度范围	标准值/（mg/L）	标准来源	是否超标
一	常规检测项目				
1	COD_{Cr}	44.8 ～ 5078	20	《地表水环境质量标准》（GB 3838—2002）Ⅲ类	是
2	BOD_5	4.6 ～ 624	4		是
3	总氮	9.26 ～ 4270	1		是
4	总磷	0.21 ～ 14.2	0.2		是
5	粪大肠菌群/（个/L）	1 ～ 2400	10000		否
6	色度/倍	2 ～ 800	15	《地下水质量标准》（GB/T 14848—2017）Ⅲ类	是
7	氨氮	8.92 ～ 3400	0.5		是
8	总大肠菌群/（MPN/100mL）	1 ～ 2400	3		是

续表

序号	检测项目	浓度范围	标准值/(mg/L)	标准来源	是否超标
一	常规检测项目				
9	挥发酚	0.00015 ～ 0.531	0.002	《地下水质量标准》(GB/T 14848—2017)Ⅲ类	是
10	总硬度	212 ～ 1160	450		是
11	溶解性总固体	825 ～ 9530	1000		是
12	硝酸盐	0.01 ～ 0.05	20		否
13	亚硝酸盐	0.005 ～ 2.49	1		是
14	氟化物	1.63 ～ 5.07	1		是
15	硫酸盐	11 ～ 411	250		是
16	氯化物	3 ～ 6570	250		是
17	pH 值	7.34 ～ 9.22	8.5		是
18	钠	109 ～ 4160	200	《生活饮用水卫生标准》(GB 5749—2006)	是
19	悬浮物	79 ～ 905	—	—	—
20	钾	30.6 ～ 2870	—	—	—
21	钙	17.1 ～ 156	—	—	—
22	镁	7.72 ～ 183	—	—	—
23	重碳酸盐	119 ～ 23000	—	—	—
24	碳酸盐	1.0 ～ 121	—	—	—
25	铵盐	11.5 ～ 4370	—	—	—
二	重金属				
1	铁	2.26 ～ 39.7	0.3	《地下水质量标准》(GB/T 14848—2017)Ⅲ类	是
2	锰	0.037 ～ 0.697	0.1		是
3	铜	0.005 ～ 0.09	1		否
4	锌	0.003 ～ 0.455	1		否
5	砷	0.0083 ～ 0. 2	0.01		否
6	汞	0.00002 ～ 0.00066	0.001		否
7	镉	0.00005 ～ 0.0004	0.005		否
8	总铬	0.005 ～ 0.21	—		—
9	六价铬	0.002 ～ 0.188	0.05		是
10	铅	0.0005 ～ 0.042	0.01		是

续表

序号	检测项目	浓度范围	标准值/（mg/L）	标准来源	是否超标
三	挥发性有机物				
1	苯	0.0003 ～ 0.007	0.01	《生活饮用水卫生标准》（GB 5749—2006）	否
2	甲苯	0.00001 ～ 0.038	0.7		否
3	乙苯	0.000005 ～ 0.002	0.3		否
4	二甲苯	0.0001 ～ 0.006	0.5		否
5	苯乙烯	0.0001 ～ 0.00004	0.02		否
6	1,1-二氯乙烯	0.000009 ～ 0.00019	0.03		否
7	二氯甲烷	0.000035 ～ 0.315	0.02		否
8	1,2-二氯乙烯	0.000025 ～ 0.001	0.05		否
9	三氯甲烷	0.000015 ～ 0.002	0.06		否
10	1,2-二氯乙烷	0.00007 ～ 0.0022	0.03		否
11	1,2-二氯丙烷	0.000035 ～ 0.00085	0.006		否
12	氯苯	0.00001 ～ 0.000035	0.3		否
13	萘	0.000075 ～ 0.0491	0.006	美国北卡罗来纳州地下水标准	是

注：1. 根据环境统计规定，检出限以下的浓度在统计时按检出限的一半值表示。
2. 取平行样的点位采用平行样的最大值。

根据检测结果，渗滤液中常规项目，即色度、COD_{Cr}、BOD_5、氨氮、总氮、总磷、总大肠菌群、挥发酚、总硬度、溶解性总固体、亚硝酸盐、氟化物、氯化物、pH值、钠15项指标超过了《地下水质量标准》（GB/T 14848—2017）或《地表水质量标准》（GB 3838—2002）中的Ⅲ类标准，重金属中铁、锰、六价铬、铬超过了《地下水质量标准》（GB/T 14848—2017）Ⅲ类标准，挥发性有机物仅萘1项指标超过了美国北卡罗来纳州地下水标准。

根据垃圾渗滤液水质检测结果，绘制渗滤液中COD_{Cr}和氨氮浓度分布，分别见图3-23、图3-24。

由图3-23、图3-24可见，生活垃圾集中分布区渗滤液中COD_{Cr}、氨氮浓度较高，向外围的混合垃圾填埋区、建筑渣土填埋区污染物浓度急剧降低。以生活垃圾填埋区监测井（LW1）、混合垃圾填埋区监测井（LW7）和建筑渣土填埋区监测井（LW8）的检测结果为典型代表进行分析，上述各监测井间距均在45m以内，但其COD_{Cr}、氨氮浓度分别自5780mg/L、1360mg/L急剧降低至406mg/L、124mg/L和44.8mg/L、8.92mg/L，变化趋势明显，表明渗滤液中污染物浓度主要与生活垃圾含量相关，生活垃圾含量高则污染严重，生活垃圾土为主要污染源。

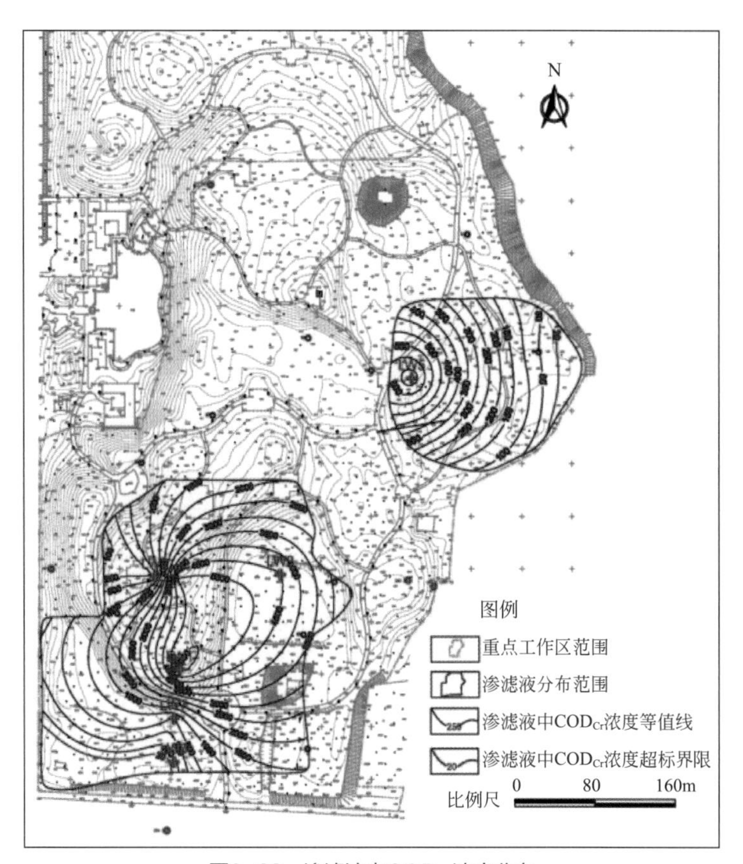

图3-23　渗滤液中COD_{Cr}浓度分布

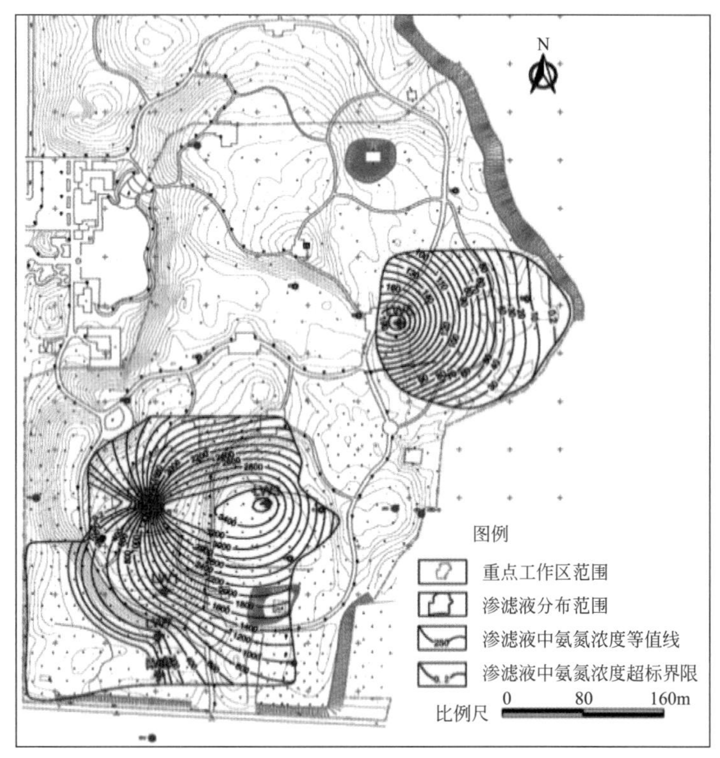

图3-24　渗滤液中氨氮浓度分布图

（4）垃圾填埋场地下水污染风险分级评价

该非正规垃圾填埋场为已建的无防渗措施的项目，对包气带防污性能进行分级。场地包气带主要由粉质黏土组成，渗透系数<10^{-4}cm/s，根据表3-24该场地包气带防污性能为“中”，因此进行饮用水水源地补给区地下水污染风险分级评价时考虑包气带作用。

根据填埋场垃圾渗滤液监测结果，选择其中的NH_3-N 1360mg/L、Fe 13.235mg/L、As 0.0421mg/L、Zn 0.1783mg/L、氯化物294mg/L、氟化物2.67375mg/L、总硬度（以$CaCO_3$计）328.2mg/L、挥发酚(以苯酚计)0.7849mg/L和总大肠菌群201.4个/L为污染因子综合评价中的主要因子。以地下水质量标准中的Ⅰ类水质为标准，确定相关污染物的毒性、迁移性和降解性排列顺序（见表3-30）。

表3-30 污染因子序列值

名称	毒性	迁移性	降解性
NH_3-N	3	9	2
氯化物	8	8	7
氟化物	6	7	8
总硬度（以$CaCO_3$计）	9	2	3
挥发酚(以苯酚计)	1	6	1
Fe	5	3	4
Zn	4	4	5
As	2	5	6

根据式（3-9）计算得Fe、Zn、总硬度（以$CaCO_3$计）、挥发酚(以苯酚计)、氯化物、NH_3-N、氟化物、As和总大肠菌群的污染因子属性l_i值分别为4.4、4.2、6.4、2、7.8、4、6.6、3.4、6.2。

根据式（3-10）计算得Fe、Zn、总硬度（以$CaCO_3$计）、挥发酚(以苯酚计)、氯化物、NH_3-N、氟化物、As和总大肠菌群的污染因子权重值a_i值分别为0.11、0.11、0.07、0.24、0.06、0.12、0.07、0.14、0.08，再根据式（3-7）和式（3-8）求得$P'_{加权平均}$=398.06，$P_{i\,max}$=13969.2和$P'_{综}$=9881.73。

场地所处地区年均降雨量为640mm，降水入渗补给系数为0.2，根据式（3-11）计算得排放源强$3.03\times10^4m^3/a$。

影响面积比<0.1%。

存在时间较长。

由表3-22可得综合评价指数、排放源强、排放位置、污染路径、影响面积比、污染源的防渗措施、存在时间的评分分别为10分、3分、6分、10分、2.5分、10分、10分。

根据式（3-14）计算得污染源危害性B值为7.495，污染源危害性的评价分级结果为Ⅲ级。

现状条件下，区内年平均地下水位埋深10m，净补给量128mm，黏土层介质厚度

12.3m，黏性土介质渗透系数5×10^{-4}cm/s，非黏性土介质渗透系数1.15×10^{-2}cm/s，由表3-26可得地下水埋深、净补给量、黏土层介质厚度、黏性土介质渗透系数、非黏性土介质渗透系数评分分别为6分、5分、5分、10分、5分。权重分别为1、2、4、5、3。

根据式（3-15）计算的DI'值为111，包气带综合评价分级结果为Ⅱ级。

根据表3-27，北京市某水源地补给区非正规生活垃圾填埋场地下水污染风险分级结果为Ⅲ级。

北京市自来水集团第三水厂水源地为北京市某水源地补给区，水源地类型为孔隙型潜水；饮用水水源地与污染源的距离约为18.6km；地下水日供水能力$2.4\times10^5m^3/d$；由于地下水过量开采，地下水水位逐年下降，属于透支型地下水源；其地下水埋藏较浅，覆盖层薄，属于脆弱性水源地，

由表3-20可得饮用水水源地类型、饮用水水源地级别、饮用水水源地补给类型、饮用水水源地与污染源的距离、饮用水水源地规模的评分分别为2分、4分、10分、6分、10分。

根据式（3-4）计算的饮用水水源地敏感性Sn值为126，饮用水水源地敏感性的评价分级结果为Ⅱ级。

根据表3-28，饮用水水源地补给区地下水污染风险分级结果为Ⅲ级。

3.4.3.2 陕西省吴起县某水源地补给区石油污染场地

（1）石油污染场地环境概况

1）自然地理条件

吴起县地处黄土高原与毛乌素沙地过渡区，以白于山为界划分为黄土梁涧区和黄土梁状丘陵沟壑区两大地貌类型。石油污染场地地处吴起县东部的黄土梁状丘陵沟壑区，海拔1420～1780m。地貌形态较单一，梁峁参差，沟壑纵横。区内地貌特征：以黄土梁为主，延绵不断、波状起伏，走向受树枝状水系发育控制，梁顶一般呈鱼脊状；在梁顶上分布有孤立的黄土峁，峁顶一般呈浑圆状，长一般在2000m内，宽500～1000m；沟谷多为V形，下切深度40～80m，相对高差150～200m。梁峁坡较缓，一般坡度为3°～5°，至谷边缘处坡度增至25°～30°，坡面发育有小冲沟。

2）气象水文条件

吴起县属暖温带半干旱大陆性季风气候区，属资源型缺水地区，光照充足，四季分明；春季多风，秋季多雨，冬季干寒。灾害性天气主要有干旱、冻害、冰雹、干热风、雨涝等；年平均气温8℃；年平均相对湿度61%；年平均降雨量438.7mm；年平均蒸发量1563.0mm。

3）区域水文地质条件

吴起县在地质构造上处在华北陆台鄂尔多斯台地向斜的西缘，地质构造简单，为一

向西缓倾的单斜构造，无大型褶皱和断层，是一个比较稳定的地区。吴起油田含油层系主要为三叠系延长组和侏罗系延安组，地表为100～200m厚的第四系黄土覆盖。石油污染场地调查区地层综合柱状见图3-25。

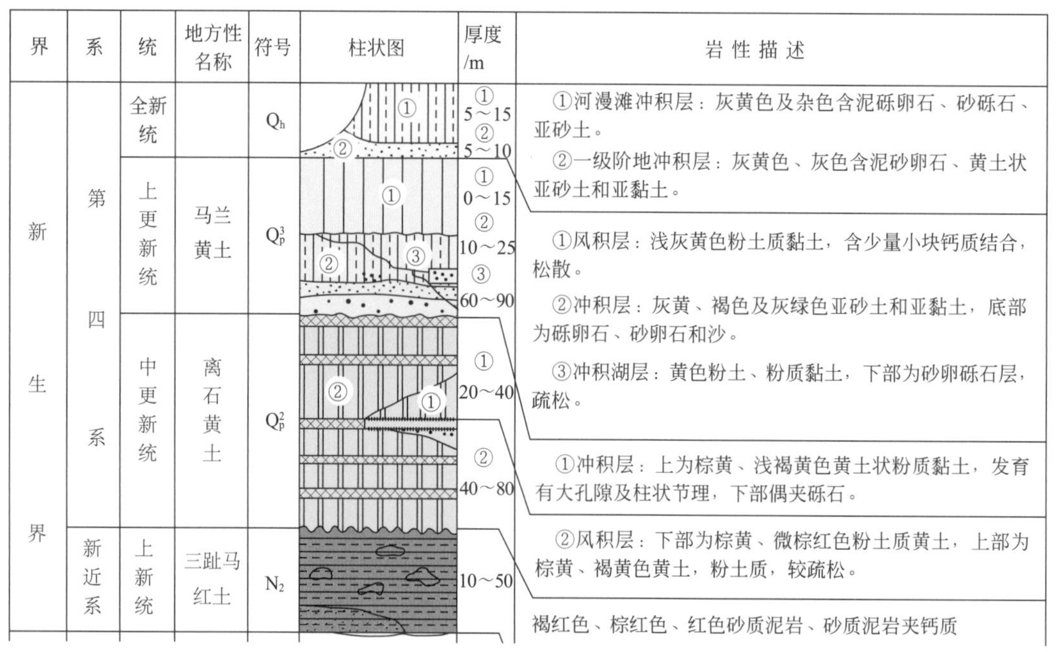

图3-25 石油污染场地调查区地层综合柱状图

（2）石油污染场地地层与地下水分布条件

1）含水层的分布及富水性

调查区的水文地质环境自下而上可概化为白垩系碎屑岩含水岩组、新近系泥岩隔水层和第四系黄土含水层。

① 白垩系碎屑岩含水岩组。白垩系含水岩系依据含水系统的沉积相和地质特征，自下而上可划分为洛河及环河两个含水岩组。

Ⅰ.洛河含水岩组：洛河组地层区域分布比较稳定，含水层岩性主要为沙漠相砂岩，主要岩石类型包括石英砂岩、长石石英砂岩、钙质砂岩、含砾砂岩、砾岩和紫红色泥岩及泥质粉砂岩，大型交错层理发育。砂岩结构疏松，孔隙发育，孔隙度一般为15%～20%，为地下水赋存与富集的良好层位，是评价区最主要的含水层。含水层分布在300～500m之间；受构造控制，含水层总体上由东向西倾伏。洛河组单井涌水量多在350m^3/（d·m），渗透系数0.22～0.53m/d。

Ⅱ.环河含水岩组：环河含水岩组以湖泊相沉积组合为主，岩性以砂岩为主，夹有泥岩、砂质泥岩及泥质砂岩；含水层富水性中等。根据吴起县铁边城的ZX1孔，含水层厚度292.63m，水位埋深40.24m，单位涌水量6.71m^3/(d·m)，渗透系数0.042m/d，矿化度2.58g/L。环河含水岩组的砂岩孔隙度平均在10%以上。环河组底部及顶部多连续分布的泥岩，形成隔水层。

② 泥岩隔水层。环河组底部和顶部普遍发育相对稳定的湖泛期或河流泛滥平原相泥岩、粉砂质泥岩，构成区域性的隔水层。

③ 黄土含水层。黄土含水层（潜水）各向异性明显，垂直方向渗透系数平均为0.025m/d，水平方向渗透系数平均为0.0025m/d。黄土层表层的马兰黄土结构疏松，厚度不大（多＜20m）。黄土潜水的形成与分布主要取决于地貌条件，调查区地貌为黄土梁状丘陵区，由于沟谷切割，地形破碎，含水层分布不稳定，水量一般较贫乏。

2）地下水的补给、径流与排泄特征

① 白垩系洛河组承压水。洛河组地下水的补给来源主要是子午岭东侧含水层出露区，受环河组底部泥岩和侏罗系泥岩构成的隔水顶板、底板的控制，在白于山南侧地下水总体上沿地层由西北向东南方向径流，向马莲河、泾河方向汇集；在白于山北侧地下水总体上沿地层由西南向东北方向径流，向无定河方向汇集。由于地层埋藏较深，地下水形成深循环水流系统，地下水径流交替十分缓慢，补、径、排分区明显、路径长，马莲河是区域循环系统地下水的重要排泄通道；地下水流主要呈水平活塞式流动。地下水水质较差，矿化度一般为2～3g/L。

② 黄土含水层。由于黄土层下伏第三系泥岩隔水层，地下水不易下渗补给基岩，地下水在塬、梁、峁地区接受大气降水入渗补给后，向地形相对低洼的地区径流，以泉的形式排泄于塬、梁、峁侧，并构成完整而相对独立的局部水流系统。

（3）石油污染场地对地下水环境的影响

1）石油污染场地产污环节

油田开发对地下水产生污染的途径主要有两种方式，即渗透污染和穿透污染。

① 渗透污染是导致地下水污染的主要方式。片场的泥浆池，含油污水的跑、冒、滴、漏和落地油、套管内上返的含油污水等，都是通过包气带渗透到潜水面污染地下水的。包气带厚度越薄、透水性越好，就越易造成潜水污染；反之，包气带越厚、透水性越差，则其隔污能力就越强，潜水污染就越轻。

② 穿透污染，以该种方式污染地下水的主要是采油过程中回注水套外返水和钻井施工过程中泥浆池。采油过程中一旦出现回注水套外返水事故，含油污水在水头压力差的作用下，在上返途中可直接进入含水层，并在含水层中扩散迁移，污染地下水。在潜水含水层埋藏浅的地区，钻井施工过程中，泥浆池深度一旦切穿潜水层且又不采取防渗措施时势必造成泥浆渗漏，导致污染物直接进入潜水含水层，污染潜水。

地下水污染源包括钻井废水与废弃泥浆、落地油和含油废水、回注水等。正常状态下，只要对各种污染源及时采取回收、防渗、填埋处理就不会对地下水产生太大的影响，而在雨季出现漫流、污染物回收不及时、发生泄漏情况下会对地下水产生影响。

该研究场地对少量的油田采出水和钻井维修清洗产生的废水采用存放于废水池中自

然蒸发的方式处理，但大部分采出水进行回注处理后回注于井下，而回注水中的有机污染物类型主要分为挥发性有机物和半挥发性有机物两大类。其中，挥发性有机物主要由烯烃、烷烃和苯系物组成；半挥发性有机物主要是多环芳烃。

2）吴起县石油污染场地周边地下水环境现状

对石油污染场地其附近村庄的居民饮用水水源地地下水开展监测工作，以明确石油污染场地周围村庄的地下水污染现状。本次调查6个地下水监测点，均为民用水井，井深在10～500m之间，如图3-26所示。

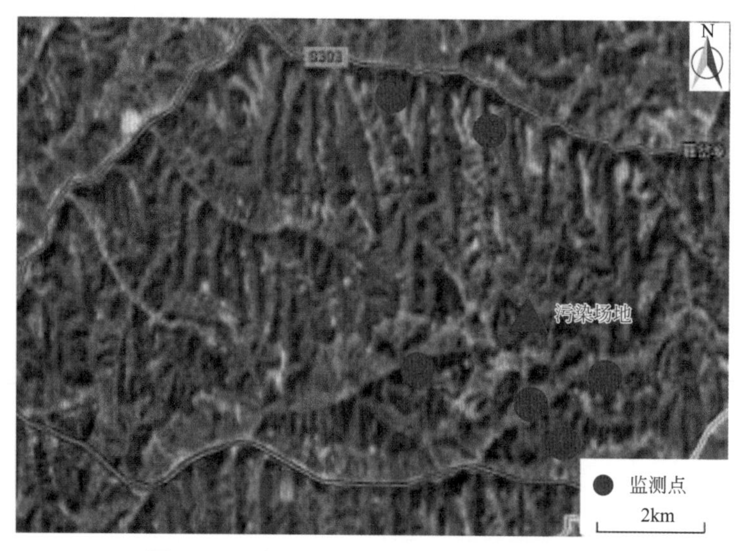

图3-26　吴起县石油污染场地地下水监测井位置

各监测点采样时间分别为2017年4月和2017年6月，每个点取1个混合样；监测项目有pH值、总硬度、高锰酸盐指数、氟化物、氯化物、氨氮、硝酸盐氮、亚硝酸盐氮、溶解性总固体、石油类与硫化物，共11项。回注水监测项目有pH值、总硬度、高锰酸盐指数、氟化物、氯化物、氨氮、硝酸盐氮、亚硝酸盐氮、溶解性总固体、石油类、硫化物、总铁量、苯、甲苯与萘，共15项。

根据监测结果得到以下结论：

① 2个月的监测对比结果可知，各监测井中溶解性总固体、氨氮、硝酸盐和亚硝酸盐监测结果均符合标准限值要求。

② 从4月和6月的pH值监测结果可知，各监测井的pH值均偏高，表明该调查区地下水偏碱性。

③ 从4月的监测结果可知，仅有W041水井的总硬度超标，超标倍数为0.038，也只有W041水井的氯化物超标，超标倍数为0.1；W046水井中的硫化物超标，其超标倍数为0.035；而6月的监测结果可以看出，也仅有W061水井的总硬度超标，超标倍数为0.19，也只有W061水井的氯化物超标，超标倍数为0.04；W064和W066水井中的硫化物均超标，其超标倍数分别为0.015和0.57。

④ 从4月的监测结果可知，各监测井中的石油类均超标，其超标倍数最低为0.42，最高为6.04；高锰酸盐指数均超标，超标倍数最高为3.77；氟化物均超标，超标倍数最高为4.26；而6月的监测结果也同样是，各监测井中的石油类均超标，其超标倍数最低为0.98，最高为6.88；高锰酸盐指数均超标，超标倍数最高为6.15；氟化物均超标，超标倍数最高为5.75。

（4）石油污染场地地下水污染风险分级评价

该石油污染场地均为新建场地，具有稳固可靠的防渗措施，而污染源回注水是直接回注到深井中。因此，单个地下水污染风险评价不考虑包气带防污性能，仅对污染源危害性进行分级，并以此作为地下水污染风险评价结果。

根据回注水的监测结果，选择其中的苯、甲苯、萘为污染因子综合评价中的主要因子。

苯、甲苯、萘污染物的毒性、迁移性和降解性排列顺序如表3-31所列。

表3-31 主要特征污染物及序列值

化合物	苯	甲苯	萘
毒性C_{oi}/（mg/L）	0.01	0.7	0.1
序列值	1	3	2
迁移性$\lg K_{oc}$/（mg/L）	2.22	2.43	3.26
序列值	1	2	3
降解性半衰期/h	80.35	35.16	90.3
序列值	2	3	1

根据污染源回注水的监测结果，吴起县某调查场地的苯、甲苯、萘的浓度为5.24mg/L、5.01mg/L、2.3mg/L，根据式（3-5）计算P_i值为524、7.16、23，则$P_{i\max}$=524；再根据式（3-7）和式（3-8）计算得$P'_{加权平均}$=88.94，$P'_{综}$=375.82。

该场地的污染源排放水为石油回注水，而回注水是直接排放到场地深井之中，所以场地深井的回注水量即为污染源排放量。根据《建设项目竣工环境保护验收调查报告》可知，吴起县某调查场地的采出水处理与回注规模为2500m^3/d，则排放量为82.5×10^4m^3/a。

调查场地采出水经过处理后达到回注水标准，又会将处理液回注到深油井中，这种油井深度一般为2000～3000m，与上覆含水层呈隔绝状态，根据排放位置评价分级的划分，即可认为排放位置位于包气带底部；根据排放方式分级的划分，即可认为排放方式是连续入渗型。

根据《建设项目竣工环境保护验收调查报告》可知，该场地的影响面积比为42.1%。

采出水经过处理后直接用于回注，所以污染源的防渗措施为密封。

由表3-22可得综合评价指数、排放源强、排放位置、污染路线、影响面积比、污染源的防渗措施、存在时间的评分分别为10分、10分、8分、6分、10分、1分、1分。

根据式（3-14）计算得污染源危害性B值为6.94，污染源危害性的评价分级结果为Ⅱ级。

根据表3-27，该石油污染场地地下水污染风险分级结果为Ⅲ级。

该石油污染场地主要影响周边居民饮用水水源补给区，水源地类型为孔隙型潜水；饮用水源地与污染源的最短距离＜5km；地下水日供水能力介于30000～60000m^{3}之间；地下水开采处于均衡状态。

由表3-20可得饮用水水源地类型、饮用水水源地级别、饮用水水源地补给类型、饮用水水源地与污染源的距离、饮用水水源地规模的评分分别为2分、8分、6分、8分、6分。

根据式（3-4）计算的饮用水水源地敏感性Sn值为118，饮用水水源地敏感性的评价分级结果为Ⅱ级。

根据表3-28，该饮用水水源地补给区地下水污染风险分级结果为Ⅱ级。

参考文献

［1］白利平，王业耀. 地下水脆弱性评价研究综述［J］. 工程勘察，2009, 37, (4): 43-48.

［2］Abdelwaheb M, Jebali K, Dhaouadi H, et al. Adsorption of nitrate, phosphate, nickel and lead on soils: Risk of groundwater contamination［J］. Ecotoxicology and Environmental Safety, 2019, 179: 182-187.

［3］Aller L T , Bennett T , Lehr J H , et al. Drastic: a standarized system for evaluating ground water pollution potential using hidrogeologic settings［J］. Journal of the Geological Society of India, 1987, 29(1): 23-27.

［4］An D , Xi B , Wang Y , et al. A sustainability assessment methodology for prioritizing the technologies of groundwater contamination remediation［J］. Journal of Cleaner Production, 2016, 112(5): 4647-4656.

［5］Civita M, De Maio M. SINTACS. Un sistema parametrico per la valutazione e la cartografia della vulnerabilitŭ degli acquiferi all′inquinamento. Quaderni di Tecniche di Protezione Ambientale, 60, Pitagora Ed., Bologna (in Italian), 1997.

［6］Al-Adamat R A N, Foster I D L, Baban S M J. Groundwater vulnerability and risk mapping for the Basaltic aquifer of the Azraq basin of Jordan using GIS, Remote sensing and DRASTIC［J］. Applied Geography, 2003, 23(4): 303-324.

［7］Barca E, Giordano R, Passarella G, et al. A Hybrid-DSS for the Groundwater Pollution Risk Assessment［J］. Environmental Information Archives, 2003, 1:9-18.

［8］Rapti-Caputo D, Vaccaro C . Geochemical evidences of landfill leachate in groundwater［J］. Engineering Geology, 2006, 85(1-2):111-121.

[9] Capri E, Civita M, Corniello A, et al. Assessment of nitrate contamination risk: The Italian experience [J]. Journal of Geochemical Exploration, 2009,102(2):71-86.

[10] 董亮，朱荫湄，胡勤海，等. 应用DRASTIC模型评价西湖流域地下水污染风险 [J]. 应用生态学报，2002, (2): 217-220.

[11] 张雪刚，毛媛媛，李致家，等. 张集地区地下水易污性及污染风险评价 [J] .水文地质工程地质，2009, 36(1): 51-55.

[12] 梁婕，谢更新，曾光明，等. 基于随机-模糊模型的地下水污染风险评价 [J]. 湖南大学学报（自然科学版），2009, 36(6): 54-58.

[13] 申利娜，李广贺. 地下水污染风险区划方法研究 [J]. 环境科学，2010, 31(4): 918-923.

[14] 洪梅，张博，李卉，等. 生活垃圾填埋场对地下水污染的风险评价——以北京北天堂垃圾填埋场为例 [J]. 环境污染与防治，2011, 33(3): 88-91, 95.

[15] 杨庆，郭萌，刘予，等. 北京利用土地处理技术将再生水回补地下水可行性探讨 [J]. 城市地质，2010, 5(1): 7-10.

[16] 江剑，董殿伟，杨冠宁，等. 北京市海淀区地下水污染风险性评价 [J]. 城市地质，2010, 5(2): 14-18.

[17] 陆燕. 北京市平原区地下水污染风险源识别与防控区划研究 [D]. 北京：中国地质大学（北京), 2012.

[18] 李广贺，赵勇胜，何江涛等. 地下水污染风险源识别与防控区划技术 [M]. 北京：中国环境出版社，2015.

[19] 唐军，李娟，席北斗，等. 基于危害性分级的地下水污染源分类识别方法 [J]. 环境工程技术学报，2017, 7(6): 676-683.

[20] Jhariya D C, Kumar T, Pandey H K, et al. Assessment of groundwater vulnerability to pollution by modified DRASTIC model and analytic hierarchy process [J]. Environmental Earth Sciences,2019,78(20):610.

[21] 张定国. 论地下水污染环境评价 [J]. 环境与发展，2020, 32(8):36-38.

[22] Srimanti Duttagupta,Abhijit Mukherjee,Kousik Das, et al. Groundwater vulnerability to pesticide pollution assessment in the alluvial aquifer of Western Bengal basin, India using overlay and index method [J]. Geochemistry,2020, 80(4): 125601.

[23] 程思茜，廖镭，张涵. 基于迭置指数法的简易垃圾填埋场地下水污染风险研究 [J]. 安全与环境工程，2020, 27(5):62-69.

[24] 陈浩. DRASTIC模型与ArcGIS结合的地下水脆弱性评价 [D] .北京：中国地质大学（北京），2018.

[25] 张保祥，张心彬，黄乾，等. 基于GIS的地下水易污性评价系统 [J]. 水文地质工程地质，2009, 36(6): 26-31.

[26] Weldon Lodwick. Fuzzy Surfaces in GIS and Geographical Analysis [M]. Boca Raton. London. New York: Taylor and Francis, 2007:12-13.

[27] Saidi S , Bouri S , Dhia H B . Groundwater management based on GIS techniques, chemical indicators and vulnerability to seawater intrusion modelling: application to the Mahdia–Ksour Essaf aquifer,

Tunisia [J]. Environmental Earth ences, 2013, 70(4):1551-1568.
[28] Panagopoulos G P , Antonakos A K , Lambrakis N J . Optimization of the DRASTIC method for groundwater vulnerability assessment via the use of simple statistical methods and GIS [J]. Hydrogeology Journal, 2006, 14(6):894-911.
[29] 唐克旺，杜强. 地下水功能区划分浅谈 [J]. 水资源保护，2004, (5): 16-19, 69.
[30] 王克强，刘红梅，黄智俊. 美国水银行的实践及对中国水银行建立的启示 [J]. 生态经济，2006, (9): 54-57.
[31] 张郁，吕东辉. 以美国加州为例分析建立南水北调工程“水银行”的可行性 [J]. 南水北调与水利科技，2007, (1): 26-29.
[32] 张丽娟，韩江，王铁生. 美国节水灌溉的现状 [J]. 水土保持科技情报，2000, (2): 59-60.
[33] 陈皓. 加利福尼亚的“水银行” [J]. 环境导报，2000, (1): 37-38.
[34] 张光辉. 区域地下水功能可持续性评价理论与方法研究 [M]. 北京：地质出版社，2009.
[35] Zaporozec A. Ground-water pollution and its sources. Akadimische Verlaggesellschaft, Wiesbaden, Germany [J]. Geo Journal, 1981,5 (5)：547-471.
[36] 王俊杰，何江涛，陆燕，等. 地下水污染危害性评价中特征污染物量化方法探讨 [J]. 环境科学，2012, 33(3): 771-776.

第4章

城市尺度地下水污染风险评价

4.1 城市尺度地下水污染风险评价方法

4.1.1 迭置指数法

4.1.1.1 地下水污染源危害性评价方法

城市区域具有人类生产、生活活动的基本行政单元,城市功能的相似性决定了不同城市尺度存在相同或相似的地下水污染源。通过建立一种普遍适用于评价城市区域污染源对地下水造成污染程度的方法，表征污染源对地下水造成的危害程度相对于区域尺度地下水污染源分类分级方法，城市尺度污染源的分类分级方法对于环境信息要求的精度较高，对地下水污染源较深层次的理解与把握提出了更高的要求。基于此，通过污染源排放的特定污染物的性质及污染物的排放量（或污染物负荷）表征污染源的潜在危害性。由此，建立地下水污染源识别与分级的方法可以以特征污染指标的自身特性及排放量（Q）表征污染源潜在危害性。在对城市区域地下水特征污染物、不同污染源所排放的污染物指标分析与调查的基础上，筛选造成地下水潜在污染的特征污染物属性指标，包括毒性（T）、迁移性（M）和降解性（D）。城市尺度上，污染风险源的危害性需要两个方面考虑：一是污染风险源自身的属性；二是污染风险源的排放量。具体指标见表4-1。

表4-1 地下水潜在污染风险源危害性评价指标体系[1]

目标层	地下水潜在污染风险源危害性评价指标体系（H）				
准则层	特征污染物属性（A）			特征污染物排放量（Q）	
指标层	毒性（T）	迁移性（M）	降解性（D）	污染风险源排放量（N）	特征污染物允许排放浓度（C）

构建城市尺度上风险源识别模型如下：

$$A_{ij}=T_{ij}W_T+M_{ij}W_M+D_{ij}W_D \tag{4-1}$$

$$S_j=\sum_{i=1}^{n}A_{ij}Q_{ij} \tag{4-2}$$

式中 A_{ij} —— 风险源j的第i种污染物的危害性；

T_{ij} —— 特征污染物i的毒性量化值；

M_{ij} —— 特征污染物i的迁移性量化值；

D_{ij} —— 特征污染物i的降解性量化值；

W_T —— 层次分析法得到的毒性权重值；

W_M —— 层次分析法得到的迁移性权重值；

W_D —— 层次分析法得到的降解性权重值；

S_j —— 第j种污染源的潜在危害性；

Q_{ij} —— 第j种污染源对污染物i的排放量。

（1）特征污染物属性

对地下水潜在污染风险源进行分析的过程中，需要筛选出各个污染风险源中的特征污染物，在筛选污染物时需要遵从以下几个原则。

1）代表性原则

在一般的情况下，分析一个问题会受到众多影响因素的干扰，代表性原则可以帮助人们快速而准确地找出问题的本质。筛选出来的污染物必须能反映出污染风险源的本质特征，也能反映出研究区的六大潜在污染风险源的主要污染物的污染特性，代表当地的污染状况。

2）典型性原则

在选取能代表研究区域污染情况的污染物前提下，也需要与研究区的地下水污染典型组分一致，尽可能反映研究区域的地下水污染背景及特征，同时也要与我国“水中优先控制污染物”名单相结合以选取恰当的特征污染物。

3）均衡性原则

地下水的主要对象是人，相比于生态环境和动植物，人类的身体相对脆弱，所以在选取指标时还要遵循均衡性的原则，优先选择《地下水质量标准》《生活饮用水卫生标准》中的污染物。

依据上述原则，对特征污染物进行筛选，结合收集到的相关资料[2]，选取NH_3-N、苯、苯胺、苯并［a］芘、二氯甲烷、化学需氧量、挥发酚、甲基叔丁基醚、甲醛、硫酸盐、六价铬、氯化物、锰、氰化物、三氯乙烯、石油类、四氯化碳、铁、硝基苯类、硝酸盐、乙苯、阴离子表面活性剂、悬浮物、铅、镉、硫化物、汞27种特征污染物，具体分类见表4-2。

表4-2　污染物分类

污染风险源	特征污染物
工业源	COD、SS、NH_3-N、Cr^{6+}、Mn、Fe、石油类、挥发酚、氰化物、硫化物、铅、镉、汞、硝基苯类、苯、苯胺类、苯并［a］芘
农业源	COD、NO_3^-、NH_3-N、Cr^{6+}、Mn、SS、四氯化碳、苯并［a］芘、石油类、挥发酚、硝基苯类、氰化物、三氯乙烯、甲醛、阴离子表面活性剂、苯、乙苯
生活源	COD、Cl^-、NO_3^-、NH_3-N、Cr^{6+}、Fe、阴离子表面活性剂

续表

污染风险源	特征污染物
地表水体	COD、SO_4^{2-}、SS、挥发酚、NO_3^-、NH_3-N、Fe、石油类、阴离子合成剂
地下设施	苯、甲基叔丁基醚
废物处置	COD、SS、SO_4^{2-}、NH_3-N、Cr^{6+}、Mn、Fe

特征污染物本质属性的权重，首先对毒性、迁移性和降解性两两比较，构建判断矩阵。污染物对地下水环境造成污染的表现形式可以概括为其对环境的污染能力、污染范围、污染持续时间三个方面。在衡量某污染源释放的某种特征污染物从地表迁移至地下并对地下水环境造成污染的大小过程中，针对上述三个方面，以特征污染物的毒性（T）表征其对环境的污染能力，毒性越强，破坏力越大，环境自我修复能力越弱；以迁移性（M）表征其对环境的污染范围，迁移性越强，污染范围越大；以降解性（D）表征其在环境中污染持续时间，降解性越差，污染持续时间越长。由于在衡量特征污染物对环境造成污染的侧重点（污染能力、污染范围、污染持续时间）不同，因此必须对这三个方面赋予不同权重加以区别。以层次分析法对特征污染物属性指标进行权重量化处理。地下水的危害性评价主要保护对象是人，当地下水遭受污染后地下水会存在有毒物质，被人体摄入之后会对人体健康产生不良的影响，属于直接影响；而对于污染物的迁移性以及降解性这是一个漫长的过程，相对于毒性，其对人的危害性稍显不足，因此对毒性、迁移性和降解性三个指标两两对比，判断毒性比迁移性和降解性稍微重要，降解性和迁移性同等重要。特征污染物本质属性判断矩阵如表4-3所列。

表4-3　特征污染物本质属性判断矩阵

评分	毒性	迁移性	降解性
毒性	1	3	3
迁移性	1/3	1	1
降解性	1/3	1	1

通过计算可以得出毒性、迁移性、降解性的权重分别是0.6、0.2、0.2，对其进行一致性检验，RI=0，CI=0，得CR=0＜0.1，通过一致性检验。综合区域地下水污染源危害性评价即综合考虑六类污染源危害性，根据六大类污染源的权重，将单个污染源危害性评价结果进行叠加得到区域地下水污染源危害性评价结果，并根据ArcGIS中自然间断点分级法将评分结果分为5个等级，将危害性评价结果由低到高分别为Ⅰ级至Ⅴ级。

不同的污染物的毒性、迁移性和降解性都不同，不同的污染物对于这三种本质属性其单位量纲不统一，所以需要对其进行标准化后再进行评分。对于地下水的污染都存在一个不同的参照标准，毒性的分级标准主要是参考《生活饮用水卫生标准》(GB 5749—2006)中各污染物毒理指标的限值作为毒性指标量化的一个标准，如果该标准中没有某个污染物的毒理限值，则参考WHO或者地下水相关标准。对于毒理限值，其限值越小说明其毒性越大，对人体危害性就越大，从而其评分值也就越大。迁移性和降解性没有一个明确的标准，迁移性主要会影响到污染的影响范围，降解性越长的污染物在土壤、包气带，甚至地下水中存在的时间就会越长。有机污染物的迁移性主要考虑的是有机碳水分配系数，无机污染物则主要考虑污染物在水中的溶解能力、离子半径、价态、类型等。由层次分析法可计算出，毒性、迁移性、降解性的权重分别是0.6、0.2、0.2，根据式（4-1）计算各污染物危害性评分，特征污染物具体分级及评分见表4-4。

表4-4　特征污染物分级及评分[1,3]

特征污染物	毒性评分/分	迁移性评分/分	降解性评分/分	污染物危害性评分/分	归一化评分/分
氨氮	7	15	2	7.6	0.56064
苯	21	11	13	17.4	0.85541
苯胺	20	9	9	15.6	0.81203
苯并［*a*］芘	27	1	18	20	0.77540
二氯甲烷	16	10	12	14	0.79526
化学需氧量	5	21	1	7.4	0.47774
挥发酚	24	7	14	18.6	0.85679
甲基叔丁基醚	16	4	8	12	0.71505
甲醛	6	13	5	7.2	0.57950
六价铬	14	22	4	13.6	0.35300
硫酸盐	1	14	24	8.2	0.75213
氯化物	1	27	27	11.4	0.40000
锰	12	16	23	15	0.81089
氰化物	14	24	6	14.4	0.78202
三氯乙烯	13	5	16	12	0.73286
石油类	8	3	15	8.4	0.60956
四氯化碳	24	12	17	20.2	0.90128
铁	8	17	22	12.6	0.73806
硝基苯类	19	6	11	14.8	0.79027
硝酸盐	3	23	3	7	0.45694
乙苯	8	8	10	8.4	0.64447
阴离子表面活性剂	8	2	7	6.6	0.53870
SS	3	26	26	12.2	0.59542
铅	21	19	20	20.4	0.91471
镉	23	18	21	21.6	0.93095
硫化物	16	25	25	19.6	0.89540
汞	26	20	19	23.5	0.95359

由式（4-2）计算出各污染源危害性指数S_j，基于ArcGIS工具箱中的栅格重分类功能，采用Nature Breaks分级分类将各污染源危害性指数分为五类并分别赋值1～5，并基于ArcGIS工具箱地图代数功能将五大污染风险源叠加，形成最终地下水潜在污染风险源危害性分布图。

（2）特征污染物排放量

对于Q_{ij}的计算，根据污染物种类不同分别构建六类污染源对应的污染物排放量的量化方法。

1）工业源

对于工业的潜在污染风险源，认为只要存在就可能对地下水造成污染。由于各个工业企业生产的类型、生产项目、制作工艺不同，想要获取其详细的排污数据存在着极大的困难，所以在这里只考虑污水排放而引起地下水的污染，不考虑其他因素。在构建工业污染风险源量化方法时，需要假设所有排污企业均是按照国家相关的废水排放标准进行排放，并且污染地下水的过程只发生在工业废水排到排污河前期间的这一过程。

$$Q_{特}=[(Q_{排}\times E_c)\times S_{单}/S_{总}]\times C_{允许浓度}R_i \tag{4-3}$$

式中　$Q_{特}$ —— 某一特征污染物的排放量，t/a；

$Q_{排}$ —— 工业废水总排放量，t/a；

E_c —— 误差系数，无量纲；

$S_{单}$ —— 单个工业区的面积，km^2；

$S_{总}$ —— 总工业区的面积，km^2；

$C_{允许排放}$ —— 工业允许特征污染物排放的最大浓度，mg/L，可参考《污水综合排放标准》（GB 8978—1996），标准中没有的污染物参考《生活饮用水卫生标准》（GB 5749—2006）中的污染浓度；

R_i —— 城市管道渗漏系数，无量纲，在数据不足的情况下，管网渗漏系数可以根据以下公式计算，污水管网渗漏系数=［年均降雨量×降雨径流系数×工业园区面积+工业用水总量×（1−产物系数）］/（年均降雨量×降雨径流系数×工业园区面积+工业园区面积+工业用水总量）。

2）农业源

农业源主要考虑的是耕地、农田灌溉水造成的污染，耕地灌溉方式主要包括污水灌溉以及清水灌溉。

清水灌溉产生的污染物量化公式见下式：

$$Q_{特}=Q_{化肥}(1-U_{化肥}-V_{化肥}) \tag{4-4}$$

$$Q_{特}=Q_{农药}(1-U_{农药})\lambda \tag{4-5}$$

式中　$Q_{特}$ —— 特征污染物的排放量，t/a；

$Q_{化肥}$ —— 化肥的使用量，t/a；

$Q_{农药}$ —— 农药的使用量，t/a；

$U_{农药}$ —— 农药的利用率，无量纲，在资料不足的情况下取35%；

$U_{化肥}$ —— 化肥的利用率，无量纲，在资料不足的情况下取40%；

$V_{化肥}$ —— 化肥的挥发率，无量纲，在资料不足的情况下取36%；

λ —— 多年平均降雨入渗系数，无量纲。

污水灌溉产生的污染物量化公式见下式：

$$Q_{特}=Q_{再生}\left(\frac{Q_i}{Q_{化肥}}\right)\lambda R_i \tag{4-6}$$

式中 $Q_{特}$ —— 特征污染物的排放量，t/a；

Q_i —— 乡镇的化肥施用量，t/a；

$Q_{化肥}$ —— 化肥施用总量，t/a；

$Q_{再生}$ —— 再生水灌溉量，t/a；

λ —— 多年平均降雨入渗系数，无量纲；

R_i —— 污染物的允许排放浓度，mg/L。

(3) 生活源

生活源的污水主要由生活用水产生，泛指人类日常生活所需用的水，包括城镇生活用水和农村生活用水。城镇生活用水主要包括居民用水和公共服务用水，农村生活用水主要包括居民生活用水和牲畜用水。根据2010年环境保护部华南环境科学研究所发布的《生活源产排污系数及使用说明》可知，生活源排污主要由居民生活用水组成，在这里只考虑居民生活用水。生活源特征污染物计算用限定值乘以人口获得特征污染物的排放量，没有说明产物系数的参考《城镇污水处理厂污染物排放标准》中污染物的限定浓度计算。生活源的污水主要由生活用水产生，泛指人类日常生活所需用的水，具体公式如下：

$$Q_{特}=P\lambda_0\lambda_2 \tag{4-7}$$

$$Q_{特}=P\lambda_1\lambda_2\lambda_3 \tag{4-8}$$

式中 $Q_{特}$ —— 特征污染物的排放量，t/a；

λ_0 —— 人均污水产生量，g/（人·d）；

λ_1 —— 生活源污水排放量，g/（人·d）；

P —— 人口数，万人；

λ_2 —— 入渗系数，无量纲，这里以降雨入渗系数作为参考；

λ_3 —— 污染物的限定浓度，mg/L，以县人口为计算标准。

(4) 地表水体类

地表水体类计算特征污染物的排放量需要考虑一些影响因素，主要包括排污的水量信息以及水质信息。由于排污河在短时间内会形成底泥，正常情况下不会立刻消失，污水入渗到地下时会造成阻碍，所以需要考虑污水底泥的渗透性。对于上述3个影响因子，水量数据的获取存在较大的困难，水质数据可以从政府网公布的河流水质监测数据上获取，并参考《地表水环境质量标准》，底泥的渗透系数参考淤泥质土的入渗速率。因此构建排放量计算公式如下：

$$Q_{特}=LWV_{底泥}R_{水质} \tag{4-9}$$

式中 $Q_{特}$ —— 特征污染物的排放量，t/a；

L —— 污水河流的断面长度，m；

W —— 污水河流的河流宽度，m；

$R_{水质}$ —— 河流的水质，mg/L；

$V_{底泥}$ —— 底泥的入渗速率，mm/s。

（5）地下设施类

地下设施类的潜在污染风险源主要指加油站，在对加油站特征污染物进行量化的时候，需要考虑加油站的面积大小、影响范围、影响范围内的加油站个数，多年平均降雨量、降雨入渗系数等。结合《中国腐蚀调查报告》中的油罐穿孔率为14%，并且时间越久油罐的穿孔率也会随之变大，假设加油站储油罐更换前5年油罐的穿孔率为0，则可以取更换油罐15年后的油罐穿孔率的中值作为储油罐泄漏可能性，这里取值为24.5%。加油站发生泄漏进入地下水的渗透系数用研究区多年的降水系数进行修正。公式如下：

$$Q_{特}=24.5\%\times NY\lambda R_{水质} \tag{4-10}$$

式中 $Q_{特}$ —— 特征污染物的排放量，t/a；

N —— 加油站的密度，无量纲；

Y —— 年平均降雨量，mm；

λ —— 降雨渗透系数，无量纲；

$R_{水质}$ —— 污染物的浓度，mg/L。

（6）填埋设施

垃圾场的填埋方式对于垃圾淋滤液进入地下水的量有着至关重要的影响，一般来说，正规垃圾场下部有放衬层，上部有覆盖，因此大气降水对垃圾淋滤液产生的影响较小。垃圾淋滤液下渗量可按防渗层的饱和渗透系数进行计算。按照《生活垃圾填埋场污染控制标准》（GB 16889—2008），正规垃圾场下部防渗层饱和渗透系数小于1.0×10^{-7}cm/s，如果连续饱和渗透，入渗速率换算可得出其速率为0.0315m/a。

对于非正规垃圾场而言，垃圾淋滤液产生量主要取决于大气降水入渗，入渗到地下的量还取决于垃圾场下部的土壤介质类型，但这些参数往往难以获得，因此对于非正规垃圾场淋滤液的产生用降水入渗系数来确定。

垃圾场特征污染物排放量计算公式如下：

正规垃圾场：

$$Q_{特}=S_{正}VR_4 \tag{4-11}$$

非正规垃圾场：

$$Q_{特}=S_{非}Y\lambda R_4 \tag{4-12}$$

式中 $Q_{特}$ —— 某垃圾场某一特征污染物的排放量，t/a；

$S_{正}$ —— 正规垃圾场面积，m^2；

$S_{非}$ —— 非正规垃圾场面积，m^2；

V —— 渗漏速率，m/a；

Y —— 降雨量，m/a；

λ —— 降雨入渗系数，无量纲；

R_4 —— 渗漏液水质，mg/L。

4.1.1.2 地下水污染风险源贡献率评价方法

为明确地下水污染风险源对地下水环境的重要程度，综合考虑地下水污染风险源特征污染物属性及排放量和污染风险源的发生条件，筛选污染物迁移性、毒性特征、降解性、排放浓度、排放量、防范措施和释放可能性指标，构建地下水污染风险源强度评价指标体系，采用层次分析法，确定各风险源指标权重，计算地下水污染风险源强度综合评价指数，确定研究区各污染源贡献率，形成地下水污染风险源清单。

（1）地下水污染风险源评价指标

1）评价指标筛选

地下水污染风险评价是地下水资源开发利用过程中保护地下水资源免受外来污染的重要措施与依据。地下水的污染过程是非常复杂的，除了受地下水水文地质条件影响之外，还受人类活动造成的污染荷载以及地下水价值功能等因素的影响，是含水层污染脆弱性与人类活动造成的污染负荷之间相互作用的结果[4,5]。因此地下水污染风险评价不仅要考虑含水层系统抵御污染的能力，还要考虑到人类活动所造成的污染源负荷源。地下水污染源的识别与危害分级是进行地下水污染风险评价与地下水防控区划的重要基础。

对于地下水污染风险源危害性评价，根据研究对象本身的特点，科学地选取合适的评价指标是非常重要的，对于定性指标要分析其对应的地下水污染风险的特征属性，定量指标则需要根据其数据本身的特点进行分析，进一步对建立的指标体系进行赋值，并准确地选择评价模型进行评价，才能使得结果更加科学、合理。

地下水污染风险的危害性评价主要受污染源特征污染物的自身属性、污染物种类、所属行业、污染物排放量和污染源污染地下水的发生条件影响。根据前文可知，地下水污染风险源行业主要分为工业源、农业源、生活源、地下设施类、地表水体和废物处置类六类。不同的污染风险源行业有不同的特征污染因子，其污染属性也不相同，主要与特征污染物的迁移性、毒性特征和降解性相关[6]。地下水污染风险源特征污染物的排放量主要与特征污染因子的排放浓度和废水排量相关。特征污染物的排放浓度越高，废水排量越大，地下水污染风险源的危害性越大。地下水污染风险源发生污染的条件主要与其污染物防范措施和释放可能性相关。工厂的"跑冒滴漏"、农业的灌溉方式、人口的密度、垃圾填埋场的防渗、加油管的储存方式和地表水体的水质等级，均会直接影响地下水污染风险源对地下水污染的发生条件。

在地下水污染风险源影响因素分析基础上，根据指标的构建原则，并参考已有的地下污染风险源强度评价成果，将风险源强度的评价指标主要分为特征污染物的自身属性、特征污染物的排量和污染风险源污染地下水的发生条件，其中特征污染物的属性指标为污染物的迁移性、毒理特征和降解性，特征污染物的排量指标为特征污染物排放浓度和废水排量，地下水污染发生条件指标为地下水污染风险源的防范措施和释放可能性。

① 特征污染物种类。不同的地下水污染风险源行业的特征因子不同，根据相关资料，总结了工业源、农业源、生活源、地表水体类、地下设施类和废物处置类，如表4-5所列。

表4-5　不同污染风险源主要污染物

序号	污染风险源	主要污染物
1	工业源	COD、TDS、Cl^-、NO_3^-、NH_3-N、Cr^{6+}、四氯化碳、苯并［a］芘、石油类、挥发酚、硝基苯类、苯胺类、阴离子合成剂、二氯甲烷
2	农业源	COD、TDS、Cl^-、NO_3^-、NH_3-N、Cr^{6+}、Mn、苯并［a］芘、石油类、苯、乙苯、七氯、硝基苯类、氰化物、三氯乙烯、甲醛、挥发酚、阴离子合成剂、四氯化碳
3	生活源	COD、TDS、Cl^-、NO_3^-、NH_3-N、Cr^{6+}、Mn、Fe、SO_4^{2-}、阴离子表面活性剂
4	地表水体类	COD、TDS、Cl^-、NO_3^-、NH_3-N、Cr^{6+}、四氯化碳、Mn、Fe、石油类、苯、阴离子表面活性剂
5	地下设施类	苯、甲基叔丁基醚
6	废物处置类	COD、TDS、Cl^-、NO_3^-、NH_3-N、Cr^{6+}、Mn、Fe

② 迁移性。污染物迁移是指污染物在环境中发生空间位置的移动及其所引起的污染物的富集、扩散和消失的过程，迁移性越强，污染范围越大。

③ 毒理特征。毒性表征污染物对环境的污染能力，毒性越强，破坏力越大，环境自我修复能力越弱。

④ 降解性。降解性表征污染物在环境中污染持续时间，降解性越差，污染持续时间越长。

⑤ 特征污染物排放浓度及排放量。地下水受到污染源污染，归根结底表现为污染源排放的一定数量特征污染物透过包气带，对地下水环境造成的破坏。进入含水层特征污染物的数量与污染源的排放数量有关，而特征污染物对地下水环境的破坏则需考虑其自身属性。

⑥ 防范措施与释放可能性。地下水污染物发生条件主要与污染风险源的防范措施和释放可能性相关，其中工业源与建厂时间、“跑冒滴漏”情况相关，农业源与灌溉方式相关，生活源与城镇和农村人口密度相关，地表水体与达标水体长度和达标时间相关，地下设施类与油罐的罐容、罐体位置、罐体结构相关，废物处置类填埋量、服务年限、渗滤液特性、有无防渗相关。

2）评价指标处理

地下水污染风险源强度评价指标包含特征污染物的迁移性、毒性和降解性，特征污染物的排放浓度和排放量，地下水污染发生条件的防护措施和释放可能性。由于各评价指标的性质不同，通常具有不同的量纲和数量级。当各指标间的水平相差很大时，如果直接用原始指标值进行分析，就会突出数值较高的指标在综合分析中的作用，相对削弱数值水平较低指标的作用。因此，为了保证结果的可靠性，需要对原始指标数据进行标准化处理。

目前数据标准化方法有多种，归结起来可以分为直线型方法（如极值法、标准差法）、折线型方法（如三折线法）、曲线型方法（如半正态性分布）[7]。常见的方法有min-max标准化（min-max normalization）、log函数转换、atan函数转换、z-score标准化（zero-mena normalization，此方法最为常用）和模糊量化法等。

由于地下水污染风险源强度评价系统比较复杂，因此选用常规的min-max极差标准化方法对指标数据进行标准化处理。该方法的标准化（normalization）是将数据按比例缩放，使之落入一个小的特定区间。在某些比较和评价的指标处理中经常会用到，去除数据的单位限制，将其转化为无量纲的纯数值，便于不同单位或量级的指标能够进行比较和加权，即将数据统一映射到[0,1]区间上，具体方法如下：

$$Y_{ij}=\frac{x_{ij}-\min x_{ij}}{\max x_{ij}-\min x_{ij}}\quad(i=1,2,\cdots,m;\ j=1,2,\cdots,n) \tag{4-13}$$

$$Y_{ij}=\frac{\max x_{ij}-x_{ij}}{\max x_{ij}-\min x_{ij}}\quad(i=1,2,\cdots,m;\ j=1,2,\cdots,n) \tag{4-14}$$

式中 Y_{ij} —— 标准化指标数据；

x_{ij} —— 指标原始数据；

$\min x_{ij}$ —— 指标中最小值；

$\max x_{ij}$ —— 指标中最大值。

（2）地下水污染风险源强度评价模型

1）评价指标体系建立

根据地下水污染风险评价理论及评价指标体系相关基础知识，总结前人研究基础，确定地下水污染风险源强度评价模型构建原则。

① 科学性原则。指标体系的设计及评价指标的选择必须建立在科学的基础上，每个评价指标的涵义明确，并具有代表性，同时能客观地反映地下水污染风险源强度的基本特征。

② 综合性原则。地下水污染风险源的影响因素涉及领域较多，这些因素涉及综合学科较多、领域交叉、联系结构复杂，因此对评价指标的选取要考虑周全、统筹兼顾，并注重多因素的综合性分析，完成指标体系的综合评价。

③ 层次性原则。评价指标体系应结构清晰，使用方便，按照地下水污染风险评价系统结构分层构建，由抽象到具体，由宏观到微观，层次分明。

④ 可操作性原则。指标体系应是简易性与复杂性的统一，过于简单不能反映评价对象的内涵，对结果的精度产生影响；过于复杂则不利于评价工作的开展。在保证精度的前提下，指标体系要难易适中则有利于应用。

⑤ 独立性原则。评价指标的筛选要具有独立的内涵意义，能够客观地反映地下水污染风险源强度，不能相互交叉，避免引起综合评价指数不能客观反映实际地下水污染风险源强度。

在地下水污染风险源强度影响因素分析基础上，根据评价指标体系的构建原则，综合考虑地下水污染风险源危害性和地下水污染发生条件，建立地下水污染风险源强度评价指标体系。其中地下水污染风险源强度评价为目标层，地下水污染风险源危害性和地下水污染发生条件为准则层，污染物迁移性、污染物毒性特征、污染物降解性、污染物排放浓度、污染物排放量、防范措施和污染物释放可能性为准则层，见表4-6。

表4-6　地下水污染风险源强度评价指标体系

<table>
<tr><th>目标层</th><th colspan="2">准则层</th><th>指标层</th></tr>
<tr><td rowspan="7">地下水污染风险源强度评价（Y）</td><td rowspan="5">地下水污染风险源危害性（S）</td><td rowspan="3">特征污染物属性</td><td>污染物迁移性（C_1）</td></tr>
<tr><td>污染物毒性特征（C_2）</td></tr>
<tr><td>污染物降解性（C_3）</td></tr>
<tr><td rowspan="2">特征污染物排放量</td><td>污染物排放浓度（C_4）</td></tr>
<tr><td>污染物排放量（C_5）</td></tr>
<tr><td colspan="2" rowspan="2">地下水污染发生条件（H）</td><td>防范措施（C_6）</td></tr>
<tr><td>污染物释放可能性（C_7）</td></tr>
</table>

2）地下水污染风险源强度计算

① 危害性评价。污染源潜在危害性是某潜在污染源所释放的所有特征污染物危害性的叠加。不考虑污染物在地下环境迁移过程中所产生的衰减。

在识别研究区域地下水污染污染源的危害性大小时，从地下水潜在污染污染源的特征污染物的属性（L）及该种污染物排放量（Q）两方面着手。最终以地下水污染源的潜在危害性（S）来量化该污染源对地下水的潜在危害性，其计算公式为：

$$S_j=\sum_{i=1}^{n} l_{ij}Q_{ij} \tag{4-15}$$

式中　S_j —— 评价区域第j种污染源的潜在危害性；

　　　l_{ij} —— 第j种风险源排放的第i种特征污染物的属性的归一化值，无量纲；

　　　Q_{ij} —— 第j种污染源排放的第i种污染物的排放量。

在衡量特征污染物对环境造成污染的侧重点（污染能力、污染范围、污染持续时间）不同，必须对这三个方面赋予不同权重加以区别。以层次分析法对特征污染物属性指标进行权重量化处理。结合文献及专家意见，三种特征两两比较，认为在地下水污染风险源识别与量化的过程中毒性相比于迁移性、降解性更重要，迁移性与降解性同等重要，见表4-7。

表4-7　特征污染物指标判断矩阵

指标	毒性	迁移性	降解性
毒性	1	5	5
迁移性	1/5	1	1
降解性	1/5	1	1

计算结果显示三者权重分配为毒性0.52、迁移性0.24、降解性0.24。特征污染物特性（L）的计算公式为：

$$L_{ij}=T_{ij}W_T+M_{ij}W_M+D_{ij}W_D \tag{4-16}$$

式中　L_{ij} —— 风险源j的第i种特征污染物特性。

对应污染源的污染物排放量的量化方式因污染源而异。但基本思路为该污染源的排污量乘以其允许的排放浓度标准值。现实中的地下水污染源种类繁多、规模各异，并且因研究尺度及研究目的不同，对污染源的取舍、分类亦不相同。为比较不同污染源可能对地下水环境造成污染的程度，将主要污染源按照来源分类，分为工业源、农业源、生活源、地表水体类、地下设施类、废物处置类；每类污染源里又有若干个单污染源，分别对单个污染源进行污染物排放量Q的计算。

② 发生条件评价。地下水污染发生条件主要由污染风险源的防范措施和释放可能性决定，不同污染风险源的发生条件也不相同。根据前文所述，工业源主要与工厂的建厂时间和有无防渗措施相关，农业源与农田的灌溉方式相关，生活源与城镇、农村人口密度相关，地表水体类与达标水体长度和达标时间相关，地下设施类与油罐的罐容、罐体位置、罐体结构相关，废物处置类与填埋量、服务年限、渗滤液特性、有无防渗相关。具体见表4-8～表4-13。

表4-8　工业源地下水污染发生条件分级

序号	工业类型	释放可能性	防护措施	分级
1	其他工业	建厂时间2011年之后	有防护措施	0.2
2		建厂时间1998～2011年	有防护措施	0.6
3		建厂时间1998年以前	无防护措施	1
4	矿山或石油开采区	≤5年	有防渗	0.1
5		＞5年	有防渗	0.3
6		—	无防渗	1

表4-9　农业源地下水污染发生条件分级

序号	农业源类型	释放可能性与防护措施	分级
1	农业种植	水田	0.7
2		旱地	0.3
3	规模化养殖场	有防护措施	0.3
4		无防护措施	1

表4-10　生活源地下水污染发生条件分级

序号	生活源类型	释放可能性与防护措施	分级
1	生活源	农村户口数量占比0～100%	0～1

表4-11　垃圾处置地下水污染发生条件分级

分级项目		具体分级		
填埋（堆存）量	填埋分级/（t/d）	<200	200～1200	>1200
	堆存分级/m^3	<1000	1000～50000	>50000
服务（填埋）年限/a		<10	10～30	>30
渗滤液特性	填埋分级	一般工业	生活垃圾	危废
	堆存分级	非重金属	非金属	重金属
本质防控	分级	有	无	—
评分/分		0.1～0.4	0.5～0.7	0.8～1

表4-12　地表水体地下水污染发生条件分级

序号	地表水体类型	释放可能性与防护措施	分级
1	地表水体	未达标水体断面数量与河流纵断面数量之比（0～100%）	0～1

表4-13　地下设施地下水污染发生条件分级表

地下设施分级项目	具体分级		
储罐使用年限/a	<10	10 ～ 30	>30
储罐总罐容/m^3	<90	90 ～ 210	>210
罐体位置	地上	半地下	地下
罐体结构	双层	单层	—
评分/分	0.1 ～ 0.4	0.5 ～ 0.7	0.8 ～ 1

（3）地下水污染风险源贡献率的分级

1）污染风险源强度评价与贡献率计算

根据地下水污染风险源危害性评价结果和地下水污染发生条件评价结果，采用乘积式综合指数法，计算地下水污染风险源强度，计算公式如下：

$$Y_k=S_kH_k \tag{4-17}$$

k为某一种污染源，通过计算每一类地下水污染源的危害性S和地下水污染发生条件H得到研究区各污染风险源的强度。计算研究区各污染风险源强度的占比关系，得到各类地下水污染风险源的贡献率，计算公式如下：

$$\mathrm{Con}_k=\frac{S_kH_k}{\sum_{k=1}^{n}S_k\sum_{k=1}^{n}H_k}\times 100\% \tag{4-18}$$

式中　Con_k——各污染风险源的贡献率。

2）地下水污染风险源贡献率分级

根据研究区各类污染源的地下水污染风险源强度占比得到其地下水污染风险源贡献率，采用等级差分法，对各类污染风险源贡献率进行分级，其中0 ～ 10%为Ⅰ级，低风险贡献率；10% ～ 20%为Ⅱ级，较低风险贡献率；20% ～ 30%为Ⅲ级，中等风险贡献率；30% ～ 40%为Ⅳ级，较高风险贡献率；大于40%为Ⅴ级，高风险贡献率。根据地下水污染风险源贡献率分级标准，对研究区地下水污染风险源进行分级，并形成污染风险源清单，见表4-14。

表4-14　地下水污染风险源贡献率分级表

分级	Ⅰ	Ⅱ	Ⅲ	Ⅳ	Ⅵ
贡献率占比/%	0 ～ 10	10 ～ 20	20 ～ 30	30 ～ 40	＞40
风险等级	低风险	较低风险	中等风险	较高风险	高风险

4.1.1.3 地下水脆弱性评价方法

在采用迭置指数法开展城市尺度地下水脆弱性评价时，建议采用较为成熟的DRASTIC方法，并根据研究区水文地质特征选取评价指标。评价指标体系包括地下水位埋深（depth of water table）、净补给量（net recharge）、含水层介质（aquifer media）、土壤介质（soil media）、地形坡度（topography）、包气带介质（impact of vadose zone）、含水层渗透系数（hydraulic conductivity）等。在此基础上，可根据研究区水文地质特征增加或者删减部分评价指标。具体指标体系可参照3.2.2部分相关内容。

评价指标的权重确定方法很多，大体可分为主观赋权法和客观赋权法两类。主观赋权法依靠决策者的专业知识和实践经验来判断各指标的相对重要程度并打分，据此确定各指标的权重。该方法虽然克服了传统DRASTIC模型中指标权重值固定不变的缺点，但由于不同专家的价值观和偏好的差异性，使得各指标权重的确定具有一定的主观随意性[8]。客观赋权法通过指标本身的信息确定指标权重，避免了主观因素的干扰，但未考虑各指标对地下水脆弱性评价结果的贡献程度，以致评价结果可能会与研究区的实际情况不符[9]。

层次分析法（AHP法）是主观赋权法的一种，它以模糊聚类分析和模式识别为理论基础，基于专家评分确定。熵权法是客观赋权法的一种，在信息论中熵反映了信息的无序化程度，常被用来度量信息量的大小。指标的熵值越小，表明该指标携带的信息越多，对决策结果的影响越大，其权重也较大；反之，指标熵值越大，该指标携带的信息越少，相应权重也就越小。

鉴于主观权重和客观权重各自的优缺点，为对地下水脆弱性进行科学评价，综合考虑主客观因素，提出AHP-熵权法，即利用熵权法求得的客观权重对层次分析法求得的主观权重进行修正，从而得到较为可靠的指标权重。假定熵权法求得的权重向量为$S=(S_i)_{i\times n}$，层次分析法求得的权重向量为$P=(P_i)_{i\times n}$，则基于AHP-熵权法的综合权重向量W计算公式为：

$$W=(W_i)_{i\times n} \tag{4-19}$$

$$W_i=\frac{P_iS_i}{\sum\limits_{i=1}^{n}P_iS_i} \tag{4-20}$$

式中 n —— 指标总数；

W_i —— 第i个指标的综合权重；

P_i —— 第i个指标的层次分析法权重；

S_i —— 第i个指标的熵权法权重。

4.1.1.4 地下水功能价值评价方法

典型区域地下水功能价值评价综合考虑水质和水量指标，水质由地下水水质评价结果进行表征，水量指标由地下水富水性进行表征（见图4-1）。计算公式如下：

$$V_I=V_QV_W \tag{4-21}$$

式中　V_I —— 地下水功能价值综合指数；

V_Q —— 地下水水质；

V_W —— 地下水富水性。

不同的使用功能其 V_Q 和 V_W 的评分标准不同。

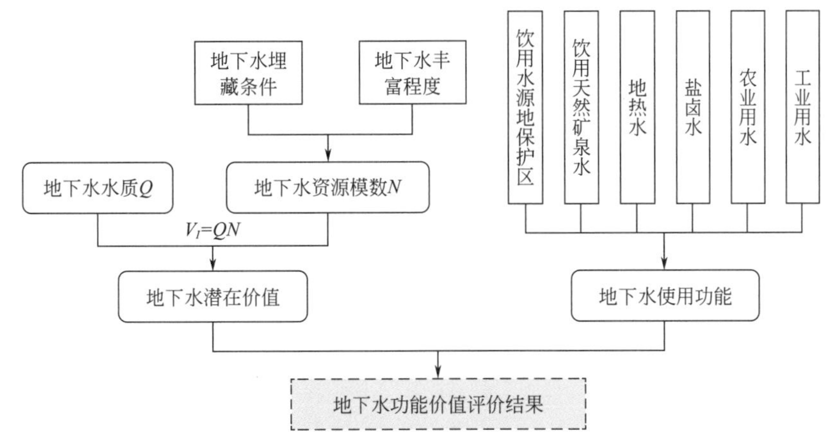

图4-1　典型区域地下水功能价值分级评价技术路线

具体评价步骤如下：首先结合重点研究区的实际情况及收集到的资料的情况，然后选取适合重点研究区的地下水功能价值评价指标，建立指标体系，并进行单指标评价。

评价指标拟选取地下水水质、地下水富水性等指标。

（1）地下水水质

地下水体的质量决定着地下水资源的原位价值。人们根据对地下水的需求，在《地下水质量标准》（GB/T 14848—2017）中将其划为5类水质：Ⅰ类和Ⅱ类水质适合各种用途；Ⅲ类水质满足人类健康的最基本需求，可用作饮用、工业、农业用水；Ⅳ类水质满足农业和工业用水的需求，饮用前要做适当处理；Ⅴ类水质不可饮用。从地下水水质的分类中可以看出，水质越好其功能就越多，故原位价值随之增高；而水质差的地下水资源，功能比较单一，甚至成为对人类产生不良影响的废水，原位价值也就越低。

地下水质量评价，除《地下水质量标准》（GB/T 14848—2017）中的93项必测指标外（见表4-15），还需根据重点研究区地下水主要污染物，选取特征指标进行检测。

表4-15　地下水检测指标

必测指标	pH值、色度、嗅和味、浑浊度、肉眼可见物、总硬度、溶解性总固体、硫酸盐、氯化物、总铁、总锰、总铜、总锌、挥发酚、阴离子表面活性剂、耗氧量、硝酸盐、亚硝酸盐、氨氮、氟化物、氰化物、硫化物、碘化物、总汞、总砷、总硒、总镉、六价铬、总铅、总钠、三氯甲烷、四氯化碳、苯、甲苯、总大肠菌群、细菌总数、α放射性、β放射性……
特征指标	根据重点研究区地下水主要污染物来确定

地下水综合质量评分的主要步骤为：首先，根据地下水质量标准中的取值范围，对检测的各个单项指标划分类别；然后，根据式（4-22）和式（4-23），对每口采样井的水质进行F值的计算。

首先根据表4-16确定各单项组分评价分值F_i。

表4-16　地下水水质评分F_i赋值表

地下水质类别	Ⅰ类	Ⅱ类	Ⅲ类	Ⅳ类	Ⅴ类
赋值F_i	0	1	3	6	10

然后，按以下公式计算水质综合评分值F：

$$F=\sqrt{\frac{F_{\text{ave}}^2+F_{\max}^2}{2}} \tag{4-22}$$

$$F_{\text{ave}}=\frac{1}{n}\sum_{i=1}^{n}F_i \tag{4-23}$$

式中　F_{ave} —— 每个水样对应的各单项指标的F_i值的平均值；

$F_{\max}$ —— 每个水样对应的各单项指标中F_i值的最大值；

n —— 项数。

然后按照表4-17，确定地下水水质级别，给出地下水水质评分值。最后根据地下水水质评分绘制地下水水质评价结果图。

表4-17　评价分值F级别表

F	≤0.80	(0.80，2.50]	(2.50，4.25]	(4.25，7.20]	>7.20
级别	Ⅰ	Ⅱ	Ⅲ	Ⅳ	Ⅴ
评分/分	5	4	3	2	1

（2）地下水富水性

地下水含水层的富水性表征地下水资源的埋藏条件和丰富程度，可用评估基准年的单井涌水量表征（见表4-18）。

表4-18　地下水富水性评分标准

单井涌水量/(m^3/d)	>5000	(3000,5000]	(1000,3000]	(100,1000]	≤100
评分/分	5	4	3	2	1

根据收集到的研究区各区县的地下水资源量资料，计算各区县的地下水富水性，并参照评分标准进行评价，绘制地下水富水性评价结果图。

具体的评价步骤为：

① 根据研究区域的水文地质特征，对V_Q、V_W两个指标进行等级划分，确定参数值；

② 应用ArcGIS中的Overlay功能，V_Q、V_W两者的评分相乘，将单因子评价结果分区图进行叠加，运用Natural Breaks分级方法将评价结果分为高、较高、中等、低、较低

五个等级；

③ 若该区地下水为饮用水水源地一级保护区则直接将该区认定为高等级区，若为二级保护区则认定为较高等级区，若为准保护区则认定为中等保护区；

④ 形成地下水功能价值分级评价图。

4.1.2 过程模拟法

过程模拟法是利用成熟的污染物迁移转化模型，模拟污染物在包气带和饱水带中迁移、转化的过程，结合地下水脆弱性评价公式计算地下水脆弱性综合指数。过程模拟法既能模拟地下水污染物的迁移转化过程，又可以预测污染物的时空分布情况，且污染物迁移时间、污染物浓度及污染面积等模拟结果均可进行量化。由于评价过程中没有主观因素的影响，评价结果科学性和可信度较强，近年来受到越来越多的关注。目前，常用的污染过程模拟软件和模型主要有FEFLOW、FEMWATER、GMS、Visual MODFLOW、MT3D和RT3D、HYDRUS等[10-16]；其中，HYDRUS软件经过改善与完善，能够较好地模拟水分、溶质和能量在土壤中的分布、时空变化、运移规律，分析人们普遍关注的农田灌溉、田间施肥、环境污染等实际问题，因此得到了广泛的认可与应用[17-19]。本章将重点介绍应用HYDRUS-2D软件进行城市尺度地下水污染风险评价的方法，其原理是通过该软件建立包气带污染物迁移转化模型，通过模拟得到特征污染物经过一定时间后穿透包气带到达地下水面的量，从而表征该地区地下水的脆弱性。其技术路线如图4-2所示。

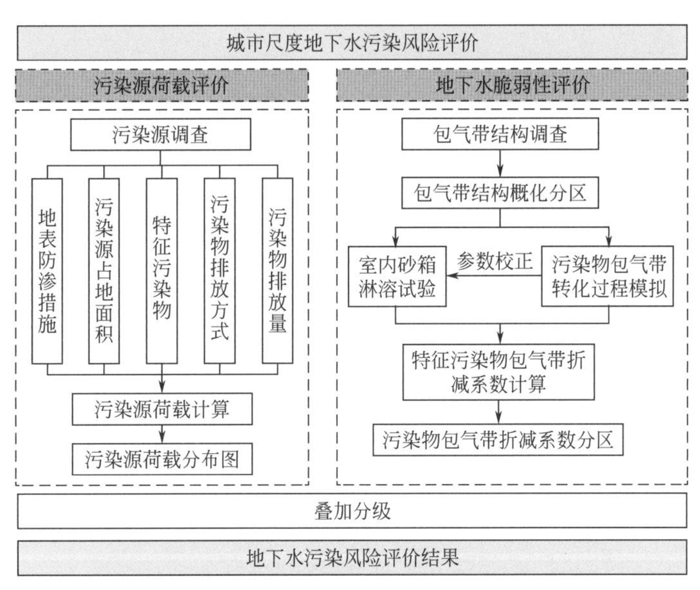

图4-2 基于过程模拟法的地下水污染风险评价技术路线

4.1.2.1 HYDRUS-2D模型及原理

HYDRUS-2D是HYDRUS软件的应用最广泛的一个版本，主要用于模拟二维变饱和度地下水流、溶质运移、热运移和根系吸水。该软件由美国农业部、美国盐分实验室等机构开发，软件空间区域常采用不规则三角形网络剖分，时间离散采用隐式差分，通过迭代法将离散化后的非线性控制方程组线性化，通过伽辽金线状有限元法求解控制方程。该软件具有灵活的输入输出功能，可以模拟定水头和变水头边界、定水头梯度边界、定流量边界、渗水边界、自由排水边界、大气边界等各类复杂边界，在盐分运移、污染事故的发生以及土壤氮素的运移等问题上得到了较广泛的应用。

HYDRUS-2D软件拥有四大模块，分别为水流、溶质运移、热量传输和根基吸收。采用过程模拟法进行地下水污染风险评价，主要的目的为探究特征污染物在包气带中的迁移转化，而溶质运输过程离不开水分运移，因此主要运用到软件中的水流以及溶质运移模块。非饱和土壤中溶质运移涉及水分和化学物质的运移以及生化反应，在研究中较复杂，由于溶质势梯度对土壤水分运动影响较小，为了简化运算，一般忽略溶质浓度对水分运动参数的影响，因而在研究溶质问题时先独立求解土壤水运动，在此基础上再研究溶质浓度的变化与分布。

（1）水分运移原理

1）非饱和带达西定律

1857年Darcy提出了达西定律用来描述水流运动的基本规律，该定律是指将导管的一段填满砂，将水在一定压力下流过导管，保持导管始终充满水，即砂一直处于饱和状态，则通过土壤的水流通量与土壤水势梯度成正比。该公式是基于土壤水分驱动力为压力势，导水率为定值，公式如下：

$$J_w=\frac{Q}{A}=\frac{V}{At}=-K_s\cdot\frac{\partial H}{\partial z} \tag{4-24}$$

式中 J_w —— 水流通量；

Q —— 流量；

A —— 横截面积；

V —— 过水体积；

t —— 过水时间；

K_s —— 饱和导水率；

$\frac{\partial H}{\partial z}$ —— 水势梯度；

$-$ —— 水流运动方向与水力梯度方向相反。

由于Darcy提出的达西定律只能适用于饱和土壤中的恒定流动，而实际环境中土壤常处于不饱和状态，不饱和土壤的导水率非定值，其大小与土壤含水率有关。在1907年，Buckingham对原有的达西定律进行了修正，使之也适用于非饱和土壤，称作白汉金-

达西定律，其公式如下：

$$J_w=-K(h)\frac{\partial H}{\partial z}=-K(h)\frac{\partial(h+z)}{\partial z}=-K(h)(\frac{\partial h}{\partial z}+1) \tag{4-25}$$

式中 J_w —— 水流通量；
$K(h)$ —— 不饱和水力传导度；
H —— 总水势，以总水头表示，$H=h+z$；
h —— 静水压力水头，以观测点在地下水面以下的深度表示；
z —— 相对于基准面的位置水头；
$-$ —— 水流方向与水势梯度方向相反。

2）Richards方程

大多数非饱和水流都处于非稳定状态，即土壤含水量和土壤水流通量随时间和空间变化而变化。基于质量守恒定律，进出土壤基模的水流通量差等于该土壤基模含水量的变化，因此得到Richards方程来刻画土壤水分运移过程。运用Richards方程描述水分运动时，一般不考虑液体流动过程中气体和热梯度的影响[103]，其公式如下：

$$\frac{\partial\theta(h)}{\partial t}=\frac{\partial}{\partial x}\left[K_x(h)\frac{\partial h}{\partial x}\right]+\frac{\partial}{\partial y}\left[K_y(h)\frac{\partial h}{\partial y}\right]+\frac{\partial}{\partial z}\left[K_z(h)\frac{\partial h}{\partial z}\right]+q_s \tag{4-26}$$

式中 $\theta(h)$ —— 土壤体积含水量；
$K_x(h)$ —— x方向上不饱和土壤的水力传导率函数；
$K_z(h)$ —— z方向上不饱和土壤的水力传导率函数；
q_s —— 水流的源汇项，即流进或流出单位体积土壤中的体积流量。

Richards方程中土壤水力特性参数由Van Genuchten模型计算，该模型应用最为广泛，且不考虑水流运动的滞后现象。其公式如下：

$$\theta(h)=\begin{cases}\theta_r+\dfrac{\theta_s-\theta_r}{(1+|\alpha h|^n)^m} & h<0\\ \theta_s & h\geqslant 0\end{cases} \tag{4-27}$$

$$K(h)=K_sS_e^l\left(\left|1-(1-S_e^{1/m})^m\right|\right)^2 \tag{4-28}$$

$$S_e=\frac{\theta-\theta_r}{\theta_s-\theta_r} \tag{4-29}$$

式中 $\theta(h)$ —— 土壤体积含水率，m^3/m^3；
θ_r —— 土壤介质残余含水率，m^3/m^3；
θ_s —— 土壤介质饱和含水率，m^3/m^3；
$K(h)$ —— 土壤水力传导率，m/a；
S_e —— 有效饱和度，无量纲；
h —— 压力水头，m，饱和带大于零，非饱和带小于零；

α —— 土壤持水参数，m^{-1}；

m、n —— 土壤持水指数，$m=1-1/n$，无量纲；

K_s —— 饱和渗透系数，m/a；

l —— 有效孔隙度。

（2）溶质运移原理

地表污染物需途经包气带才能进入到地下水面，在此过程中污染物会发生一系列的物理、化学及生物反应，污染物浓度的变化取决于其自身的性质及包气带的地质条件。污染物在包气带中发生的迁移转化过程可以概括为以下3类。

① 物理过程：对流及水动力弥散，其中水动力弥散包括分子扩散和机械弥散。

② 化学过程：酸碱反应、配合反应、溶解和沉淀、吸附和解吸、氧化和还原等。

③ 生物过程：主要指生物降解等。

简而言之，土壤溶质运移是由对流、分子扩散和水动力弥散以及溶质在运移过程中所发生的化学、生物化学过程和其他过程综合作用的结果。在构建数学模型时，必须掌握所选污染物的迁移转化特性才能预测特征污染物在包气带的迁移转化行为。以“三氮”为例，其在包气带中的主要迁移转化机理包括对流、水动力弥散以及硝化反硝化作用。

1）对流

对流是指土壤溶质随着土壤水运动而移动的过程。对流引起的溶质通量与土壤水分通量和溶质的浓度有关，溶质的对流作用既可以在饱和状态发生，也可以在非饱和状态发生。其数学表达式为：

$$J_c=J_w c=\theta v c \tag{4-30}$$

式中 J_c —— 通过对流引起的单位时间内土壤单位横截面积的溶质质量；

J_w —— 土壤水通量；

c —— 溶质浓度；

θ —— 体积含水率；

v —— 平均空隙流速。

2）水动力弥散

① 分子扩散。分子扩散是指由溶液中溶质的浓度梯度引起的，溶质由浓度高处向浓度低处运移的过程。即使土壤溶液处于静止状态，只要溶液之间存在浓度梯度，分子扩散作用就会发生。溶质在自由水中的扩散作用可以用Fick第一定律来表示，即单位时间内通过垂直于扩散方向的单位截面积的扩散物质流量与该截面处浓度梯度成正比，其公式如下：

$$J_s=-\theta D_s\frac{\partial c}{\partial x}=-\theta D_0^{\tau}\cdot\frac{\partial c}{\partial x} \tag{4-31}$$

式中 J_s —— 通过对流引起的单位时间内土壤单位横截面积的溶质质量；

θ—— 体积含水率；

D_s—— 分子扩散系数；

$\frac{\partial c}{\partial x}$—— 浓度梯度；

D_0—— 纯水中相应溶质的扩散系数；

τ—— 曲率因子。

② 机械弥散。由于土壤中的孔隙大小以及形状各异，土壤溶液在流动过程中，流经每个孔隙时其流速大小及方向各不相同，使得溶质分散，其分布范围扩大，该作用被称为机械弥散。机械弥散也遵循Fick第一定律，即

$$J_s = -\theta D_s \frac{\partial c}{\partial x} = -\theta D_0^{\tau} \cdot \frac{\partial c}{\partial x} \tag{4-32}$$

式中 J_h—— 通过机械弥散引起的单位时间内土壤单位横截面积的溶质质量；

θ—— 体积含水率；

D_h—— 机械弥散系数；

$\frac{\partial c}{\partial x}$—— 浓度梯度；

α—— 弥散度；

v—— 平均孔隙流速；

n—— 一般近似取1。

③ 水动力弥散。分子扩散和机械弥散很难区分，常将两者联合考虑，称为水动力弥散，即水动力弥散项为分子扩散和机械弥散之和，其公式为：

$$J_{sh} = -\theta D \cdot \frac{\partial c}{\partial x} \tag{4-33}$$

式中 J_{sh}—— 通过水动力弥散引起的单位时间内土壤单位横截面积的溶质质量；

θ—— 体积含水率；

D—— 水动力弥散系数；

$\frac{\partial c}{\partial x}$—— 浓度梯度。

3）硝化与反硝化作用

溶质运移过程通常由对流-弥散方程（CDE）来刻画。在运用CDE描述“三氮”迁移转化过程时，假定“三氮”之间的转化是一个全程硝化反硝化过程，硝化与反硝化反应独立进行，即在硝化过程中氨氮经过亚硝化作用生成亚硝态氮，亚硝态氮经过硝化作用生成硝态氮；在反硝化过程中，硝态氮不发生同化代谢生成氨氮和亚硝态氮，全部为异化代谢被还原成气态氮。溶质运移由对流-弥散方程（CDE）刻画，其公式如下：

$$\frac{\partial \theta_{(h)} c}{\partial t} + \rho \frac{\partial S}{\partial t} = \frac{\partial}{\partial x}\left[\theta_{(h)} D_{xx} \frac{\partial c}{\partial x} + \theta_{(h)} D_{xz} \frac{\partial c}{\partial z}\right] - \left(\frac{\partial q_x c}{\partial x} + \frac{\partial q_z c}{\partial z}\right) + \frac{\partial}{\partial z}\left[\theta_{(h)} D_{zz} \frac{\partial c}{\partial z} + \theta_{(h)} D_{zx} \frac{\partial c}{\partial x}\right] + S_n \tag{4-34}$$

式中　$\theta_{(h)}$ —— 土壤体积含水量；

c —— 污染物浓度；

ρ —— 土壤干容重；

S —— 线性吸附平衡常数；

D_{xx} —— xx方向上的弥散系数；

D_{xz} —— xz方向上的弥散系数；

D_{zz} —— zz方向上的弥散系数；

q_x —— x方向上的通量密度；

q_z —— z方向上的通量密度；

S_n —— 源汇项。

4.1.2.2　污染源荷载评价

对研究区内6大类地下水污染源（工业源、农业源、生活源、地表水体类、废物处置类、地下设施类）展开详细调研，筛选确定重点研究区内的主要污染源类型，查明各污染源所在位置、主要污染物、污染物排放量、污染物排放方式、污染源分布面积和防渗措施等信息。

基于污染源调查结果，结合研究区内地下水、地表水监测数据，分析对区域地下水环境影响较大的特征污染物，确定研究对象。特征污染物可以是单一污染物，也可以是多种污染物。对各污染源的特征污染物进行单一污染物的荷载值计算，根据上述资料中的污染物排放量、污染物排放方式、入渗系数等，通过污染荷载计算公式计算出各污染源特征污染物单位面积上进入包气带的量。具体公式如下：

$$Q_{ij}=\alpha_{ij}\times Q_j\times\lambda/S_j \tag{4-35}$$

式中　Q_{ij} —— 污染源j单位面积上主要污染物i进入包气带的量，mg/(m^2·a)；

α_{ij} —— 污染源j主要污染物i排放浓度，mg/L；

Q_j —— 污染源j污水排放量，L/a；

λ —— 地表入渗系数，无量纲；

S_j —— 污染源j分布面积，m^2。

根据特征污染物污染荷载值计算结果，借助ArcGIS形成研究区地下水特征污染物污染荷载值分布图，并转化为栅格文件，以便与包气带折减系数计算结果进行叠加分级。

4.1.2.3　包气带结构调查及概化分区

包气带介质的岩性、结构、厚度均会影响污染物在其中迁移转化的过程，而实际中包气带介质结构复杂，因此建议通过资料收集、遥感解译、水文地质测绘、水文地质钻探、地球物理勘探等方式，开展包气带结构调查，明确研究区包气带的介质类型、结构、厚度、深度等。资料收集应重点收集研究区的钻孔柱状图、水文地质图、水文地质剖面图等。

由于包气带介质结构复杂，为了便于计算，以及提高量化过程的可操作性，需要对其进行分区概化。基于包气带结构调查结果，通过研究区已有的钻孔剖面资料对研究区进行包气带介质分区，利用钻孔剖面与研究区水文地质图，结合研究区包气带形成过程，考虑研究区地形地貌特征，推断不同包气带介质中最具典型的包气带岩性与厚度。将垂向上包气带结构相近的局部地区在空间平面上划定为一个包气带结构分区，并使用代表性的包气带结构代替该分区的包气带结构，从而实现对研究区包气带的水平分区和纵向分层。

4.1.2.4 室内砂箱淋滤实验

在采用HYDRUS-2D软件进行污染物包气带迁移转化过程模拟时，参数的合理性和准确性对于模拟结果的科学性至关重要。为获取准确的迁移转化参数，可以借助室内砂箱淋滤试验，通过监测不同深度、不同时间的污染物浓度对溶质运移模型进行参数校正。

基于区域内的主要包气带介质类型，分别采集土壤样品，在室内构建不同包气带介质类型的砂箱。砂箱的规格可以根据土壤样品的数量确定，由于砂箱的规格越小，边壁效应对包气带水分迁移的影响越大，因此建议砂箱规格不要小于40cm×20cm×60cm，以尽量避免边壁效应的影响。在砂箱的一侧不同深度处分别设置土壤水分采集孔，并安装土壤水分取样器，以便监测不同深度下包气带水中的特征污染物含量。将采集到的土壤样品充分风干后，对砂箱进行填充。填充方法按照“干容重法”，即每5cm一层称重装填，并均匀夯实，为防止层与层之间形成人为界面，在装入上层土层前需将夯实的界面抓毛，以保证填充介质的均一性，填至距离砂箱底部50cm处。砂槽底部装填2cm粗石英砂为承托层，一方面防止砂箱中的介质填料流失，另一方面尽可能让砂箱中的介质填料处于非饱和状态。

在实验开始之前，先用蒸馏水连续淋滤，直至砂箱底部出水中特征污染物含量测定结果为零，以消除本底值影响。持续通入一定浓度的特征污染物溶液，并间隔固定的时间采集不同深度土壤水样品进行检测特征污染物浓度，绘制浓度变化曲线，进而对HYDRUS-2D模型中的参数进行识别和校正。

4.1.2.5 包气带污染物迁移转化参数校正

在HYDRUS-2D软件中构建包气带水分运移模型和溶质运移模型，模型结构与砂箱淋滤实验一致，模拟硝酸盐在不同包气带介质下的迁移转化过程；根据砂箱实验得到的垂向以及横向包气带中“三氮”浓度变化，通过试估-校正法对模型中渗透系数（K_s）、纵向弥散度（D_L）、横向弥散度（D_T）、反应速率常数等参数值进行调整，使模拟得到的浓度值与砂箱淋滤试验得到的实测值基本一致，从而实现对包气带污染物迁移转化参数的校正。

4.1.2.6 包气带污染物运移模拟

基于研究区包气带结构概化分区结果，先建立不同系统下的包气带结构概念模型，并根据实际情况确定模型的边界条件和初始条件，视研究的精度和包气带的深度进行网格剖分。结合砂箱试验识别校正后的参数，采用HYDRUS-2D软件建立包气带水分运移模型和溶质运移模型，模拟特征污染物在各个包气带分区下的迁移转化，得到一定时间后通过包气带进入含水层中的污染物浓度。

4.1.2.7 包气带折减系数计算

地表污染物进入包气带后，在运移过程中发生各种衰减作用。为了定量描述该衰减作用，引入折减系数来表征。折减系数是指流出包气带介质的污染物质量与进入包气带介质的污染物质量之比。基于研究区包气带介质概化分区，通过HYDRUS-2D软件模拟特征污染物从地表到地下的过程，得到每一个包气带介质分区下的折减系数。

根据折减系数的定义，对于每一种污染物，在各个包气带介质分区均对应着一个折减系数。对每一种污染物在每一个水文地质单元进行污染物扩散的溶质运移模拟，以污染物荷载作为初始条件C_0，模拟污染物经过各水文地质单元后到达潜层含水层时的浓度C_i，最后根据包气带折减系数计算公式得到各污染物在各水文地质单元上的系数，计算公式如下：

$$R_i=\frac{C_i}{C_0} \tag{4-36}$$

式中 R_i——单一污染物在包气带分区i下的折减系数，无量纲；

C_i——单一污染物穿过包气带到达含水层时的浓度，mg/L；

C_0——单一污染物进入包气带时的初始浓度值，mg/L。

基于各个分区的包气带折减系数计算结果，在ArcGIS软件中绘制包气带折减系数图，并转化为栅格文件，以便于污染源荷载计算结果进行叠加分级。

4.1.2.8 地下水污染风险评价

基于污染荷载评价结果和各包气带分区下污染物折减系数计算结果，借助ArcGIS软件中的栅格计算功能，将污染荷载评价结果与折减系数计算结果相乘，从而得到特征污染物穿透包气带介质后到达地下水面的量。运用Natural Breaks分级方法将特征污染物到达地下水面的量进行分级，从而得到研究区地下水污染风险分级评价结果。

4.2 基于迭置指数法的石家庄滹沱河平原区地下水脆弱性评价

4.2.1 研究区概况

4.2.1.1 地理概况

研究区主要包括石家庄市及其下属的正定县、栾城县和藁城市，东经114°22′～114°58′，北纬37°47′～38°21′，面积约2052km^2。共有镇30个，乡12个，办事处43个，行政村700个。区内人口众多，工农业发达，交通便利，京广铁路、石德铁路、北京—珠海高速公路、石家庄—黄骅高速公路、石家庄—济南高速公路、石家庄—太原高速公路、107国道、307国道和308国道等交通干线穿境而过。

4.2.1.2 气象及水文

本区地处中纬度欧亚大陆东缘，横跨太行山中段东坡和河北平原的山前地区，属于暖温带半湿润半干旱大陆型季风气候区，1956～2002年多年平均气温13.3℃，最冷月（1月）平均气温-2.8℃，最热月（7月）平均气温26.6℃，温差达29.4℃。降水量具有年内和年际变化大、季节分配不均、地区差异显著和夏季降水集中等特点，年平均降水量为531.4mm，降水地理分布特征是西多东少，全区6～8月降水量占全年降水量的70%～80%。蒸发量分布是西部大于东部，平均在1600～2100mm之间，它比年降水量多2～3倍。气候具有春季干旱多风，夏季高温多雨，秋季“秋高气爽”，冬季寒冷干燥的特点。

研究区属海河流域的子牙河水系，滹沱河自西向东贯穿于该区，是研究区内主要河流，曾是该区地下水重要补给源之一。其发源于山西省繁峙县，经岗南、黄壁庄水库，横穿石家庄市北郊，在饶阳县大齐村进入泛区，于献县臧家桥与滏阳河汇流，流域面积2.48万平方千米。多年平均径流深81.0mm。径流的特点与降水相同，即年内和年际分配不均匀，年径流量的50%～80%集中在6～9月。

4.2.1.3 地形地貌

研究区属滹沱河冲击平原地貌，地势由西北向东南倾斜，由一系列山前冲积扇、洪积裙等组成的山麓平原，地势平坦，覆盖物巨厚，河流宽阔，有少量沙冈及波状沙地分布在100m等高线以东的京广铁路、石德铁路两侧的广大地区。滹沱河冲积扇在区内东西延伸70～80km，坡缓，区内坡降为1/4000～1/1200。扇顶冲沟发育，近扇缘带保留有密集的滹沱河古道。古道分布区伴有沙地出现。海拔一般为40～100m，其中藁城市梅花村42m，为研究区内的最低点；市区二环路内地势西北高，东南低，海拔高度西北角81.5m，东南角64.3m。市区为滹沱河山前洪水冲积造成的倾斜平原，基底岩层以上有较厚的第四纪覆盖层，表层主要由亚黏土和轻亚黏土组成。

4.2.1.4 水文地质条件

（1）含水层分布

研究区地下水主要赋存于第四系松散岩层孔隙中，平原区在杜北—于底—孔寨—台头以西为山前凸起区，第四系松散层厚度一般小于40～50m；以东为石家庄凹陷区，第四系松散层厚度为200～400m。第三系仅分布于石家庄凹陷区内，为冲湖积、褐黄色、灰绿色等杂色砾岩、砂岩和泥岩，厚度为300～400m。

按第四系沉积地层的岩性和沉积年代，并考虑含水层与隔水层分布状况、水动力条件、水化学特征的垂直变化及开采利用条件等，划分为四个含水组：第Ⅰ含水组，地层相当于全新统（Q4）；第Ⅱ含水组，地层相当于上更新统（Q3）；第Ⅲ含水组，地层相当于中更新统（Q2）；第Ⅳ含水组，地层相当于下更新统（Q1）。各含水组在空间上的分布具有明显差异和规律性；在水平方向上，由西向东含水层由厚变薄，层次由少增多，富水性由强至弱；在垂直方向上，含水层上部及下部颗粒较细，厚度较小，中部砂层颗粒较粗，厚度较大。

近年来由于混合开采等原因，各含水组水力性质发生了变化，历次在本区资源评价及开发利用研究中，多做如下划分。

1）中更新统～全新统（Q2～Q4）含水岩组

由于全新统、上更新统与中更新统的形成条件不同，水力性质差异较大，再划分为两个含水岩系。

① Q3～Q4强富水岩组，岩性为砂卵石、砂砾石夹中粗砂、粉土和粉质黏土，厚度30～70m。两含水岩段之间没有连续的隔水层和弱透水层，透水性和富水性良好，地下水矿化度多小于1g/L。其是本区的主要开采层，目前已混合开采，通称浅水层。其底界深度，西部山前地区20m左右，向东逐渐加深到150余米；其厚度，山前

小于20m，中部20～60m，东部最后达100多米。含水层渗透系数，冲洪积扇轴部一般为100～200m/d，在白沙、秦庄、大孙庄等强渗透区均大于300m/d，在扇的两翼为60～100m/d。单位涌水量，冲洪积扇轴部一般为100～200m^3/（h·m）；向两翼逐渐变小，一般为30～100m^3/（h·m）。

② Q2含水岩组，岩性为砂砾石夹粉质黏土。透水性和富水性较差。厚度一般为30～50m，水质良好。在漏斗区该层与Q3～Q4含水层之间没有连续的隔水层和弱透水层，水力联系密切，具有统一的地下水位。

2）下更新统承压含水岩组（Q1）

其岩性为杂色黏土夹中粗砂层。由西向东，黏土由厚变薄，砂层由薄变厚。京广铁路以西，在50～100m的黏土中，中粗砂仅3～4层，单层厚度3～5m，最厚10m左右。京广铁路以东砂层增多增厚，黏土层变薄，一般为10～30m，个别地段缺失。

（2）地下水补径排特征

该区地下水的主要补给方式有大气降水入渗补给、地表水入渗、西部山区侧向补给以及灌溉回归补给。

大气降水入渗补给是本区地下水的主要补给方式，占总补给量的44.85%～63.67%，区内降水量多年平均为530.6mm，最大降水量为1035.4mm（1963年），最小降水量268.0mm（1972年）。该区地下含水层上覆包气带厚度由北向南，由＜10m到＞20m，在石家庄市降落漏斗区一般为20～40m。包气带岩性北部以砂性土为主，向南变成以黏性土为主。地形坡度一般不大，总之在北部接受降水入渗的能力较强（特别是滹沱河河道地带），向南逐渐减弱。

在2000年以前黄壁庄水库副坝坝下渗漏是研究区地下水的主要补给源之一。水库副坝坐落在滹沱河古河道上，副坝防渗加固后对本区地下水会造成一定的影响。在西部山前，山区灰岩岩溶含水层与平原第四系含水层直接接壤，岩溶地下水可以直接侧向补给第四系含水层。

滹沱河渗漏补给在1980年以前是本区地下水的主要补给源之一，自1980年以后基本断流，主要在大水年，黄壁庄水库弃水时滹沱河才有水流通过，补给本区地下水。在天然条件下，本区地下水由西北流向东南，由于石家庄市区地下水降落漏斗形成，使部分区域地下水仍然由西北流向东南，至市区向漏斗中心汇流。地下水水力坡度西部大于东部，南部大于北部，西部为0.25%～0.41%，东部在0.03%～0.4%之间。

本区含水层中没有较稳定的隔水层，各层之间都有一定的水力联系，除西部和西南部因含水层导水能力和径流条件较差以外，大部分地区，特别是滹沱河古河道和现代河床一带的径流条件较好。

地下水的排泄方式为人工开采和向东部、南部径流为主，人工开采已经成为滹沱河冲积平原区地下水的主要排泄方式，近25年来多年平均开采量22.91×10^8m^3/a。目前，该地下水位漏斗区内开采井已从1992年的4668眼压减至2005年的3194眼，开采模数从134.4×10^4m^3/（a·km^2）压减至87.7×10^4m^3/（a·km^2）。区内地下水埋深一般大于15m，仅在西北部边缘地带以及山前和滹沱河上游地带地下水位埋深小于15m，地下水的蒸发极微，因此本区地下水位的变化主要受人工开采和大气降水入渗的制约。

（3）地下水动态特征

地下水位年内变化特征同降水量、地下水开采密切相关，动态类型为降水入渗开采型，季节性变化明显。每年3～4月春灌开始，地下水开采量增大，降水量较小，地下水位持续下降，6月底至7月初出现年内最低水位。进入雨季，受降水入渗补给和开采量减少的影响，地下水位开始逐渐回升，直至翌年春灌前出现年内最高水位，此间受秋灌、冬灌影响，水位出现小的波动。

地下水位多年变化特征主要受气象及地下水开采的控制，基本上可划分为3个阶段：a.1964年前，地下水开采量较少，地下水处于均衡状态，地下水位多年变化较小，基本稳定；b.1965～1977年，年平均降水量497mm，为平偏枯年份，区内地下水开采量较前有较大波动，打破了地下水均衡状态，地下水位开始逐渐下降，并开始形成地下水位降落漏斗；c.1978年以后，研究区地下水开采量渐增，地下水位呈阶梯状波动下降，地下水位降落漏斗持续扩大，市区及周围水力坡度增大。

滹沱河流域严重污染区，位于河北省中部，流域经过省会石家庄周边的市区县。污染区地处东经114°10′～115°00′，北纬38°00′～38°20′之间，区内海拔80m，平均海拔30～100m。调查区域东临辛集市，南临石家庄市区，西接平山县，北部同正定接壤。研究区内道路纵横，交通便利。本次调查的重点区域是平山、灵寿、正定、石家庄市区、藁城、无极、晋州和辛集和滹沱河沿岸地区。污染区位于石家庄周边，地处一级阶地、二级阶地和第四系地貌松散沉积物之间。辖区内大地构造，属山西地台和渤海凹陷之间的接壤地带，地势东低西高差距大，地貌复杂。地貌由西向东依次排列为中山、低山、丘陵、盆地、平原。大气降水为主要补给来源，地下径流、人工开采和蒸发为主要排泄方式。

4.2.2 污染源危害性评价

4.2.2.1 污染源危害性评价

以滹沱河平原区各乡镇及街道为计算单元，提取地下水污染风险源强度评价的原始数据，包括工业源的工业厂区数据、农业源的农田面积、生活源的人口密度、废物处置的垃圾填埋场的数据、地下设施类的加油站数据和地表水体类的河流数据，并基于GIS平台对滹沱河平原区各类污染风险源的分布情况进行表征，见图4-3。

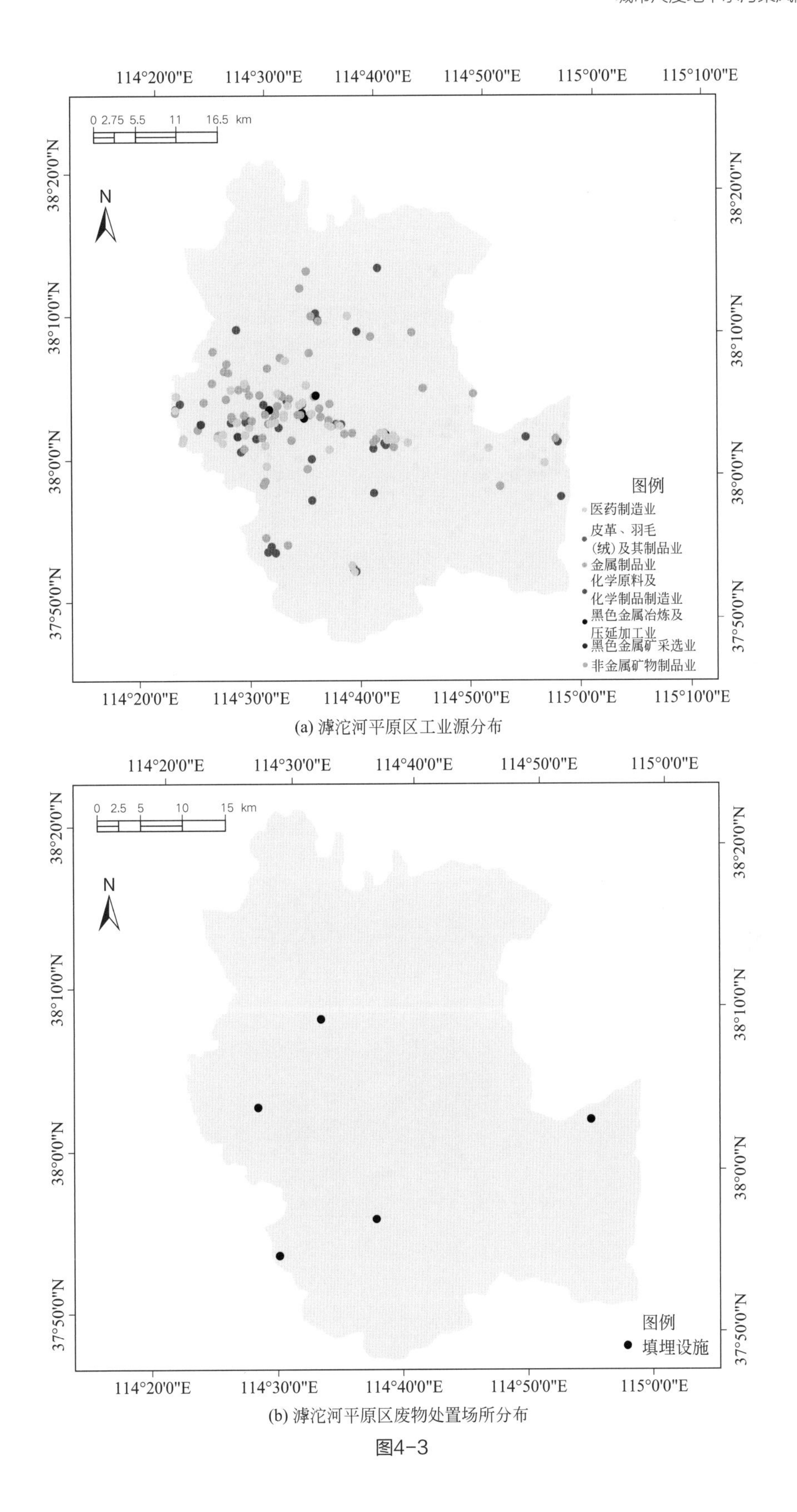

(a) 滹沱河平原区工业源分布

(b) 滹沱河平原区废物处置场所分布

图4-3

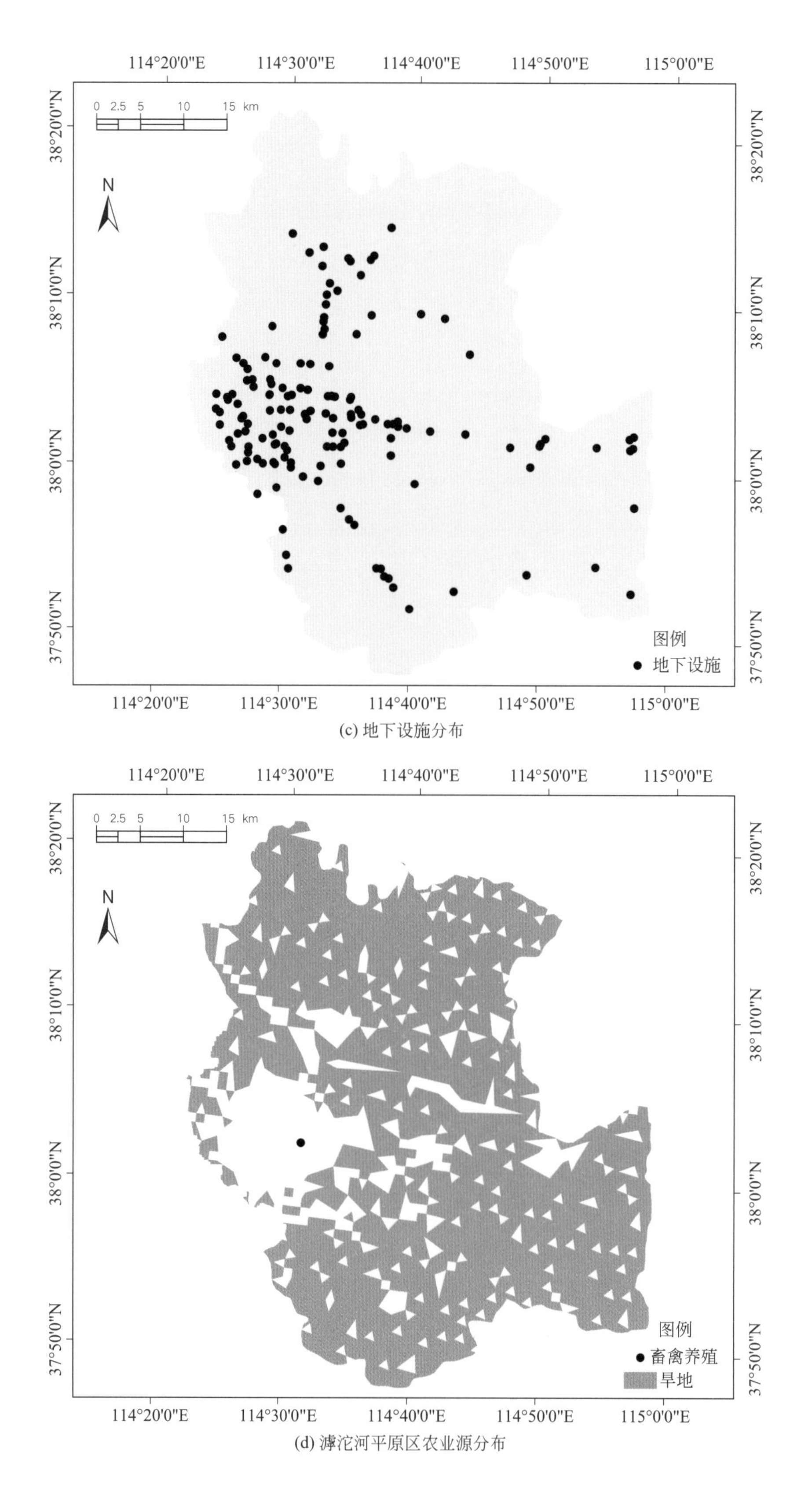

(c) 地下设施分布

(d) 滹沱河平原区农业源分布

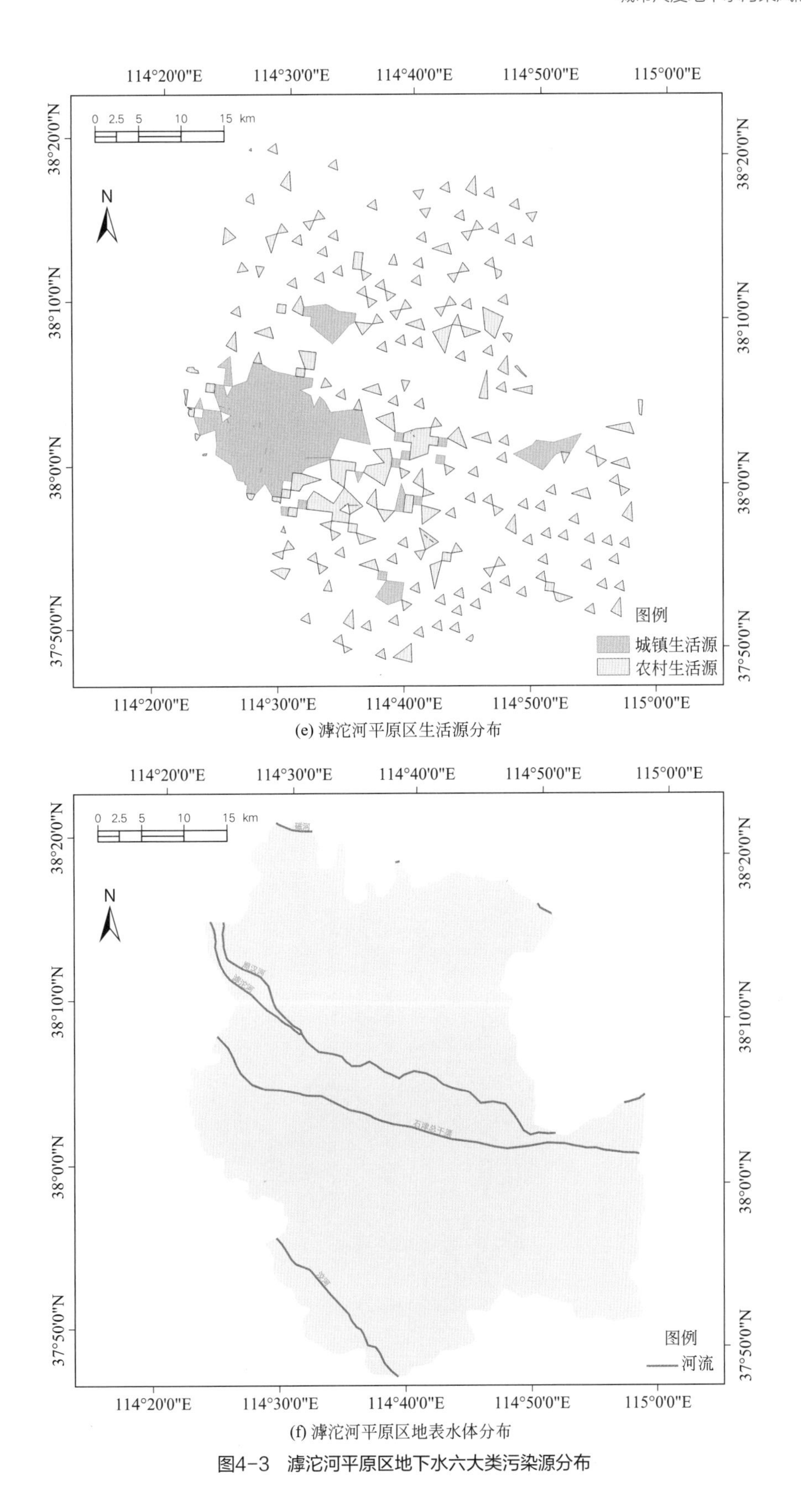

(e) 滹沱河平原区生活源分布

(f) 滹沱河平原区地表水体分布

图4-3 滹沱河平原区地下水六大类污染源分布

依据现有数据，对滹沱河重点研究区进行细化，完成危害性评价（图4-4、图4-5）。

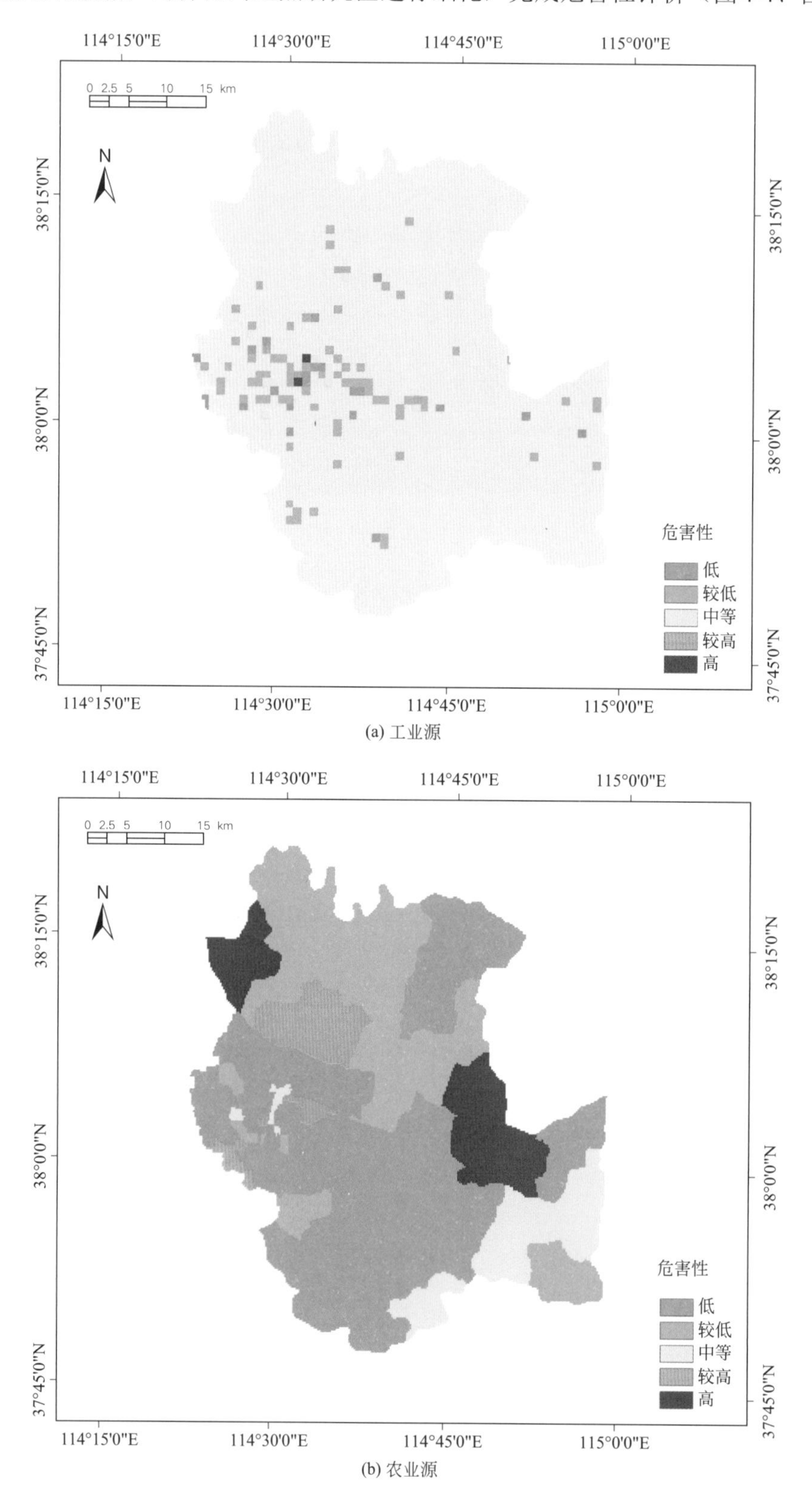

(a) 工业源

(b) 农业源

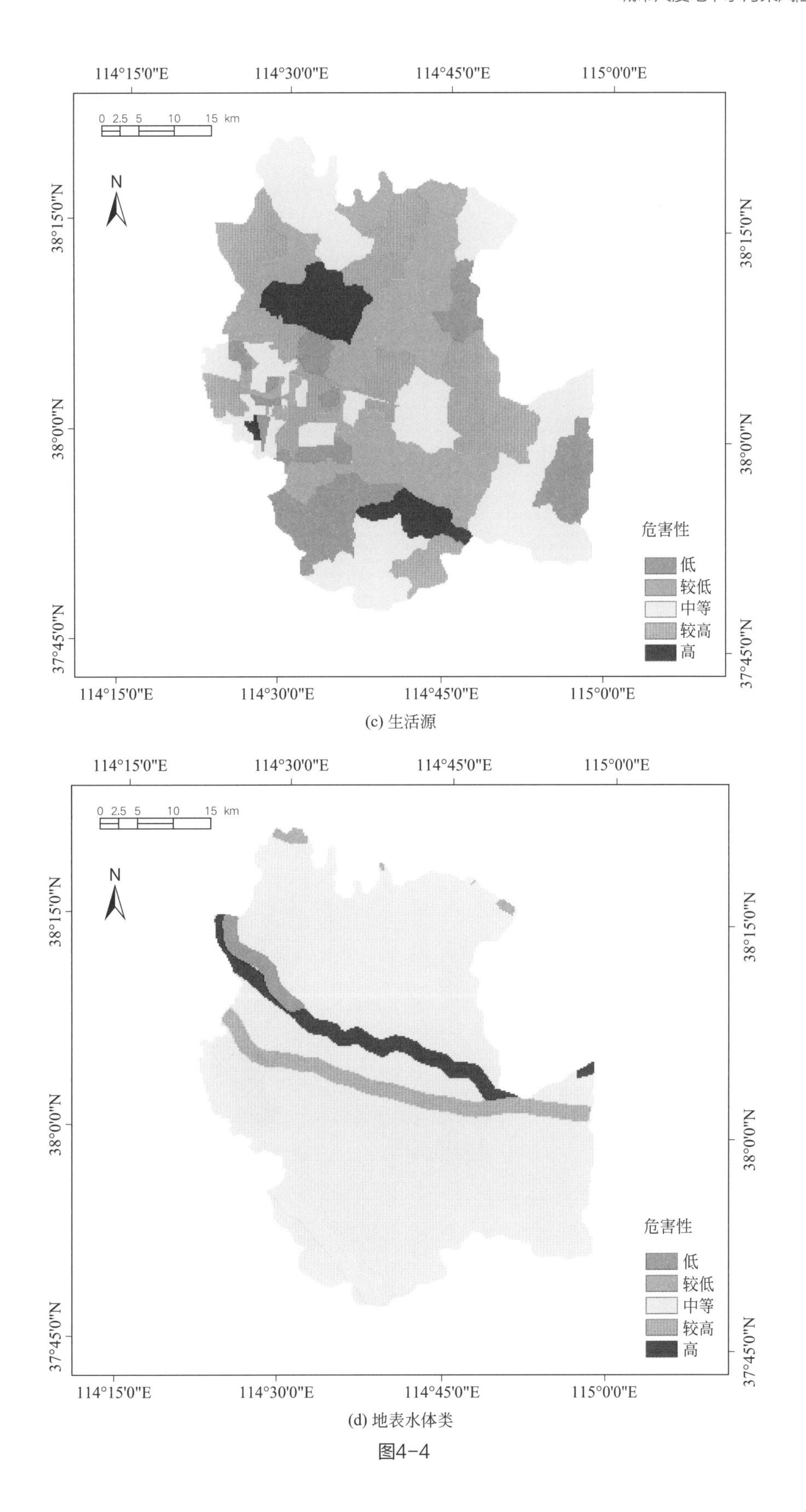

(c) 生活源

(d) 地表水体类

图4-4

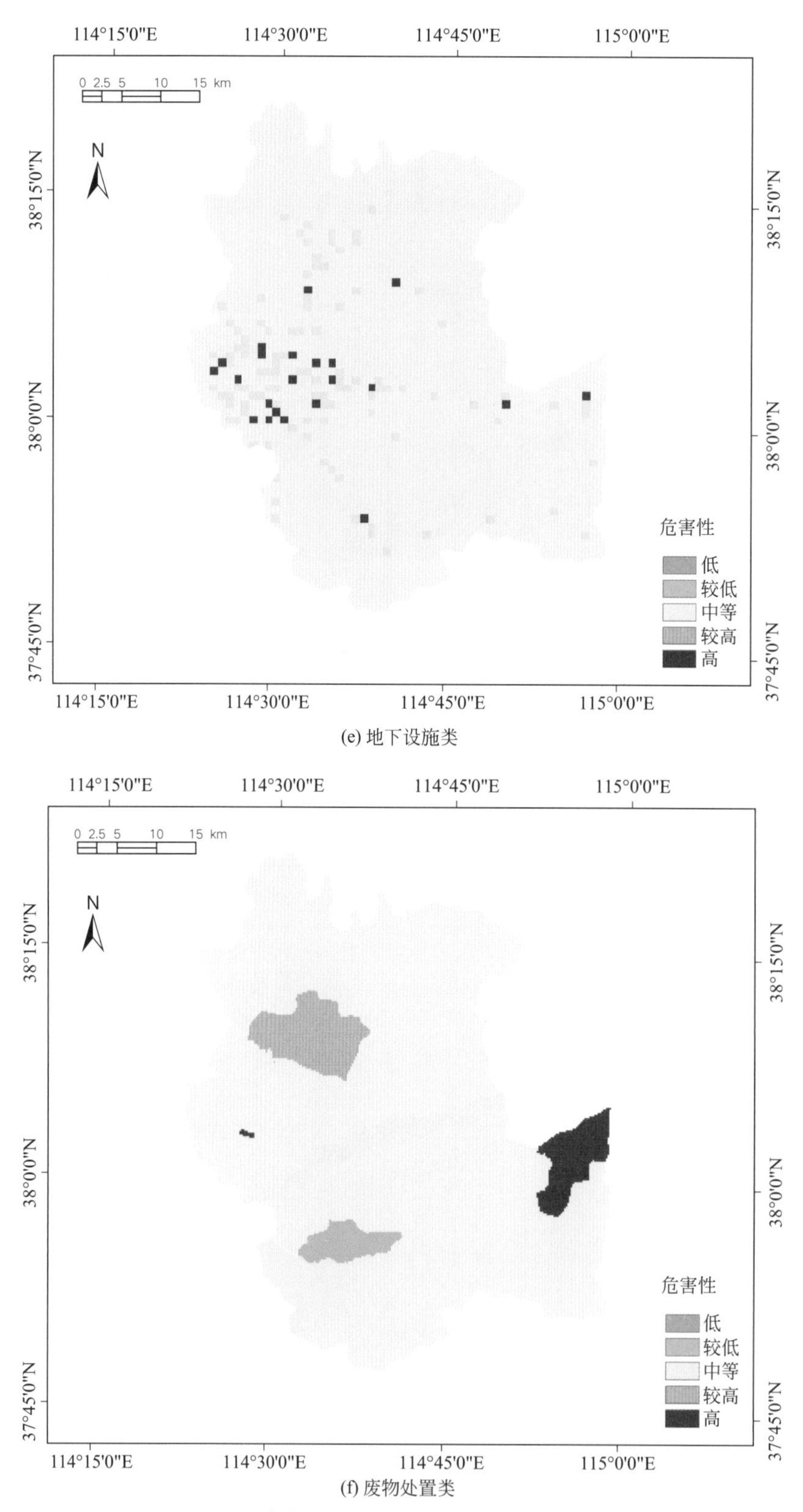

(e) 地下设施类

(f) 废物处置类

图4-4 滹沱河研究区地下水六大类污染源危害性

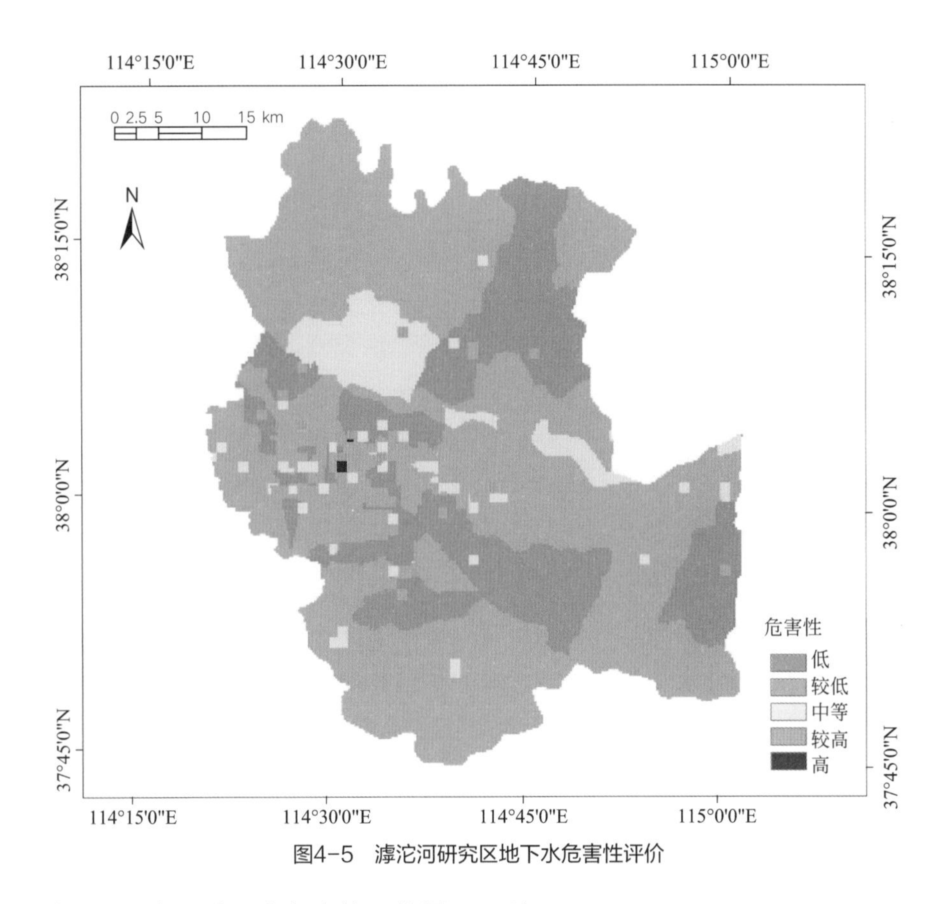

图4-5　滹沱河研究区地下水危害性评价

由滹沱河研究区地下水危害性评价图4-5可知：

① 工业源在研究区内零散分布，危害性高的区域主要位于石家庄市区、藁城区廉州镇南部的工业园区。

② 农业源危害性较高的是正定县曲阳桥乡、藁城区廉州镇，在研究区呈不均匀状态分布。

③ 生活源危害性较高的是栾城区柳林屯乡、正定县城区、石家庄市振头街道等，在滹沱河研究区呈不均匀状态分布。

④ 地下设施类具有危害性的区域呈星点状分布，危害性较高的区域位于石家庄市区、诸福屯镇、廉州镇、兴安镇、栾城县街道。

⑤ 废物处置类危害性较高的是栾城区窦妪镇和藁城区兴安镇，滹沱河研究区其余地区废物处置类危害性均为中等或较低。

⑥ 地表水体类危害性高和较高的河流分别为滹沱河和石津总干渠，位于研究区中部。

滹沱河研究区地下水风险源危害性较高区域集中于石家庄市区育才街道、石岗街道、长丰街道、西兆通镇等，其余零散分布于正定县城区北部和西部、栾城区岗上镇；滹沱河研究区其余地区地下水污染源总体危害性中等或较低。

由表4-19可知，滹沱河研究区工业源、农业源、生活源和加油站的毒性指标危害性最大，地表水体类和地下设施类的迁移性指标危害性最大。因此，对于工业源、农业源、生活源和加油站，应当从源头控制，加强对污染物排放量的控制；对于地表水体类和地下水设施类，应当从污染途径阻断，加强污染源防护措施建设。

表4-19　滹沱河研究区毒性迁移性和降解性占比　　单位：%

指标	毒性	迁移性	降解性	综合
工业源	49.71	35.02	15.27	100
农业源	49.23	34.36	16.41	100
生活源	53.04	33.26	13.70	100
地表水体类	20.85	49.40	29.75	100
地下水设施类	64.79	17.01	18.20	100
废物处置类	25.70	53.40	20.90	100

通过《国民经济行业分类》（GB/T 4754—2017）将工业源按照二级行业进行分类，分为非金属矿物制品业、黑色金属矿采选业、化学原料及化学制品业、黑色金属冶炼及压延加工业、金属制品业、医药制造业、皮革、羽毛(绒)及其制品业，并通过文献查找确定二级行业特征污染物，最后根据式（4-3）计算。

重点研究区二级行业分类如图4-6所示，二级行业特征污染物如表4-20所列。

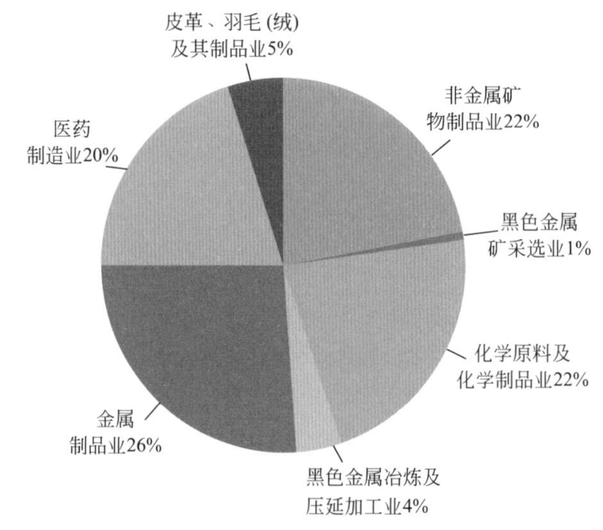

图4-6　重点研究区二级行业分类

表4-20　二级行业特征污染物

二级行业	特征污染物
非金属矿物制品业	SS、COD、挥发酚、氰化物、硫化物
黑色金属矿采选业	SS 、COD、氰化物、铅、镉、挥发酚、六价铬、铁、锰、硫化物、石油类
化学原料及化学制品业	SS、硫化物、苯胺类、硝基苯、苯类、氰化物、挥发酚、二氯甲烷
黑色金属冶炼及压延加工业	SS、COD、硫化物、氰化物、挥发酚、石油类、铅、镉、汞、六价铬、铁、锰、苯、二氯甲烷、苯并［*a*］芘
金属制品业	COD、SS、硫化物、氰化物、挥发酚、石油类、镉、六价铬
医药制造业	COD、SS、石油、硝基苯、苯胺、氨氮、铅、镉、汞、六价铬、氰化物
皮革、羽毛(绒)及其制品业	COD、SS、氨氮、硫化物、六价铬、二氯甲烷

计算结果见表4-21，由结果可见滹沱河研究区危害性二级行业总危害性为920.34，化学原料及化学制品业危害性最大，占总危害性的37.5%。

表4-21 二级行业工业源危害性

二级行业	滹沱河研究区
非金属矿物制品业	108.31
黑色金属矿采选业	3.33
化学原料及化学制品业	345.35
黑色金属冶炼及压延加工业	169.83
金属制品业	172.31
医药制造业	49.15
皮革、羽毛(绒)及其制品业	72.06

4.2.2.2 地下水污染风险源贡献率评价

根据污染风险源危害性评价结果，对地下水污染风险源发生条件进行分级，并依据地下水污染风险源强度评价模型，完成滹沱河平原区地下水污染风险源强度评价和各类污染源贡献率计算，评级结果见表4-22和图4-7、图4-8。

表4-22 滹沱河平原区地下水污染风险源强度及贡献率评价结果

<table>
<tr><th>序号</th><th colspan="2">风险源清单</th><th>风险源强度指数</th><th colspan="2">贡献率/%</th></tr>
<tr><td>1</td><td rowspan="7">工业源</td><td>医药制造业</td><td>33.7980</td><td rowspan="7">48.53</td><td>3.12</td></tr>
<tr><td>2</td><td>皮革、羽毛(绒)及其制品业</td><td>35.4754</td><td>3.27</td></tr>
<tr><td>3</td><td>金属制品业</td><td>88.9515</td><td>8.21</td></tr>
<tr><td>4</td><td>化学原料及化学制品业</td><td>209.4358</td><td>19.33</td></tr>
<tr><td>5</td><td>黑色金属冶炼及压延加工业</td><td>98.8106</td><td>9.12</td></tr>
<tr><td>6</td><td>黑色金属矿采选业</td><td>1.6641</td><td>0.15</td></tr>
<tr><td>7</td><td>非金属矿物制品业</td><td>57.7653</td><td>5.33</td></tr>
<tr><td>8</td><td colspan="2">农业源</td><td>2.4469</td><td colspan="2">0.23</td></tr>
<tr><td>9</td><td colspan="2">生活源</td><td>485.0002</td><td colspan="2">44.77</td></tr>
<tr><td>10</td><td colspan="2">地表水体类</td><td>25.8514</td><td colspan="2">2.39</td></tr>
<tr><td>11</td><td colspan="2">废物处置类</td><td>8.5283</td><td colspan="2">0.79</td></tr>
<tr><td>12</td><td colspan="2">地下设施类</td><td>35.5974</td><td colspan="2">3.29</td></tr>
</table>

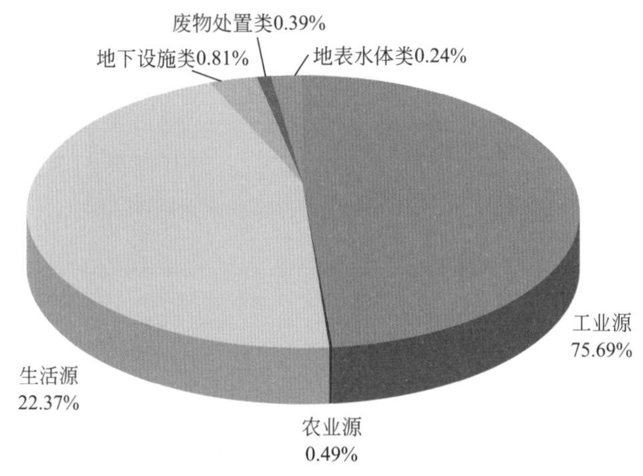

图4-7　滹沱河平原区地下水污染风险源贡献率评价结果

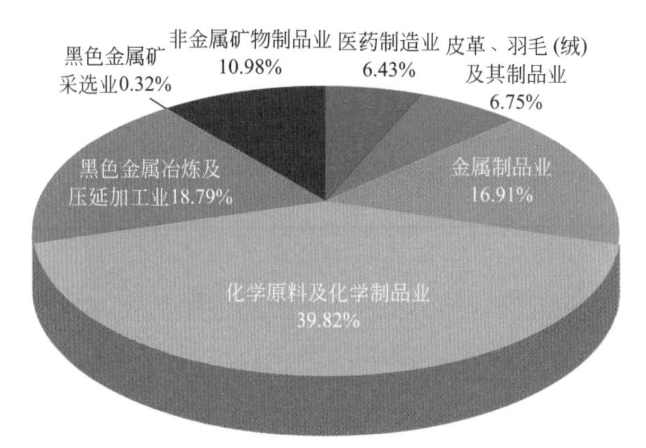

图4-8　滹沱河平原区地下水污染工业源贡献率评价结果

滹沱河平原地区主要污染风险源为工业源和生活源，占总风险源的93.32%，风险等级为高风险。其中工业污染风险源中医药、金属制品、化学原料和非金属矿物，应作为滹沱河平原区地下水重点管控对象，做好地下水污染防护措施，避免发生地下水污染的风险。

4.2.3　地下水脆弱性评价

研究区地下水类型主要为第四系孔隙水，本次研究对象为浅层地下水，包括第Ⅰ和第Ⅱ含水层组，评价方法采用改进的DRASTIC模型。

根据案例区的实际情况，建立评价指标体系包括地下水位埋深、净补给量、土壤介质、包气带介质、含水层介质、含水层渗透系数。各指标的评分范围在1～10分之间，评分越大，表示脆弱性越高。

(1)地下水位埋深

埋深数据由地下水位统测数据获得。研究区以开采浅层地下水为主要供水水源，地下水位埋深较大，在研究部形成了地下水位降落漏斗。地下水位埋深分布见图4-9；基于研究区地下水位埋深整体情况，确定水位埋深评分，如表4-23所列。

表4-23 地下水位埋深评分

埋深/m	>45	40 ~ 45	35 ~ 40	30 ~ 35	25 ~ 30	≤25
评分/分	1	2	3	4	5	6

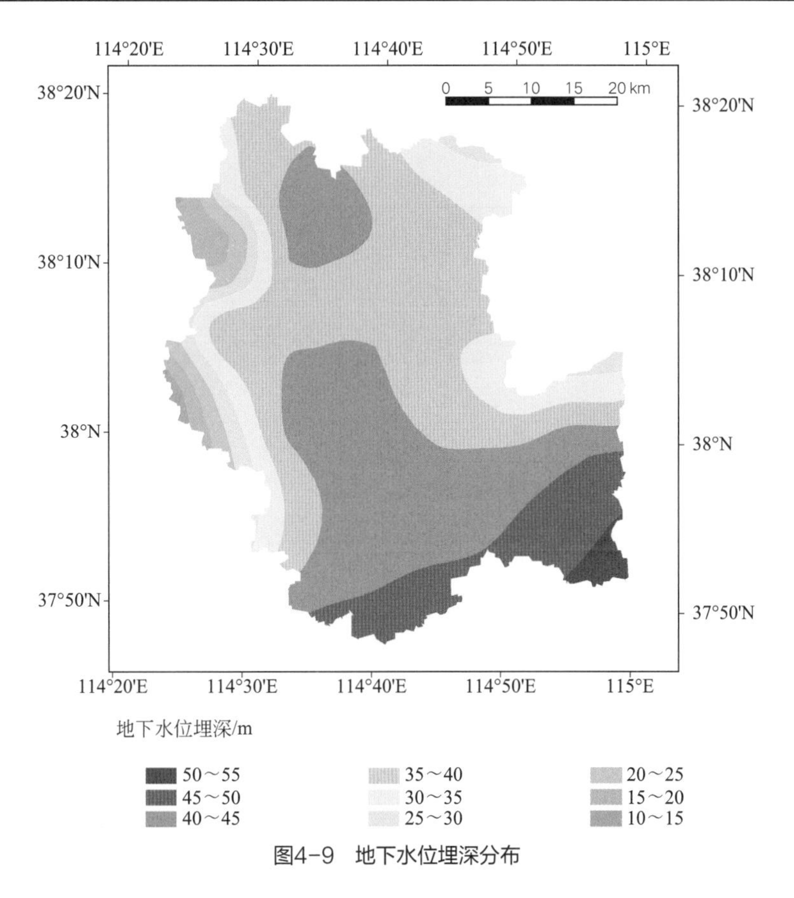

图4-9 地下水位埋深分布

(2)净补给量

案例区内地下水的补给主要为大气降水入渗补给，为了便于计算，净补给量用大气降水入渗量近似代替。河道带补给量较大，受地面硬化的影响，市区及县城补给量较小。净补给量评分见表4-24，净补给量分布见图4-10。

表4-24 净补给量评分

净补给量/(mm/a)	30 ~ 60	60 ~ 100	100 ~ 150	150 ~ 200	200 ~ 250
评分/分	1	3	5	7	8

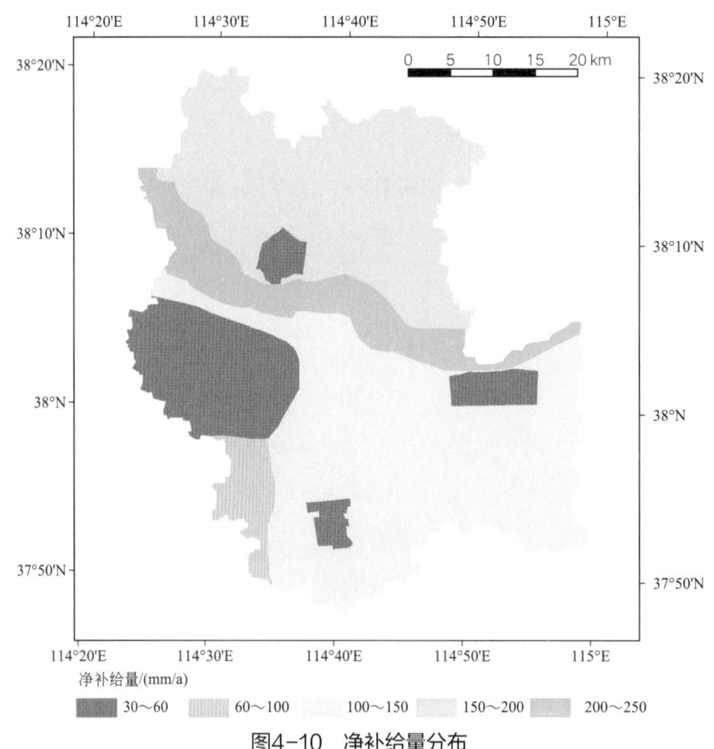

图4-10　净补给量分布

（3）土壤介质

根据钻孔0～2m岩性资料，经专家判定，案例区内土壤介质评分如表4-25所列，土壤介质分布如图4-11所示。

表4-25　土壤介质评分

土壤介质类型	黏土质壤土、黄土状亚黏土夹碎石	粉砂质壤土、亚黏土	砂质壤土、亚砂土	砂
评分/分	3	4	6	9

（4）包气带介质

根据钻孔及以往包气带岩性资料，结合地下水位埋深分布，工作区包气带岩性分为四种类型（见图4-12）：薄层粉质黏土与粉土互层区，分布在市区西部；粉质黏土、粉土与砂互层区，主要分布在市区及案例区东南部；上粉质黏土或粉土下砂、砂砾卵石区，主要分布在滹沱河两岸及磁河两岸；砂、卵砾石为主区，分布在河床及漫滩，浅层分布有中砂及粉细砂，极松散，黏粒含量甚微，下部为粗颗粒相的粗砂卵砾石。

包气带介质评分如表4-26所列。

表4-26　包气带介质评分

包气带介质类型	薄层粉质黏土与粉土互层	粉质黏土、粉土与砂互层	上粉质黏土或粉土下砂、砂砾卵石	砂、卵砾石为主
评分/分	1	3	5	9

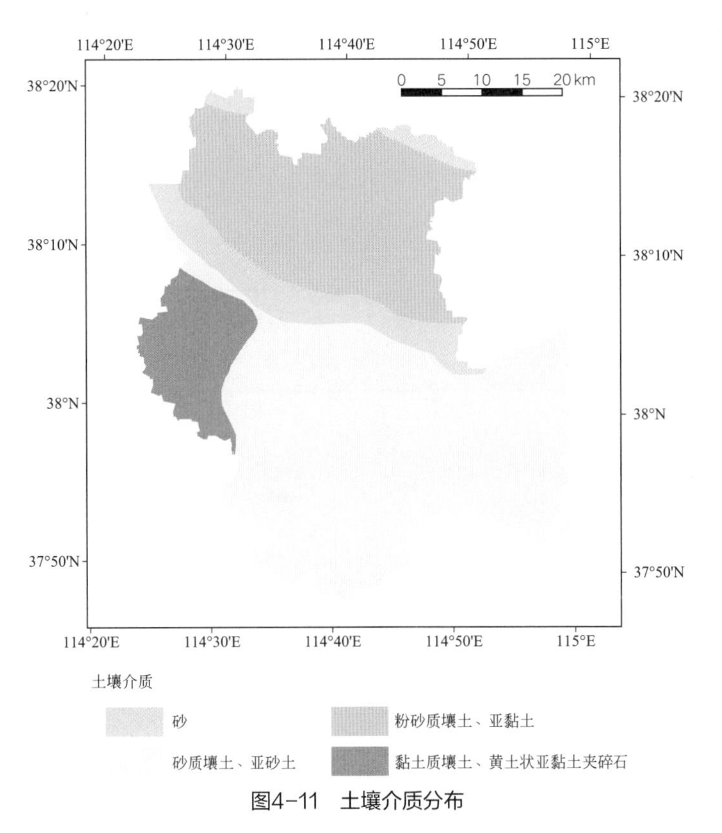

图4-11 土壤介质分布

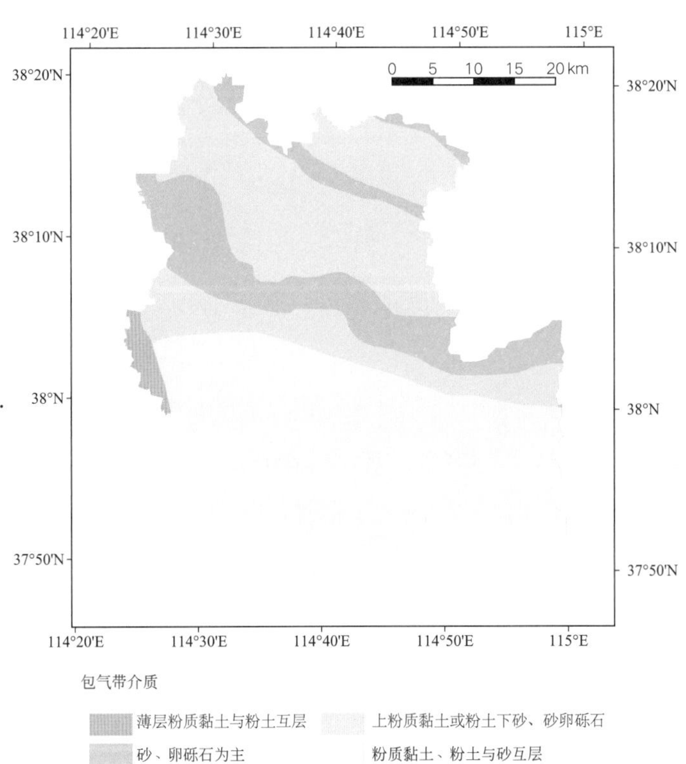

图4-12 包气带介质分布

（5）含水层介质

含水层岩性多为砂砾石层，部分为卵砾石，由西向东逐渐变细。土层多为粉土，含水层间有不同程度的水力联系。含水层介质评分如表4-27所列，岩性介质分布如图4-13所示。

表4-27 含水层介质评分

含水层介质类型	以砂为主区	以砂砾为主区	以卵砾石为主区
评分/分	3	6	8

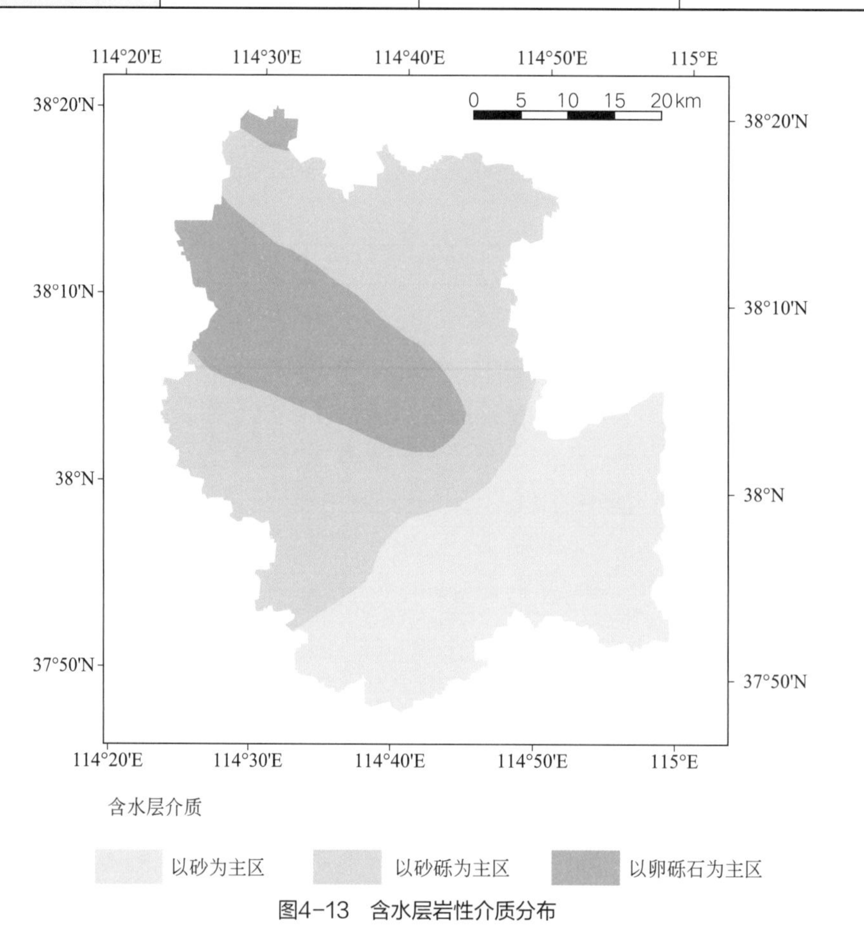

图4-13 含水层岩性介质分布

（6）含水层渗透系数

数据来源于“六五”国家重点科技攻关项目第38项《华北地区水资源评价和开发利用研究》课题报告《水资源系统分析与其数学模型的研究》渗透系数分布图。随着地下水开采，含水层渗透系数值也发生变化，但因没有最新的相关研究成果，且地下水脆弱性是一个相对的概念，在此引用以往的结果也是可以的。渗透系数评分如表4-28所列，渗透系数分布如图4-14所示。

表4-28 渗透系数评分

含水层渗透系数/（m/d）	20 ～ 40	40 ～ 80	80 ～ 100	100 ～ 150	150 ～ 250	>250
评分/分	3	5	7	8	9	10

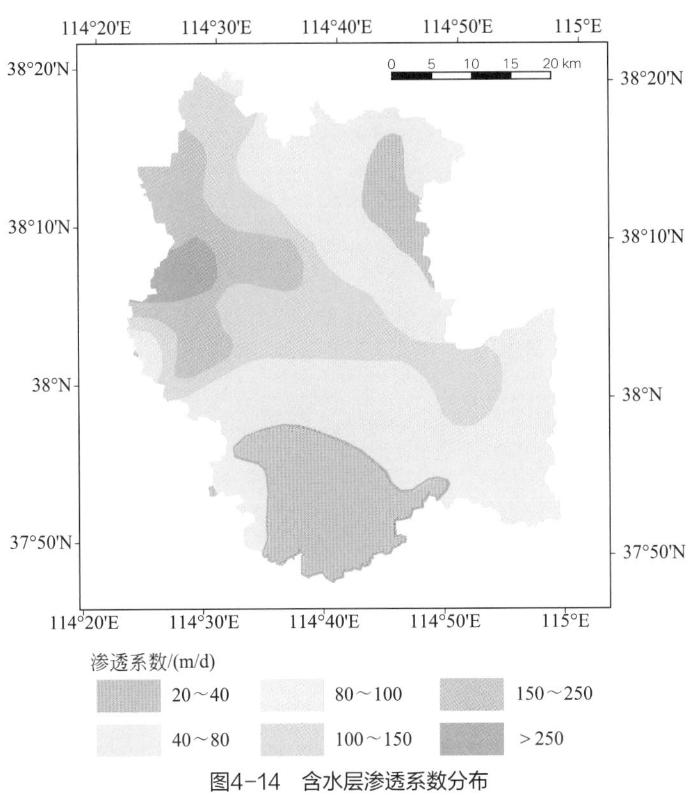

图4-14 含水层渗透系数分布

（7）指标权重计算

为避免层次分析法主观性过强问题，采用层次分析（AHP）-熵权法赋予指标权重，计算结果如表4-29所列。

表4-29 指标权重赋值

指标	地下水位埋深	净补给量	土壤介质	包气带介质	含水层介质	含水层渗透系数
AHP法指标权重	0.23	0.18	0.09	0.23	0.14	0.14
熵权法指标权重	0.2	0.12	0.15	0.29	0.08	0.16
综合指标权重	0.21	0.15	0.12	0.26	0.11	0.15

（8）地下水脆弱性评价

应用上述地下水脆弱性评价指标体系，采用2km×2km正方形剖分单元，求得每个剖分单元的脆弱性综合指数，求得综合指数值范围为64 ～ 171，按照等间距划分为5个脆弱性等级，得到地下水脆弱性分布。见图4-15。

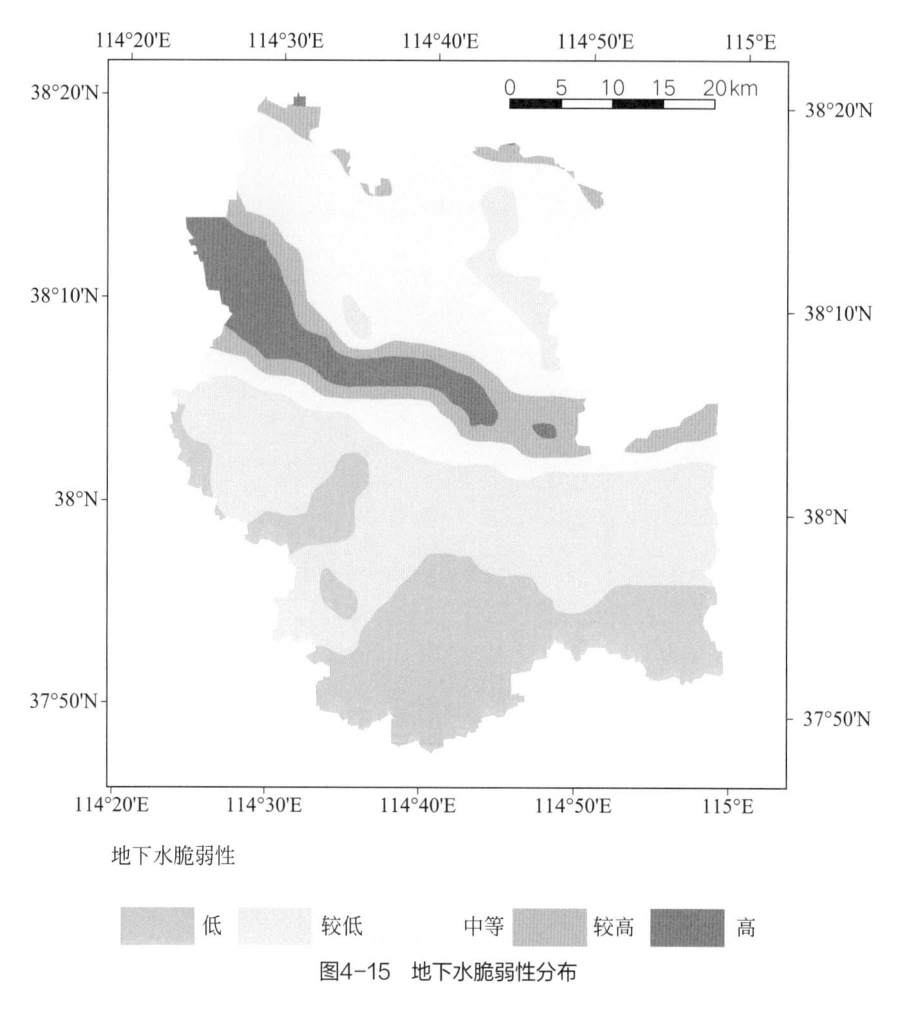

图4-15 地下水脆弱性分布

由图4-15看出，地下水脆弱性高的地区分布在滹沱河中上游和磁河上游，该区土壤介质为砂，包气带介质为砂砾石为主夹少量黏性土，含水层介质为卵砾石，净补给量和渗透系数较大；脆弱性较高地区分布在脆弱性高地区的两侧；脆弱性中等地区分布在案例区北部，与南部相比，包气带介质和含水层介质颗粒相对较粗，净补给量相对较大；脆弱性较低地区主要分布在案例区南部；脆弱性低地区分布在石家庄市区、正定县城、栾城南部和藁城小部分地区，与脆弱性较低地区相比，主要受净补给量、渗透系数的影响，石家庄市区和正定县城净补给量小，栾城和藁城渗透系数小。

4.2.4 地下水功能价值评价

案例区地下水的使用功能为饮用水、农业和工业用水及其他功能用水，地下水功能价值级别根据前文中评价方法确定。

（1）地下水水质评价

根据“滹沱河冲积平原地下水污染调查评价”项目和本项目取得的水样测试成果，案例区浅层地下水质量综合评价结果如图4-16所示。地下水质量分为Ⅱ、Ⅲ、Ⅳ、Ⅴ四个级别，按照功能价值评价方法，评分分别为4分、3分、2分、1分。

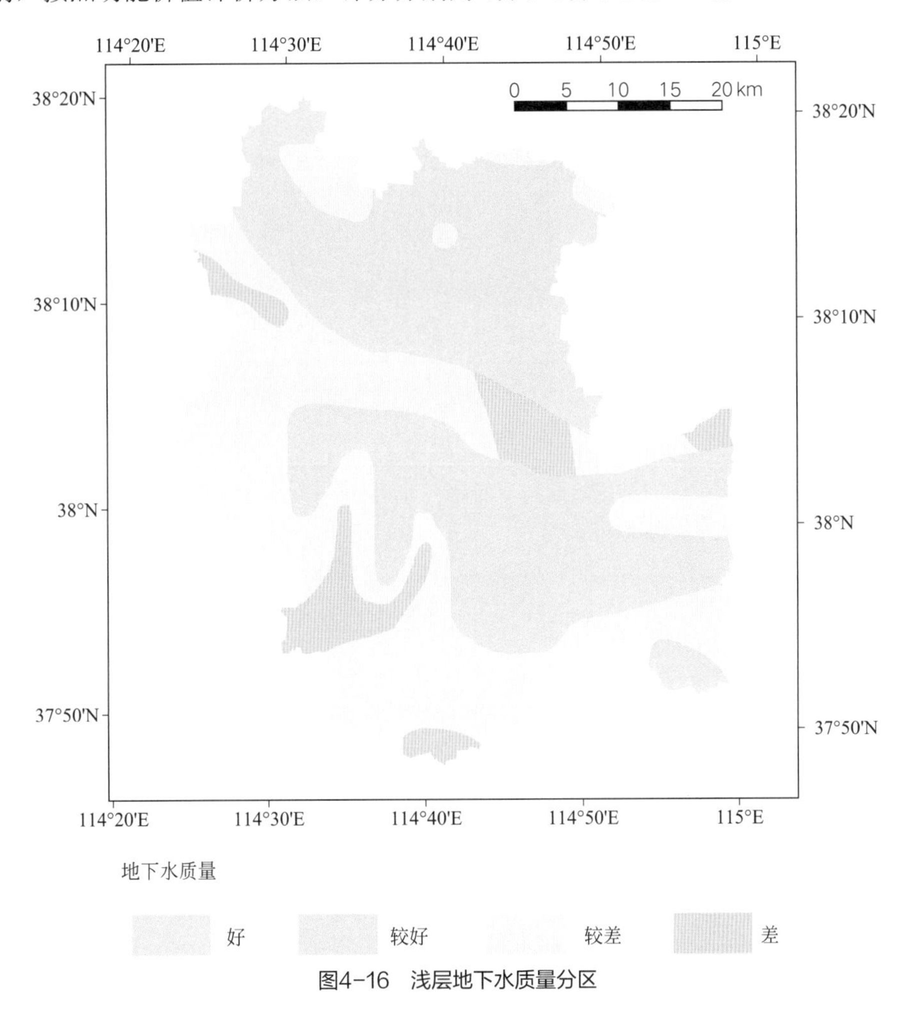

图4-16 浅层地下水质量分区

受原生水文地质环境和人类活动的共同影响，案例区局部地下水质量较差。石家庄市区地下水质量多为Ⅳ类水和Ⅴ类水，影响指标主要为总硬度、溶解性总固体、铁、锰、三氮、硫酸盐、氯化物等。其他地区也有Ⅳ类水和Ⅴ类水分布，影响指标主要为总硬度、溶解性总固体、铁、锰等原生性指标及硝酸盐等人类活动敏感指标。

（2）地下水富水性评价

根据“华北平原地下水可持续利用调查评价”项目成果，案例区地下水富水性如图4-17所示。富水性分为>5000m^3/d、3000～5000m^3/d、1000～3000m^3/d三个级别，评分分别为5分、4分、3分。

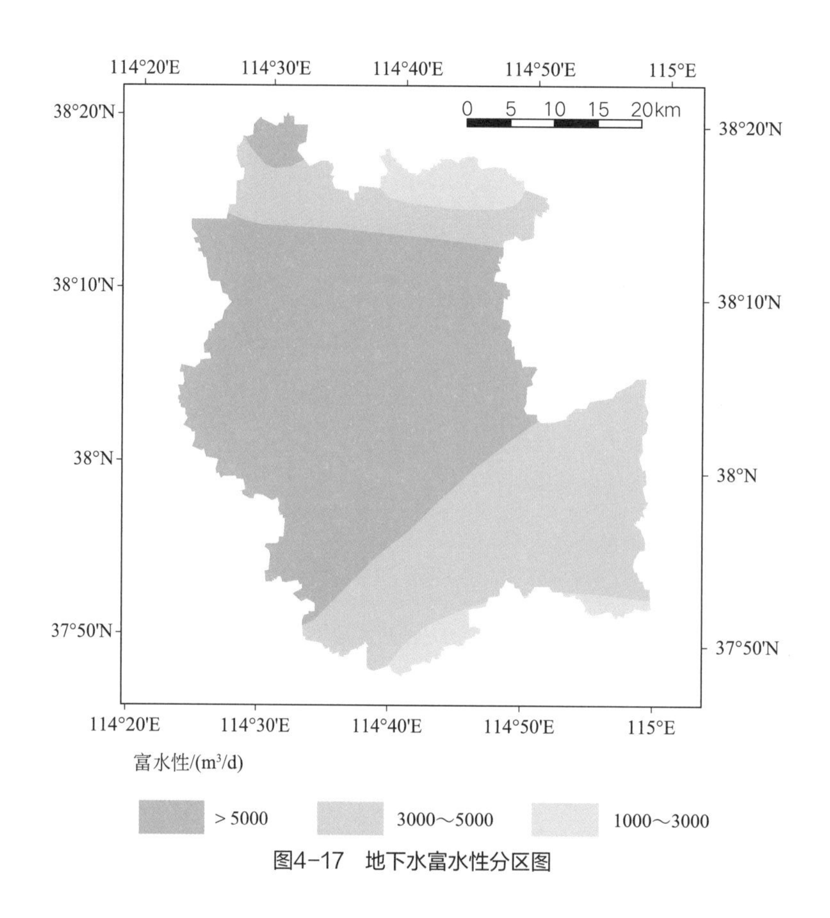

图4-17 地下水富水性分区图

（3）水源地保护区等级评价

基于研究区内水源地保护区资料，确定一级保护区、二级保护区和准保护区的分布范围，如图4-18所示。

通过ArcGIS软件中的栅格叠加功能，将地下水水质和地下水富水性评价结果进行叠加，结合研究区地下水水源地保护区范围，计算地下水功能价值，Ⅵ值范围为5～20，根据评价标准，由小到大分为较低、中等、较高和高四个级别。在GIS环境下编辑得出案例区地下水功能价值分级图，如图4-19所示。

地下水功能价值高区分布在正定县、石家庄市和藁城区交界处，面积较小，其富水性>5000m^3/d，地下水质量为Ⅱ类水。功能价值较高区主要分布在案例区中部，藁城区东北部富水性为3000～5000m^3/d，地下水质量为Ⅱ类水；其他地区富水性>5000m^3/d，地下水质量为Ⅲ类水。功能价值中等区分布面积最大，案例区北部和南部富水性为3000～5000m^3/d，地下水质量为Ⅲ类水；中部富水性>5000m^3/d，地下水质量为Ⅳ类水；藁城区北部富水性为1000～3000m^3/d，地下水质量为Ⅱ类水。功能价值较低区分布在案例区周边，石家庄市西部和栾城区西部富水性>5000m^3/d，地下水质量为Ⅴ类水；其他地区指标分布特征是：富水性为1000～3000m^3/d，地下水质量为Ⅳ类水或Ⅴ类水；富水性为3000～5000m^3/d，地下水质量为Ⅳ类水。

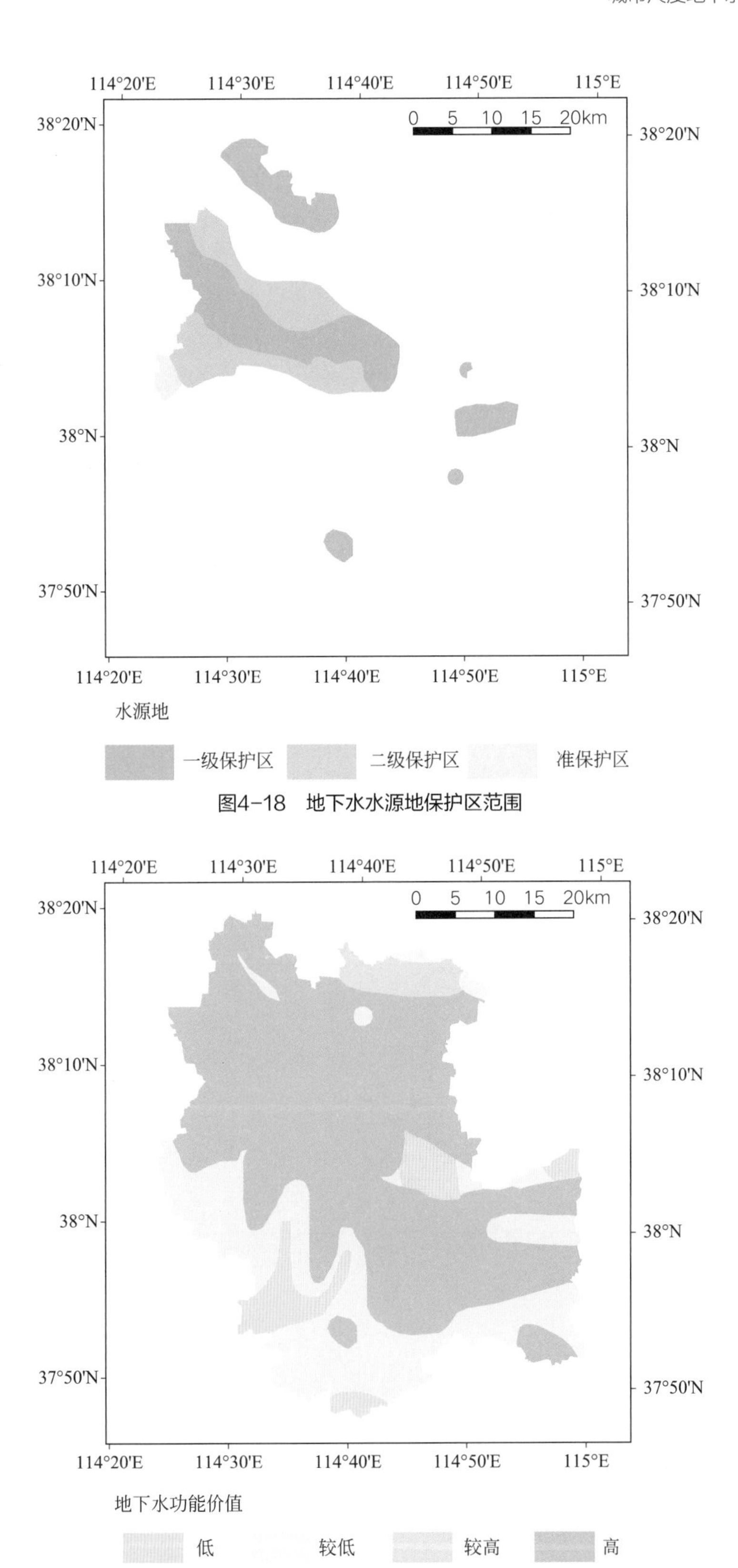

图4-18 地下水水源地保护区范围

图4-19 地下水功能价值分级评价

4.2.5 地下水污染风险分级评价

基于研究区地下水污染源危害性、地下水脆弱性及地下水功能价值评价结果，计算地下水污染风险。脆弱性自低至高评分分别为1分、2分、3分、4分、5分，污染源危害性级别自低至高评分分别为1分、2分、3分、4分、5分，功能价值自较低至高评分分别为2分、3分、4分、5分，三者相乘，R值范围为2～80，采用Natural Breaks分级法划分为高、较高、中等、较低、低五个等级，在GIS环境下编辑成图，评价结果如图4-20所示。

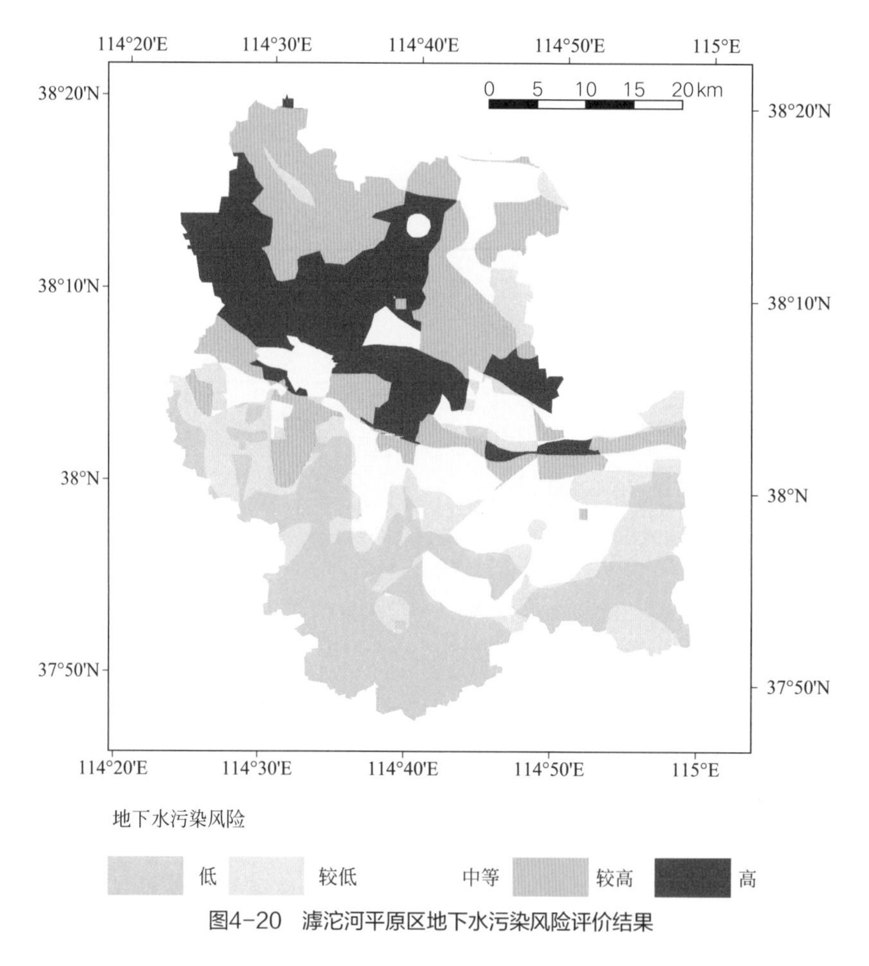

图4-20 滹沱河平原区地下水污染风险评价结果

由图4-20可见，地下水污染风险高区分布在正定南部及滹沱河河道。这些地区地下水功能价值高，脆弱性高、较高或中等，污染源危害性高、较高或中等；风险低区分布在石家庄市区西南部、栾城区大部分和藁城区东南部。这些地区地下水功能价值低或较低，脆弱性低或较低，地下水污染源危害性多为低或较低。

4.3 基于迭置指数法的北京密怀顺平原区地下水污染风险评价

4.3.1 研究区概况

研究区位于北京东北部的潮白河冲洪积扇中上部，北部到怀柔、密云平原与山区的边界，南部以顺义向阳闸为界。北部、西北、东北三面环燕山山脉，行政区划包括密云、怀柔以及顺义的牛栏山、北小营、赵全营等地区，总面积516km^2，交通便利，地下水资源相对丰富。地理坐标范围：东经116°30′～117°，北纬40°10′～40°30′。

4.3.1.1 地形地貌

研究区地貌形态为冲洪积作用、河相沉积而成的山前倾斜平原，总体地势北高南低，由山前向平原区倾斜，坡度约为1.2‰，区内山峰最高海拔为70m，平原区平均海拔高度为28m。河道出山后形成冲洪积扇，上游将粗颗粒物质如卵砾石堆积起来，流向下游逐渐变细，此地形地貌对流域内径流特征影响显著，地带性分布差异明显。潮白河河道多段干涸无水，河道宽200～500m，河槽高程约25m，地势起伏较大。上游建有多处橡胶坝，部分有防渗措施的景观河道存有水库水和再生水。人为活动对河道地貌改变较大，砂石坑和砂石料零星分布。

4.3.1.2 气象水文

潮白河冲洪积扇地区地处北温带半湿润、半干旱大陆季风气候，四季分明，暑寒交替。夏季炎热多雨，冬季寒冷干燥。年最高气温接近40℃，年最低气温达到−21℃，海拔150～600m的山区气温9～11℃。根据多年降雨资料，2008～2018年年均降水量609mm，降雨量在空间和时间上分布极不均，主要集中在6～8月汛期，常有暴雨出现，占全年降水量65%以上。区内蒸发作用较强，年均水面蒸发量为1775mm。年均风速2.5m/s，最大风速为20m/s，盛行西北风。

密怀顺地区河流水系发育，隶属于海河流域的潮白河水系，包括潮河、白河、雁栖河等。潮白河为区内主要河流，发源于燕山北麓，经顺义区北部的密云区、怀柔区流入，由北到南横穿整个研究区，境内流程38km，汇流面积451km^2。上游由潮河、白河两大支流汇合而成，其中潮河始于河北省丰宁县黑山嘴，经滦平县直达北京市密云古北口；白河发源于河北省沽源县，在白河堡水库上游进入北京市区后，向南延伸穿过延庆区、怀柔区，在该区的汤河河口汇入，在密云城区河漕村的北面与潮河汇聚，称为潮白河。潮白河经过密云区、怀柔区、顺义区和通州区后，在通州大沙坞村出北京市，并由此进入河北省香河县，在北京市界内全长85km，流域面积约5690km^2。怀河是潮白河的支流，又称西大河、七渡河；始于怀九沙河，穿过怀柔水库后，在南边汇入梭村村边的潮白河内。全长90km，流域面积1042km^2。其支流有雁栖河、红螺镇牤牛河、庙城牤牛河、南房小河、周各庄小河等。

4.3.1.3 地质条件

密怀顺地区隶属于北北东向的一地堑式盆地，为新生代断陷盆地，其断裂延伸方向与基底起伏基本一致。研究区自北向南依次穿过昌（平）怀（柔）中穹断（Ⅳ5）、顺义迭凹陷（Ⅳ13）、牛堡屯-大孙各庄迭凹陷（Ⅳ17）三个四级构造单元。高丽营-黄庄断裂北段呈SW-NE向展开，穿越怀柔区庙城以及顺义区高丽营一带；顺义断裂自NE-SW向穿过顺义城区。

密怀顺地区北部基底是以前震旦系片麻岩、燕山前期花岗闪长岩为主，南部主要是震旦亚届古生界、中生界地层。密怀顺地区主要受到河流的冲洪积作用所形成，因此以第四系（Q）沉积地层为主。沉积物变化规律为：水平上自北向南由薄变厚，颗粒逐渐变细，地层由单一层到多层，垂直方向自上而下由松散逐渐变为密实，在北部河南寨岩层厚度20～45m，中部大胡家营200m，南部后沙峪一代达到540m以上。第四系地层由新到老可分为：

① 全新统（Q4）。岩性主要为砂砾石、黏质砂土，分布于沟谷以及潮白河沿岸，厚度分布不均，平均厚度约为25m。主要构成河漫滩与一级阶地。

② 上更新统（Q3）。岩性主要为棕黄色的黄土夹薄层细砂、砂砾石、砂卵石等。分布于中部的傅各庄以及牛栏山一带，厚度约21～31m。

③ 中更新统（Q2）。属于黄红色冲积、坡积物，坡积物主要分布于北部山前地带，岩性主要为黏土夹碎石，厚约5～10m。冲积物分布于南部平原区，岩性为黏土夹细砂，厚度约为100～200m。

④ 下更新统（Q1）。岩性以砂与灰黑色淤泥质黏土为主，砂层风化较严重，主要分布于密怀顺南部后沙峪地区，由湖相冰水沉积发育而成，总厚度约200～300m。

4.3.1.4 水文地质条件

密怀顺地区含水层主要由砂、砾石和卵石构成，含水层砂砾石由北到南从单层逐渐变多层中粗砂、细砂，粉质黏土由薄而不连续变为厚而连续。层数由一层到多层，厚度由薄变厚。含水层从东到西变化较大，东部含水层层数少而厚，介质颗粒大且透水性强；西部含水层层数多而薄，介质颗粒小且透水性弱。就浅层100m左右的含水层而言，北部含水层厚度为50～80m，含水层之间的水力联系较好；南部厚度为20～45m，由于黏土层增多，弱透水层的阻水作用增强，水力联系相对较差。

研究区第四系含水层中地下水的富水性，沿潮白河河道轴线含水层以砂卵砾石层为主，富水性较强。单井水位降深5m时，从北部冲洪积扇中上部涌水量5000m³/d到南部顺义境内的1500～3000m³/d。自潮白河轴线向东西两侧边缘部位细砂层较多，富水性越来越弱，单井涌水量为500～1500m³/d。冲洪积扇两侧山前为坡积物和洪积物，富水性差。

浅层孔隙水主要补给来源是山前侧向径流、大气降雨入渗、农田灌溉水回渗、地表水河道入渗补给。由于河床卵砾石暴露，第四系渗透性强，潜水面与河床水位相差大，利用河道对地下水补给效果明显。河道入渗来源包括大气降水、南水北调来水补给和水库季节性泄水。南水北调水通过京密引水渠调水到牛栏山橡胶坝，经潮白河河道入渗补给。

地下水径流与地形地貌、地质条件等有关，研究区地下水总体流向和地表河流流向基本一致，由东北向南西流动。地下水径流条件冲洪积上部地区比中下部较好，越靠近东部径流条件越好。在研究区水源八厂、怀柔应急水源地等水源地地区，由于地下水开采量较大形成降落漏斗改变了地下水流场。

地下水排泄方式主要以人工排泄为主，其次是地下水侧向径流流出与蒸发。蒸发集中于地下水埋深＞4m的地区，蒸发排泄量小；人工排泄主要包括开采水源地、农村居民用水、农业用水等。

地下水的时空变化规律通过地下水动态反映，密怀顺地区水位变化主要受大气降水入渗、河渠入渗、人工开采等地下水系统的输入输出因素影响，一般每年4～6月为枯水期，6月地下水位下降至年内最低，7～9月为汛期，是降雨入渗集中补给期，降水可占全年总降水量的80%。7月地下水位呈上升趋势，一直到9月出现当年水位高峰值。10～11月由于农业冬季灌溉期，大量抽取地下水使地下水位出现下降，12月至翌年2月基本保持不变，地下水位比较平稳。冲洪积扇中上部水位变幅较扇缘大，年内水位变幅2～10m。监测水源八厂地区水位变化情况，地下水位动态曲线呈波浪状，1999年之前该地区水位保持平衡状态，变化不大；而1999年之后水位断崖式下降，2014年达到低峰值，2000～2014年水位降幅52.23m。2015年开始利用南水北调水进行回补，地下水位开始出现逐渐回升。

4.3.1.5 水资源开发利用情况

研究区水源地较多，主要有水源八场水源地、顺义第一、第二、第三水源地、怀柔应急水源地、引潮入城水源地、燕京啤酒厂水源地等。

第八水厂水源地为北京市大型水源地，位于顺义牛栏山大胡营一带，开采孔隙含水层地下水，日供水能力约48万立方米。北京市怀柔应急水源地，作为北京最大的应急地下水源地，位于北京市东北部怀柔区庙城-高两河一带，通过应急供水以缓解城区在连续干旱年和突发事件下城市供水不足而供水紧张局势的重任。目前，怀柔应急水源地的年地下水开采量为7500万立方米。潮怀水源地位于水源八厂水源地与怀柔应急备用水源地之间，2010年建设而成，主要是供应怀柔应急备用水源地。目前，潮怀水源地的地下水年开采量约为2100万立方米。引潮入城水源地于1998年投入使用，地下水年开采量约为1085万立方米。顺义第一、第二、第三水源地、燕京啤酒厂水源地开采量较小。顺义第一水源地位于仁和镇，年开采量约为128万立方米；顺义第二水源地地处牛栏山橡胶坝以南，位于北小营和马坡镇内，年开采量约1465万立方米；顺义第三水源位于怀河沿岸附近，2011年开采量约1500万立方米；燕京啤酒厂水源地位于顺义潮白河沿岸附近，年开采量约260万立方米。

4.3.2 污染源危害性评价

4.3.2.1 地下水污染源危害性评价

以密怀顺地区乡镇及街道为计算单元，提取地下水污染风险源强度评价的原始数据，包括工业源的工业厂区数据、农业源的农田面积、生活源的人口密度、废物处置的垃圾填埋场的数据、地下设施类的加油站数据和地表水体类的河流数据，并基于GIS平台对密怀顺地区各类污染风险源的分布情况进行表征，见图4-21。

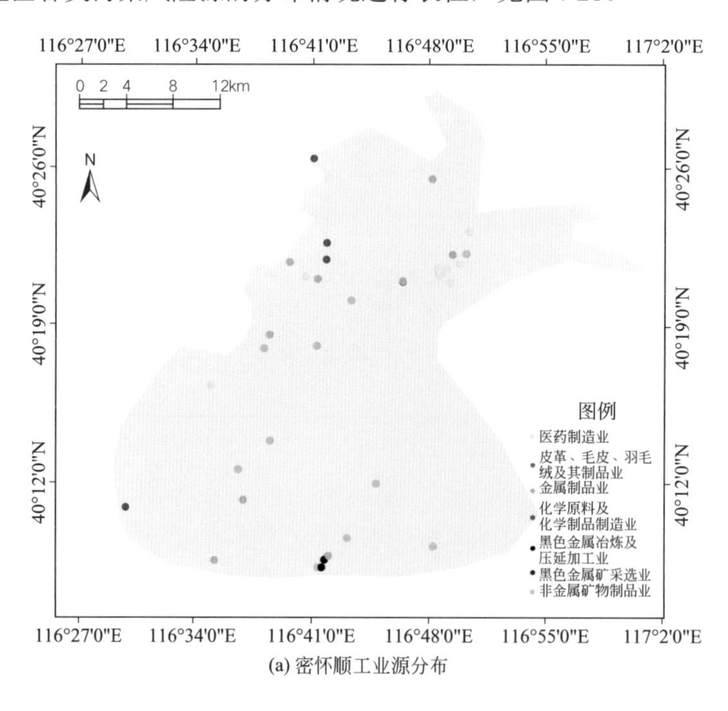

(a) 密怀顺工业源分布

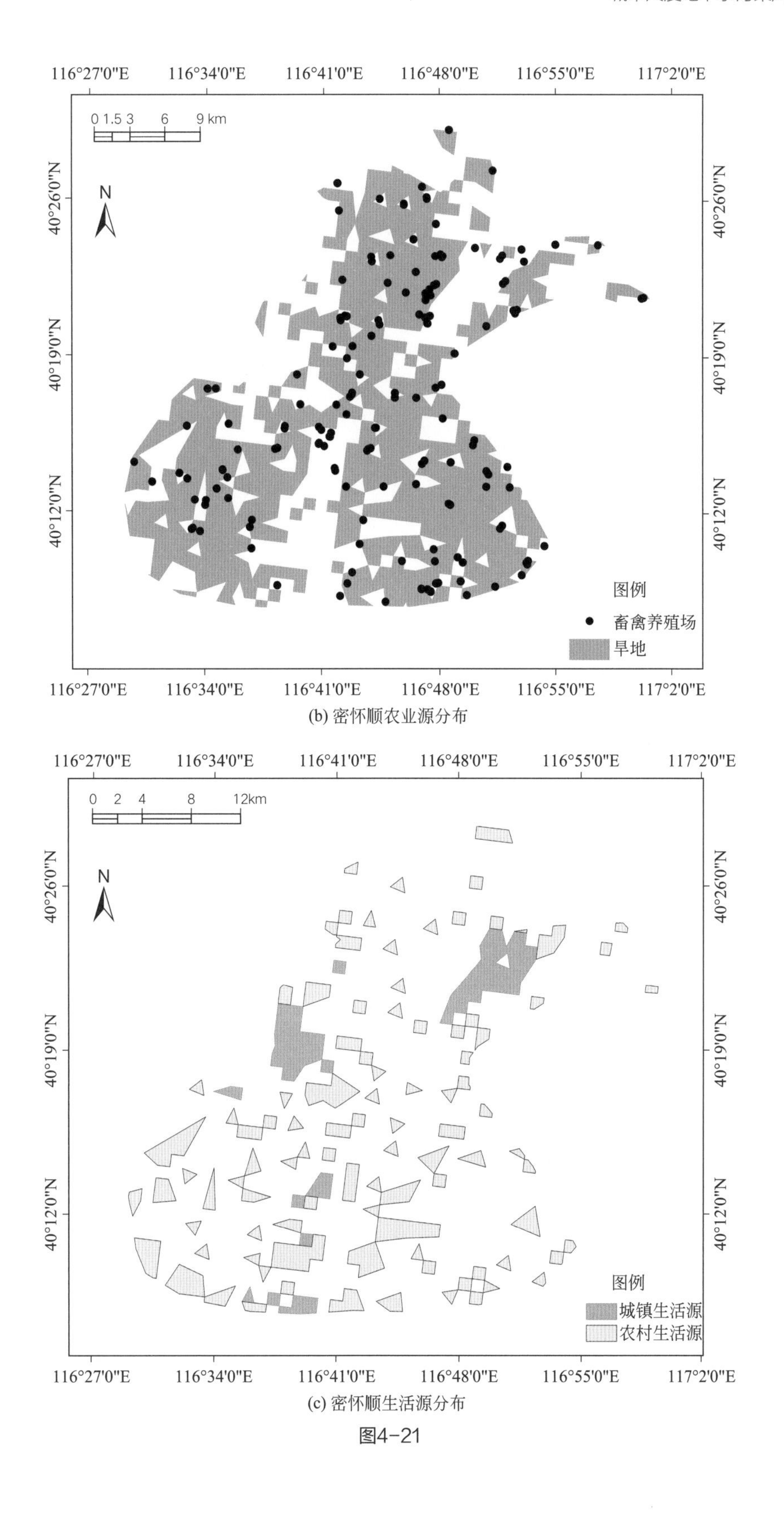

(b) 密怀顺农业源分布

(c) 密怀顺生活源分布

图4-21

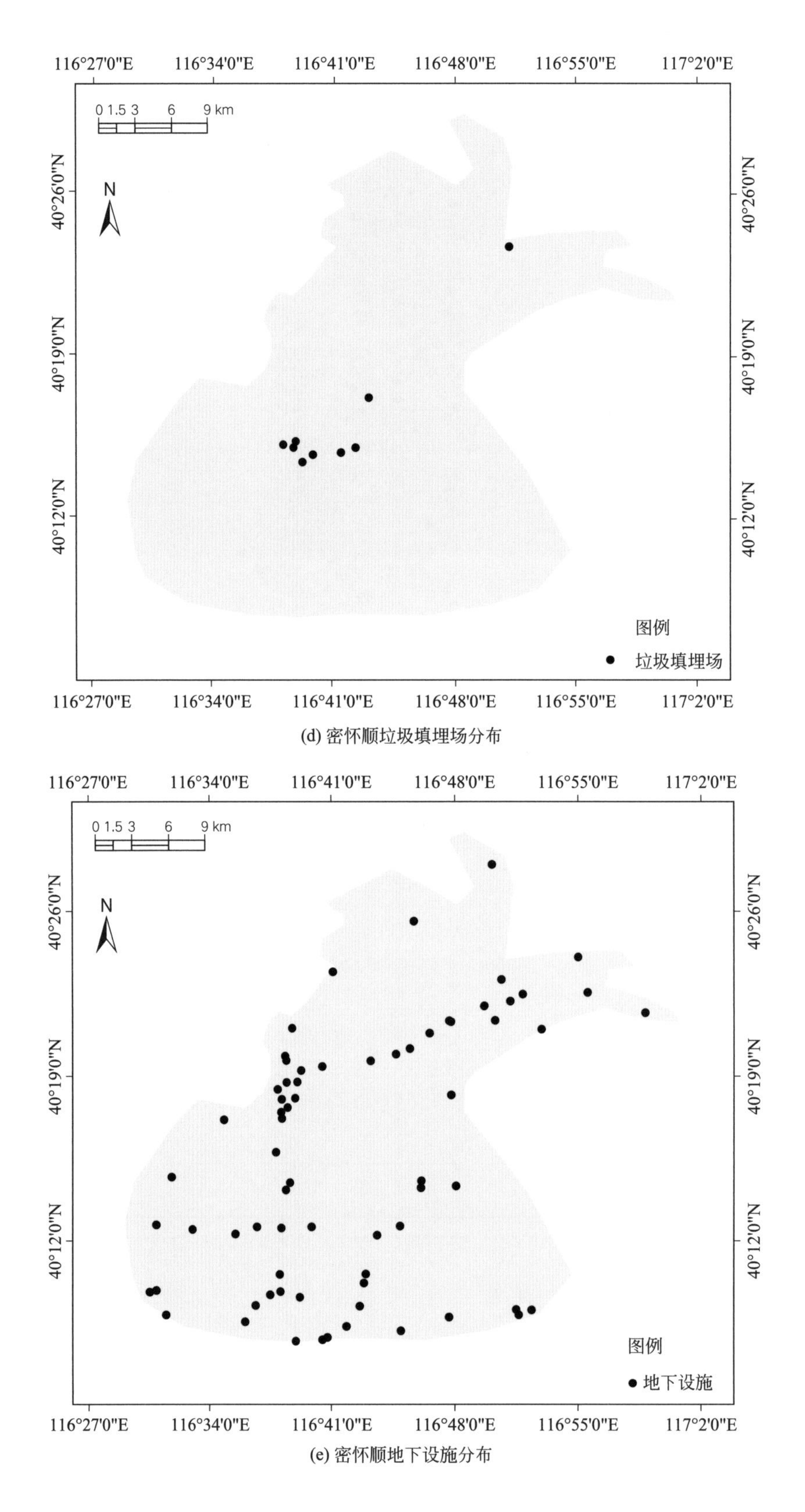

(d) 密怀顺垃圾填埋场分布

(e) 密怀顺地下设施分布

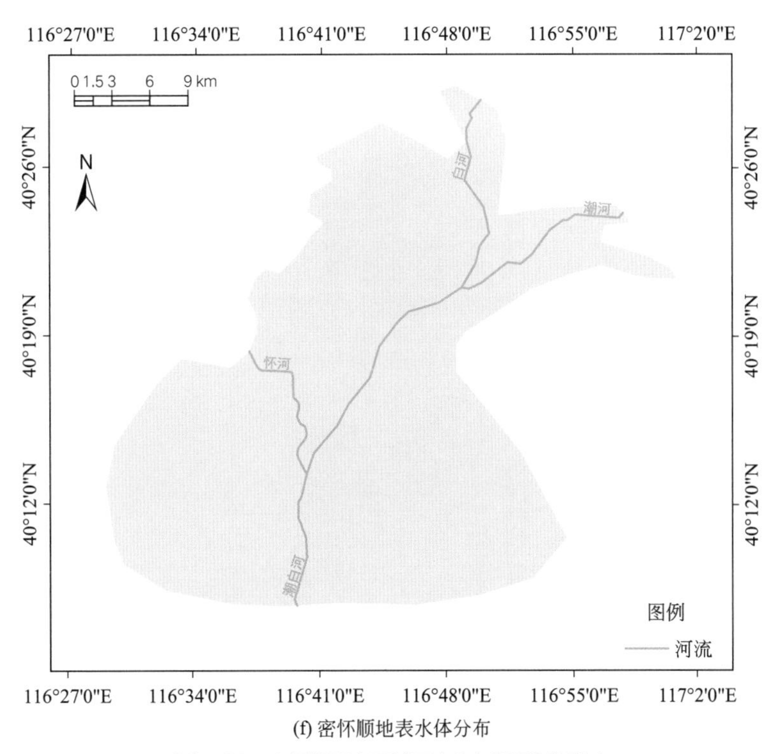

(f) 密怀顺地表水体分布

图4-21　密怀顺研究区地下水6大类污染源分布

依据现有数据，对密怀顺平原区六大类污染源危害性分别进行评价，并根据各类污染源权重进行加权叠加，结果如图4-22、图4-23所示。

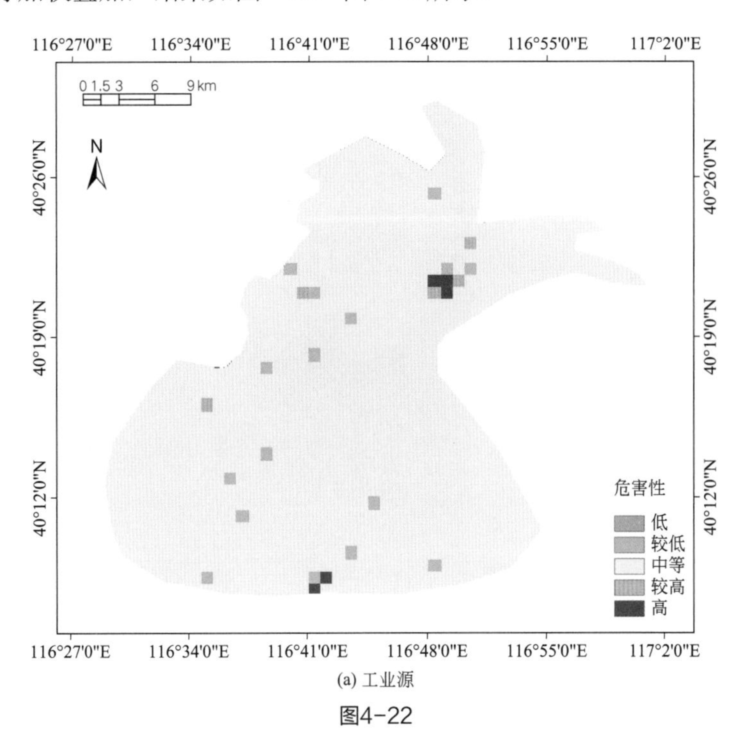

(a) 工业源

图4-22

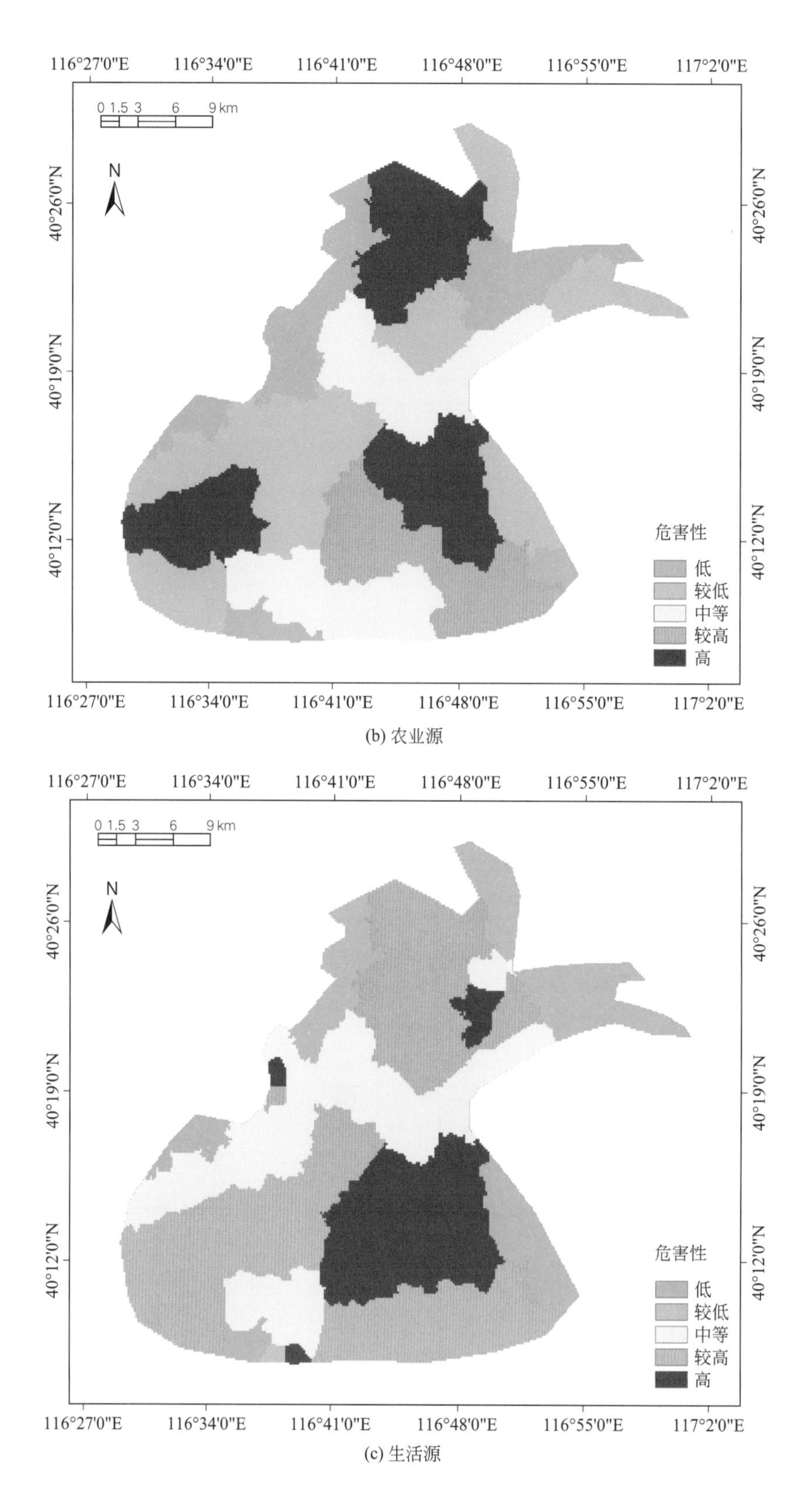
116°27'0"E
116°34'0"E
116°41'0"E
116°48'0"E
116°55'0"E
117°2'0"E
40°26'0"N
40°19'0"N
40°12'0"N
0 1.5 3 6 9 km
N
危害性
低
较低
中等
较高
高

(b) 农业源

(c) 生活源

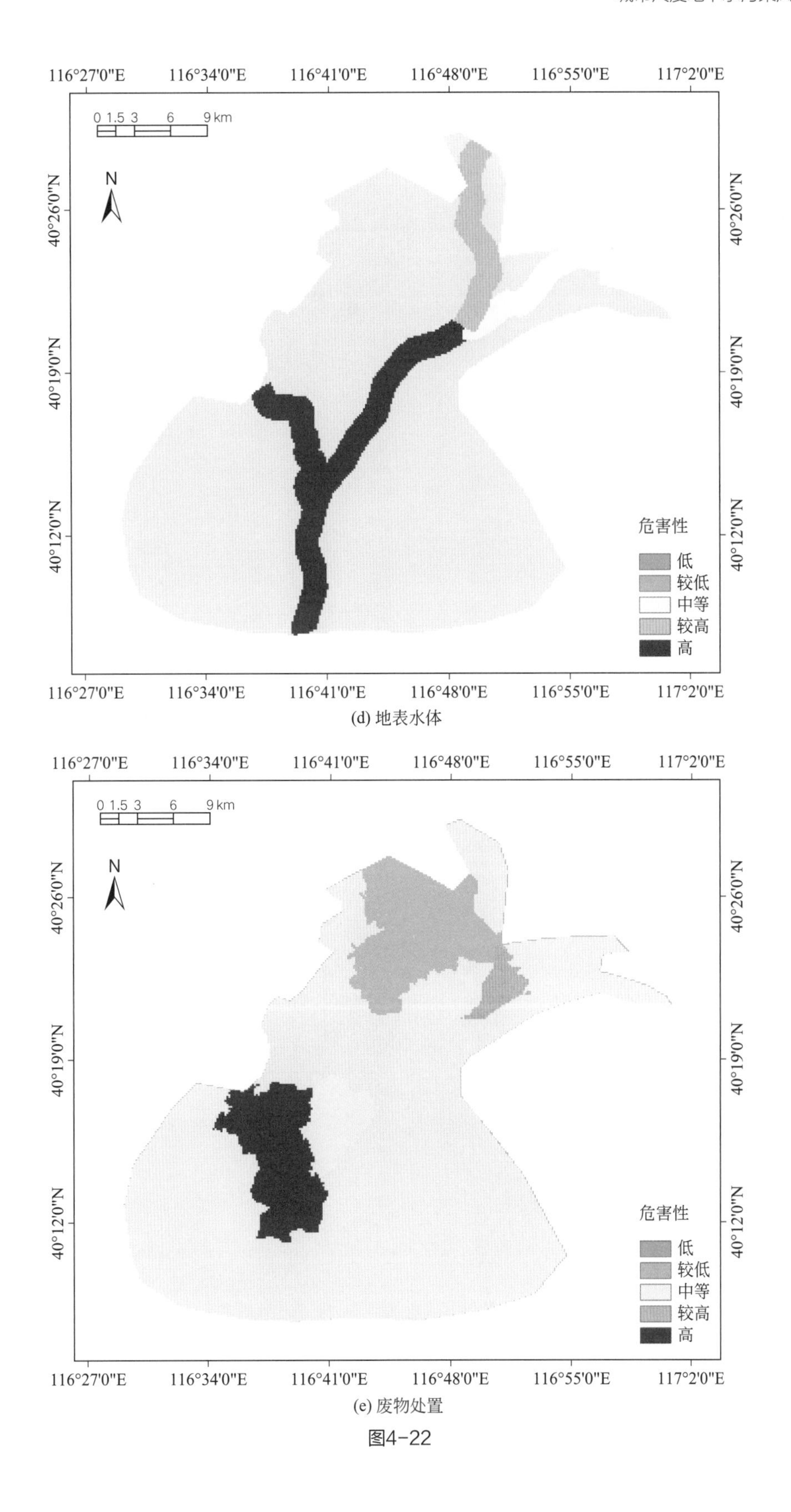

(d) 地表水体

(e) 废物处置

图4-22

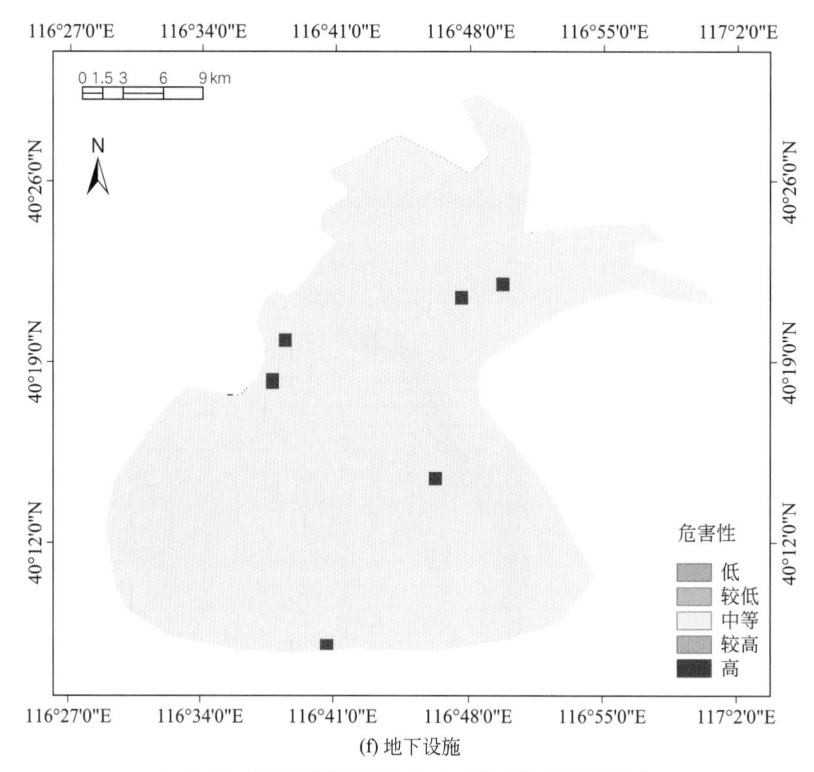

(f) 地下设施

图4-22 密怀顺研究区地下水6大类污染源危害性评价

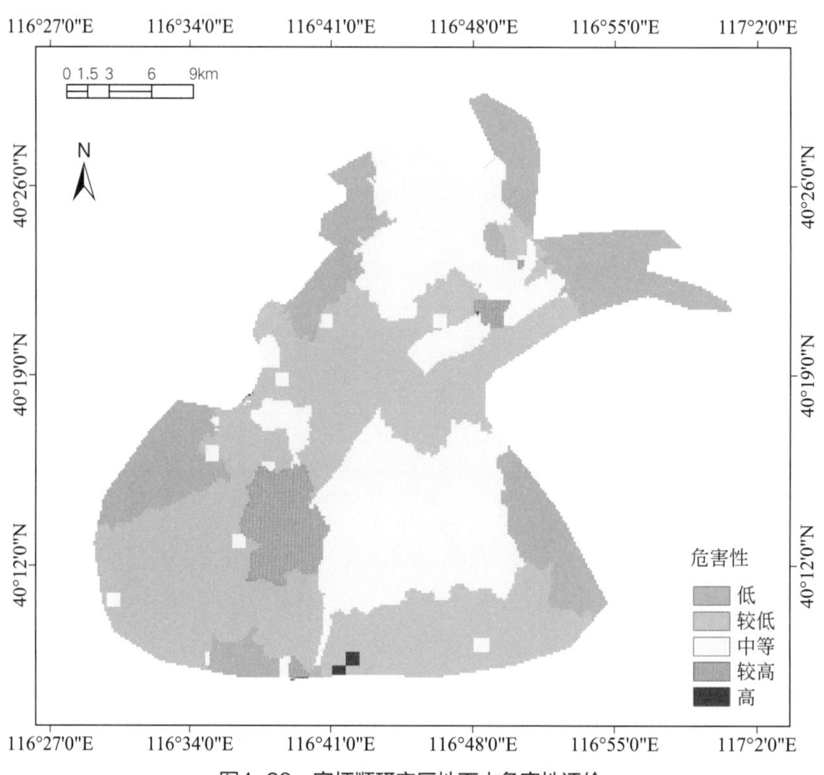

图4-23 密怀顺研究区地下水危害性评价

由图4-23可见，工业源在密怀顺研究区内零散分布，危害性较高的是位于顺义区南彩镇南部工业园区、怀柔区雁栖镇工业园区、怀柔区十里堡镇工业园区；其余地区工业源危害性均为中等或较低。

农业源危害性较高的是顺义区赵全营镇、顺义区木林镇和密云区西田各庄镇，其余区域在密怀顺研究区农业源危害性中等或较低。

生活源危害性总体偏高，危害性最高地区主要位于顺义区木林镇、顺义区北小营镇、顺义区胜利街道、怀柔区泉河街道、密云区果园街道。密怀顺研究区生活源危害性总体较高，危害性中等以上区域分布广泛。

地下水设施类具有危害性的区域呈星点状分布，危害性较高的区域位于怀柔区怀柔镇、密云区十里堡镇、密云区果园街道、顺义区仁和街道等。其余地区地下设施危害性总体处于较低状态。

废物处置类危害性高的是怀柔区庙城镇、顺义区牛栏山镇。其余地区废物处置类危害性中等或较低。

地表水体类危害性较高的为潮白河。

密怀顺研究区地下水污染的风险源危害性较高区域集中分布于顺义区南彩镇南部、密云区果园街道、顺义区牛栏山镇和北小营镇等，其余零散分布于怀柔区泉河街道、顺义城区胜利街道等。密怀顺研究区其余地区地下水污染源总体危害性中等或较低。

密怀顺研究区毒性迁移性和降解性占比如表4-30所列。由表4-30可知，密怀顺研究区工业源、农业源、生活源和加油站的毒性指标对地下水危害性影响最大，地表水体类和地下设施类的迁移性指标对地下水危害性影响最大。因此对于工业源、农业源、生活源和加油站，应当从源头控制，加强对污染物排放量的控制；对于地表水体类和地下水设施类，应当从污染途径阻断，加强污染源防护措施建设。

表4-30　密怀顺研究区毒性迁移性和降解性占比　　单位：%

指标	毒性	迁移性	降解性	综合
工业源	51.89	34.16	23.45	100
农业源	49.23	34.36	16.41	100
生活源	59.95	36.46	3.60	100
地表水体类	23.40	48.68	27.92	100
地下水设施类	64.79	17.01	18.20	100
废物处置类	25.70	53.40	20.90	100

通过《国民经济行业分类》（GB/T 4754—2017）将工业源按照二级行业进行分类，分为非金属矿物制品业、黑色金属矿采选业、化学原料及化学制品业、金属制品业、黑色金属冶炼及压延加工业、医药制造业、皮革、羽毛(绒)及其制品业，并通过文献查找确定二级行业特征污染物，最后根据式（4-3）计算。

密怀顺平原区二级行业分类情况见图4-24，特征污染物见表4-31。密怀顺研究区二级行业包括非金属矿物制品业、化学原料及化学制品业、黑色金属冶炼及压延加工业、医药制造业和金属制品业，分布最多为医药制造业，均占总数的30%。

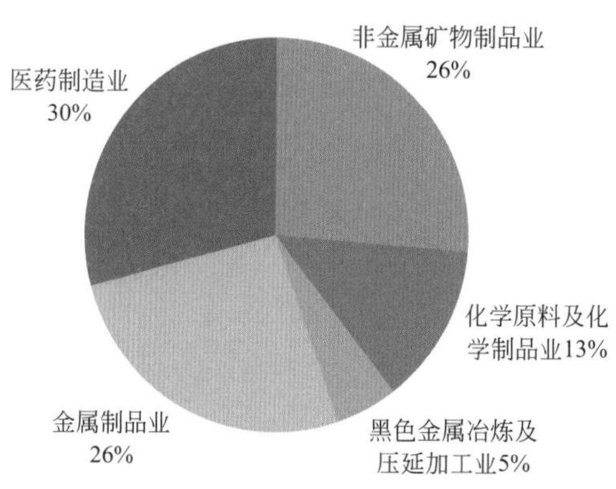

图4-24　密怀顺平原区二级行业分类

表4-31　二级行业特征污染物

二级行业	特征污染物
非金属矿物制品业	SS、COD、挥发酚、氰化物、硫化物
黑色金属矿采选业	SS、COD、氰化物、铅、镉、挥发酚、六价铬、铁、锰、硫化物、石油类
化学原料及化学制品业	SS、硫化物、苯胺类、硝基苯、苯类、氰化物、挥发酚、二氯甲烷
黑色金属冶炼及压延加工业	SS、COD、硫化物、氰化物、挥发酚、石油类、铅、镉、汞、六价铬、铁、锰、苯、二氯甲烷、苯并［*a*］芘
金属制品业	COD、SS、硫化物、氰化物、挥发酚、石油类、镉、六价铬
医药制造业	COD、SS、石油、硝基苯、苯胺、氨氮、铅、镉、汞、六价铬、氰化物
皮革、羽毛(绒)及其制品业	COD、SS、氨氮、硫化物、六价铬、二氯甲烷

计算结果见表4-32，由结果可见，密怀顺研究区危害性二级行业总危害性为216.88；其中黑色金属冶炼及压延加工业危害性最大，占总危害性的58.3%。

表4-32　二级行业工业源危害性

二级行业	密怀顺研究区
非金属矿物制品业	10.09
黑色金属矿采选业	—
化学原料及化学制品业	11.94
黑色金属冶炼及压延加工业	126.36
金属制品业	19.33
医药制造业	49.16
皮革、羽毛(绒)及其制品业	—
合计	216.88

4.3.2.2 地下水污染风险源贡献率评价

根据污染风险源危害性评价结果，对地下水污染风险源发生条件进行分级，并依据地下水污染风险源强度评价模型，完成密怀顺地下水污染风险源强度评价和各类污染源贡献率计算，评级结果见表4-33和图4-25、图4-26。

表4-33 密怀顺地区地下水污染风险源强度及贡献率评价结果

序号	风险源清单		风险源强度指数	贡献率/%	
1	工业源	医药制造业	34.8483	32.37	6.41
2		金属制品业	15.0836		2.77
3		化学原料及化学制品业	18.6250		3.42
4		黑色金属冶炼及压延加工业	101.0874		18.58
5		非金属矿物业	6.4606		1.19
6	农业源		15.1304	2.78	
7	生活源		303.9454	55.88	
8	地表水体类		14.2474	2.62	
9	废物处置类		17.9193	3.29	
10	地下水设施类		16.6121	3.05	

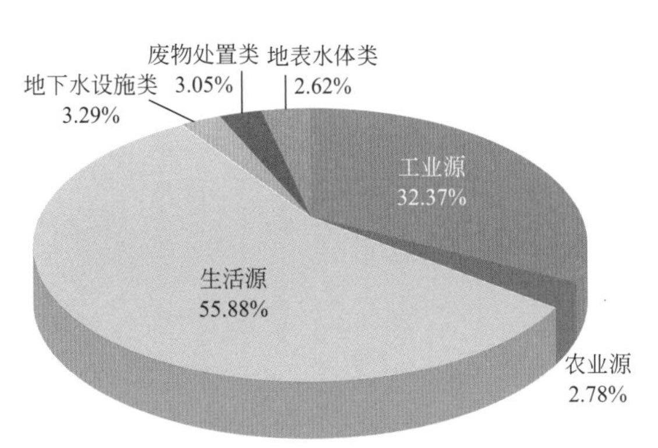

图4-25 密怀顺地下水污染风险源贡献率评价结果

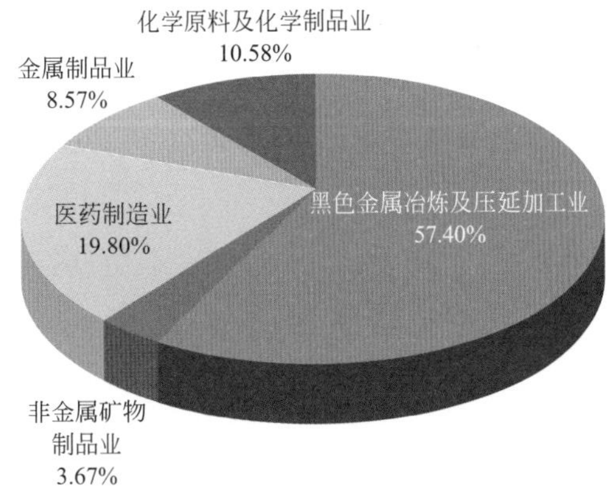

图4-26 密怀顺地下水污染工业源贡献率评价结果

密怀顺地区主要污染风险源为工业源和生活源，占总风险源的88.25%，风险等级为高风险，应作为密怀顺地区地下水重点管控对象，做好地下水污染防护措施，避免产生地下水污染的风险。

4.3.3 地下水脆弱性评价

案例区属于第四系孔隙水，本次研究对象为浅层地下水，包括第Ⅰ和第Ⅱ含水层组，评价方法采用改进的DRASTIC模型。

将DRASTIC模型直接应用到案例区的地下水脆弱性评价中，难以获得高质量的评价结果。有些参数对案例区并无实际意义，如在本区，地势平坦，按照DRASTIC模型的评分标准，案例区的地形参数评分均为10分，故地形坡度可以不考虑。根据案例区的实际情况，建立评价指标体系包括地下水位埋深、净补给量、土壤介质、包气带介质、含水层介质、含水层渗透系数。

各指标的评分范围在1～10分之间，评分越大，表示脆弱性越高。

（1）地下水位埋深

埋深数据由地下水位统测数据获得。研究区以开采浅层地下水为主要供水水源，地下水位埋深较大，在研究区形成了地下水位降落漏斗。地下水位埋深结果见表4-34，地下水位埋深分布见图4-27。由图4-27可见，受地下水集中开采影响，密云区与怀柔区交界处出现局部地下水降落漏斗，水位埋深超过40m。

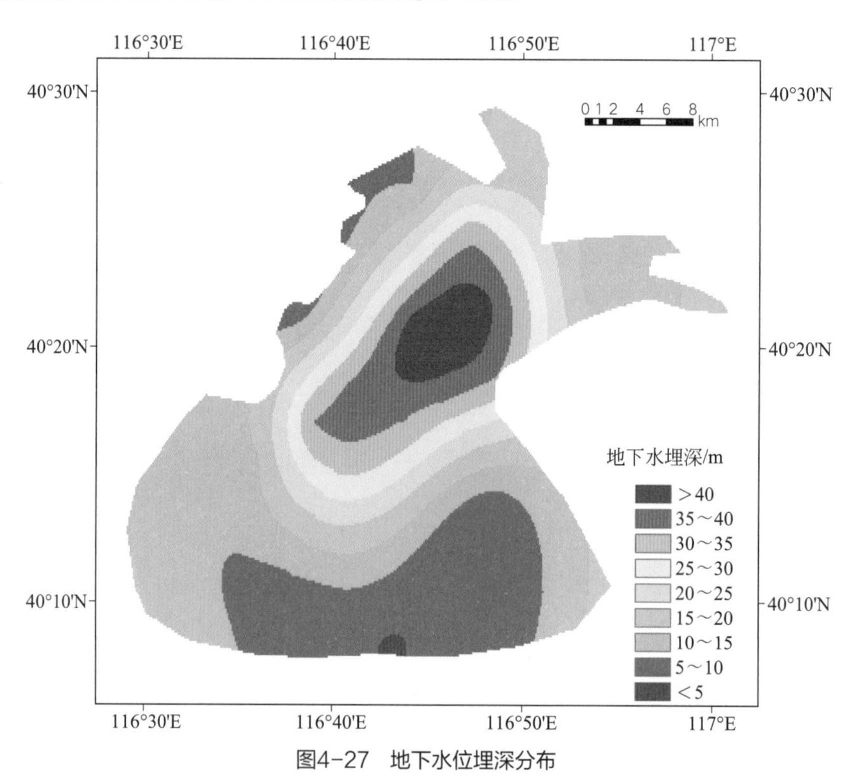

图4-27　地下水位埋深分布

表4-34　地下水位埋深评分

埋深/m	>45	40～45	35～40	30～35	25～30	≤25
评分/分	1	2	3	4	5	6

（2）净补给量

研究区内地下水的补给主要为大气降水入渗补给，为了便于计算，净补给量用大气降水入渗量近似代替。基于研究区2018年的降雨量及降雨入渗系数，计算得到研究区降雨入渗补给量，见表4-35、图4-28。区内地下水净补给量处于120～210mm/a范围内，由西北向东南方向，地下水净补给量呈逐渐减小的趋势。

表4-35　净补给量评分

净补给量/（mm/a）	120～150	150～160	160～180	180～195	195～210
评分/分	1	3	5	7	9

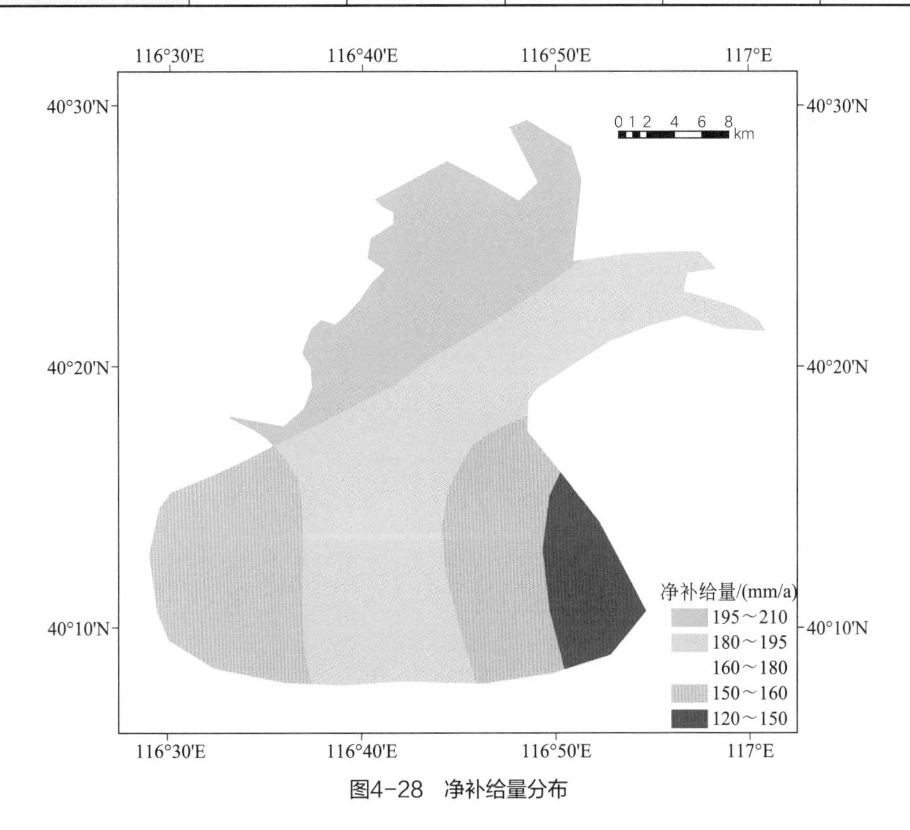

图4-28　净补给量分布

（3）土壤介质

根据研究区钻孔0～2m岩性资料，确定研究区内土壤介质分布情况，如表4-36、图4-29所示。研究区内土壤介质类型以粉性土、黏性土为主。潮白河沿岸地带，土壤介质类型主要为砂卵砾石。

表4-36 土壤介质评分表

土壤介质类型	黏性土夹砾石	粉性土	上部粉性土，下部砂	上部粉性土，下部砂卵砾石	粉细砂	砂卵砾石
评分/分	2	4	5	6	8	9

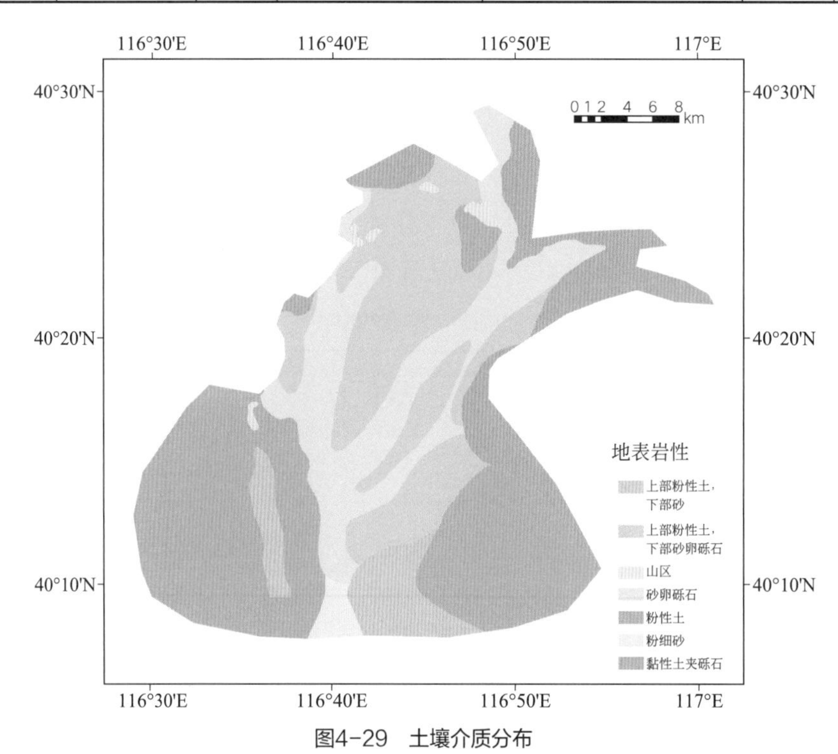

图4-29 土壤介质分布

（4）包气带介质

根据钻孔及以往包气带岩性资料，结合地下水位埋深分布，工作区包气带介质分为4种类型（见表4-37、图4 30）：薄层粉质黏土与粉土互层，分布在案例区南部；粉质黏土、粉土与砂互层，以及上粉质黏土或粉土下砂、砂砾卵石，主要分布在案例区中部；砂、卵砾石为主区域，主要分布在潮白河两岸及案例区上北部。研究区内自北向南包气带岩性颗粒逐渐变细。

表4-37 包气带介质评分

包气带介质类型	薄层粉质黏土与粉土互层	粉质黏土、粉土与砂互层	上粉质黏土或粉土下砂、砂砾卵石	砂、卵砾石为主
评分/分	1	3	5	9

（5）含水层介质

基于研究区内水文地质资料，制定含水层介质评分表（见表4-38），绘制含水层介质分布图，如图4-31所示。由图4-31可见，区内含水层介质类型以卵砾石为主，主要集中于潮白河沿岸地带和冲洪积扇上游；冲洪积扇下游含水层介质颗粒逐渐变细，逐渐过渡为以砂砾、砂为主。

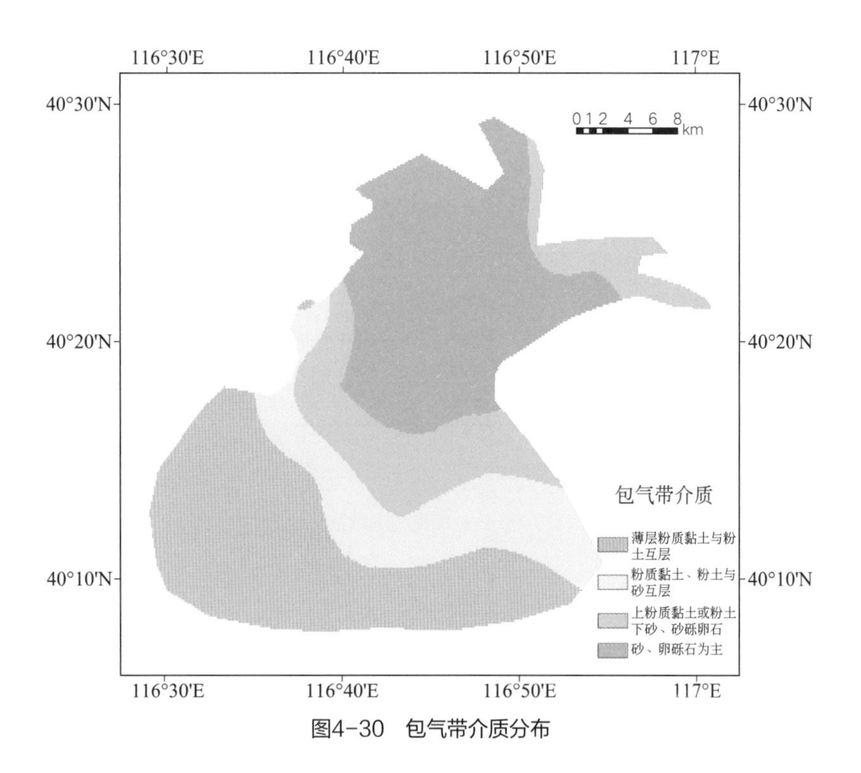

图4-30　包气带介质分布

表4-38　含水层介质评分

含水层介质类型	以砂为主	以砂砾为主	以卵砾石为主
评分/分	3	6	8

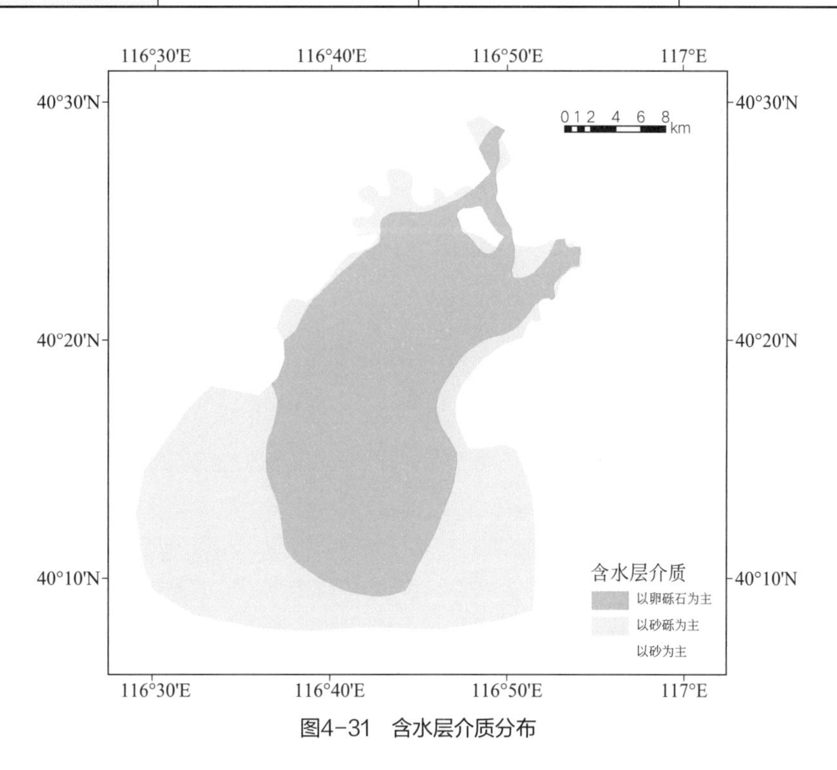

图4-31　含水层介质分布

（6）渗透系数

基于研究区内水文地质资料，制定渗透系数评分表（见表4-39），绘制渗透系数分布图，如图4-32所示。由图4-32可见，渗透系数分布图与含水层介质分布图的趋势基本一致：潮白河沿岸地带和冲洪积扇上游，渗透系数较大，普遍大于150m/d；冲洪积扇下游，含水层介质颗粒逐渐变细，逐渐过渡为以砂砾、砂为主，渗透系数也逐渐减小。

表4-39 渗透系数评分

渗透系数/（m/d）	15～20	20～50	50～100	100～150	>150
评分/分	2	4	6	8	10

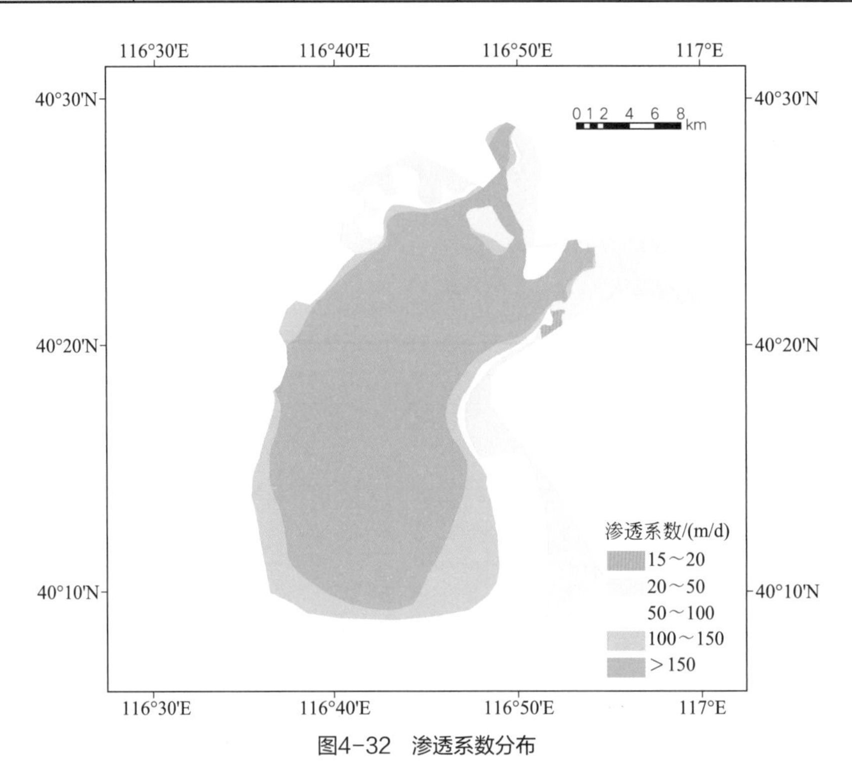

图4-32 渗透系数分布

（7）指标权重计算

为避免层次分析法主观性过强问题，采用层次分析（AHP）-熵权法赋予指标权重，计算结果如表4-40所列。

表4-40 指标权重赋值

指标	地下水位埋深	净补给量	土壤介质	包气带介质	含水层介质	渗透系数
AHP法指标权重	0.23	0.18	0.09	0.23	0.14	0.14
熵权法指标权重	0.27	0.15	0.12	0.31	0.08	0.07
综合指标权重	0.25	0.17	0.11	0.26	0.12	0.09

（8）评价结果及分析

应用上述地下水脆弱性评价指标体系，采用正方形剖分单元，求得每个剖分单元的脆弱性综合指数，求得综合指数值范围为64 ～ 171。采用Natural Breaks分级方法，划分为高、较高、中等、较低、低五个脆弱性等级，得到地下水脆弱性分布，见图4-33。

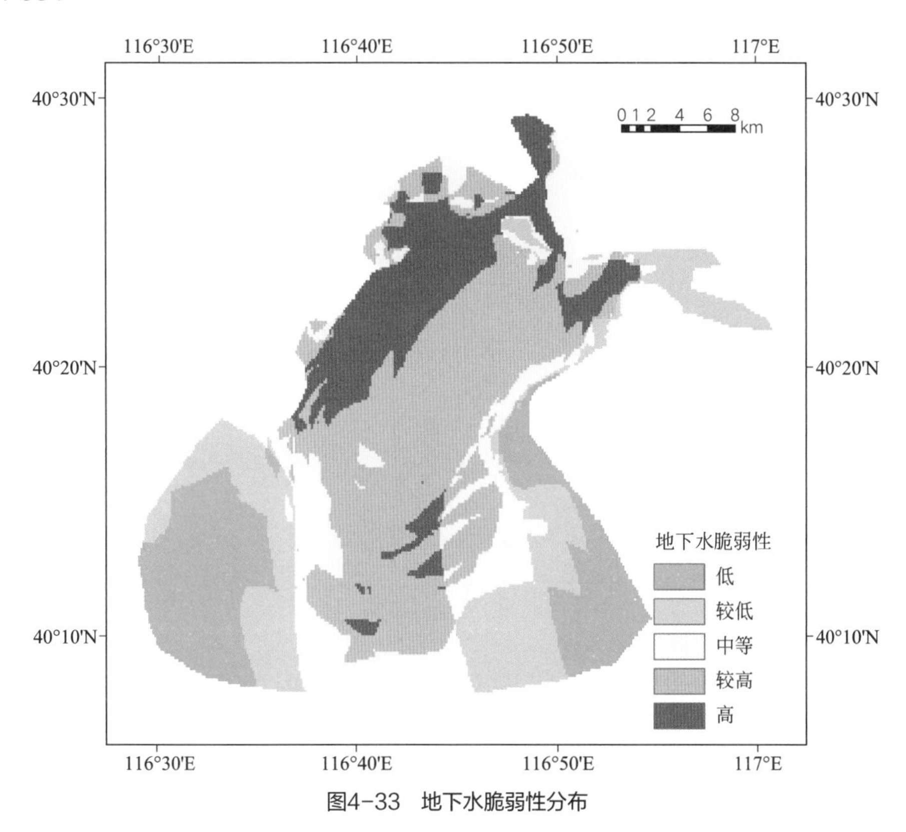

图4-33　地下水脆弱性分布

由图4-33可见，地下水脆弱性高的地区主要分布于研究区北部，该区域位于冲洪积扇上游，包气带及含水层介质类型多为砂卵砾石，渗透系数大；脆弱性中等地区主要位于潮白河二级阶地，包气带及含水层介质类型以砂砾为主，颗粒相对较粗，净补给量相对较大；脆弱性低地区主要位于顺义区东部、西部，该区域位于冲洪积扇下游，地表土壤介质类型多为黏性土，净补给量也较低。

4.3.4　地下水功能价值评价

研究区地下水的使用功能为饮用水、农业和工业用水及其他功能用水，地下水功能价值级别根据前文中评价方法确定。

（1）地下水水质评价

基于研究区2019年8月浅层地下水91项指标水质检测数据，进行地下水质量综合评价。研究区浅层地下水质量综合评价结果如图4-34所示。地下水质量分为Ⅲ、Ⅳ、Ⅴ三个级别，按照功能价值评价方法，评分分别为3分、2分、1分。

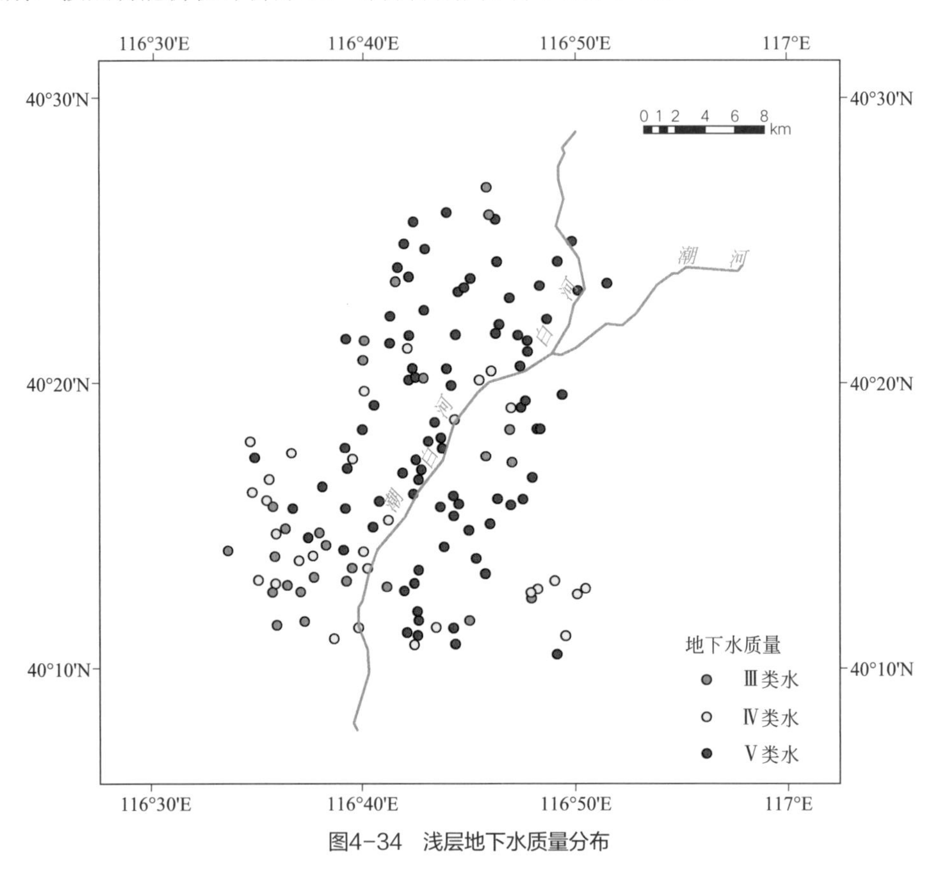

图4-34　浅层地下水质量分布

受原生水文地质环境和人类活动共同的影响，研究区整体地下水质量较差。密怀顺区地下水质量多为Ⅳ类水和Ⅴ类水，超标指标包括硝酸盐、亚硝酸盐、铁、锰、砷等14项指标。

（2）地下水富水性评价

基于研究区内水文地质资料，对研究区地下水富水性进行评价，绘制地下水富水性分区，如图4-35所示。富水性分为>5000m^3/d、3000～5000m^3/d、1500～3000m^3/d、500～1500m^3/d、<500^3/d五个级别，评分分别为5分、4分、3分、2分、1分。

（3）水源地保护区等级评价

基于研究区内水源地保护区资料，确定一级保护区、二级保护区和准保护区的分布范围，如图4-36所示。

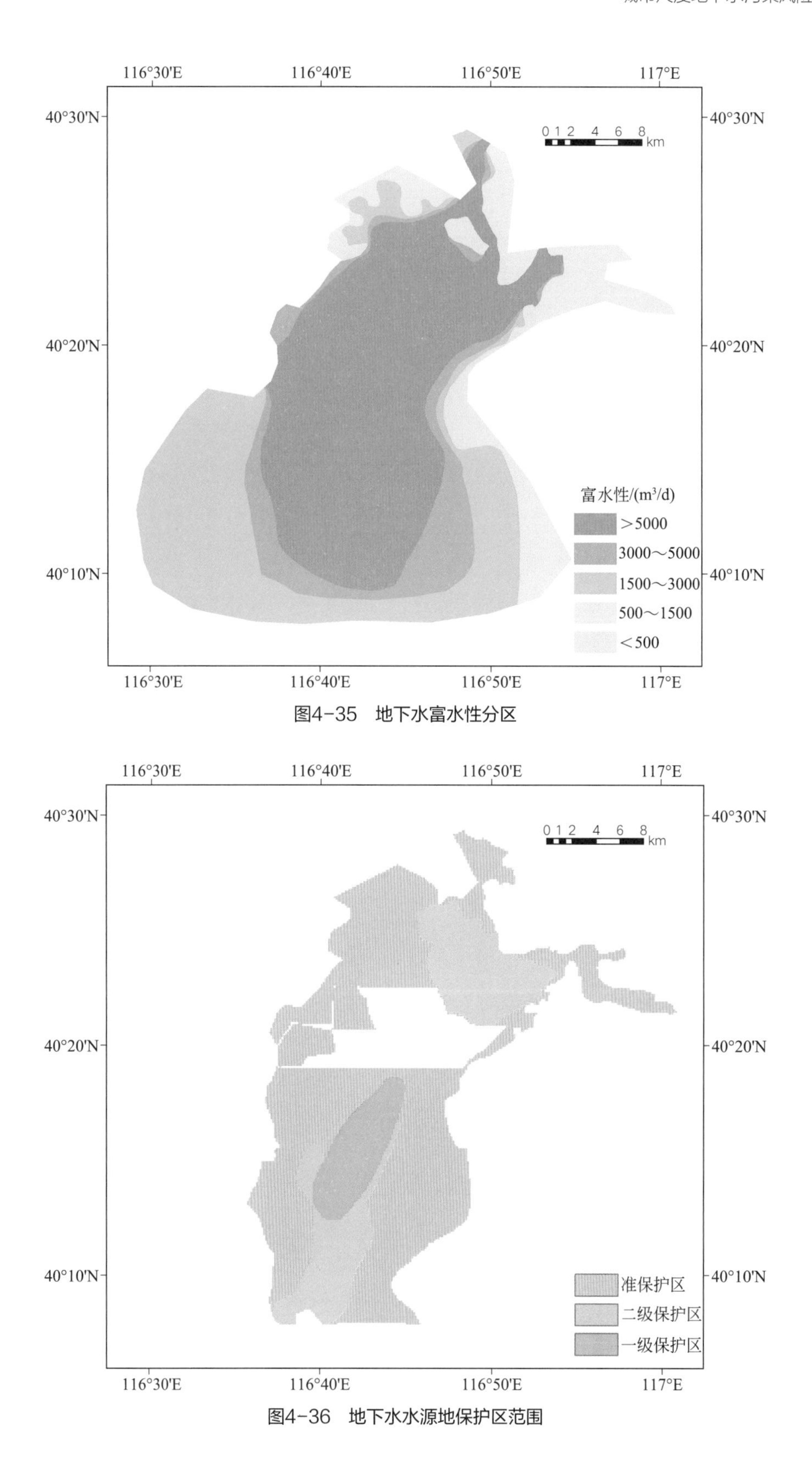

图4-35　地下水富水性分区

图4-36　地下水水源地保护区范围

（4）地下水功能价值评价

计算地下水功能价值，VI值范围为5～20，根据评价标准，由小到大分为低、较低、中等、较高和高四个级别，在GIS环境下编辑得出研究区地下水功能价值分级。如图4-37所示。

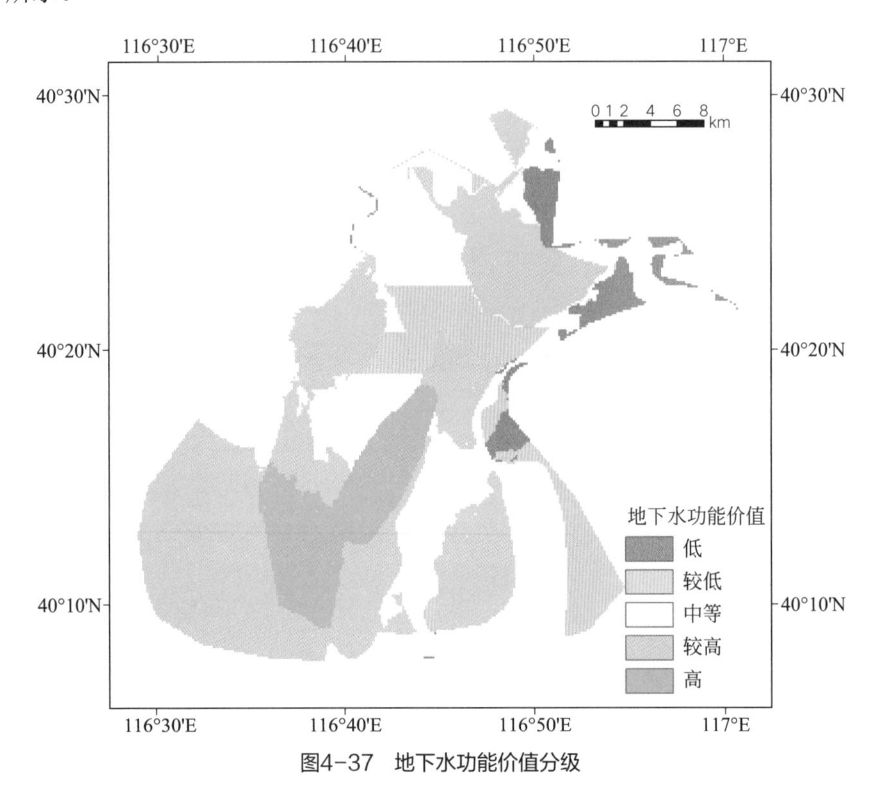

图4-37　地下水功能价值分级

由图4-37可见，研究区地下水功能价值整体处于中等水平，功能价值高低主要受地下水富水性影响；功能价值高区主要集中于研究区北部、东部区域；功能价值低区主要集中于顺义区西部、南部，主要原因为含水层富水性较差。

4.3.5　地下水污染风险分级评价

基于研究区地下水污染源危害性、地下水脆弱性及地下水功能价值评价结果，计算地下水污染风险。脆弱性自低至高评分分别为1分、2分、3分、4分、5分，污染源危害性级别自低至高评分分别为1分、2分、3分、4分、5分，功能价值自较低至高评分分别为2分、3分、4分、5分，三者相乘，R值范围为2～80，采用Natural Breaks分级法划分为高、较高、中等、较低、低五个等级，在GIS环境下编辑成图。评价结果如图4-38所示。

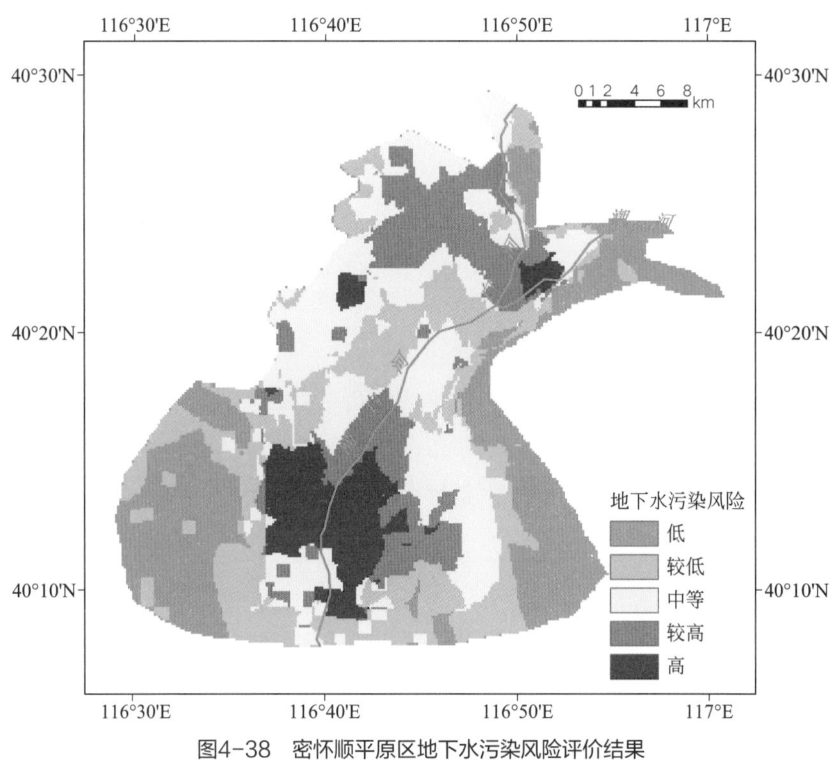

图4-38 密怀顺平原区地下水污染风险评价结果

由图4-38可见，污染风险高地区主要分布在顺义区北部，污染源荷载高，地下水脆弱性较高，功能价值中等。污染风险中等地区主要位于密云区和怀柔区，地下水污染荷载中等，脆弱性中等，功能价值中等或较高。污染风险低地区主要位于顺义区西部、东部边界，地下水脆弱性及功能价值均较低。

4.4 基于过程模拟法的北京密怀顺平原区地下水污染风险评价

根据2019年对北京密怀顺平原区地下水及土壤的调查结果，该区域地下水存在一定程度的污染情况，超标点位占比高达81.56%。从地下水污染分布来看，研究区西南部的地下水水质相对较好。研究区地下水以硝酸盐污染为主，其超标率为69.50%。研究区包气带土样环境为弱碱性氧化环境，包气带中硝酸盐含量为0.38 ～ 147mg/kg，大部分地区硝酸盐含量并未超过人体健康风险值，但存在部分点位硝酸盐含量较高。从垂向分布来看，在地下4～6m出现了硝酸盐积累现象。因此，本书以硝酸盐为特征污染物，采用过程模拟法对北京密怀顺平原区地下水污染风险进行分级评价研究。

4.4.1 污染荷载评价

基于现场调研结果，研究区地下水污染源主要包括工业源、农业面源、居民区、垃圾填埋场和地表水体5种类型，污染源分布情况见图4-39。根据各类型污染源的污染物排放方式，以硝酸盐为特征污染物，计算污染荷载。

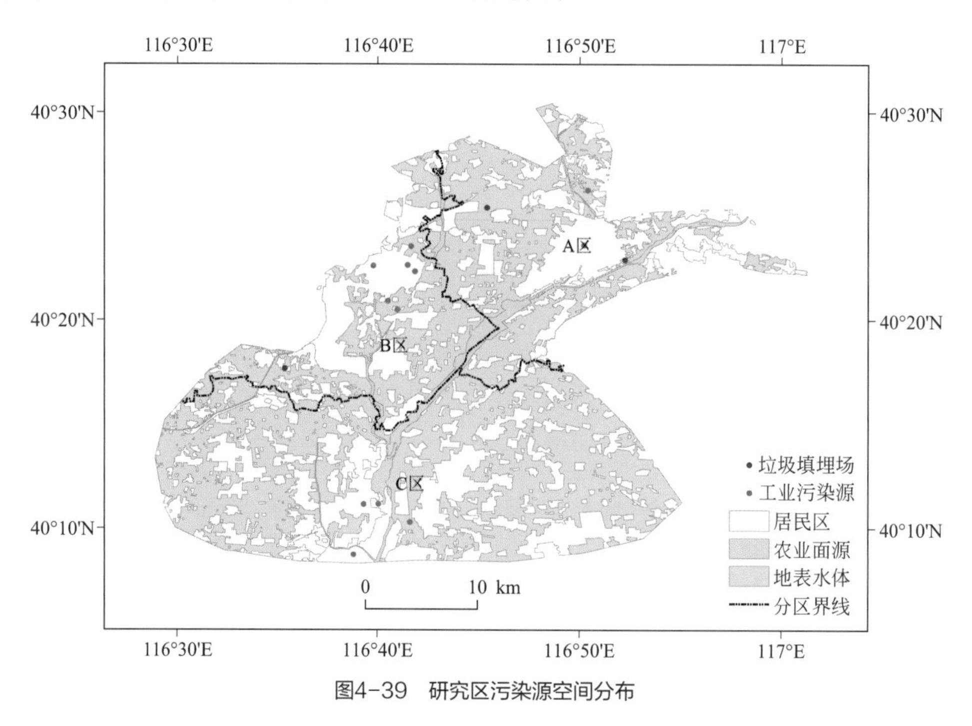

图4-39　研究区污染源空间分布

4.4.1.1 工业源

结合环统数据和现场调研资料，通过式（4-37）进行工业源污染荷载评价。

$$Q_n = qQ_i\lambda / S_i \tag{4-37}$$

式中　Q_n——单个工业源污染荷载值，mg/(m^2·a)；

q——特征污染物硝酸盐排放浓度，mg/L；

Q_i——污染源i的污水排放量，L/a；

λ —— 地表入渗系数；

S_i —— 污染源i的面积，m^2。

由于缺乏工业源的污水排放监测数据，参考各类型工业源排放标准中的最大允许硝酸盐排放浓度代替硝酸盐的实际排放浓度。工业源的影响范围参照《地下水污染防治分区划分工作指南》中各类污染源缓冲区半径设定，如表4-41所列。

表4-41　工业源缓冲区半径的设定

污染源类型	缓冲区半径推荐值/km
石油加工、炼焦及核燃料加工业	1.5
有色金属冶炼及压延加工业	1
黑色金属冶炼及压延加工业	1
化学原料及化学制品制造业	2
纺织业	2
皮革、羽毛(绒)及其制品业	2
金属制品业	1
其他行业	1

4.4.1.2　居民区

城镇居民区用水主要包括生活用水、公共服务用水、生产运营用水等，假设城镇居民区的用水全部为生活用水，其供应的水全部转化为城市污水，供水的损失量全部渗漏进入地下，则生活污水的入渗系数计算公式：

$$\lambda_r = \frac{Q_1 - Q_2 + Q_3 S\mu}{Q_1 + Q_3 S\mu} \tag{4-38}$$

式中 λ_r —— 生活污水入渗系数，无量纲；

Q_1 —— 居民区供水量，m^3/a；

Q_2 —— 居民区废水排放量，m^3/a；

Q_3 —— 多年平均降雨量，m/a；

S —— 居民区面积，m^2；

μ —— 降雨径流系数，无量纲。

该地区2018年水资源公报显示，2018年该地区总供水量为39.3亿立方米，污水排放总量为20.4亿立方米，耗水量为18.9亿立方米，计算出该地区生活污水入渗系数λ_r为0.77。根据《全国水环境容量核定技术指南》，一般城市人均产污系数（硝酸盐）约为6g/(人·d)，由此计算出居民区硝酸盐污染荷载，见表4-42。

表4-42 居民区硝酸盐污染荷载计算结果

地区	人口/万人	面积/km^2	人均产污系数/(g/d)	硝酸盐污染荷载/[g/(m^2·a)]
A区	46.77	2229.45	6	0.35
B区	37.29	2128.70	6	0.30
C区	87.66	1019.89	6	1.45

4.4.1.3 农业面源

研究区农业面源污染物的排放浓度根据《全国水环境容量核定技术指南》确定。《全国水环境容量核定技术指南》中规定，标准农田源强系数COD为15t/(km^2·a)、氨氮为3t/(km^2·a)。研究区主要为平原区，表层土为黏粉和粉质黏土，其年均降雨量为567mm，经过研究区实际情况修正后硝酸盐源强系数为2.64g/(m^2·a)。

4.4.1.4 垃圾填埋场

垃圾填埋场的硝酸盐污染荷载，主要根据垃圾填埋场渗滤液产生量及渗滤液中硝酸盐浓度确定。假定填埋场中填埋的垃圾水分含量为零，其渗滤液的产生量仅与年降雨量有关，根据式（4-39）可估算垃圾渗滤液产生量：

$$Q_f = KIA \times 10^{-3} \tag{4-39}$$

式中 Q_f——垃圾填埋场渗滤液流量，m^3/d；

K——渗出系数；

I——最大年降水量的日换算值，mm/d；

A——垃圾填埋场面积，m^2。

由于缺乏垃圾填埋场渗滤液检测数据，参考《生活垃圾填埋场污染控制标准》（GB 16889—2008）中现有和新建生活垃圾填埋场水污染物排放质量浓度限值，计算硝酸盐污染荷载，计算结果见表4-43。

表4-43 垃圾填埋场硝酸盐污染荷载计算结果

垃圾填埋场编号	运行状态	占地面积/10^4m^2	渗滤液产生量/(m^3/a)	硝酸盐浓度限值/(mg/L)	硝酸盐污染荷载/[g/(m^2·a)]
1	运行中	1.1	3212.0	40	11.68
2	封场	2.1	3679.2	40	7.01

4.4.1.5 地表水体

地表水体硝酸盐污染荷载主要与河道水质、水量及底泥的渗透性有关，由于河道的面积难以确定，通过其河道的长和宽确定河道的水量。河道硝酸盐污染荷载计算公式：

$$Q_w = LWK_mC \tag{4-40}$$

式中 Q_w—— 河道硝酸盐污染荷载，t/a；

L ——河道的长度，m；

W ——河道的宽度，m；

K_m ——底泥入渗速率，m/s，参考淤泥质土的入渗速率，取值为1.5×10^{-9}m/s；

C ——河道中硝酸盐浓度，mg/L。

由于研究区内的河道多为再生水排放河道，因此根据《城镇污水处理厂污染物排放标准》（GB 18918—2002）确定河道的硝酸盐浓度限值，计算各河道硝酸盐污染荷载。

4.4.1.6 污染荷载叠加计算

根据以上5类污染源的污染荷载量化计算结果，基于ArcGIS 10.2软件中的栅格叠加功能将不同污染源的硝酸盐污染荷载计算结果进行叠加，得到研究区内各类污染源硝酸盐污染荷载空间分布（见图4-40）。

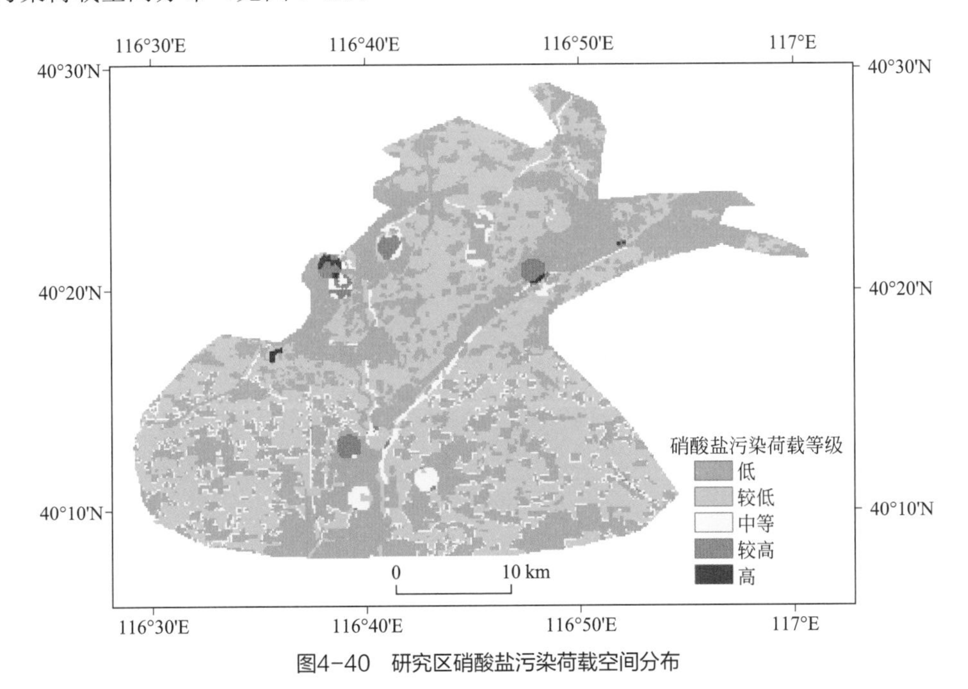

图4-40 研究区硝酸盐污染荷载空间分布

由图4-40可见，研究区硝酸盐污染荷载主要受垃圾填埋场及工业源分布影响。其中1号垃圾填埋场为2019年研究区重点排污单位名录中固体废物重点监管单位，垃圾渗滤液中的氨氮含量较高，造成较高的污染荷载；2号垃圾填埋场建设时间较早，随着垃圾量的增多，出现了超负荷运营的情况，目前该垃圾填埋场已封场，但场地地下水依旧存在较高的潜在污染风险。

4.4.2 室内砂箱淋滤试验

4.4.2.1 填充介质及淋溶液物化性质分析

选用研究区的表层土样细砂以及粉砂用作砂箱填充介质，土样为扰动土，体积约0.2m^3，并使用直径为100mm环刀取样用以后期相关土壤物理参数的测定。将土样取回后经晾干、碾磨、筛分后作为污染物背景值测定。细砂渗透系数测定方法具体如下：采用TST-70型土壤渗透仪测定土样渗透系数，并按照其测样步骤进行操作，连通仪器，将样品分层装入截面为$A_{砂}$渗透仪筒内，让水从底部渗入确保土样每一层都为饱和状态，测定饱和试样的高度$L_{砂}$；装填完毕后，移去渗水孔之水源，待水头差$\Delta h_{砂}$和渗出流量$Q_{砂}$稳定后，用量筒记录一定时间$t_{砂}$内的渗水量。量测经过一定时间$t_{砂}$内流经试样的水量$V_{砂}$，则渗透系数$k_{砂}=\dfrac{V_{砂}L_{砂}}{A_{砂}\Delta h_{砂}t_{砂}}$。

土样粉砂以及细砂物理参数及背景值参数测定结果见表4-44。

表4-44 砂箱实验供试土样基本性质

项目	体积含水率/%	容重/(g/cm^3)	渗透系数/(cm/s)	NH_4^+-N/(mg/kg)	NO_2^--N/(mg/kg)	NO_3^--N/(mg/kg)	pH值
细砂	3.27	1.15	2.94×10^{-2}	12.72	2.13	16.83	8.7
粉砂	6.70	0.73	1.16×10^{-4}	12.71	0.49	119.55	8.8

为真实反映研究区地表硝酸盐对地下水的影响，结合前期在研究区实地调查，发现区内存在两大生活污水处理厂，该污水处理厂将经处理过的水排放至河流中用作景观用水，但处理排放的水中硝酸盐浓度依旧较高。因此选择其中一个生活污水处理厂，在污水处理厂排放口的下游处取一定量的水用作淋溶试样，模拟真实环境中硝酸盐在包气带中的迁移转化。现场利用多参数测定仪测定pH值、电导率等参数，带回实验室测定污染物NH_4^+-N、NO_2^--N、NO_3^--N的含量，其测定结果见表4-45。再生水中NH_4^+-N、NO_2^--N的检出含量较低，主要是NO_3^--N，故下文主要探讨再生水中NO_3^--N在细砂和粉砂中的迁移转化规律。

表4-45 砂箱实验淋溶液基本性质

项目	氧化还原电位/mV	电导率/(μS/cm)	pH值	NH_4^+-N/(mg/L)	NO_2^--N/(mg/L)	NO_3^--N/(mg/L)
水样	115	1567.2	7.5	0.94	0.06	24.30

4.4.2.2 室内淋溶实验设计

（1）实验装置

实验砂箱由有机玻璃材料组成，砂箱规格为40cm×20cm×60cm。砂箱的设计见图4-41：砂箱为非封闭式，砂箱箱壁一侧布设4个孔（由上到下编号依次为S_1～S_4），孔与孔之间间距为10cm；在箱壁另一侧相对于孔S_4布设一个孔位（编号S_5），两个孔位相距10cm。通过橡胶管连接进样装置，进样装置由蠕动泵和棕色瓶组成，棕色瓶容积为10L，实验用水采用实际环境的再生水。并在砂箱另一侧的底部钻孔作为出水口，排水孔自由排水，控制蠕动泵流量为2.4mL/min，确保试验在稳定非饱和渗流状态下运行。

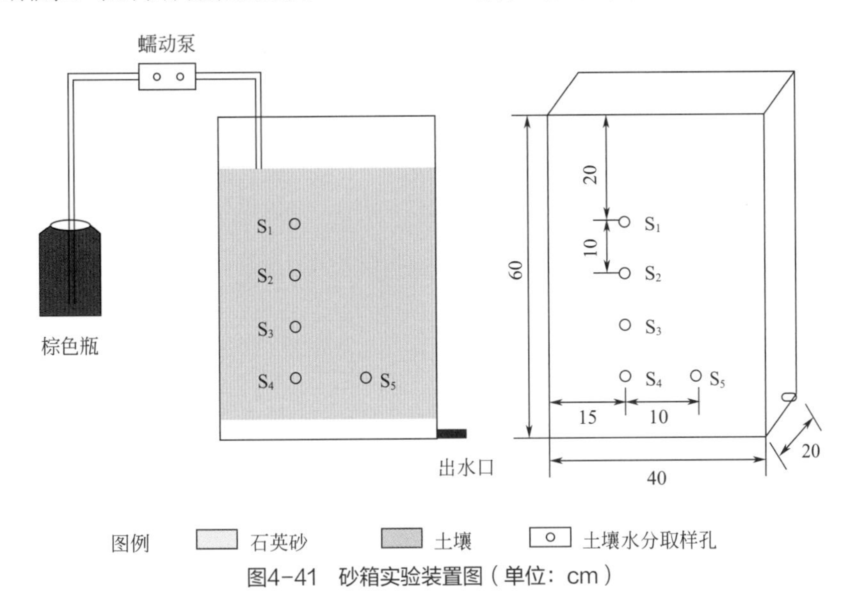

图4-41 砂箱实验装置图（单位：cm）

（2）实验过程

将采集到的土样风干后对土箱进行填充。填充方法按照“干容重法”，即每5cm一层称重装填，并均匀夯实，为防止层与层之间形成人为界面，在装入上层土层前，需将夯实的界面抓毛，以保证填充介质的均一性，填至距离砂箱底部50cm处。砂槽底部装填2cm粗石英砂为承托层，一方面防止砂箱中的介质填料流失，另一方面尽可能让砂箱中的介质填料处于非饱和状态。介质装填过程中在各观测点分别安装土壤溶液取样器以抽取介质溶液，以便后期测试介质溶液中NO_3^--N含量。

由于温度和pH值影响砂箱中NO_3^--N在包气带中的迁移转化，为了避免其对实验的影响，本次实验在25℃左右的环境下进行，淋溶液的pH值在7～7.5范围内。利用蒸馏水连续淋滤消除本底值影响，直至出水NO_3^--N含量测定结果为零。假定在同一地点同一时间段取来的水样NO_3^--N浓度一致，砂箱中填充单一的包气带介质，通过淋溶24h的再生水来研究NO_3^--N在不同包气带介质下（细砂和粉砂）的迁移转化。

4.4.2.3 砂箱淋溶实验结果分析

实验进行24h后，在土壤溶液采集点S_1～S_5分别使用土壤溶液取样器采集砂箱不同位置的水样，通过紫外分光光度法测定不同点位下水样的NO_3^--N含量，根据S_1～S_5测定的NO_3^--N含量，分别绘制不同介质中（细砂和粉砂）NO_3^--N含量随深度的变化图，结果见图4-42。

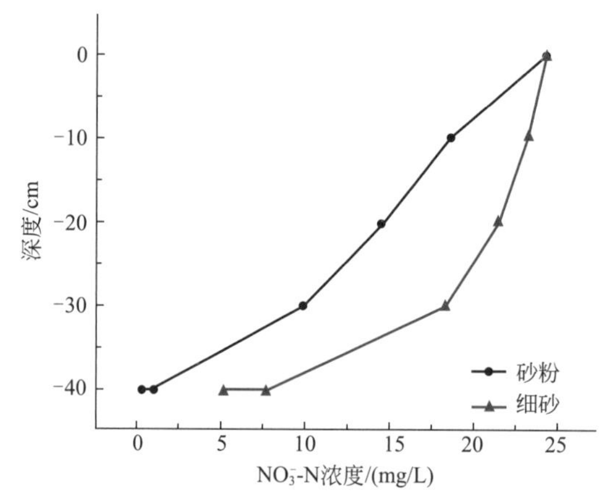

图4-42 砂箱土壤溶液中NO_3^--N浓度变化图

从图4-42中看出：在再生水淋溶24h后，各取样点土壤溶液中NO_3^--N浓度明显低于原始再生水中NO_3^--N的浓度，并且随着土壤深度的增加，土壤溶液中的NO_3^--N浓度越低，说明在细砂和粉砂介质均对NO_3^--N起到一定程度的衰减，且NO_3^--N浓度大小与包气带介质厚度成反比。对比细砂与粉砂土壤溶液中NO_3^--N含量变化，在同一水平方向不同深度（点位S_1～S_4）下，土壤溶液中NO_3^--N浓度细砂均明显大于粉砂，说明在同等垂向深度下NO_3^--N在粉砂中衰减量相较于细砂更大；在同一深度不同水平向上（S_4～S_5），点位S_4与S_5粉砂中NO_3^--N浓度衰减了39.3%，点位S_4与S_5细砂中NO_3^--N浓度衰减了33.9%，说明在同等水平距离上NO_3^--N在粉砂中衰减程度更大。

综上，包气带介质对NO_3^--N具有一定的衰减能力，且粉砂介质对NO_3^--N衰减能力强于细砂。

4.4.3 包气带污染物迁移转化参数校正

4.4.3.1 模型的构建

HYDRUS-2D模型建模主要包括模型几何信息、时间信息、初始条件和边界条件、土壤特性参数、溶质运移参数设定等步骤。

（1）空间及时间信息

本次模拟区域主要为砂箱中填充土样区，即高度为50cm，宽度为40cm二维区，主要采用不规则三角形网络对砂箱区域进行剖分，设定节点间距为1.6cm，最终共剖分得到1607个节点，3098个单元格。

本次主要模拟砂箱经历24h再生水淋溶环境下，其硝酸盐在砂箱中的迁移转化，时间单位为h，总时间为24h，起始时间步长为0.001h。

（2）定解条件

1）初始条件

① 水分运移：砂箱实验的全过程为连续入渗，水流运动在短时间内可达到稳定状态，水分运动初始值对模型结果影响不大，因此本次假定土壤压力水头在初始状态下为−100cm。

② 溶质运移：由于模拟的砂箱在实验前经过了淋滤处理，通过测定淋溶后的出水浓度，其硝酸盐含量较低，接近于零。因此认为砂箱中包气带介质中硝酸盐的初始浓度为零。

2）边界条件

① 水分运移：设定水分全部入渗无积水现象，且不考虑蒸发作用。由砂箱实验可知，砂箱上部仅在一侧进水，在砂箱下部另一端的排水口自由排水。因次，将砂箱边界设定如下：进水处概化为定通量边界，其强度为2.4mL/min，与砂箱实验进水装置设定一致；排水口处设定为自由排水边界；其余边界均设定为隔水边界。

② 溶质运移：由于测定再生水中硝酸盐含量为24.30mg/L，将上边界和排水孔边界设定为第三类边界，其上边界的浓度是24.30mg/L，其余边界为零通量边界。

4.4.3.2 模型参数识别

HYDRUS-2D模型所需的参数包括两部分：一是水分运移参数，本次水分运移参数主要通过实测数据和资料参考获得，具体参数如表4-46所列；二是溶质运移参数，溶质运移参数受客观因素影响较大，就弥散度参数而言，其受尺度效应影响，从国内外对弥散度做过的研究来看，其室内试验和田间试验测得的弥散度值相差较大，室内实验测试的纵向弥散度 D_L 在0.1 ～ 5m范围内，田间测得的纵向弥散度比室内试验测定值大1 ～ 3个数量级。在本次溶质参数主要通过在参考经验数据的基础上，通过试估-校正法对溶质参数进行调整，即基于砂箱实验中的硝酸盐浓度变化数据反复调整溶质运移参数，最终调整后的细砂、粉砂溶质运移及反应参数具体数值（见表4-47）。

表4-46 砂箱填充介质土壤水分运移参数

介质类型	残余含水率θ_r	饱和含水率θ_s	土壤持水参数α	土壤持水指数n	饱和渗透系数K_s/(cm/h)	有效孔隙度
细砂	0.065	0.41	0.075	1.89	106.1	0.5
粉砂	0.007	0.5	0.05	1.43	10	0.5

表4-47 砂箱中溶质运移模型参数

介质类型	容重/（g/cm^3）	纵向弥散度D_L/cm	横向弥散度D_T/cm	反应参数/(1/h)
细砂	1.45	2	1	0.02
粉砂	2	1	0.3	0.05

4.4.3.3 模型验证

在模型中设置5个观测点，其位置与砂箱实验取样孔位置一致。通过HYDRUS-2D模型模拟再生水中NO_3^--N迁移转化24h内含量变化。各观测点的NO_3^--N含量变化如图4-43所示。

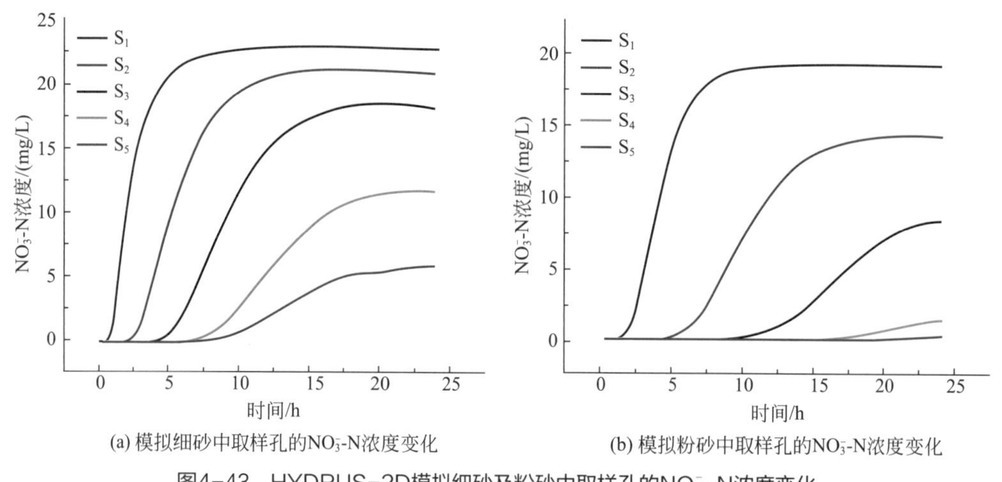

(a) 模拟细砂中取样孔的NO_3^--N浓度变化　(b) 模拟粉砂中取样孔的NO_3^--N浓度变化

图4-43 HYDRUS-2D模拟细砂及粉砂中取样孔的NO_3^--N浓度变化

从图4-43可知，随着时间推移，各观测点位中的NO_3^--N浓度逐渐升高，当浓度达到一定值后NO_3^--N浓度不再变化。对比各观测点的NO_3^--N含量变化，当实验开始后，按照S_1到S_5的顺序，各观测点NO_3^--N浓度先后发生变化，并且NO_3^--N含量始终呈现$S_1>S_2>S_3>S_4>S_5$。对比不同包气带介质上的NO_3^--N浓度变化，细砂在10h内各观测点硝酸盐浓度均开始上升，而在粉砂介质中，在约10h时S_3观测点位处硝酸盐浓度刚开始发生变化，在15h后S_4与S_5观测点位处硝酸盐浓度开始发生变化，说明硝酸盐在细砂中的迁移速度远大于粉砂。

在模型参数识别的基础上，以HYDRUS-2D模型运行24h后NO_3^--N在各个观测点的模拟值与砂箱实验测得的NO_3^--N含量实测数据进行对比验证，其对比如图4-44所示。

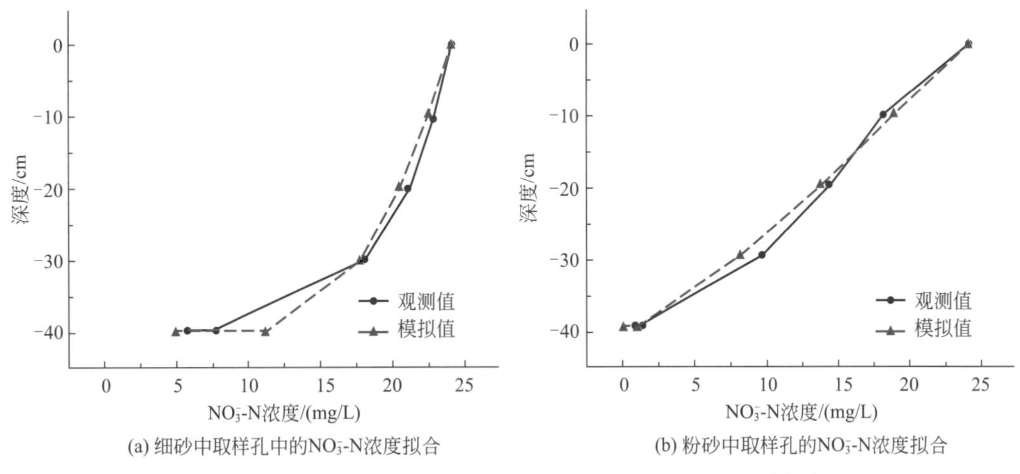

图4-44 运移试验结束24h后细砂及粉砂中取样孔的NO_3^--N浓度拟合图

从图4-44(a)可以看出，细砂中S_4（40cm处）拟合效果较差，这主要是因为在软件模拟时默认为各点的反硝化反应速率相同，而在实际环境中该点相较于上层介质其氧气含量较低，反硝化作用较强。从整体上看，土壤溶液中NO_3^--N模拟值与实验值变化情况基本一致，模拟值与实测值相差不大，说明模型与实验拟合效果较好，所建数值模型比较可靠，可用于模拟预测。

在HYDRUS-2D模型模拟再生水中NO_3^--N迁移转化24h后，绘制其NO_3^--N的浓度分布图，如图4-45所示。

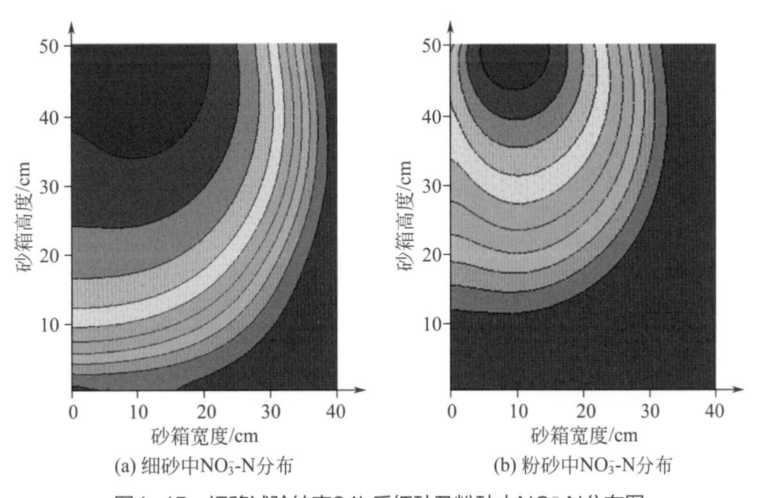

图4-45 运移试验结束24h后细砂及粉砂中NO_3^--N分布图

根据硝酸盐的浓度变化范围值，将其分为11个污染等级，红色区为最高硝酸盐浓度分区，蓝色区为最低硝酸盐浓度分区。从图4-45来看，在细砂与粉砂介质中，污染晕呈现从上至下、从左至右NO_3^--N的浓度逐渐降低的规律，高浓度的NO_3^--N（红色区域）主要集中在砂箱上部的进水处。从NO_3^--N污染晕形状来看，硝酸盐污染晕在垂向的长度大于在水平方向上的长度，说明硝酸盐在垂向的迁移速度大于水平方向。对比细砂与粉砂中NO_3^--N的分布，细砂中硝酸盐污染晕面积大于粉砂，且细砂中高浓度的NO_3^--N占比更大，说明细砂中NO_3^--N的运移速度大于粉砂。

4.4.4 包气带结构概化分区

基于研究区包气带结构调查结果，本次将研究区概化为8个不同包气带结构分区，如图4-46所示。各分区下的包气带结构概化结果见图4-47，分区编号为1～8，包气带岩性分区概括具体信息如表4-48所列。由包气带概化分区结果可知：研究区内包气带厚度在7～45m之间，靠近地下水面的包气带介质主要为卵石层。

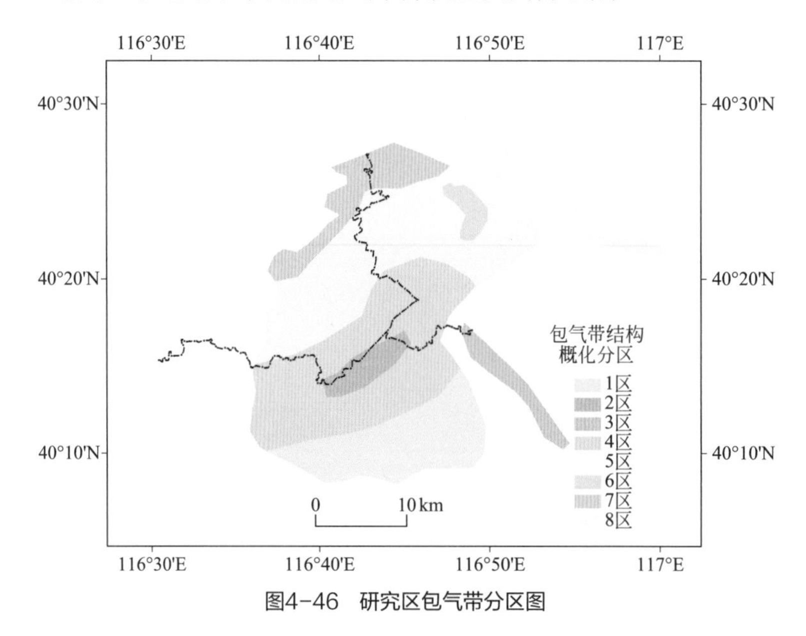

图4-46 研究区包气带分区图

表4-48 研究区包气带各分区基本信息

分区序号	地下水埋深/m	介质类型（自地表至地下水）
1区	7.00	黏质粉土1.6(m)，细砂5.4(m)
2区	55.00	黏质粉土1(m)，细砂1.4(m)，黏质粉土4.2(m)，卵石48.4(m)
3区	35.00	黏质粉土6.3(m)，卵石28.7(m)
4区	45.00	粉质黏土10(m)，细砂5(m)，卵石30(m)
5区	35.00	粉质黏土3.5(m)，粗砂1(m)，粉质黏土5.5(m)，粗砂2(m)，卵石23(m)
6区	25.00	黏质粉土3(m)，细砂1(m)，黏质粉土3(m)，卵石18(m)
7区	20.00	黏质粉土6.5(m)，卵石13.5(m)
8区	40.00	黏质粉土5(m)，细砂1(m)，卵石34(m)

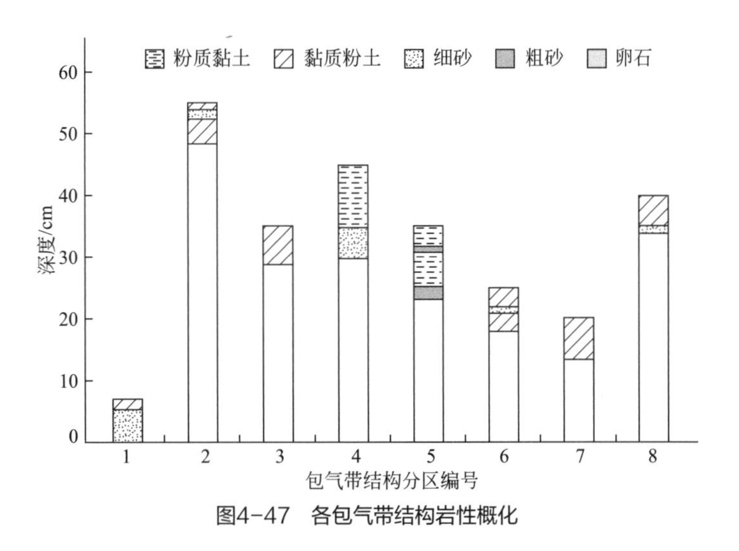

图4-47 各包气带结构岩性概化

4.4.5 包气带污染物运移模拟

对每一个包气带分区分别构建概念模型，模型长由包气带的厚度决定，宽设定为20m，其污染源概化为2m的污染域。

4.4.5.1 边界及初始条件设定

（1）水分运移边界条件

假设污染物硝酸盐为长期连续入渗情况，故模型上边界条件选择定通量边界，设定通量为3cm/d，模型的下边界概化为自由排水边界。包气带中水分以垂向运动为主，因此将剖面的侧向边界概化为零通量边界。

（2）溶质运移边界条件

土壤剖面上边界设置为第三类边界，边界浓度根据污染点的硝酸盐浓度决定，各侧向边界为零通量边界。本次模拟假定包气带初始状态下并未受到污染，将初始硝酸盐氮的含量设为零。

4.4.5.2 空间及时间信息

针对不同包气带分区，统一每个包气带分区的有限元栅格大小，即设置有限元三角形外接圆最大半径为50cm。每个包气带分区模型剖分结点及网格数见表4-49，本次将模拟时长设为10年。

表4-49　研究区的网格剖分信息表

包气带分区	1区	2区	3区	4区	5区	6区	7区	8区
结点数	1031	13350	4445	5865	4766	3104	2570	5327
网格数	1952	26318	8668	11468	9310	6026	4978	10412

4.4.5.3　参数选取

为了得到研究区的水分及溶质的运移参数，在研究区分别采集典型的包气带介质类型，对采集到的每种包气带介质进行物理参数粒径分布、体积含水率、容重的测定。粒径分布采用ATC-162粒度分析仪测定，按照中国制土壤粒级分级标准进行划分，即：粒径大小在0.005～0.05mm为粉粒，粒径大小在0.05～1mm为砂粒，粒径小于0.005mm为黏粒，具体测定结果如表4-50所列。

表4-50　包气带介质粒径分布表

项目	介质	粗砂	细砂	黏质粉土	粉质黏土
粒径分布/%	黏粒	1.16	0.25	5.39	10.98
	粉粒	12.94	4.64	58.63	64.93
	砂粒	85.91	95.10	35.98	24.09

HYDRUS-2D软件中水流模拟中的Soil Catalog项包含了12种典型土壤介质及其土壤水分特征曲线相关参数，若所取的土壤介质不属于相对应的介质类型，使用HYDRUS-2D自带的神经元网络预测法，即在HYDRUS-2D软件自带的Rosetta Lite V1.1模块预测土壤水力参数，输入砂砾中细砂、粉土、黏土的比例及砂砾容重数据，并根据实际情况对相关参数进行适当调整，最终调整的土壤水力参数见表4-51。

表4-51　包气带介质土壤水力参数

项目	残余含水率θ_r	饱和含水率θ_s	土壤持水参数α	土壤持水指数n	饱和渗透系数K_S/(cm/d)
粉质黏土	0.0337	0.2802	0.0198	1.2998	10.6
黏质粉土	0.1	0.39	0.059	1.48	20
细砂	0.065	0.41	0.075	1.89	2546
粗砂	0.0381	0.2695	4.78	1.5997	3000
卵石	0.057	0.41	0.124	2.28	3500.2

由于砂箱和大范围尺度效应，本次模拟硝酸盐溶质运移参数通过参考以前研究中相关文献，并根据实际情况进行适当的调整，其硝酸盐运移及反应参数如表4-52所列。

表4-52 包气带介质溶质运移及反应参数

项目	纵向弥散度D_L/cm	横向弥散度D_T/cm	反应参数/(1/d)
粉质黏土	0.5	0.15	0.008
黏质粉土	1	0.3	0.005
细砂	2	1	0.002
粗砂	4	1.2	0.001
卵石	6	2	0.001

4.4.6 包气带折减系数计算

4.4.6.1 不同初始浓度模拟计算结果

在包气带结构不变的情况下，模拟不同污染源特征下的污染源强，探究不同硝酸盐污染荷载条件下到达地下水中硝酸盐浓度。本次以1区为例，设置5种情景下（情景1～5）的污染物荷载，上边界硝酸盐浓度分别为5mg/L、10mg/L、15mg/L、20mg/L、50mg/L，其初始条件、边界条件等不变。

（1）垂向分析

根据不同情景下的硝酸盐荷载进行模拟，计算出10年后硝酸盐到达地下水的浓度，将模拟到达地下水面最大的硝酸盐浓度数据代入折减系数公式计算出折减系数，其结果见图4-48。

从模拟结果来看，在同一包气带结构下，情景1～5进入地下水面中的硝酸盐浓度分别为3mg/L、6mg/L、9mg/L、12mg/L、30mg/L，均低于初始浓度，说明包气带对于硝酸盐具有阻滞作用，使得硝酸盐浓度得到一定程度的衰减。到达地下水面硝酸盐的浓度与地表硝酸盐浓度成正比，即地表硝酸盐浓度越高，到达地下水中的硝酸盐浓度越高。在硝酸盐初始浓度变化的情况下，折减系数并未发生变化，情景1～5的折减系数均为0.6。研究表明同一包气带结构下不同的硝酸盐初始浓度下，仅影响到达地下水面的最大硝酸盐的浓度，而并不会改变垂向折减系数。

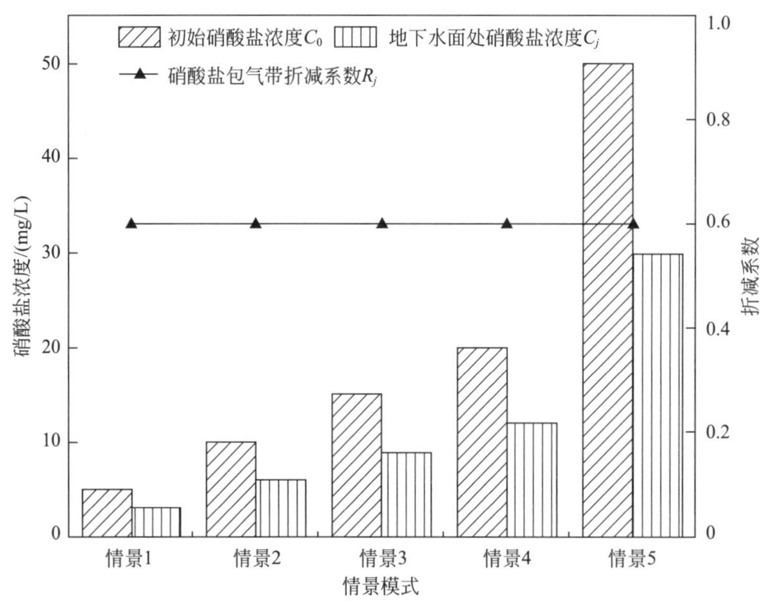

图4-48　不同污染荷载下硝酸盐垂向迁移的模拟结果

（2）水平分析

以距离地下水面污染中心为零点作为横坐标，以地下水水平硝酸盐浓度为纵坐标，分别绘制情景1～5硝酸盐在地下水水面横向迁移时的浓度变化，如图4-49所示。

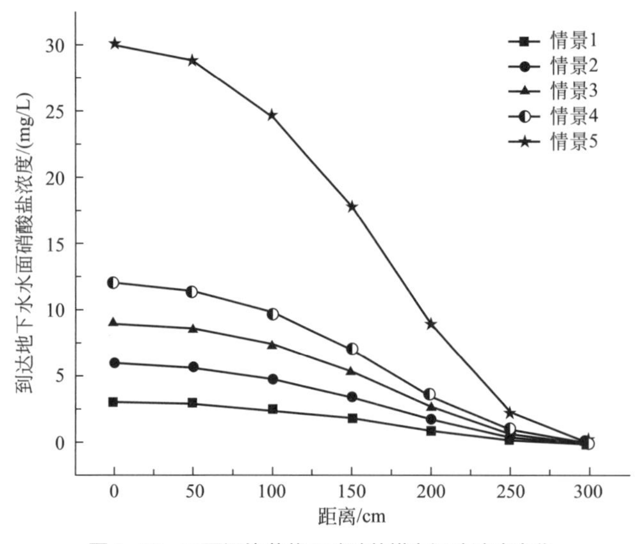

图4-49　不同污染荷载下硝酸盐横向迁移浓度变化

从水平方向硝酸盐浓度变化来看，情景1～5中硝酸盐浓度均呈现随着距离中心点越远，其浓度越低，最后浓度降至零的规律。在不同距离点其硝酸盐浓度随距离的硝酸盐浓度变化率不同，呈现先增大后减小的变化趋势。在情景1～5中，硝酸盐浓度随距离变化值大小如下：情景5>情景4>情景3>情景2>情景1。相较于硝酸盐的垂向迁移距离，水平方向的迁移距离较小，在1区下其水平距离仅为300cm。

根据折减系数计算公式，计算其水平折减系数的变化。以距离地下水面污染中心为零点作为横坐标，以地下水水平硝酸盐折减系数为纵坐标，分别绘制情景1 ～ 5硝酸盐在地下水水面横向迁移时的折减系数变化，如图4-50所示。

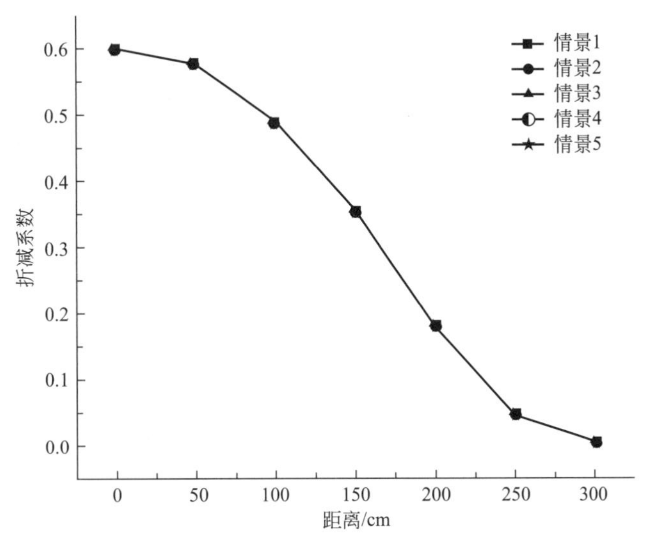

图4-50　不同污染荷载下硝酸盐横向迁移折减系数变化

从水平方向折减系数变化来看，随着污染中心点越远，其折减系数越小，在距离污染源中心点300cm处，折减系数趋向于零。在情景1 ～ 5中，其折减系数变化规律相同，说明在不同硝酸盐污染荷载下，仅改变水平方向上的硝酸盐浓度并不影响水平折减系数。

综上，地表硝酸盐污染荷载的变化仅影响垂向及横向硝酸盐浓度，并不会影响其折减系数的变化。分析原因是在模拟过程中污染物硝酸盐与研究区水文地质条件没有发生改变，因此地表污染物浓度不会影响硝酸盐的衰减作用，仅会影响到达地下水的硝酸盐浓度。

4.4.6.2　不同包气带结构模拟计算结果

从以上的分析结果来看，地表硝酸盐荷载大小仅影响到达地下水水面的硝酸盐浓度，并不会影响其折减系数的大小。当分区的包气带结构确定的情况下，地表硝酸盐浓度的变化并不会影响其折减系数。因此，在后期的模拟过程中仅需模拟一个污染源中的硝酸盐进入包气带中迁移转化过程，计算该包气带分区下的折减系数，就能得出其他污染源进入地下水面的硝酸盐浓度。

本次假设硝酸盐的污染荷载为20mg/L，即不改动模拟环境中的水分边界，将溶质边界设定为20mg/L，分别模拟污染物硝酸盐在研究区的8大包气带分区下的迁移转化，以到达地下水中硝酸盐的最高浓度衡量每个包气带分区对硝酸盐的衰减程度，即各分区下的垂向折减系数。基于HYDRUS-2D软件模拟硝酸盐到达地下水面的浓度衰减结果，根据折减系数的计算公式分别计算各包气带分区下的垂向折减系数，如图4-51所示。

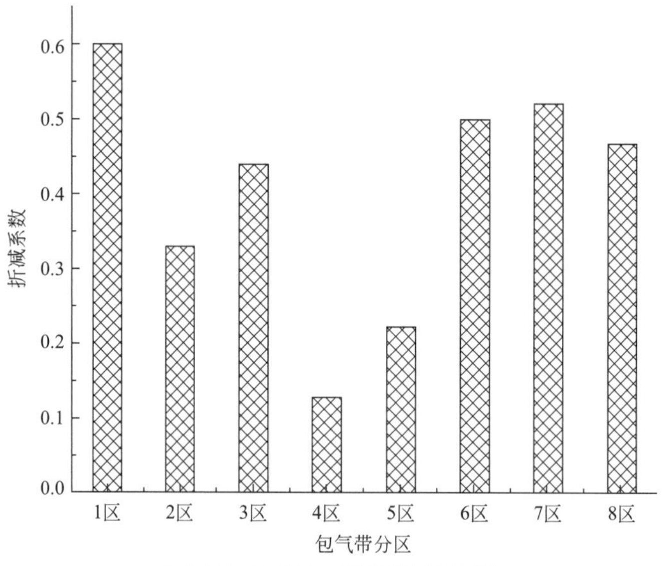

图4-51　不同包气带分区的折减系数

模拟结果表明，不同包气带分区下其折减系数不同，说明硝酸盐在不同包气带结构下衰减程度不同。其分区下的折减系数按照从大到小的顺序分别为：$R_4<R_5<R_2<R_3<R_8<R_6<R_7<R_1$。包气带分区1（$R_1$）的折减系数最大，主要是由于其包气带深度只有7m，远远小于其他包气带分区的深度，污染物硝酸盐很容易到达地下水面。包气带分区2～8（R_2～R_8）的深度在20～55m之间，从各分区的包气带介质类型进行分析，包气带中具有粉质黏土的分区4与分区5的折减系数较小，说明粉质黏土的低渗透性截留了污染物硝酸盐，使得污染物在包气带中发生一系列的物化及生物反应，其浓度得到了衰减。综上，硝酸盐包气带折减系数大小与包气带的厚度、介质类型密切相关。

4.4.7　地下水污染风险评价

基于研究区地表硝酸盐污染荷载计算结果和各包气带结构分区下的硝酸盐折减系数计算结果，通过ArcGIS 10.2软件中的栅格计算功能，将地表硝酸盐荷载量与折减系数相乘，计算硝酸盐穿过包气带介质后到达地下水面的总量，来表征研究区地下水硝酸盐污染风险，评价结果见图4-52。

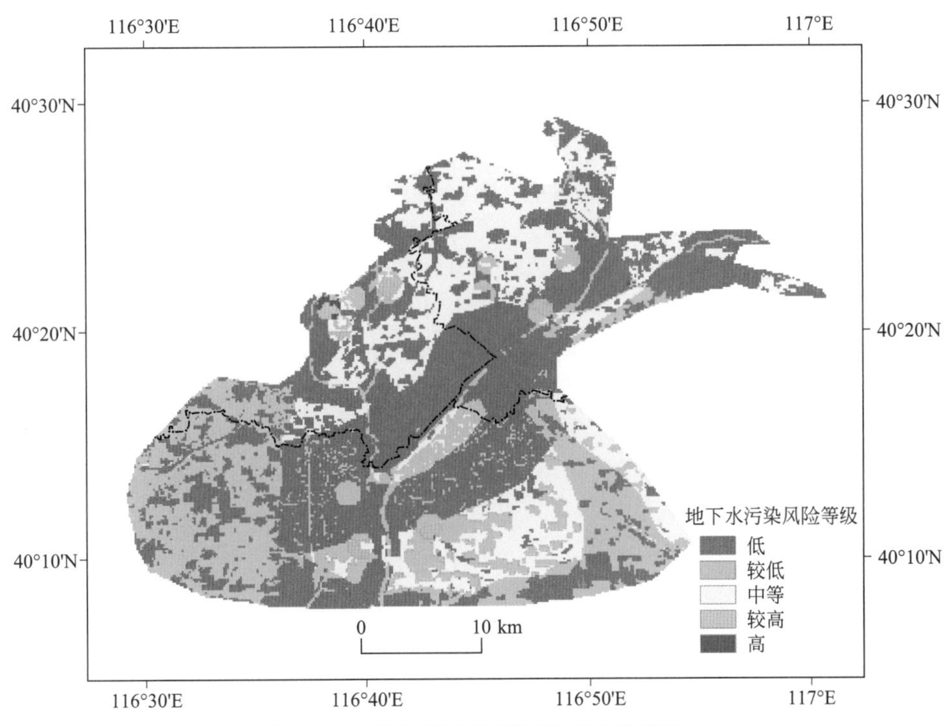

图4-52 研究区地下水硝酸盐污染风险评价

由图4-52可见，地下水硝酸盐污染风险高的区域呈现零星的分布趋势，主要受垃圾填埋场和工业园区的分布影响。对比硝酸盐污染荷载量化图，发现垃圾填埋场、工业区等硝酸盐污染荷载相对较高的区域，其地下水硝酸盐污染风险也相对较高，地下水硝酸盐污染风险高的区域与硝酸盐污染荷载高的区域分布基本一致。研究区西北部和东南部，硝酸盐污染荷载不高的区域呈现中等地下水硝酸盐风险，这是由于这些区域对地表排放的硝酸盐防污性能较差，研究区西北部包气带中卵石占比较大，而东南部包气带较薄，硝酸盐易进入地下水环境。此外，由于研究区内地表水体多为再生水排放河道，河道周边地区地下水硝酸盐污染风险也相对较高。

参考文献

[1] 陆燕. 北京市平原区地下水污染风险源识别与防控区划研究［D］. 北京：中国地质大学（北京），2012.

[2] 王甜甜. 吉林省中部地下水污染危害性评价［D］. 长春：吉林大学，2011.

[3] 申利娜，李广贺. 地下水污染风险区划方法研究［J］. 环境科学，2010, 31(4) : 918-923.

[4] 张丽君. 地下水脆弱性和风险性评价研究进展综述［J］. 水文地质工程地质，2006(06): 119-125.

［5］陆燕，何江涛，王俊杰，等. 北京平原区地下水污染源识别与危害性分级［J］. 环境科学，2012, 33(5):1526-1531.

［6］吴登定，谢振华，林健，等. 地下水污染脆弱性评价方法［J］. 地质通报，2005, 24(10):1043-1047.

［7］焦立新，杨靖东. 评价指标标准化处理方法的探讨［A］. 中国系统工程学会.管理科学与系统科学进展——全国青年管理科学与系统科学论文集（第4卷）［C］. 中国系统工程学会，1997. 5.

［8］蒋敏，梁川. 组合赋权法在水质模糊综合评价中的应用［A］. 中国自然资源学会水资源专业委员会、中国地理学会水文地理专业委员会、中国水利学会水文专业委员会、中国水利学会水资源专业委员会、中国可持续发展研究会水问题专业委员会. 河流开发、保护与水资源可持续利用——第六届中国水论坛论文集［C］. 北京：中国水利水电出版社，2008:5.

［9］杨小林，李义玲. 基于客观赋权法的长江流域环境风险时空动态综合评价［J］. 中国科学院大学学报，2015, 32(03): 349-355.

［10］董健，潘俊，程昱奇，等. 基于过程模拟法研究的热电厂地下水污染风险评价［J］. 供水技术，2015, 9(04): 12-18.

［11］孙才志，陈相涛，陈雪姣，等. 地下水污染风险评价研究进展［J］. 水利水电科技进展，2015, 35(05): 152-161.

［12］张鑫. 基于过程模拟法的地下水污染风险评价［D］. 长春：吉林大学，2014.

［13］徐艳杰，常利武，黄会平. FEFLOW在地下水数值模拟中的应用［J］. 华北水利水电学院学报，2009, 30(2): 86-88.

［14］Haitjema H,Kelson V,De L W.Selecting MODFLOW cell sizes for accurate flow fields［J］. Ground Water, 2001, 39(6):931-933.

［15］谭文清，孙春，胡婧敏，等. GMS在地下水污染质运移数值模拟预测中的应用［J］. 东北水利水电，2008, 26(5): 54-55.

［16］刘增超，董军，何连生，等. 基于过程模拟的地下水污染风险评价方法研究［J］. 中国环境科学，2013, 33(6): 1120-1126.

［17］Al-adamat R A N,Foster I D L,Baban S M J.Groundwater vulnerability and risk mapping for the Basaltic aquifer of the Azraq basin of Jordan using GIS,Remote sensing and DRASTIC［J］.Applied Geography,2003,23(4):304-310.

［18］Babiker I S,Mohamed M A A,Hiyama T,et al.A GIS-based DRASTIC model for assessing aquifer vulnerability in Kakamigahara Heights,Gifu Prefecture,Central Japan［J］.The Science of the Total Environment,2005,345(1/2/3):127-131.

［19］Tirkey A S,Pandey A C,Nathawat M S.Use of satellite data,GIS and RUSLE for estimation of average annual soil loss in Daltonganj Watershed of Jharkhand (India) of Jharkhand (India)［J］.Journal of Remote Sensing Technology,2013,1(1):20-30.

第5章 京津冀地下水污染风险分级分类防控

全面梳理国内外针对地下水污染风险的管控对策和技术措施，结合京津冀重点区域地下水污染风险区划图，划定污染防控区；针对地下水污染不同防控区，按不同尺度（区域尺度和城市尺度）和不同类型的污染源（线源和面源），提出针对性的地下水污染风险分级管控建议和对策；针对场地尺度具有明确污染特征和水文地质条件的点状污染源，按高、中、低风险源，基于风险源污染状况分析和污染羽精准识别与刻画，建立包括污染源移除、污染过程阻断、原/异位修复、自然衰减监控等技术模式的优化筛选方案。

5.1 地下水污染风险管控现状

5.1.1 国外地下水污染风险管控现状

5.1.1.1 注重地下水立法

在地下水资源管理中，发达国家非常重视地下水立法工作。针对地下水资源管理颁布了专门的法律，韩国在这方面很有代表性。韩国从1965年至今一直在编制《水资源总体开发计划》，该计划指导了韩国水资源管理。地下水资源开发和管理是该水资源计划中的重要组成部分。为了减少不当用水，在2000年水资源计划中，特别提出要制定地下水管理流域计划。韩国在1994年就颁布了《地下水法》，该法为韩国的地下水资源管理提供了法律依据。该法对国家的职责进行了法律上的确认，对地下水资源进行管理和保护是其国家的重要职责，有责任保证国民能够用上良好的地下水。该法对地下水资源的开发和利用提出了明确的规定，制定了保护和管理地下水资源的一系列举措。针对地下水开发利用的行政审批，《地下水法》提出了详细的规定，在各个环节保证地下水资源的有效开发和利用。《地下水法》在促进公共福利增加和国民经济发展方面发挥了重要作用。

5.1.1.2 实行高度集中管理

一些发达国家，在地下水资源管理中实行高度集中式管理，大大提高了地下水资源管理的效率[1]。以色列在这方面很有代表性，其针对水资源管理很早就颁布了《水法》，在水法中对水资源进行了明确的规定，一切水资源都是国家财产，控制和管理水资源必须由政府负责，最高目标是服务于国民需求和国家发展[2-4]。这为水资源管理提供了很好的法律保障。以色列的水资源管理基本理念在地下水资源管理实际工作过程中得到了很好的体现。在地下水资源管理中，建立了一套完善的管理体系，高度集中、高度量化和高度控制是这一管理体系的重要特点，实行严格的配额管理和许可管理。以色列是一个严重缺水的国家，高度重视地下水资源管理。高度集中的地下水管理制度，有利于控制地下水超采和地下水污染，非常符合以色列的国情。以色列把全部水资源统筹起来，包括地下水和地表水，进行集中统一管理。《量水法》《水井控制法》等法律的相继颁布，进一步为以色列地下水资源管理提供法律保障。在地下水资源管理中，以色列广泛采用先进的技术手段，例如现代信息技术等，提高地下水的管理水平。

5.1.1.3 重视地下水污染源头预防措施，加强综合保护

重视地下水污染源头预防措施，例如1998年美国环境保护署要求所有的地埋式储油罐更新换代为双层油罐，从源头上减少储油罐泄漏风险；所有垃圾填埋场必须要有防渗系统和渗滤液收集系统；有毒有害危险废物储存池定期开展防渗监测[5]。

对地下水资源进行综合保护也是西方发达国家地下水资源管理中的重要手段。所谓地下水资源综合保护就是建立地下水水源保护区，通过保护区的形式实现对地下水的保护。在这方面的代表性国家是英国。英国很重视地下水保护，在英国的地下水保护政策中建立保护区是一个非常重要的手段[6,7]。英国在全国范围内划定了3000多个地下水源保护区，这些保护区主要集中在英格兰和威尔士地区。保护区又被划分为汇水带、微生物保护带和外围保护带。根据保护带不同，采取不同的地下水保护措施。早在1963年，针对地下水保护，英国就通过立法手段实施了地下水取用许可制度。这一制度在保护地下水方面发挥了重要作用。随着工业化的发展，环境和生态问题日益突出，英国政府不断颁布新的地下水保护政策，加强对地下水的保护，并且加强了水质管理。英国的地下水资源保护工作一直走在世界的前列，提出了许多新的保护管理理念和政策措施，例如风险决策理念等。这些新理念、新措施大大提高了英国的地下水资源管理水平。

5.1.1.4 实行严格的开采管理

地下水资源管理核心是地下水开采管理，地下水资源存在的所有问题都源自于地下水开采，地下水开采不当、过度开采等都会给地下水资源带来不良影响。世界各国都非常重视地下水开采工作，采取了更严格的地下水开采管理措施。在这方面的代表性国家是德国。对于一些需要开采地下水的企业，包括制药企业、供水企业等，通过《自然保护法》对它们的开采行为进行严格控制。不管是灌溉的需要还是生产的需要，或是其他的需要，根据法律规定，只要开采地下水就必须向相关管理部门进行报批，并且还要提

供详细的施工计划等；同时还要证明无其他可替代水源，只能开采地下水，还要保证开采过程中损失和消耗要达到最少。

5.1.1.5 利用税收政策调节

在一些发达国家，为了保护某种资源会征收资源税，通过税收调节来保护资源。地下水是一种重要的水资源，一些国家也通过资源税来加强地下水资源管理。在这方面的代表性国家是荷兰。荷兰设置了地下水税，它是一种典型的资源税[8,9]。在荷兰，在全部使用水资源中地下水占到70%，地下水在国民生活中占有重要地位。为了限制地下水的使用，保护有限的地下水资源，荷兰政府征收地下水税，并且在税法中进行了明确的规定。使用地下水的主体，取水后进行了回排，可以获得相应的地下水税优惠。地下水瓶装饮料使用的是环保包装，可以对生产企业减免税款。地下水税主要是为了限制工业用水和生活用水，对于薄弱的产业用水（如农业灌溉）会有一定的特殊优惠。在荷兰，地下水税税率是比较高的，但可以有效减少地下水使用量，从而保护了地下水。

美国超级基金主要源于政府拨款、石油和化学产品征收的专门税、针对一定规模的企业征收的环境税、向《超级基金法》违法者征收的罚款和惩罚性赔偿金、从污染责任方收回的场地修复成本、基金利息收益等。在1980年设立之初，超级基金主要来源于对石油和42种化工原料征收的专门税，1986年出台的《超级基金修正及再授权法》除了将上述石油征税提高外，还增设了两项新的税收：一是对50种化学衍生物征税；二是对年收入在200万美元以上公司所征收的环境税，税率是超过200万美元应纳税所得额的0.12%。

5.1.2 国内地下水污染风险管控现状

5.1.2.1 对于工业污染源的管控现状

（1）各类工业废水集中处理

在工业区内建设污水处理厂，对整个工业区内的企业污水进行集中治理，达到《污水综合排放标准》后排至市政管网，可有效地提高工业区污水处理的效率，节省成本；各类工业废水集中处理，可使得各类污水中阴阳离子进行中和、酸碱中和、复合等反应，自身调节污水的pH值，使得微生物的食物来源丰富，营养物质充足，有利于反应污泥中微生物的培养，更好地发挥生物氧化、硝化和反硝化的作用，污水中污染物含量降低，工业污水处理难度减小。工业污水外排的控制主要分为两个方面：一是控制地下污水排放总量，通过污水排放检测装置对污水排放总量进行实时监测，核对实际的污水排放总量与应排放的总量之间的差别，判断是否出现地下污水排放系统的漏损情况，如果出现工业排放系统漏损，应确定漏损部位并及时进行抢修；二是控制地表污水排放总量，通过监测装置来核对工业污水是否出现下渗的状况，若出现下渗，应确定下渗位置，加强防渗工作[10]。

（2）加强操作培训和生产管理

在生产过程中，生产设备和操作管理的问题都可能导致污染废水外漏，扩散至地表，首先污染地表的土壤，再进一步下渗污染地下水。所以，对于生产过程中出现的任何问题人们都应及时做出反应，设备出现故障应及时停工进行抢修，针对设备的操作问题应加强操作培训和生产管理，避免生产过程中出现污染废水外排的现象。在工业废料运输过程中，应保障运输的密封性，减少污染物的散落，做好污染源控制工作。

（3）工业园区开展分区防渗

工业园区规划应根据区域水文地质情况，按照要求合理确定污染防治分区，厂区开展分区防渗。定期评估周边区域地下水环境影响隐患，定期检查重点企业场地地下水污染防治措施有效性。工业园区规划要求各企业在设计、施工过程中应对生产装置区、罐区、污水预处理设施、事故池等采取足够的防渗措施，对土壤进行压实，上覆防渗土工布，再采取防渗混凝土对地面进行硬化处理；精细化工企业应按《石油化工工程防渗技术规范》采取防渗措施。在各项防渗措施严格落实的前提下，一般不会对区域地下水造成影响，但同时也应防范环境风险事故情况（泄漏、防渗层破裂等）下对地下水的影响[11]。

（4）完善相关法律，加大惩治力度

积极完善相关环境水污染保护的法律法规，要求各个企业具备合格的排污许可证，明确规定企业可排放的量及污染物种类，做好环境评价的制定和应急预案的编制，对超出排放量的企业实施经济处罚，对环境造成严重污染的工业区需要承担相应的刑事责任，落实环境保护的政策，加大环保工作的力度[12]；对于产生污染的区域，应设立相应的部门进行水污染治理，根据工业区自身状况和地下水污染情况制定相应的地下水治理方案，在控制污染源和污染途径的同时加强当地地下水水质的提升。

5.1.2.2 对于农业污染源的管控现状

（1）禽畜养殖场区地下水污染防治对策与措施

养殖场区地下水特征污染物是砷、NH_4^+。目前国内养殖场数量众多，一般规模不大，主要以个体养殖为主，分布比较零散，养殖大棚大多建在村庄外围靠近沟渠的地方，养殖产生的动物粪便和冲粪废水难以统一处理，因此每个养殖场都是一个潜在点状污染源。养殖场废水排放量较大，污染源强度随着养殖规模的增加而增加，若不进行废水处理，污染源的存在时间将随着养殖活动的持续而延续。防治禽畜养殖场人口非聚集区地下水污染的有效方法就是切断污染源。

具体对策如下。

1）控制污染源头，加强地下水污染监测

养殖活动形成大量禽畜粪便和清洗养殖大棚的污水，首先必须对整个养殖场和禽畜粪便堆放场地进行防渗处理；其次，对于具备动物粪便和废水综合处理技术的规模化养殖场，要实现养殖产生的粪便的综合处理利用和废水的达标排放；最后，对于不具备处理能力的分散个体小型养殖场，要将禽畜粪便运送至沼气池、利用禽畜粪便制作生物有机肥的场所或其他集中处置中心，这个过程需要政府的引导与监管。

控制了禽畜粪便这一污染源头，还需要加强养殖场地下水污染监测。可再选择若干个代表性养殖场、若干个规模化养殖场、若干个分散式个体养殖场，对每个代表性养殖场建立2眼监测井，其中1眼监测井布设于养殖场外部地下水上游位置，1眼监测井布设在养殖场内邻近养殖大棚和粪便堆积点的地下水下游位置，监测频率为每年丰水期、枯水期各1次，监测指标为包括“三氮”、砷和其他常规性无机指标。

2）调整禽畜养殖产业布局，控制养殖规模，建立禽畜养殖清洁生产下游产业

政府应该积极引导畜禽养殖业的发展，以农业可持续发展的思想为基础，从全局考虑，整体规划、合理布局，控制养殖规模、饲养密度和发展速度；对于难于管理以及经济效益差的小规模分散饲养的养殖场应严格限制或取消；对于新建的大型畜禽养殖场的选址应进行合理规划，避开生态环境脆弱区以及水源地保护区；另一方面，配套禽畜粪便处理设施，推广禽畜养殖清洁生产，建立禽畜粪便回收和处理的下游产业和集中处置中心，实现无公害畜产。

（2）农业种植区地下水污染防治对策与措施

农业种植区地下水的特征污染物为“三氮”，化肥农药的施用造成农业种植区的面状污染源。农业面源污染的持续时间随化肥、农药的施用时间而延续，被公认为是目前水体污染中最大的问题之一，特别是随着对点源污染控制的逐步加强，在水体污染中农业面源所占的比重不断增加。借鉴发达国家的农业面源控制技术，认为农业种植区地下水污染防治可采取以下措施。

1）提高农田的科学管理，提高化肥利用率

控制化肥农药的用量。另外，在地下水“三氮”超标地区、国家粮食主产区，推广测土配方施肥技术，积极发展生态农业和有机农业。

2）加强地下水污染监测

在集约化的粮食蔬菜种植基地，建立地下水污染监测。监测频率为每年丰水期1次，

监测项目包括“三氮”、其他常规无机指标，以及七氯、马拉硫磷、五氯酚、六六六、六氯苯、乐果、对硫磷、灭草松、甲基对硫磷、百菌清、呋喃丹、林丹、毒死蜱、草甘膦、敌敌畏、莠去津、溴氰菊酯、滴滴涕等受农药使用影响的有机组分。

5.1.2.3 对于生活污染源的管控现状

城镇生活污染源分布形态是由城镇污水管道渗漏点和排污河渠圈定的一个以点状、线状组合而成的区域，具体对策如下。

1）加强地下水污染源环境监管，加强重点地下水污染源地面防渗，控制污染源头，切断污染传输途径

城镇一般都已建成污水处理厂，居民生活污水均已纳入城市污水管网。污染源分布形态为点状的城镇污水管道渗漏点和线状排污河渠。排查企业非法排污、维护城市污水管网并定期更换破损的老旧排污管道、对生活污水和工业废水处理达标后排放，是污染源头控制、预防地下水污染的有效手段。

2）建立地下水污染监测系统

在控制污染源头的基础上，还需要加强地下水污染监测。根据区域地下水特征制定监测方案。地下水污染监测频率可参考自来水监测频率，每月对地下水做1次全分析测试，测试指标除常规无机指标外，必须包括“三氮”和类（重）金属（砷、镉、铬、铅、汞）；每年丰水期做1次生活饮用水标准中的106项测试，包括所有常规无机指标、“三氮”和类（重）金属和有机物。对地下水污染监测数据及时处理，分析数据异常原因，以便及时采取有效措施。

5.1.2.4 对于地表水体类污染源的管控现状

地表水体对沿岸地下水的污染按地下水受污染的途径来说属于地表水体的侧向入渗。其污染的特征是：受污染的对象主要是浅层含水层，污染带多在河流两侧呈条状分布，且河流水质状况、河岸地质条件、水动力条件以及距河流的距离等因素对地下水受污染程度起关键作用。

我国河流污染情况比较严峻，污染河流是否会造成沿岸地下水的污染引发了广泛的关注，国内学者在理论和实验研究方面均取得了一些有意义的研究成果。地表水对地下水的污染受地下水埋深、河道防渗情况、河流污染程度等多方面因素影响。污染物浓度同河水中污染物浓度有极大的关联，河水长期渗漏导致河床土壤中污染物质的检出浓度较高。污水对地下水的影响主要在向河流两侧展布约200m范围内。污染河水对地下水的影响范围与地层岩性及河水流动的形状有关，以黏土为主的地层影响范围明显小于以粉细砂为主的地层。河流弯度较大的地段影响范围较大。

地表水体对地下水的污染防控从以下几方面进行。

1）理顺地下水管理体制，健全京津冀地下水管理部门沟通协调机制

针对水利、国土资源、环保、建设等部门在地下水保护工作中存在着历史遗留问题，需要进一步理顺地下水管理体制，建立健全部门沟通协调的合作机制。进一步明晰水利部门与国土资源部门之间的地下水管理权限。建立健全水利部门与建设部门之间的沟通协调机制。健全水利部门与环保部门之间的合作机制。厘清各部门在地下水工作领域的任务分工，充分发挥各自优势。

2）建立最严格的地下水环境保护制度框架

京津冀区域地下水环境形势不容乐观，地下水污染正由点状、条带状向面上扩散，由浅层向深层渗透，由城市向周边蔓延，亟须构建最严格的地下水环境保护制度。

① 建立最严格的地下水环境保护法律法规体系。实施最严格的地下水环境保护应建立在地下水相关环境法律法规的基础上，使得地下水保护有法可依。结合国家层面的地下水法律、法规、标准体系的修改、完善和制定等工作，研究制定京津冀专门的地下水保护法规，明确要求各级的政府根据实际情况制定该地区的地下水保护方案，并严格依据批准的保护方案开展行动，从而进一步保障地下水的水质安全以及可持续利用。积极落实《全国地下水污染防治规划（2011—2020年）》（以下简称《规划》）和《华北平原地下水污染防治工作方案》（以下简称《方案》）要求，保障各项任务如期完成，依据《地下水环境监测技术规范》分析京津冀地下水污染特征，加快编制适用于京津冀地下水环境调查、评估、污染修复防控等技术指南。

② 建立地下水环境调查评价制度。京津冀地区地下水动态监测和资源量评估方面获得了大量数据，但这些难以完整描述地下水环境质量及污染情况，地下水污染底数仍然不清，应通过开展地下水基础环境状况的调查评估工作，以地下水源和特征污染源为重点调查对象，循序渐进，摸清家底，并建立地下水环境调查评价长效机制。

③ 建立健全地下水环境监管体系。在国土资源、水利及环境保护等部门已有的地下水监测工作基础上，充分衔接“国家地下水监测工程”监测网络，整合并优化地下水环境监测布设点位，完善地下水环境监测网络，实现地下水环境监测信息共享。建立流域地下水污染监测系统，实现流域层面对地下水环境的总体监控；建立重点地区地下水污染监测系统，实现对人口密集和重点工业园区、地下水重点污染源区、重要水源等地区的有效监测；强化水厂的地下水取水检测能力（取水点控）、地下水区域性污染因子和污染风险的识别能力，增加检测项目，提高检测精度，强化地下水水质突变等异常因子识别。加大对地下水环境监测仪器、设备投入，建立专业的地下水环境监测队伍，逐步建立地下水环境监测评价体系和信息共享平台。

④ 建立地下水环境的预警预报机制。地下水环境预警预报是指当自然或人类活动作用于地下水环境时，对地下水环境状况的变化进行检测、分析、评价、预测，在达到质量变化限度时适时给出相应级别的警戒信息。地下水环境的预警预报包括地下水现状

调查、水质监测、水质变化及影响因素研究，地下水环境预报模型的建立，地下水环境评价及变化趋势的预测，确定预警指标、预警模型及预警级别，建立地下水环境预警预报决策支持系统。地下水环境保护部门应在地下水现状调查、水质监测的基础上，将流域背景信息系统、地下水环境监测系统、水环境预测系统及预警信息系统有机整合，实现流域层面快速收集、反映、分析地下水环境变化信息，预测其变化趋势，评价地下水环境预警等级，提出地下水污染防治的有效措施，使管理部门、管理人员能及时做出决策，实现地下水科学管理，减少由于地下水环境恶化造成重大损失和灾害。

3）控制入河排污量，加强地表水环境保护和修复

城镇生活污水与工业生产废水的直接入河是导致水质污染的一大重要原因，河流污染对地下水构成一定程度的污染，因此加强河流水环境保护、控制入河排污量以及达标排放是实现污染河流地下水修复保护的重要前提；加强污染源头治理，严格控制污染排放量，制定河流污染达标排放模式，是污染河流地下水修复保护行之有效的方法。

对此，应加快城镇污水处理厂建设步伐，改造城镇污水收集系统，提升污水处理能力，并使污水处理厂按规定正常运行，提高废污水处理率。加强对入河排污口的监控，及时掌握废污水和主要污染物入河量，严格按照经审核的限排总量控制入河量，实施总量控制与浓度控制双达标。定期对水功能区开展水质、水量监测，建立水功能区管理信息系统，并定期公布水功能区质量状况。

加强河流生态环境修复与改善，实现河流水环境的改善。根据景观生态学原理，河流要保持一定的水量以及良好的水质，还应采取水利控制工程优化调度非工程措施使水具有一定的流动以及一些曝气技术防止水体富营养化，以建立健康的生态环境。实施滨河地带湿地建设，构建健康稳定的水生生态系统，达到净化河流水环境的效果。

此外，大量野外和室内试验资料表明土壤颗粒对饱和水中的污染物质及污水具有较强的渗滤降解功能。土壤渗滤技术是一种利用土壤阻滞和渗滤降解功能处理净化污水的方法。通过植物吸收—微生物分解—土壤过滤等综合作用，固定与降解污水中各种污染物，使水质得到不同程度的改善。设计不同营养物质和水分的生物地球化学循环，促进绿色植物生长，实现污水无害化、资源化。该技术具有管理运行费用低、停留时间长、处理净化效果好、可与绿化景观相结合等优点。推行土壤渗滤技术有利于小规模分散处理，节省投资，避免污水直接排入河道，达到河水变清的目的。因此，推行土壤渗滤技术，实现污水无害化和资源化处理，是减少入河污染物的重要措施。

4）合理开采地下水资源，科学控制地下水位

地下水水环境状况与地下水开采状况相互联系[13]，当地下水开采量发生变化时，经常会因如下原因而引起地下水环境的变化：

① 地下水开采量变化会引起地下水汇流区域的变化，从而使得位于汇流区内的地下水污染状况发生变化。例如，当地下水开采量增加时，汇流区范围一般扩大，原汇流区之外的污染源将位于汇流区范围之内。

② 地下水开采量变化会改变地下水与地表水的补排关系。例如，当大量超采导致地下水向地表水的排泄关系转换为地表水向地下水补给关系时，已污染的地表水体将对地下水环境产生不利影响。

③ 地下水开采量变化会影响不同含水层之间的水力联系。例如，当承压含水层开采量增加时，相邻的潜水含水层可能发生越流补给承压含水层，从而影响承压含水层的水环境。

④ 地下水开采量增加，引起地下水位下降、包气带厚度加大，从而影响地下水环境，如硬度、矿化度升高等。因此，地下水环境保护不能离开地下水的水量管理，应实施水量水质统合管理，合理开采地下水资源，科学控制地下水位。

当河流补给地下水时，污染河流对地下水环境的影响不仅与河流污染物的浓度有关，也取决于河流与地下水之间的水动力条件。地下水埋深大，增加了河流污染物迁移的水动力条件，但也同时增加了河流污染物进入含水层的渗漏路径，因此合理开采地下水资源，科学控制地下水位也是污染河流地下水保护的重要途径[14,15]。但应注意，对地下水位的控制并非地下水位越高越好。而我国北方大部分地区属于半干旱气候区，蒸发强烈，地下水位过浅会造成土壤盐碱化，对当地的农业生产造成恶劣影响。

5）因地制宜，统筹兼顾，采取合理的地下水修复治措施

对已污染的地下水进行修复治理是消除地下水污染危害的最直接方法，探索低成本、更高效率的修复治理方法，将是该领域今后的重要发展方向之一[16]。目前，去除地下水中硝酸盐的方法主要有离子交换、反渗透、电渗析、化学还原法和生物反硝化等[17,18]。从运行成本、去除效果等方面考虑，后两种方法是经济有效的地下水污染原位修复技术。其中，零价铁（Fe^0）为填料的可渗透反应墙以及以支持生物反硝化为目的的固体有机碳源为填料的PRB地下水原位修复技术已在欧美国家受到广泛关注。以Fe^0为填料的PRB不仅能还原NO^-等含氧酸根离子，还可以稳定重金属［如As、Cr（Ⅵ）、Pb和Hg等］以及一些生物难降解的有机氯化物、硝基苯类和芳香族化合物等[19]。此外，Fe^0腐蚀过程中产生的H_2也可作为氢自养反硝化细菌的能源，从而加快污染物的生物降解。但是Fe^0还原污染物要在较低的pH值条件下进行，而且反应的主要产物为铵态氮，也是一种污染物，需要后续处理[20,21]。生物反硝化包括异养反硝化和自养反硝化两类，前者需要外加可溶性有机碳源或固体有机碳源等作为反硝化细菌的营养源及电子供体。地下水中硝酸盐的原位修复PRB大多采用固体有机碳源支持反硝化，木材废弃物因其稳定的硝酸盐去除率及较高的渗透性和持久性被众多学者研究并在欧美等地投入实地研究使用[22]。

地下水环境修复应统筹考虑地下水污染成因、污染成分、污染范围和经济技术条件等因素，先易后难，逐步展开，系统治理[23-26]。对造成地下水污染的河流进行全面调查，分析河流污染源以及水文地质条件对地下水环境的影响。因此，应结合地下水污染

特点以及经济技术条件，提出较为系统的地下水污染修复治理措施和技术，包括物理方法、化学方法、生物方法等，分析各类措施和技术方法的适用条件和环境，探索改进污染地下水的修复治理技术，研发低成本、高效率的地下水修复治理方法，建立地下水修复治理的措施和技术储备库。

5.1.2.5 对于废物处置类污染源的管控现状

固体废物对地下水的污染,主要是通过降雨淋溶渗漏产生的[27]。根据模拟试验资料,在大气降水的淋溶作用下，污染物随下渗水进入地下水,使地下水受到污染。特别是河流冲洪积扇上部地区，地下水防护条件差，对地下水的污染更为明显。固体废物污染源主要有垃圾堆（农业肥料垃圾和城市生活垃圾）、工业固体废物、尾矿渣、粉煤灰、建筑废渣等。

随着我国经济社会的快速发展，各种类型的固体废物越来越多，目前国内多数城市已经出现垃圾围城现象，垃圾填埋场中垃圾渗滤液的渗漏会造成周围土壤、水环境带来巨大威胁，对人类产生极大危害。针对生活垃圾填埋场典型污染源优先选择位于地下水饮用水水源保护区和补给径流区的生活垃圾填埋场开展监控及污染预警工作，同时生活垃圾填埋场（包括正规和非正规）的运行时间在5年以上。从区域上看，可看作是斑块状的点状污染源。

垃圾填埋场区地下水污染防治可从以下两个方面控制。

1）加强垃圾填埋场选址和运行监管

新建的生活垃圾填埋场应严格按照《生活垃圾填埋场污染控制标准》（GB 16889—2008）设置防渗层。生活垃圾填埋场应根据填埋区天然基础层的地质情况以及环境影响评价的结论，并经当地地方环境保护行政主管部门批准，选择天然黏土防渗衬层、单层人工合成材料防渗衬层或双层人工合成材料防渗衬层作为生活垃圾填埋场区和其他渗滤液流经或储留设施的防渗衬层。建设雨污分流系统和垃圾渗滤液收集处理设施。对正在使用的不达标生活垃圾填埋场应完善防渗措施和雨污分流系统，垃圾渗滤液按照规定进行处理并做到达标排放。对于已污染地下水的生活垃圾填埋场，要及时开展渗滤液引流、终场覆盖等修复工作[28-32]。

2）加强地下水污染监测

《生活垃圾填埋场环境监测技术要求》和《危险废弃物填埋场污染控制规范》等明确了地下水污染监测的有关指标、监测井布置、监测频率等，在规范填埋场地下水污染源监测方面起到了较好的效果。然而，其他行业对于地下水污染源监控没有明确的规范，特别是如石油类、重金属类等的一些重污染行业，对地下水污染源监控尚处于空白状态。参照《生活垃圾填埋场污染控制标准》（GB 16889—2008），每个垃圾填埋场布设至少3眼监测井，其中，1眼监测井位于垃圾填埋场外地下水上游，2眼监测井位于垃圾填埋场下游，监测频率为每年丰水期、枯水期各1次，枯水期监测包括“三氮”的常规无机组分，丰水期主要监测生活饮用水标准中的106项。

对于已封场的生活垃圾填埋场，要开展稳定性评估及长期地下水水质监测。监测频率可选择在丰水期，1年1次或2年1次。

5.1.2.6 对于地下水设施类污染源的管控现状

当前，城市地下水中石化产品类污染物已被广泛检出，且根据欧美国家的经验，加油站是重要泄漏污染源。随着20世纪90年代以来我国经济的发展，加油站的数量持续增加，其中超过20年的加油站大多存在或多或少的泄漏，如果不提前做好监控和预防工作，加油站泄漏会对地下水环境带来严重威胁。因此针对石油化工生产储存销售行业，主要以加油站为研究对象，针对加油站典型污染源优先选择监控位于地下水饮用水水源保护区和补给径流区内已确认发生过油品泄漏事故的加油站；对于尚未确认是否发生过油品泄漏的加油站要监控建站在15年以上。2017年环境保护部发布《加油站地下水污染防治技术指南》（试行）：地下水污染预防、日常监测、环境状况调查、采样和分析、地下水污染模拟预测、地下水健康风险评估和污染控制与治理等工作。针对加油站污染特征和潜在污染物特性，制定有针对性的加油站地下水污染预防、调查、控制和治理的技术方法，为我国的加油站地下水环境管理提供依据。

（1）建立完善地下水监测系统

为防止加油站油品泄漏而污染土壤和地下水，加油站需要采取防渗漏和防渗漏监测措施。所有加油站的油罐需要更新为双层罐或者设置防渗池；加油站需要开展渗漏监测，设置常规地下水监测井，开展地下水常规监测。严格按照《埋地油罐防渗漏技术规范》的有关规定，建立加油站观测井，对加油站地下水实行日常监测；研究建立加油站地下水污染的长期监测机制，建立完善统一的加油站观测井标准、监测指标体系。

（2）提高地下水环境监管水平

对京津冀区域加油站地下水环境摸底调查，查清污染隐患及污染程度，针对污染特征进行评估分析，采取分级防控措施，加强环境监管；其次，建立健全加油站地下水防控规范标准体系及监管制度；最后，从宏观层面，严把新建加油站规划选址和环境保护审核关、审批关，从源头上提高监管水平。执法检查队伍应严格按法律法规、规范要求排查加油站的防渗设施和管理措施，对不符合法规、规范要求的加油站，责令其停业限期整改。若发现油品泄漏，需启动环境预警和开展应急响应。应急响应措施主要有泄漏加油站停运、油品阻隔和泄漏油品回收。在1天内向环境保护主管部门报告，在5个工作日内提供泄漏加油站的初始环境报告，包括责任人的名称和电话号码，泄漏物的类型、体积和地下水污染物浓度，采取应急响应措施。

（3）开展地下水污染修复

以地下水饮用安全和生态健康为核心，围绕地下水水源地保护区、补给及径流区内的加油站浅层地下水率先开展修复工作，减轻或避免加油站浅层地下水对水源地保护区地下水的影响。

（4）根据不同的地下水污染风险等级分别采取不同防控措施

① 风险性较高区加油站的防控措施。完善地下水监测系统，提高地下水环境监管水平，加大地下水环境保护执法力度，对不符合规范要求的加油站责令其停业限期整改，同时开展加油站地下水污染修复研究，对地下水利用价值大的典型加油站开展修复。

② 风险性中等区加油站的防控措施。完善地下水监测系统，提高地下水环境监管水平，加大地下水环境保护执法力度，对不符合规范要求的加油站责令其停业限期整改，控制地下水水质恶化趋势。

③ 风险较低区加油站的防控措施。完善地下水监测系统，提高地下水环境监管水平，规范加油站日常行为。

针对不同风险源的管控措施见表5-1。

表5-1　地下水污染风险源管控措施

污染源类型	管控措施
工业污染源	（1）各类工业废水集中处理； （2）加强操作培训和生产管理； （3）工业园区开展分区防渗； （4）完善相关法律，加大惩治力度
农业污染源	（1）禽畜粪便堆放场地进行防渗处理； （2）粪便的综合处理利用和废水的达标排放； （3）加强地下水污染监测； （4）调整禽畜养殖产业布局，控制养殖规模，建立禽畜养殖清洁生产下游产业
	（1）提高农田的科学管理，提高化肥利用率； （2）加强地下水污染监测
生活污染源	（1）排查企业非法排污； （2）维护城市污水管网并定期更换破损的老旧排污管道，对生活污水处理达标后排放； （3）建立地下水污染监测系统
地表水体类污染源	（1）理顺地下水管理体制，健全京津冀地下水管理部门沟通协调机制； （2）建立最严格的地下水环境保护制度框架； （3）控制入河排污量，加强河流水环境保护和修复； （4）合理开采地下水资源，科学控制地下水位； （5）因地制宜，统筹兼顾，采取合理的地下水修复治理措施
废物处置类污染源	（1）加强垃圾填埋场选址和运行监管； （2）加强地下水污染监测
地下水设施类污染源	（1）进行防渗改造； （2）建立完善地下水监测系统； （3）提高地下水环境监管水平； （4）开展地下水污染修复

5.2 京津冀地下水污染风险分级防控的必要性

相对于地表水污染而言，地下水污染具有隐蔽性、滞后性、复杂性、不确定性和难以修复等特点，污染防控和修复的难度较大。长期以来，由于对地下水污染防治的重要性和紧迫性认识不足，识别方法与防控策略落后，使得地下水污染防控落后，无法满足日益严重的地下水污染防治和监管的需要。特别是京津冀地区，由于其地下水环境复杂、风险源多样，而目前地下水污染风险评估方法欠缺、管理制度不完善等问题，已成为制约京津冀地区地下水环境污染防控与监管技术水平提升的瓶颈。

2014年2月，习近平总书记就京津冀协同发展中的水资源保护问题做出了明确指示，提出坚持“以水定城、以水定地、以水定人、以水定产”的水资源、水生态、水环境管理原则。《十三五规划纲要》《水污染防治行动计划》《土壤污染防治行动计划》《京津冀协同发展规划纲要》《全国地下水污染防治规划（2011—2020年）》和《华北平原地下水污染防治工作方案》等国家战略均在着力布局京津冀地下水安全保障工作，并明确指出开展系统识别京津冀地下水污染风险，形成风险分级管控技术方案，是实现“十三五”国家各项规划目标的重大基础和需求。随着京津冀一体化和生态文明建设进程的不断加速，也对京津冀地下水环境安全和系统管理提出了更高要求，《水污染防治行动计划》等多项战略部署要求京津冀地区必须做到“有效遏止地下水污染恶化的趋势，提高风险防控水平”。因此，加强京津冀区域地下水污染风险分级与管控技术研究，不断提升京津冀地下水污染防治和环境管理能力，是推动京津冀地区可持续发展、落实国家战略的一项重要而紧迫的工作。

5.3 地下水污染风险防控对策

地下水污染风险防控要结合前期场地污染调查、污染风险评价等阶段的工作制定精细化的防控模式，以此提出合适的地下水污染风险管理的对策和方案，风险防控对策一般分为三类，即制度控制、工程控制和修复技术。

5.3.1 制度控制

（1）制度控制定义

制度控制也称行政控制，是一种通过法律或行政管理措施保护人体健康及环境，确保人体及环境不受到场地中存在的或根据风险控制清理方案而有意残留的污染影响。制度控制手段通过限制地下水污染场地上及周围的人类活动、土地用途以及接触途径，有效限制了人体在受污染环境中的暴露。在必要时，制度控制可作为工程控制的辅助措施，用于防止人体对污染地下水体的暴露。政府作为地下水资源管理的主体，在污染防治的过程中，要针对地区特点持续深入地开展制度建设。例如借助法律、法规等，细化地下水资源污染防治措施责任，在划分责任的过程中对主管部门的行政行为进行规范，避免出现监督执行权力的缺失。同时在制度建设的过程中，要加大宣传力度，帮助群众逐步形成全面的法制观念，使得公民在日常经济生产与生活过程中，能够严格规范用水行为。

（2）制度控制的主要目的

制度控制的主要目的之一是通过土地或地下水使用限制告知书和区域分类用途限制等方式，向公众公开污染场地的土壤或地下水污染信息。通过这些方式建立管理机制来限制人类在污染场地中或污染场地周边的活动，同时也能够确保随时间推移的修复效果。常见的制度控制方式有土地使用限制告知书、地下水区域分类用途限制、限制地下水井区域、环境限制声明，以及构筑物、土地、自然资源等的使用限制。

（3）制度控制的主要方式

集中式地下水饮用水水源地保护最常用的制度控制方式之一，是地下水区域分类用途限制。当地政府部分通过制定水域地保护区划分，设立饮用水水源地保护牌并公告水源地区域，对周边建设和污染源监测等起到指导和规范作用。保护区整治指标，根据不同级别保护区的法律要求分别设置。如一级保护区制定制度控制主要考虑和评估与供水和保护水源无关的设施、项目、排污口以及网箱养殖等违法行为的整治状况；二级保护区制定制度控制主要评估排污口整治、分散式生活污水处理、分散式畜禽养殖废物资源化利用以及网箱养殖的整治状况；准保护区制定制度控制主要突出污染源达标排放、总量控制和水源涵养的理念，规定了污染源（含工业园区）达标排放、基于水质目标的污染物削减量和水源涵养林建设等方面的整治要求。

污染源风险防控的制度控制方式如土地使用限制告知书，此告知书的目的是使此地块的潜在买家充分了解到本场地的污染程度高于不受使用限制的标准，并且场地中已采取了工程控制措施使污染物停留在本场地中。如垃圾填埋场地下水管控过程中，限制土地使用是为了保护填埋场顶部屏障的完整性，内容包括限制土地开挖、地下水使用和车流量等。通常，土地使用限制告知书要根据实际采用的修复措施、修复效果和环境健康风险水平而定。

另一种常用的制度控制方式是限制建设地下水井，此种控制方式可用于地下水中的污染物浓度超过相应水质标准但仍可以保留在原位的情况。环保部门和供水部门签发的声明中绘制出地下水受污染的范围，在污染消减至达标之前不允许在限制区域内进行任何地下水井的建设工作。

政府管控通常由中央或地方政府相关部门执行，具体内容包括制订区域限制、管理条例、施工许可，或其他关于限制某场地土地或地下水资源用途的规定。地方政府部门可采取多种土地或地下水用途控制措施，简单的如限制土地使用、限制地下水超采，复杂的如规划开发分区单元、制定地下水回补区域等。无论采取哪种措施，都需要仔细评估土地用途控制方案，以确保场地不会被不当使用，例如在垃圾填埋场地建设幼儿园等。控制方案确定实施后，通常由当地的公安部门来规范并确保制度控制的实行。

信息公开也是常用的制度控制措施之一，用于公开残留或封存在场地土壤或地下水中污染物的信息，并加以警示。常用的做法有污染场地登记制度，土地、地下水使用限制声明及各类公告。由于某些信息公开途径的限制及其不可执行性，在运用此类制度控制措施时需要周密考虑这些措施的预期效果。因此，信息公开类措施也常作为确保其他制度控制措施可靠性的“次级”制度控制措施。

以下是信息公开类措施的类型及其相应解释。

① 土地使用限制告知书：与产权证一同归档的公开土地记录，为潜在的买家或其他感兴趣的各方提供此场地上的污染带来的潜在健康风险。

② 集中式地下水饮用水水源地保护：包括水源地范围及等级等信息。

③ 有害废物污染场地登记：包含关于污染地块的信息。

④ 各类公告：警示公众使用受污染的土地、地表水或地下水相关的潜在风险，通常由公共卫生部门发布。

5.3.2 工程控制

工程控制指为了有效切断污染运移或暴露途径，减少或彻底消除受体在污染物中的暴露而进行设计和实施的工程措施。工程控制常作为最终修复的一部分，允许部分超出特定标准的污染留存在场地中。除此之外，工程控制也用于阻隔污染物扩散、稳定污染物，或确保其他修复技术的修复效果。

工程控制包括所有采用物理原理来稳定或阻隔污染物的方法，同时能够确保其他修复方法长期有效。地下水常用的工程控制措施包括帷幕注浆、可渗透反应墙、地下水监测系统、地下水抽提系统等。

工程控制用于控制以下方面之一：

① 公众或环境与污染物的直接暴露或直接接触；

② 污染物向下游迁移、渗透，或地表径流与降水的渗入；

③ 污染物随时间推移的向下自然淋溶及运移；

④ 控制向环境空气或通过蒸汽侵入室内空气的无组织排放气体。

工程控制所采取的具体措施如下。

① 建设整套地下水监测系统。

② 固化技术：指将污染物固定在固体结构中，防止其淋滤出来。以下为固化土壤污染物的三种方式。

Ⅰ. 原位固化：通过物理方法将污染物绑定或封闭在性质稳定的物料块体内。

Ⅱ. 原位稳定化：通过污染地下水与稳定剂的化学反应，降低污染物的迁移性。

Ⅲ. 垂直防渗墙：可阻止地下水的水平运移，常用于污染源控制。可选用的材料有土-膨润土、土-水泥-膨润土、水泥-膨润土、板桩（钢制或高密度聚乙烯 HDPE）及黏土等。

5.3.3 修复技术

近年来，地下水污染场地的修复技术发展迅速，种类较多，大体可以分为异位修复技术、原位修复技术和自然衰减技术 3 种。典型地下水的应急控制技术有地下水泵吸、地下排水沟及隔离墙技术。在污染源成分复杂、来源不明时，常采用隔离墙技术，即注浆帷幕在地下形成连续墙。

一些常用的地下水污染修复技术如下所述。

5.3.3.1 地下水污染的异位修复技术

（1）两相抽提技术

两相抽提技术主要用于地下水污染场地存在自由相非水相液体（NAPL）污染物的情形，抽取地下水形成地下水位降落漏斗，使自由相NAPL向漏斗中心汇集，然后利用泵直接抽取自由相NAPL。该技术应用的影响因素包括抽提量、真空度、介质类别、污染物种类及形式等，其局限性为主要针对轻非水相液体（LNAPL）污染物。

(2) 抽取-处理修复技术

针对地下水中的溶解相污染物（可以是有机或无机污染物），可以采用在地下水污染源或高污染浓度处抽出地表，然后进行处理的方法。通过不断地抽取污染地下水，使污染羽的范围和污染程度逐渐减小，并使含水层介质中的污染物通过向水中转化而得到清除。随着抽取的进行，本方法的处理效率下降。其原因是污染物从含水层固相介质向水中的转化速率越来越小，出现“拖尾”效应，停止抽水后又会发生“反弹”效应。有时可以通过注入表面活性剂来增强抽取-处理修复的效果。抽出后对污染地下水的处理有很多方法，如吸附、过滤、汽提、离子交换、微生物降解、化学沉淀、化学氧化、膜处理等。

抽取-处理方法可以用于有机或重金属污染地下水的处理，应用较为广泛，其修复效果受诸多因素影响，如场地岩性、污染物形式、含水层厚度、抽水量、抽水方式、井布局、井间距、井数量等。该修复技术的缺点是达到修复目标所需的时间长。

5.3.3.2 地下水污染的原位修复技术

地下水污染的原位修复技术有很多，有的已经应用于现场修复，有的则处于实验室研究阶段。几种常见的修复技术如下。

(1) 可渗透反应屏障技术

可渗透反应屏障（PRB）也称可渗透反应墙技术，包括在污染源的下游开挖沟槽，然后充填反应介质，与流经的污染地下水进行反应，使污染物得到处理。用于反应的充填介质可以包括零价铁、活性炭、泥炭、蒙脱石、石灰、锯屑或其他物质。反应墙类型包括物理、化学反应墙，微生物反应墙等。处理墙中污染物的反应包括吸附、沉淀和生物降解等。

PRB技术不需要动力，维护成本低，地表无处理设施（厂房等）。技术的局限包括反应介质的堵塞、介质的更换等。

(2) 原位反应带技术

20世纪90年代末，地下原位反应带技术逐渐被应用到地下水污染的修复，该技术利用注入井（井排）在污染源的下游地带注入反应介质，形成一个“污染物的反应带”，污染物与注入的介质发生物理、化学和生物化学作用而使地下水中的污染物得以阻截、固定或降解。原位反应带包括化学反应带和生物反应带，其中化学反应带又可以分为氧化反应带和还原反应带。

该技术适用于处理污染范围较大、污染程度较严重的地下水污染。技术的局限性包括注入反应介质（氧化剂、还原剂、微生物）自身及反应产物是否会造成二次污染等。

5.3.3.3 自然衰减技术

自然衰减(NA)是依靠自然界的作用去除污染物的过程，它包括吸附、挥发、稀释、弥散等对污染物的非破坏性过程和生物降解、化学降解等破坏性过程。采用自然衰减修复的地下水污染场地必须进行长期监测，故也称监测下的自然衰减（MNA）。

一般来说，MNA方法对于那些污染程度低的场地更为适合，如严重污染场地的外围，或污染源很小的情形。总之，如果污染物的自然衰减速率大于污染物的迁移速率，应用自然衰减方法是有效可行的。一般可通过风险评价具体判断MNA技术是否可行。有时，为提高自然衰减的效率，也可以通过向地下环境注入营养物质或添加电子受体等手段进行强化，称为强化自然衰减（E-MNA）技术。

MNA技术的优点包括：a.一般不会产生次生污染物，对生态环境的干扰程度较小；b.工程设施简单，对污染场地周围环境破坏小；c.运行和维护造价低，修复费用远远低于其他修复技术；d.可以与其他修复技术结合使用，工艺组合多样。该技术的局限在于：污染物去除的时间较长，在风险较大的敏感场地不能单独使用。

5.3.3.4 修复技术应用采取不同措施

这些修复技术不仅适用于场地尺度的污染修复，也适用于大面积污染区域的修复，且成本较低，对环境影响也不大，针对不同的污染源可采取不同的措施。

（1）农业污染源的处理措施

在化肥农药的使用上加强管理，大力宣传规范化使用化肥农药的重要性，转变使用者的观念，使他们认识到农药和化肥不是用得越多效果越好，应根据农作物生长特点及土地营养程度决定农药和化肥的用量，在此基础上有关部门也应研制新型无毒和更加高产的生物型化肥和农药，减少含有有害物质的化学农药化肥的使用。

（2）工业污染源的处理措施

在城市建设中，因为工业企业生产中易产生“三废”等物质污染地下水，所以应合理设计工业区的供水水源区，最好是远离生活用水的下游地区，在这个前提下有关部门应引导工业企业正确处理生产中的废气、废水和废渣，使其建立更加有效的污染治理制度，尽量减少污染物质的排放，严厉打击一些严重污染环境的企业，令其限期处理或停产整顿等。

（3）生活污染源的处理措施

针对城市生活垃圾及生活废水对地下水造成的污染，首先城市应建立健全生活垃圾有效处理制度和生活污水处理制度，严格打击垃圾随意焚烧、填埋等措施，结合对废水坑、排污水库等对地下水污染的处理，开展全过程防治。同时，定期维护市政排污管网系统，增加对排污系统的管理，以免其损坏而导致有害物质泄漏污染地下水，而城市所产生的生活垃圾的堆放地尽量选择在水源地下游，减少对地面水体的污染。

（4）自然原因导致的污染处理措施

沿河两岸的河水开采过重而导致河道水面漏斗形成的污染，应根据对相关污染情况的测量及对现实情况的调查进行分析，制定取水井的位置方案时，应尽量控制污染河道两岸地下水的开采力度。虽然地下水有一定的自净作用，但这个过程非常缓慢，在这种情况下应利用未被污染的地表水对地面进行垂直回灌，促进地下水资源自净进程的加快。同时在水污染治理工作中，不应将地下水和地表水的治理严格区分，一方面地下水和地表水都是自然界水循环中至关重要的一部分，相互影响，相互交换；另一方面，地下水的污染源之一也是由地表水提供的。应将地下水和地表水关联起来综合治理，在考虑地下水污染防治的基础上与流域水资源相结合，共同实施治理措施，进行水资源治理过程监管，也可促进管理资源的优化分配。通过这种措施的应用，可在水资源满足自然生态环境的同时也满足社会经济生活对水资源的需要。

5.3.4 顶层对策

地下水污染防治的有序开展，不仅需要相关工作人员对于地下水污染防治的重难点进行明晰，还需要从原则框架的角度出发，对自身工作进行梳理，以期完善地下水污染防治活动实施的途径与手段，构建起科学高效的地下水资源管理体系，发展地下水污染防治的全新模式。基于此，对于地下水污染风险管控要从以下方面考虑。

① 加大环境风险防范研究力度，完善环境风险管理体制。通过对环境、风险本质与风险传播机制的研究，丰富理论体系，构建并推行风险衡量标准，为实践工作提供决策支持。地方政府应提升环境风险管理小组的级别，组长应由地方政府主要领导担任，以有效协调地质、水利、安监、环保等相关部门共同开展风险管理工作。

② 突出风险防范，重视过程管理。要切实转变环境风险管理理念，把管理重点放在事故防范预警上，做好污染源及风险隐患排查工作，强化危险化学品管理，建立风险信息数据库，加强风险源应急预案预警建设；还要兼顾环境风险防范与应急管理各个环节的工作，重视过程管理。

③ 完善相关法律法规，为环境风险防范工作提供法律支持和制度保障。将环保部门的环保监管权写入部门立法，赋予环保部门关键权力，通过法律制度加强环境监管。地方政府应明确环境风险防范责任和责任主体，并通过制定相关法规条例，为具体的环境风险管理活动提供可操作性强的依据。

④ 实施环境监管能力建设规划，落实环境风险防范手段，提高环境风险管理能力。建设先进的环境监测预警体系和完备的环境执法监督体系。建设环境事故应急系统。提高环境综合评估能力。加强环境统计能力建设，改革环境统计方法，开展统计季报制度，全面、及时、准确地提供环境综合信息，定期开展环境质量和生态变化评估以及环境经济核算。

⑤ 重视环境风险信息的交流和更新。在目前已有的信息公开制度的前提下，以政府为主导，成立相应机构或出台有关条例，加强信息的多向交流，监督相关信息的定期修订与更新。相关企业应定期向主管部门提供安全报告，政府主管部门对报告进行定期审查并通报公众。

⑥ 推进公众参与，普及环境风险防范意识。利用各类媒体对公众开展环境风险防范知识宣传教育和应急培训，培养全社会风险预警意识和事故应急能力，充分贯彻环境风险全过程管理理念。

5.3.4.1 我国地下水污染环境风险防控体系存在的主要问题

分级分类管控是为了确保各级尺度下的生态环境空间充分发挥其生态服务功能所采取的管理控制手段与途径，同时给区域及城市生态环境空间的管控提供依据。我国地下水污染环境风险防控体系仍处于雏形阶段，具有较大的发展空间，同时也存在一些问题，主要表现在以下几方面。

（1）重“污染防治”轻“风险防控”，偏离“预防为主”的原则

参照国家对地表水体、大气、固废处理处置的管理对策，我国已有的地下水环境风险防控制度和其他涉及环境风险防控的法律法规，大都将风险防控等同于污染，关注已进入风险链的风险行为可能带来的风险损失。然而风险防控的目的是防止风险行为的发生，由此可见，现有地下水环境风险防控措施存在偏离重点的倾向，缺乏风险源头控制与全过程管理。

（2）地下水污染风险防控措施缺乏针对性

《水污染防治法》《地下水污染防治实施方案》《水污染防治行动计划》《土壤污染防治行动计划》等各类规范指南及地方标准针对地下水污染都已经提出了系统的防控及管理措施，但在地下水环境的基本状况不清的状况下，防控对象不清，防控目标也不明，无法针对性地来制定和实施相应的管控措施。

(3)地下水环境风险防控相关法律法规亟待完善

环保部门的环保监管权并未写入部门立法，使得环境监管有形无实，环境风险管理工作难以推进。环境风险管理制度的缺失阻碍了风险防控工作的推进。

(4)环境风险防控工作可操作性不强，贯彻落实不理想

企业和相关部门缺乏主动防范风险的意识，风险管理行为不足，管理手段匮乏；环境风险管理体制规范化、程序化程度不够，可操作性差，缺乏有效的沟通机制，再加上职能部门的缺失，导致环境风险防控工作处于低效状态。

(5)信息公开单向，公众参与不足

现阶段我国政府机关、环保机构已经能够做到信息公开，部门网站信息透明详细。但公众对信息的接收效果并不好：一是由于相关信息的宣传力度不够；二是公众本身参与意识不强，关心程度不高。

5.3.4.2 加强地下水污染风险防控的建议

基于以上分析，建议从以下几方面加强地下水污染风险防控。

① 识别地下水污染风险，划分地下水污染防治分区，开展地下水污染风险分类分级防治。通过地下水污染风险分类分级评价识别区域及城市尺度下地下水污染风险，根据风险级别划定地下水污染防治分区，按照分区结果针对性地制定地下水污染防治措施。

② 加大环境风险防范研究力度，完善环境风险管理体制。通过对环境风险本质与风险传播机制的研究，丰富理论体系，构建并推行风险衡量标准，为实践工作提供决策支持。地方政府应提升环境风险管理小组的级别，组长应由地方政府主要领导担任，以有效地协调地质、水利、安监、环保等相关部门共同开展风险管理工作。

③ 突出风险防范，重视全过程管理。要切实转变环境风险管理理念，把管理重点放在事故防范预警上，做好污染源及风险隐患排查工作，强化危险化学品管理，建立风险信息数据库，加强风险源应急预案预警建设；还要兼顾环境风险防范与应急管理各个环节的工作，重视全过程管理。

④ 完善相关法律法规，为环境风险防范工作提供法律支持和制度保障。将环保部门的环保监管权写入部门立法，赋予环保部门关键权力，通过法律制度加强环境监管。地方政府应明确环境风险防范责任和责任主体，并通过制定相关法规条例，为具体的环境风险管理活动提供可操作性强的依据。

⑤ 实施环境监管能力建设规划，落实环境风险防范手段，提高环境风险管理能力。建设先进的环境监测预警体系和完备的环境执法监督体系；建设环境事故应急系统；提

高环境综合评估能力；加强环境统计能力建设，改革环境统计方法，开展统计季报制度，全面、及时、准确地提供环境综合信息，定期开展环境质量和生态变化评估以及环境经济核算。

⑥ 重视环境风险信息的交流和更新。在目前已有的信息公开制度的前提下，以政府为主导，成立相应机构或出台有关条例，加强信息的多向交流，监督相关信息的定期修订与更新。相关企业应定期向主管部门提供安全报告，政府主管部门对报告进行定期审查并通报公众。

⑦ 推进公众参与，普及环境风险防范意识。利用各类媒体对公众开展环境风险防范知识宣传教育和应急培训，培养全社会风险预警意识和事故应急能力，充分贯彻环境风险全过程管理理念。

5.4 京津冀地下水污染风险分级分类防控技术

基于上文提出的地下水污染防控建议，本节根据京津冀地下水污染风险分类分级结果，划分地下水污染风险防治分区，根据分区情况提出了不同防控级别的区域地下水污染风险防治对策。

5.4.1 京津冀地下水污染风险防控分区

基于京津冀平原区地下水污染风险分类分级结果，划分了京津冀平原区地下水污染风险严格防治区、一般防控区和系统保护区“三级防控分区”（见表5-2）。将地下水污染风险高和较高区域划分为地下水污染风险严格防治区，如北京密怀顺地区的牛栏山镇、北小营镇等地和石家庄滹沱河地区的滹沱河沿岸地带、正定县曲阳桥乡、正定镇、新安镇、藁城区南董镇等地；将污染风险中等和较低区域划分为一般防控区，如保定市、邢台市和邯郸市的大部分地区；将污染风险低的区域划分为系统保护区，如沧州市、衡水市、廊坊市和天津市的大部分地区。

表5-2 京津冀平原区地下水污染防控分区图

地下水污染风险防控分区	地下水污染风险评价等级
严格防治区	高
	较高
一般防控区	中等
	较低
系统保护区	低

5.4.2 系统保护区地下水污染风险防控

5.4.2.1 区域尺度

（1）强化资源管理

1）统筹协调，维护水生态功能

区域各级有关部门和县级以上地方人民政府开发、利用和调节、调度水资源时，应当统筹兼顾，维持江河的合理流量和湖泊、水库以及地下水体的合理水位，保障基本生态用水，维护水体的生态功能。

2）节约资源，严控地下水超采

多层地下水的含水层水质差异大的，应当分层开采；对已受污染的潜水和承压水不得混合开采。在地面沉降、地裂缝、岩溶塌陷等地质灾害易发区开发利用地下水，应进行地质灾害危险性评估。严格控制开采深层承压水，地热水、矿泉水开发应严格实行取水许可和采矿许可。依法规范机井建设管理，排查登记已建机井，未经批准的和公共供水管网覆盖范围内的自备水井一律予以关闭。编制地面沉降区、海水入侵区等区域地下水压采方案。开展地下水超采区综合治理，超采区内禁止工农业生产及服务业新增取用地下水。京津冀区域实施土地整治、农业开发、扶贫等农业基础设施项目，不得以配套打井为条件。

3）统一部署，完成保护区划分

以县（市、区）为单位，统一安排部署，地下水型饮用水水源地统一参照《饮用水水源保护区划分技术规范》（HJ 338—2018）的相关要求完成保护区划分工作；同时，依据各地区地下水实际情况，完成地下水禁采区、限采区和地面沉降控制区范围划定工作。

4）合理收费，发挥市场作用

完善收费政策。结合区域实际情况，完善城镇污水处理费、排污费、水资源费征收管理办法，合理提高征收标准，做到应收尽收。城镇污水处理收费标准不应低于污水处理和污泥处理处置成本。地下水水资源费征收标准应高于地表水，超采地区地下水水资源费征收标准应高于非超采地区。

（2）严格污染源头控制

1）全面控制污染物排放

严格管控重点污染行业的污染物排放过程。化学品生产企业以及工业集聚区、矿山开采区、尾矿库、危险废物处置场、垃圾填埋场等的运营、管理单位，应当及时更新先进的生产工艺，削减污染排放量，并采取严格的防渗漏措施，预防地下水污染。

2）调整种植业结构与布局

在缺水地区试行退地减水。地下水易受污染地区要优先种植需肥需药量低、环境效益突出的农作物。地表水过度开发和地下水超采问题较严重，且农业用水比重较大的区域，要适当减少用水量较大的农作物种植面积，改种耐旱作物和经济林。农田灌溉用水应当符合相应的水质标准，防止污染土壤、地下水和农产品。

3）实施农用地分类管理

全面落实严格管控。加强对严格管控类耕地的用途管理，依法划定特定农产品禁止生产区域，严禁种植食用农产品；对威胁地下水、饮用水水源安全的，有关县（市、区）要制定环境风险管控方案，并落实有关措施。将严格管控类耕地纳入区域退耕还林还草实施范围，制定实施重度污染耕地种植结构调整或退耕还林还草计划。在重点地区开展有机物、重金属污染耕地修复及农作物种植结构调整试点。实行耕地轮作休耕制度试点。

4）加强建设用地准入管理

持续加强实施分用途明确管理措施，各县（市、区）要结合土壤污染状况详查情况，根据建设用地土壤环境调查评估结果，完善污染地块名录及其开发利用的负面清单，合理确定土地用途。符合相应规划用地土壤环境质量要求的地块，可进入用地程序。暂不开发利用或现阶段不具备治理修复条件的污染地块，由所在地县级人民政府组织划定管控区域，设立标识，发布公告，开展土壤、地表水、地下水、空气环境监测；发现污染扩散的，有关责任主体要及时采取污染物隔离、阻断等环境风险管控措施。

5）加强污染源监管，预防土壤污染

加强工业废物处理处置。全面整治尾矿、煤矸石、工业副产石膏、粉煤灰、赤泥、冶炼渣、电石渣、铬渣、砷渣以及脱硫、脱硝、除尘产生固体废物的堆存场所，完善防扬散、防流失、防渗漏等设施，制定整治方案并有序实施。加强工业固体废物综合利用。对电子废物、废轮胎、废塑料等再生利用活动进行清理整顿，引导有关企业采用先进适用加工工艺、集聚发展，集中建设和运营污染治理设施，防止污染土壤和地下水。在重点区域和城市开展污水与污泥、废气与废渣协同治理试点。

（3）污染过程阻控

1）执行严格防渗措施，阻断地下水污染过程

化学品生产企业以及工业集聚区、矿山开采区、尾矿库、危险废物处置场、垃圾填埋场等的运营、管理单位，应当采取防渗漏等措施，并建设地下水水质监测井进行监测，防止地下水污染；加油站等的地下油罐应当使用双层罐或者采取建造防渗池等其他有效措施，并进行防渗漏监测，防止地下水污染；兴建地下工程设施或者进行地下勘探、采矿等活动，应当采取防护性措施，防止地下水污染；报废矿井、钻井或者取水井等,应当实施封井或者回填。

2）开展回补适宜性评估，预防污染风险

人工回灌补给地下水，不得恶化地下水质。建立地下水安全回补标准体系，完善地下水回补管理办法。针对区域主要回补地段，评估地下水含水层调蓄能力和各种回补方式下的补给能力，查明适宜回补区的地下可调蓄空间和回补路径的畅通程度以及污染源的空间分布、源强和污染风险，在风险防控的基础上根据回补水源、回补方式和回补区特点，建立覆盖回补区地下水及回补水源的联合监测系统和安全回补技术标准，形成地下水回补风险管控管理办法和政策；基于多水源格局的改变和南水北调等大型水利工程的兴建，设立独立的地下水循环综合管理部门，编制南水北调回补地下水的技术指导办法，完善再生水回灌地下水的水质标准。

（4）污染监测预警

1）建立和完善水环境监测网络

统一规划设置监测断面（点位）。提升饮用水水源水质全指标监测、水生生物监测、地下水环境监测、化学物质监测及环境风险防控技术支撑能力，建成统一的水环境监测网。

2）搭建协同监测与污染预警体系

提升地下水水质检测分析能力，研发高效协同监测预警设备，构建区域地下水污染协同监测网与平台；研发低成本、高效率、高频次地下水污染物检测设备与数据融合分析方法，建立高维度、多指标的土壤-地下水污染监测数值融合统一的数据空间，系统筛查和识别异常值，形成区域地下水污染快速预警决策系统，实现目标区域在不同地下水使用情景下的水流预测，以及地下水不同污染情景下的快速响应计算；研发基于地表-地下多介质、多因素条件下集风险评估-防控措施-污染修复的地下水污染防控技术体系。

3）建立地下水监测数据共享机制

在摸清区域地下水监测井分布、类型和用途等家底数据基础上，整合水利部、自然资源部等部门的地下水污染监测历史数据，初步形成区域时空地下水污染融合数据集。建立跨部门污染监测数据长期、周期性共享机制，对接监测井归口部门已有信息系统数据传输协议，形成定期数据汇总和分析并提出相应政策专报，实现污染数据动态汇总更新。建立相应地下水污染监测预警和风险管控大数据平台，实现区域地下水污染管理“一朵云”、污染监测井“一张网”、数据接口“一路通”。

（5）执法监管

1）严格环境执法监管

① 健全法律法规：加快水污染防治、海洋环境保护、排污许可、化学品环境管理等法律法规制修订步伐，研究制定环境质量目标管理、环境功能区划、节水及循环利用、饮用水水源保护、污染责任保险、水功能区监督管理、地下水管理、环境监测、生态流量保障、船舶和陆源污染防治等法律法规。各地可结合实际，研究起草地方性水污染防治法规。

② 完善标准体系：制修订地下水、地表水和海洋等环境质量标准，城镇污水处理、污泥处理处置、农田退水等污染物排放标准。健全重点行业水污染物特别排放限值、污染防治技术政策和清洁生产评价指标体系。各地可制定严于国家标准的地方水污染物排放标准。

2）实施信息公开制，加强社会监督和宣传教育工作

根据地下水环境监测和调查结果，各省（区、市）人民政府定期公布本行政区域各地级市地下水环境状况，适时向社会发布地下水污染风险预测级别、主要污染物、污染物超标情况和污染物的危害性信息，以及污染防治设施的建设和运行情况；健全举报制度，引导公众参与（“12369”环保举报热线、信函、电子邮件、政府网站、微信平台等途径），邀请公众全程参与重要环保执法行动和重大水污染事件调查，主动接受公众监督；制定地下水环境保护宣传教育工作方案，以动画、国家级大型科技共享平台的三维展示等更直观的方式使公众认识到地下水环境保护的重要性和地下水污染的危害性，把地下水环境保护宣传教育融入党政机关、学校、工厂、社区、农村等的环境宣传和培训工作。

3）加强组织领导，明确责任主体

完善中央统筹、省负总责、市县抓落实的工作推进机制；有关部门要行使地下水管理职能，生态环境、自然资源、住房和城乡建设、水利、农业农村等五部门协作配合，在职能范围内开展工作；建立健全地下水污染源风险源清单，并对清单进行管理；各市、县负责组织相关机构开展地下水污染源风险源排查工作，将排查出的风险源报上级备案。

5.4.2.2 城市尺度

（1）水源地风险排查

县级以上地方人民政府应当组织环境保护等部门，对饮用水水源保护区、地下水型饮用水水源的补给区及周边区域的环境状况和污染风险进行调查评估，筛查可能存在的污染风险因素，并采取相应的风险防范措施。

（2）污染源头控制

城市尺度的污染源头控制参照区域尺度污染源头控制措施施行，同时严格管控城市周边及农村地区的垃圾处置过程。

城市周边及农村地区实行垃圾分类管理及处理模式，由建制村（或多村联合）规划建设易腐垃圾处理站，垃圾处理站应设置污水收集和处理装置，污水收集后纳入管网的，应在处理站对渗滤液进行预处理，出水水质满足GB/T 31962的规定；若采用直接排放方式，应对渗滤液进行处理后排放，排放水质应稳定达到GB 16889的规定。恶臭污染物排放应符合GB 14554的要求；运行空间环境要求无污水、无地面垃圾[33]。

（3）污染过程阻控

城市尺度的污染过程阻控参照区域尺度污染过程阻控措施施行。

（4）污染监测预警

1）建立和完善地下水环境监测网络

统一规划设置监测点位。提升地下水型饮用水水源水质全指标监测、地下水环境监测及环境风险防控技术支撑能力，建成统一的地下水环境监测网。

2）提升水质检测分析能力

有效的水质检测技术是更有力的监管技术，同时也能为后续突发性水污染提供技术层面的分析以及政策制定的支撑。有效的水质在线监测技术能够实现对水环境的保护，并为水资源管理提供高效而便捷的手段，在河流排污口处放置监测设备能实现对污水处理与污染物排放的有效控制，同时大规模应用时均可用于地表水、地下水以及河流断面等监测[34,35]。

（5）执法监管

1）加强组织领导，明确责任主体

完善中央统筹、省（区、直辖市）负总责、市县抓落实的工作推进机制；有关部门要行使地下水管理职能，生态环境、自然资源、住房和城乡建设、水利、农业农村等五部门协作配合，在职能范围内开展工作；建立健全地下水污染源风险源清单，并对清单进行管理；各市、县负责组织相关机构开展地下水污染源风险源排查工作，将排查出的风险源报上级备案。

2）强化科技支撑，编制规范指南

依托地下水领域相关科研院所、高校等，加强地下水科技支撑能力建设。生态环境部通过开展培训会等形式，提高各地专业人员素质和技能；生态环境部建立系统规范的工作方法，并尽快出台地下水污染源风险源排查规范或工作指南，对区域开展排查工作提供技术指导。

3）完善工作保障，加大资金投入

建立中央支持鼓励、地方政府配套支撑的财政机制。各地将经费列入财政预算，确保专款专用；各地要提供组织和政策保障，在人员、设施等方面加大对地下水污染源风险源排查工作的投入。

5.4.2.3 线状污染源

（1）重视群众思想教育

思想上“堵”住私排乱接的想法，在宣传上要加大力度，让人们认识到水资源匮乏和水污染的严重后果，自觉并坚决抵制水污染行为，通过群众的力量解决水污染监督问题[36-43]。

（2）建立健全监管体制

从制度上“堵”住私排乱接的行为，要对水污染行为做出“最严格”的审批、管理和“最严厉”的处罚，如从规划角度对有污染的项目坚决不予审批；从管理角度加强对现有排污企业的监管，严肃查处不合格排放行为，做到立整立改，不完成整改的坚决不能复工；从生产、环保、工商、税务等多角度制定严厉的处罚条款，对违法排放问题做到全方位处罚。

健全城市河道的管理体制，宣传教育工作、加强执法力度。城市河道水环境建设和城市河道截污减排工作，需要由公安部门、国土资源、市容、环境保护、水利、市政和环卫等相关部门进行职责分工，对城市河道修建中人工水环境的截污减排工作进行协调，加强违章排污的处罚和监管力度，提高市民、企业的法律意识，以城市河道管理部门为主，形成城市公民踊跃参与的管理模式[44,45]。

（3）加强污染源防控力度

拆除城市河道两边排放污水量较大的建筑，变迁污染严重的点源污染对象，减轻城市河道的压力。加大对工业区、临河地区、居民区的下管网建设力度，从而阻拦污水进入城市河道。大力建设污水处理设施，在城市扩建和农村城市化建设的同时确保下水管网对污水的集中收集和处理，使处理后的污水达到排放的标准[44,45]。

合理施用农药和化肥降低磷、氮元素的流失，同时加大低磷或无磷洗涤剂产品的推广。

5.4.2.4 面状污染源

面状污染源（以下简称“面源”）主要有农业源和生活源，系统保护区内的生活源地下水风险分类分级管控可依据城市尺度的管控对策。

对于农业面源的地下水风险分类分级管控主要可从以下4个方面开展。

（1）加强组织领导，建立健全体制机制

将农业面源污染防治与当前正在开展的地下水污染防治工作有机统一起来，成立专门的协调组织领导机构，进一步建立体制、健全机制、理顺关系、明晰职责[41]。

（2）加强宣传培训，提高全民环保意识

开展“废旧农膜回收利用以旧换新”“化肥、有机肥配方施肥”“农药科学使用”“秸秆合理利用”等培训活动。大力宣传环保知识，推进生态种养技术普及，增强农民环保意识。

（3）加大科技推广力度，着力转变发展方式

在区域范围内推广配方施肥，对化肥经销人员进行培训，要求所有化肥经销点全部配备土壤检测仪，农民购买化肥时带土壤样品，检测后根据土壤情况提出施肥建议。农业技术推广部门应充分发挥职能作用，划定责任区域，加强农作物病虫害防治技术培训，减少化肥、农药的使用量。

（4）切实加强督查监管，依法治理污染行为

应加强养殖场的审批和管理，对于原建的养殖场，属于禁养区内的要坚决关停或搬迁，属于适养区的要规范完善。建立完善农业投入品生产、经营、使用机制，加强农业生产技术及农业面源污染监测、治理等标准和技术规范体系建设。

5.4.3 一般防控区地下水污染风险防控

5.4.3.1 区域尺度

（1）污染风险排查

县级以上地方人民政府应当组织环境保护等部门，对饮用水水源保护区、地下水型饮用水水源的补给区及供水单位周边区域的环境状况和污染风险进行调查评估，筛查可

能存在的污染风险因素，并采取相应的风险防范措施。

（2）污染源头控制

一般防控区的污染源头控制参照系统保护区城市尺度污染源头控制措施施行。

（3）污染过程阻控

一般防控区的污染过程阻控参照系统保护区区域尺度污染过程阻控措施施行。

（4）污染监测预警

一般防控区的污染监测预警参照系统保护区区域尺度污染监测预警措施施行。

（5）执法监管

一般防控区的执法监管过程参照系统保护区城市尺度执法监管措施施行。

（6）强化科技支撑

1）整合科技资源，攻关研发前瞻技术

通过相关国家科技计划（专项、基金）等，加快研发重点行业废水深度处理、生活污水低成本高标准处理、海水淡化和工业高盐废水脱盐、饮用水微量有毒污染物处理、地下水污染修复、危险化学品事故和水上溢油应急处置等技术[42]。开展有机物和重金属等水环境基准、水污染对人体健康影响、新型污染物风险评价、水环境损害评估、高品质再生水补充饮用水水源等研究。加强水生态保护、农业面源污染防治、水环境监控预警、水处理工艺技术装备等领域的国际交流合作。

2）加大科研力度，推动环保产业发展

加快成果转化应用。完善土壤污染防治科技成果转化机制，建成以环保为主导产业的高新技术产业开发区等一批成果转化平台。开展国际合作研究与技术交流，引进消化土壤污染风险识别、土壤污染物快速检测、土壤及地下水污染阻隔等风险管控先进技术和管理经验。

5.4.3.2 城市尺度

（1）污染风险排查

以“试点先行与全面铺开结合、污染源与集中式地下水水源地结合”为原则，选取典型城市为工作试点，以地下水水源地为重点，摸清地下水污染风险源分布及危害现状，建立科学有效的地下水污染风险源排查标准方法、工作方案和技术路线。

排查对象是有污染源的单位和个体经营户，包括工业污染源、矿山开采区、危险废物处置场、垃圾填埋场、石油开采、储运和销售区、农业污染源、高尔夫球场、生活污染源、渗坑、与地下水有水力联系的地表污染水体、排污口。

排查内容包括对象的名称、所在地区、所属水文地质单元、地理坐标、重点污染源基础信息、特征污染物信息、监测井信息和水质监测状况、主要污染指标等信息。

（2）风险源监管平台

以重点行业污染源为基础建立地下水污染源风险源监管信息平台。综合污染源普查，按照“大网络、大系统、大数据”的建设思路，积极推进数据共享共用，构建城市地下水污染源风险源监管信息平台。以重点行业、填埋场、矿业开采区等为重点，结合地表水重点污染源数据平台建设，建立健全地下水污染源风险源监管信息平台。强化平台基础地下水污染源数据库建设，充分反映企业污染排放量、特征污染物、监测井分布及场地水文地质条件等。

（3）污染监测预警

以污染源周边为重点，构建地下水污染监测网络体系。衔接国家及区域地下水监测工程，整合建设项目环评要求设置的地下水污染跟踪监测井、地下水型饮用水水源开采井、土壤污染状况详查监测井、地下水基础环境状况调查评估监测井、《中华人民共和国水污染防治法》要求的污染源地下水水质监测井等，构建覆盖城市的地下水污染监测网，加强现有地下水环境监测井的运行维护和管理，完善地下水监测数据报送制度。按照国家和行业相关监测、评价技术规范，开展地下水环境日常监测工作。

（4）执法监管

① 确立民众对地下水保护的责任和权利，提高公众参与的积极性；

② 建立各种地下水污染物（如农药、石油产品等）的使用登记制度；

③ 建立不同行政层次、代表不同方面的地下水污染应急组织；

④ 明确地下水污染责任的行政处罚、直接损害的法律责任，同时还应强调现在或将来地下水污染治理代价的昂贵性，使地下水保护的法制性与自觉性结合起来；

⑤ 建立专款（如利用部分化工、石油等企业税收）用于处理紧急的污染事故、消除其严重危害，选择危害重大的地下水污染场地优先进行防治；

⑥ 设立一定的款项研发符合发展中国家不同发展阶段的地下水保护方法和技术；

⑦ 实行从市县到乡镇的多层管理与监督机制，作为一整体，不仅考虑环境恶化、人类健康影响，生态系统影响也应给予足够关注，同时强调地下水、地表水及大气圈环境相互影响，进行系统性的统一管理与部门协调；

⑧ 积极发展与认证地下水生态环境风险评价组织机构与污染修复队伍；

⑨ 对潜在的地下水污染场地要求定期提交地下水环境监测、评价报告；

⑩ 强调重视废水、废物堆放及处理过程（如有害固体物填埋场）对地下水环境与生态的影响与评价，确保地下水水质安全。

5.4.3.3 线状污染源

（1）控制初期雨水，防止城市河道污染

初期1～4mm雨量中存在的污染物含量最高，而雨水径流具有冲刷作用，所以需要对城市的初期降雨进行控制。应采用各种形态的生态护岸，恢复水中动物和植物的生长，促进地下水和地表水的交换、水位调节、滞洪补枯。在城市河道的水岸边设置凹式的渗滤沟，雨水从城市河道旁边的绿地中流出，经过凹式渗滤沟过滤后汇入城市河道中，提高城市河道修建中人工水环境收集雨水的清洁度。将调蓄池设置在不能进行污水和雨水分流的老城区污水溢流口处，集中收集初期溢流的雨水。调蓄超出水体自净能力和污染物浓度较高的水量，在下完雨后将收集的水量排送到附近的污水厂或合流污水截流干管，降低污水对城市河道修建中人工水环境的污染[46]。

（2）对直排污染企业集中区域进行重点监控

加大对重点污染企业和直排污染企业的环保监察力度，并对其进行重点监控，使相关企业提升相关的污水处理技术，使得工业废水能够处理达标后再向河段进行排放。

（3）建立健全商业区与居民区污水垃圾处理长效机制

建立健全商业区与大型居民社区污水垃圾处理长效机制。通过有效监管，科学设计，使得商业区与大型居民社区污水能够处理后排放，分散排放。从而减少对河段的水体自我调节能力造成的破坏，促进其生态恢复与水体自净能力的恢复[44-46]。

5.4.3.4 面状污染源

一般防控区内的生活源地下水风险分类分级管控可依据城市尺度的管控对策。对于农业面源的地下水风险分类分级管控主要从以下4个方面开展。

（1）因地制宜，科学合理进行规划

农业规划要深入贯彻落实党中央、国务院对打好农业面源污染防治攻坚战的一系列部署，结合省市的城乡规划、农业可持续发展规划等，做好定位，统筹园区的发展，有效衔接园区的各模块运行，做好面源污染的防治[47,48]。规划中应充分了解当地的自然资源、产业发展状况、乡村建设、乡村特色等，依托于园区内的水、道路、植被、产业等现状条件，选择适合园区的生产模式、运行机制等，采用合适的生态布局进行科学合理的空间布局和功能分区，使园区形成一个完整的生态循环系统，能够进行污染的自我消纳[49,50]。

（2）注重生态，走可持续发展道路

农业生产过程中，要以生态作为第一守则，着力发展节水农业，绿色生产，实现资源的循环化利用；同时不断完善畜禽养殖土地消纳配比、沼渣沼液还田等相关技术标准，研发和推广新型肥料、高效低毒农药、生物防控技术、可降解农膜、秸秆还田技术[51,52]，探索高效的园区运行机制和农业生产模式，走可持续的发展道路。

（3）坚持创新，科技引领园区发展

规划要坚持以“创新”为指引，紧跟时代步伐，坚持“规划兴农”“科技兴农”，加大对科技化、信息化的投入力度，将移动互联网、云计算、大数据、人工智能等技术引入规划中，让科技更好地引领园区发展。

（4）完善管控农业面源污染的政策体系

农业面源污染管控涉及多个层面，应建立一套基于农业园区的农业面源污染防治的政策，具体措施应结合以下3种模式，将政府、农业区经营者、企事业组织和社会团体广泛联合，从根源上解决农业面源污染[48]。

1）模式1：建立高效的农业面源污染管控机构

建立以农业农村部为核心、其他部门积极合作的农业面源污染管控体系。从微观层面来说，需要建立隶属于农业农村部的专门负责的下辖组织。

2）模式2：建立农业区环境监督组织

建立农业区服务云平台，将园区统计信息录入信息库，实行电子化动态管理，实时监控园区内污染源情况，氮磷含量变化，同时建立农业园区环境评价指标体系，提供可靠农业园区面源污染信息[37,48]。

3）模式3：建立综合服务中心

通过建立综合服务中心，加强对农业区面源污染“源头防治—过程阻断—末端治理”的技术指导和培训，提高农业区管理者的科技素质和环境意识，加大对农技的推广和应用力度，培养一支高素质的农业推广队伍。

5.4.4 严格防治区地下水污染风险防控

5.4.4.1 区域尺度

（1）执法监管

完善地方污染问责制度，做到有法可依，有法必依。加强地下水环境管理水平，形成责任追究、重点污染源信息公开、环境监测、风险评估等制度，特别重视监测预警体系建设。对地下水集中式饮用水水源补给径流区的石油化工行业企业、矿山开采及加工区、生活垃圾堆放场等地下水环境风险较大的重点污染源布设监测井，开展监督性监测。

（2）污染监测预警

完善地下水环境监测井网络建设，实施监测计划，重点区域加密布点，缩短监测周期，扩充监测指标，重点针对特征污染物进行监测预警。

（3）污染治理

1）工程措施

加强污染风险高的区域防渗能力建设，避免或减少环境污染事件发生；对于已经造成地下水污染，且直接威胁饮用水水源安全的工业园区，采取封闭、截流、净化等措施恢复地下水基本功能。

2）治理措施

需解决污染源和污染路径两个问题。首先，要从源头切断污染源，对于已经存在的污染源，通过清除污染的包气带或者抽出处理污染的地下水，控制污染范围；同时，采取必要的管控措施，限制企业排污增加污染来源。其次，对于已经存在的污染羽，采取必要的修复措施，如较高浓度地下水有机污染，多采用原位化学氧化(苯系物、含氯有机溶剂类、总石油烃污染羽)、原位化学还原(含氯有机溶剂类污染羽)、强化生物降解(苯系物或总石油烃污染羽)等方法去除污染物；污染羽所处含水层较浅且含水层下紧邻低渗透性层时，可采用渗透性反应墙，有效控制地下水污染羽运移[53-56]；较低浓度地下水污染，可采用自然衰减监测的方法，成本低且环境风险性小。此外，治理工程之后需要布设足够数量、覆盖面广的地下水监测井，防止污染反弹，形成长效监测机制。

5.4.4.2 城市尺度

（1）推行环境保险责任制度

充分认识地下水环境污染的系统性、复杂性、长期性及修复的艰难性，构建环境污染责任保险管理体系；同时，量化环境风险评估，推动环境污染责任保险管理体系的构建与实施；形成示范-推广效果，实现地下水污染超前预防与控制。

（2）执法监管

加大执法力度，对造成地下水污染的重点企业强制实行问责付费制，明确责任主体；同时，必要的支持措施，推动重点污染区的地下水治理工程，形成示范-推广的效果，促进区域地下水环境质量改善。

（3）污染修复技术比选

对不同级别的地下水污染源进行修复技术比选，实现防控技术的优化筛选，常用地下水污染修复技术汇总信息如表5-3所列[57-78]。可依据表5-4推荐的地下水污染防治技术筛选方法对技术指标进行可量化、客观的筛选。

表5-3　常用地下水污染修复技术汇总

分类	序号	技术名称	技术属性	防控对象	目标污染物
第一类	1	污染源移除	主动	污染源	大多数污染物
	2	防渗技术	被动/主动	污染源	大多数污染物
	3	气相抽提	主动	包气带	苯系物等挥发性污染物
	4	电动修复	主动	包气带	重金属及石油烃、胺类
	5	原位热处理	主动	包气带	石油烃等挥发/半挥发性有机物
	6	固化/稳定化	主动	包气带	重金属、砷化合物等
	7	玻璃化	主动	包气带	镉、铬、铅等重金属
第二类	8	帷幕阻隔	主动	包气带和地下水	大多数污染物
	9	微生物修复	主动	包气带和地下水	苯系物、MTBE等
	10	多项抽提	主动	包气带和地下水	NAPLs
	11	原位化学清除	主动	包气带和地下水	石油烃、苯系物、酚类、重金属等
	12	植物修复	主动	包气带和地下水	挥发性有机物、石油烃、重金属等
第三类	13	水力控制	主动	地下水	大多数污染物
	14	监测自然衰减	被动	地下水	苯系物、氯代烃、硝酸盐等
	15	渗透反应格栅	主动	地下水	氯代烃、苯系物、石油烃、重金属、氨氮等
	16	空气扰动	主动	地下水	石油烃、苯系物等挥发/半挥发性有机物
	17	抽出处理	主动	地下水	大多数污染物
	18	地下水循环井	主动	地下水	氯代烃、石油烃等挥发/半挥发性有机物

表5-4　国内外常用地下水防治技术筛选方法汇总

筛选方法		方法简介
生命周期分析（LCA）		对地下水修复过程中某一种技术的生命全过程评价方法
成本收益分析（CBA）		以成本有效性或成本分析为主要出发点对修复技术的评价方法
多目标决策方法	IOC排序法	对各方案的总效用值进行排序，尽量减少多目标决策过程中的主观偏差
	层次筛选法	备选方案通过属性权重计算综合值，再依据综合值的排序选择最佳方案
	逼近理想点法（TOPSIS）	通过计算备选方案中属性值与最优方案中的“理想解”和最差方案中的“负理想解”的距离进行优劣排序
	选择消去法（ELECTRE）	通过方案相互比较，得到优先度矩阵和低劣度矩阵，通过阈值计算出方案的排名
	偏好顺序结构评估法（PROMETHEE）	根据每个方案在各个属性以及所有属性的满足程度差异刻画备选方案之间的优劣

5.4.4.3 线状污染源

（1）严格执法

加大执法力度，对现有非法设施采取强制措施，在执法过程中查出一例严肃处理一例。同时，争取通过长期、广泛的普法宣传、监督管理让水污染防治意识深入人心，让水环境从根源上得到改善。全面贯彻落实“坚持绿色发展”“促进人与自然和谐共生”“深入实施大气、水、土壤污染防治行动计划”等要求，设立专职机构，统一领导、统一协调、统一调度各相关部门联动解决问题，更深入、更彻底、更便捷、更快速地解决污水入河问题。

（2）生态修复与景观设计相融合

将生态修复与景观设计相融合，在进行生态修复、恢复水域河段的自我净化能力的同时，紧密结合水域沿岸分布的众多人文景观要素，充分发挥集聚的深厚历史与文化底蕴。完善多元绿化生态体系，提升城市公共空间环境质量[79-83]。

（3）生物修复技术应用

高等水生植物可以抑制藻类在水中的生长，还能有效改善水质，使水中动物拥有洁净的索饵育肥、繁衍、栖息场所。页岩、陶粒等人工填充滤料是生物膜的依附载体，而生物膜上生长了大量的线虫、轮虫、丝状菌和硝化菌等，在具有除磷脱氮效用的同时还具有增强生物膜净化能力，对受氨氮污染和有机物污染的城市河道人工水环境有明显的净化作用，使城市河道人工水环境的自净能力得以恢复[84-89]。将外源的污染降解菌直接放到污染水体中，可以激活、唤醒水中存在的微生物，恢复微生物的自净能力，并对水体自净过程进行强化，具有降解功能。

5.4.4.4 面状污染源

严格防治区内的生活源地下水风险分类分级管控可依据城市尺度的管控对策。对于农业面源的地下水风险分类分级管控主要可从以下3个方面开展。

（1）源头控制

首先，从源头上减轻农田农药化肥使用量；其次，对降雨和地表径流水体中污染物吸收拦截；最后，对收纳水体进行生态修复，通过系统性的污染拦截吸收及水环境修复措施从而达到防治水污染目的。

1）管理措施

全面禁止使用剧毒高残留农药，推广使用生物农药和高效低毒低残留农药，发展生态农业和有机农业。积极推广测土配方施肥，大力推广使用有机肥、复合肥、新型缓释肥，有针对性地施用微肥。通过科学施肥合理减少农田养分投入，提高氮、磷养分利用率，从而减少农田面源污染[90-97]。同时在农村推广发展绿色产业，推进农业产业化的发展思路，积极调整农业产业结构，促进农民生产生活方式的转变。

2）技术措施

采用化肥减量化、节水灌溉等。

① 化肥减量化是从循环经济理念、养分平衡和精准化施肥技术出发，科学制定环境友好的养分管理技术。通过合理减少农田养分投入，科学施肥，提高氮、磷养分利用率，从而减少农田面源污染。主要技术手段表现为精准化平衡施肥技术和养分平衡施肥技术。

② 节水微灌属于先进的节水灌溉技术，能够仅对作物需水部位提供所需水量，由“浇地”转换为“浇作物”[98,99]。适用于设施农业和经济作物，能适应所有地形和土壤，具有节水、增产效应，灌水均匀的特点。能有效减少污染物转移，微灌技术可将肥料溶于水中，减少氨挥发、径流和淋溶损失，增加了肥料的利用率[100-107]。通过布置节水微灌措施，从源头减少化肥施用，减少了部分排入水体的污染物。

（2）过程阻断

农业面源污染除了源头控制以外，还可针对面源污染物质进入水体过程中，通过建立生态拦截系统，阻断其进入水环境。此过程可以采用生态沟渠技术，依据生态学原理，通过对现有沟渠的生态改造和功能强化，在农田系统中构建带有种植条件的沟渠。在沟渠中配置多种植物，对沟渠水体中氮、磷等物质进行拦截、吸附，利用物理、化学和生物的联合作用对氮磷污染物进行净化和处理，从而阻断部分污染物进入水体，达到削减污染量的目的。

生态沟渠通常由沉砂段（水入口）、泥质或硬质生态沟框架和植物组成。沉砂段位于农田排水出口与生态沟渠连接处，用于收集农田径流颗粒物。农田排出的灌溉废水或雨水首先经过生态沟渠前段沉砂段，污水中的大颗粒悬浮物被拦截沉淀。随着水流沿沟渠向下游流动，与植物不断接触，水中氮磷等物质被沟渠中水生植物拦截吸附，出水水质得到提升[108-116]。生态沟每隔一段距离设置排入大庄河的排口，影响排口距离的因素包括要保持适宜水位的沟内水量、保证应有的消减作用等。

（3）末端强化

对面源污染路径的末端收纳水体，可以采用生态修复措施进行末端污染物强化吸收，从而减少污染物入河量。一般河湖采取的生态修复措施包括在河湖岸边设置生态护坡缓冲带，湖库前端设置前置库、生态湿地技术，构建水生动植物群落等。湖滨缓冲带是介于湖泊最高水位线和最低水位线之间的水、陆交错带，被称为湖泊的“肝脏”，具有很强的解毒净化作用，在湖泊生态环境保护方面具有特殊功能。在湖泊水体与陆地之间的生态隔离带，能有效地拦截净化地表径流挟带的泥砂和其他污染物，并可以通过“促淤效应”增加氮、磷、悬浮物等污染物质的沉积输出，减轻湖泊的污染负荷。同时水生植被覆盖着平缓的“浪击带”，能够有效地“吸收”波浪的数量，消浪防蚀，稳定水体，从而防止底泥悬浮，减少沉积物中污染物质的释放。

5.4.5 点状污染源地下水污染风险防控技术

考虑到点状污染源（以下简称“点源”）在其污染特征和周边水文地质条件上都有一定的独特性和唯一性，因此并不能完全按照区域风险分类分级的结果来制定防控对策。本章节在污染源强评价的基础上，结合污染源的源强分类分级情况提出点状污染源周边地下水污染风险防控对策。

5.4.5.1 “点源”污染风险分类防控

针对点状污染源，从“七分防，三分治”的地下水污染防控理念出发，重视“源头防”。将地下水污染防控的重心上移，重视污染源的防护和污染过程的阻断。按照“双界面法”开展地下水污染过程识别分析，基于地下水污染源强分级评价结果，对潜在污染源和已存在污染源分别制定防控对策方案（见图5-1），主要包括对于潜在污染源的防渗等级确定，以及对于已存在污染源的防控技术分类组合方案的制定。

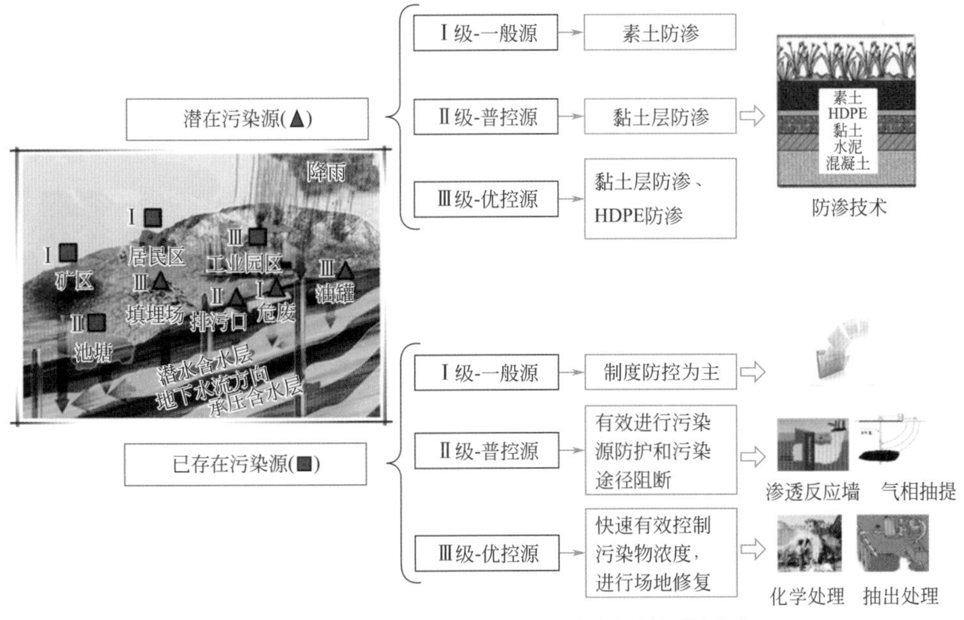

图5-1 基于源强评价的地下水污染风险分类防控对策方案

（1）潜在污染源

对于潜在污染源，重视“源头防”，主要考虑污染源的防护与场地防渗等级的划分工作。以源强分级评价结果为基础，对于无法移除的地下水污染源，参照场地防渗等级相关要求划定潜在污染源的防控等级（具体见表5-5）。

表5-5 潜在污染源的防渗级别划定

污染源类型	防渗要求
一般源	防渗层的渗透系数不应大于1.0×10^{-7}cm/s
普控源	防渗性能应与1.5m厚黏土层（渗透系数1.0×10^{-7}cm/s）等效
优控源	防渗性能应与6.0m厚黏土层（渗透系数1.0×10^{-7}cm/s）等效

（2）已存在污染源

对于已存在污染源，重视“源头削减，过程控制”，主要考虑污染源移除、排放源强削减和污染过程阻断等工作。以源强分级评价结果为基础，按照污染源防控等级，制定相应的防控对策方案。

1）优控源要优先考虑污染源的移除

对于可移除污染源，要明确移除方式、范围、去向等内容；对于不可移除污染源要加强排放源强的削减，并对污染源的防渗措施、存在时间等做出更严格的控制要求。对于已污染的土壤和地下水，需要采取修复措施，将环境中的优控污染物绝对浓度“快速高效”的降至标准限值以下。主要方案有：a.将优控污染物从受污染的土壤中去除；b.将超标的土壤移出并进行异地处置；c.将污染源控制技术与污染修复技术相联合。

2）普控源要优先考虑污染源的防护和排放源强的削减

一方面，要加强污染源防护；另一方面，要加强排放源强的削减，对污染源的防渗措施、存在时间等做出更严格的控制要求。对于已污染的土壤和地下水，需要采取修复措施，将环境中的优控污染物绝对浓度“稳定有效”地降至标准限值以下。例如，对于重金属类优控污染物而言，通过对污染的土壤进行固化稳定化等处理，阻隔污染物在土壤中的运移路径，并使其浸出浓度低于地下水环境质量标准；对于有机物类优控污染物而言，通过对污染的土壤或地下水采取生物修复等技术，控制和削减环境中的污染物浓度，同时还可以采用自然衰减法对有机物的去除情况进行监控。

3）一般源要优先考虑污染源的监控

通过建立污染源监管制度和地下水水质监控预警系统，准确掌握地下水水质变化趋势，视情况调整风险等级，并及时采取措施，消除或降低污染风险。

5.4.5.2 “点源”污染风险防控技术

参考国内外地下水污染防控技术的研究进展，如美国超级基金修复项目报告、ASTM规范、世界银行调查研究报告等，以Web of Sciences和Derwent数据库为基础，梳理出代表性“点源”污染地下水防控技术共计18项，根据技术操作“界面”的差异性将其分为三大类，具体如下所述。

第一类技术主要适用于污染源和界面二之间（见图5-2），是主要针对污染源和包气带的防控技术，主要包括污染源移除、防渗技术、原位热处理、玻璃化、气相抽提、电动修复、固化/稳定化7项，相关技术的防控机理、目标污染物等信息如表5-6所列[117-124]。

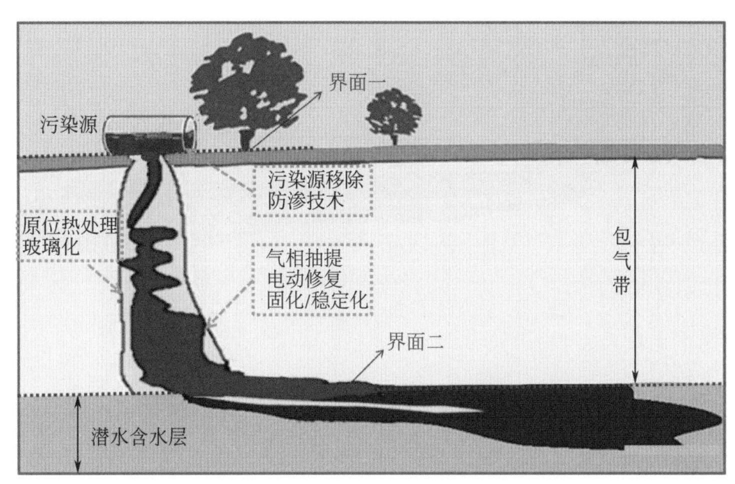

图5-2 适用于污染源和界面二之间的技术（第一类）

表5-6 第一类防控技术特征

技术名称	技术属性	防控对象	防控机理	目标污染物
污染源移除	主动	污染源	通过开挖、剥离、抽出等手段去除高浓度污染物	适用于大多数污染物
防渗技术	被动/主动	污染源	水平防渗技术，是利用土工膜等低渗透性材料，防止污染源泄漏物进入地下水环境的工程技术；垂直防渗技术，有注浆帷幕法、地下柔性连续墙法等，阻断受污染地下水迁移途径，防止污染物扩散	适用于大多数污染物
气相抽提	主动	包气带	常与空气扰动法联用，使用真空装置清除土壤（非饱和带）中的挥发性/半挥发性污染物	苯系物等挥发性污染物
电动修复	主动	包气带	土壤中的污染物质在外加电场作用下发生定向移动并在电极附近累积，利用抽出处理可将其去除	重金属及石油烃胺类等
原位热处理	主动	包气带	使用电阻、高频加热等方法使地下水中的污染物（如NAPLs等）气化进入土壤（非饱和带），进而由收集井等装置提取污染物使地下水得到净化	石油烃等挥发性/半挥发性有机物
固化/稳定化	主动	包气带	通过原位物理固定或化学作用，将污染物转化为不活泼形态，从而降低污染物的毒性	重金属、砷化合物等
玻璃化	主动	包气带	向污染土壤中插入电极，对污染土壤固体组分进行高温处理，熔化的污染土壤冷却后形成非扩散的整块坚硬玻璃体	镉、铬、铅等重金属污染物

第二类技术主要适用于界面一下方（见图5-3），是主要针对已污染的包气带和地下水的防控技术，主要包括原位化学修复、生物修复、多相抽提等5项，相关技术的防控机理、目标污染物等信息如表5-7所列。

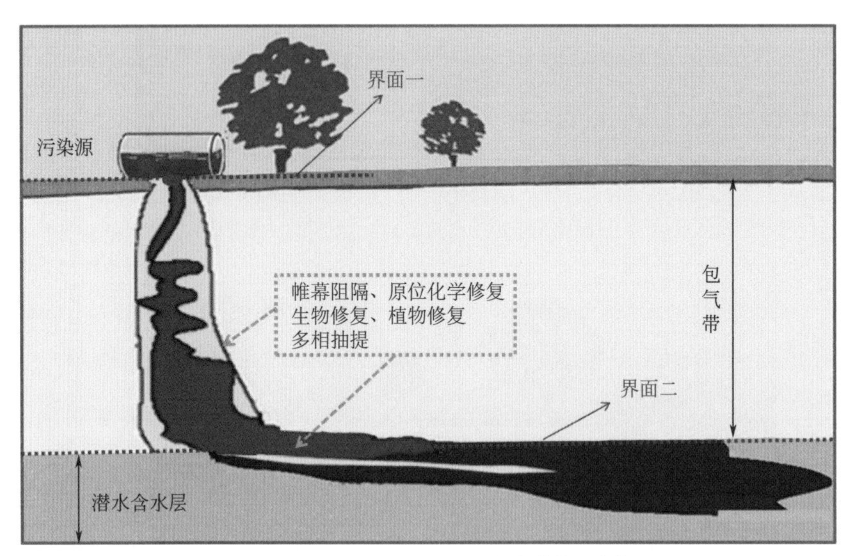

图5-3 适用于界面一下方的技术（第二类）

表5-7 第二类防控技术特征

技术名称	技术属性	防控对象	防控机理	目标污染物
帷幕阻隔	主动	包气带和地下水	在受污染地下水水流方向的上游构筑防渗墙，切断含水层侧向补给通道；在污染源下游构筑防渗墙，防止污染水体进入下游地区；在受污染地下水的四周修建封闭式地下柔性阻隔体，阻止污染扩散	适用于大多数污染物
生物修复	主动	包气带和地下水	使用微生物降解土壤和地下水中的有机污染物	苯系物、氯代烃、多环芳烃、羟基芳香烃、MTBE等
多相抽提	主动	包气带和地下水	使用真空系统去除受污染地下水、分离态的石油污染物及挥发性污染物	（非水相液体）NAPLs
原位化学修复	主动	包气带和地下水	使用氧化/还原方法降解地下水中的有毒有机污染物、无机污染物，或者通过吸附沉淀等反应去除地下水中的重金属污染物（或限制其活性和迁移能力）	石油烃、苯系物、酚类、多环芳烃、氯代有机物、农药、重金属等
植物修复	主动	包气带和地下水	植物生长过程中摄取、降解或固定污染物	有机氯溶剂、挥发性有机污染物、石油烃、重金属等

第三类技术适用于界面二下方（见图5-4），是主要针对受污染地下水的防控技术，主要包括水力控制、渗透反应墙、抽出处理、空气扰动、地下水循环井、监测自然衰减6项，相关技术的防控机理、目标污染物如表5-8所列。

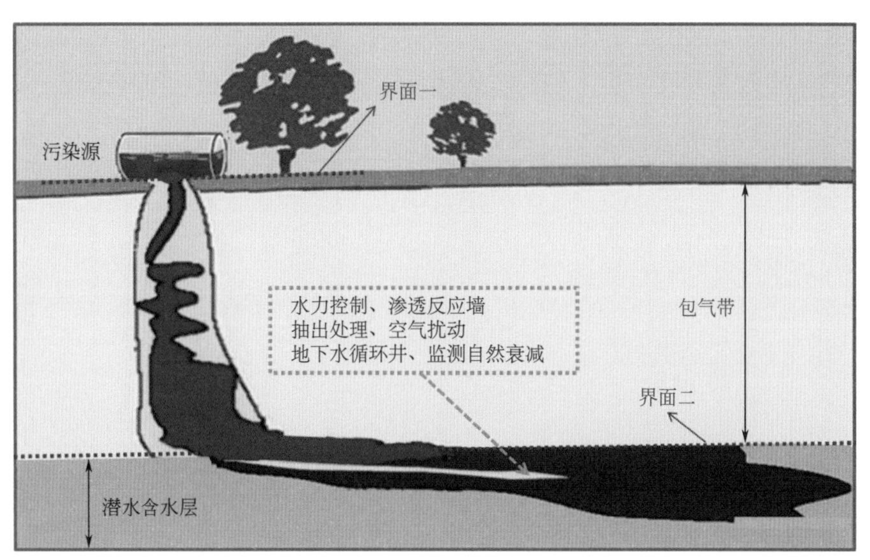

图5-4 适用于界面二下方的技术（第三类）

表5-8 第三类防控技术特征

技术名称	技术属性	防控对象	防控机理	目标污染物
水力控制	主动	地下水	根据地下水污染范围和流场情况，将抽/注水井布设在选好的井位上，通过抽水/注水改变地下水流场，进而控制地下水污染物的迁移和扩散	适用于大多数污染物
监测自然衰减	被动	地下水	在有效监控的基础上，借助自然环境中可能发生的物理、化学、生物反应，将污染物浓度降低至可接受水平	苯系物、氯代烃、多环芳烃、羟基芳香烃、MTBE、重金属、硝酸盐等
渗透反应墙	主动	地下水	由反应填料构建地下反应墙，使流经的受污染地下水得以净化	氯代烃、苯系物、石油烃、重金属、氨氮等
空气扰动	主动	地下水	向受污染含水层注入空气或氧气，使挥发性污染物进入非饱和带，常与土壤气提技术联用	石油烃、苯系物、氯代烃、含氯苯酚、醇类、酮类等挥发性/半挥发性有机物
抽出处理	主动	地下水	通过布设抽水井，将受污染地下水抽出后进行处理	适用于大多数污染物
地下水循环井	主动	地下水	通过井内曝气实现地下水三维循环，地下水中的挥发性/半挥发性污染物以气提或生物降解得以去除	氯代烃、石油烃等挥发性/半挥发性有机物

由以上分析可知，地下水污染防控技术的目标污染物主要包括无机污染物（如三氮）、有机污染物以及重（类）金属污染物。按照防控技术分类结果，第一类防控技术有7项，防控对象主要为污染源和包气带；第二类防控技术有5项，防控对象主要为包气带和地下水；第三类防控技术有6项，防控对象主要为地下水。

本书按照“七分防，三分治”的理念，将地下水污染防控的重心上移，重视污染源的防护和污染过程的阻断。对于潜在污染源，重点考虑采取主动/被动防控措施（如污染源移除、防渗技术）防止污染的发生，对于已存在污染源，除了考虑将污染源移除，还要考虑通过原位处理等方法切断污染源的扩散路径，以达到防止地下水污染的目的。由于防控技术自身特点和目标污染物理化性质的差异，在实际应用中防控技术会有联合与交叉。对于多样、复杂的地下水污染源而言，如何开展防控技术的优化筛选是提高地下水污染防控管理精细化水平的必然需求。

5.4.5.3 防控技术优化筛选

（1）防控技术优化筛选流程

研究从防控技术的实用性出发，在对地下水污染源进行调查研究的基础上，提出了地下水污染防控技术优化筛选“两步法”：第一步，结合地下水污染防控对策和“三类”防控技术，将污染源所处环境特征与防控技术的适用条件与进行比对，初步筛选出比较适宜的防控技术；第二步，结合层次分析法（AHP）和逼近理想解排序法（TOPSIS）计算防控技术得分，按照分值高低给出防控技术优选结果。

防控技术优化筛选流程如图5-5所示。

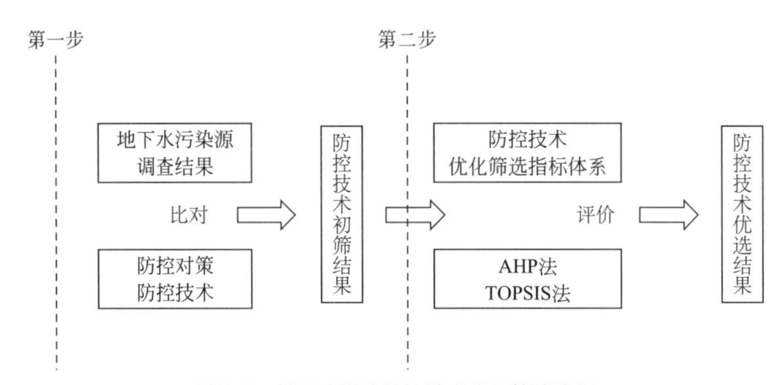

图5-5 地下水污染防控技术优化筛选流程

由上文所述可知，“点源”地下水污染防控技术的初筛结果是由污染源及其所处的环境特征共同决定的，是对防控技术清单的初步整理，是防控技术优选的基础。下面重点从防控技术筛选指标体系的构建、多指标综合评价的角度，给出防控技术优选方法。

（2）防控技术优选方法

由前文分析可知，对于潜在污染源，要重视“源头防”，污染源底部防渗层的功能不应低于源强评价等级要求（具体指标见表5-5）；而对于已存在污染源，从“双界面法”和“两步法”角度分析，应该综合考虑污染源、水文地质条件和防控技术三方面的特征，建立一套完善的地下水污染防控技术优化筛选指标体系，并结合层次分析法（AHP）和逼近理想解排序法（TOPSIS）等，对筛选出来的防控技术的优劣性进行对比，最终按照综合分析结果来确定最优防控技术。

（3）防控技术优化筛选指标体系

地下水污染防控技术的筛选是一项多目标决策问题，需要考虑污染源、水文地质条件和防控技术属性等多方面因素的影响。由于地下水污染源的隐蔽性和复杂性，需要系统分析筛选指标并结合多目标决策分析等相关技术，才能准确给出不同污染源对应的最优防控技术。通过查阅资料可知，“技术适用性、包气带介质类型、修复时间、修复费用”这四个指标对防控技术筛选结果的影响较大，是常规筛选技术优先考虑的指标。

本书在以上四个指标的基础上，结合地下水污染源和包气带防污主控因子识别结果，在防控技术筛选指标体系中增加了“目标污染物、污染最大厚度、可处理最小浓度、成熟性、去除率”五个指标。其中，“目标污染物、污染最大厚度、包气带介质类型”与污染源及地下水环境特征相对应，“成熟性、去除率、修复时间、修复费用、技术适用性、可处理最小浓度”则反映了防控技术特征。本书所提出的筛选指标，可提高常规指标筛选体系的科学性和准确性，更充分地反映地下水污染的环境特征。

基于以上分析，本书建立了包括目标污染物（C_1）、污染最大厚度（C_2）、包气带介质类型（C_3）、成熟性（R_1）、去除率（R_2）、修复时间（R_3）、修复费用（R_4）、技术适用性（R_5）、可处理最小浓度（R_6）共计9项指标的防控技术优化筛选指标体系，如图5-6所示。

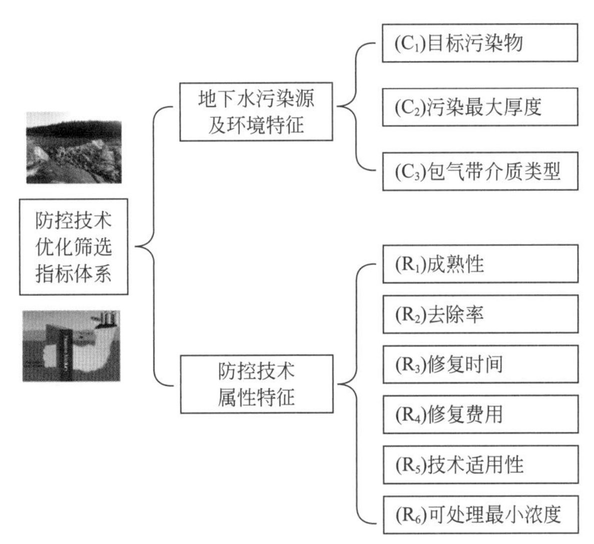

图5-6　地下水污染防控技术筛选指标体系

上述指标中，定性指标包括目标污染物（C_1）、包气带介质类型（C_3）、成熟性（R_1）、技术适用性（R_5）4项，其中，目标污染物（C_1）主要考虑防控技术对于特征污染物治理的有效性；包气带介质类型（C_3）主要考虑防控技术是否可以应用于相应的包气带介质；成熟性（R_1）主要考虑防控技术对于同类污染源的处理阶段和效果；技术适用性（R_5）主要考虑防控技术与污染源及其所处环境的兼容性。对于这4项指标，可以通过专家打分法给出具体分值。

为降低防控技术筛选指标评分的主观性，对于污染最大厚度（C_2）、去除率（R_2）、修复时间（R_3）、修复费用（R_4）和可处理最小浓度（R_6）这5项指标，可以根据污染源和防控技术应用情况，采用经验值或实际值直接进行赋值，使指标体系评分更加科学。具体如表5-9所列。

表5-9　地下水污染防控技术优化筛选指标评分表

指标 评分/分	C_1	C_3	R_1	R_5	
8～10	非常有效	完全可应用	规模应用	完全可接受	
4～8	有效	可应用	中试规模	可接受	
2～4	一般有效	一般可应用	试验阶段	一般可接受	
1～2	局部有效	局部可应用		局部可接受	
指标 评分/分	C_2	R_2	R_3	R_4	R_6
采用经验值或实际数值	污染源到地下水位距离	污染物去除百分比	达到最大修复效果时间	单位修复及维护成本	修复可达的最低浓度

（4）基于AHP的指标权重确定

本书基于源强评价结果分别确定了优控源、普控源和一般源的防控对策，各级污染源防控的侧重点各有不同，因此在构建AHP法权重判断矩阵时需要突出不同指标的相对重要性。

对于优控源，优先考虑污染源的移除，快速高效地处理已污染的土壤和地下水。因此，在构建权重判断矩阵时，修复时间（R_3）、技术适用性（R_5）、可处理最小浓度（R_6）最为重要，目标污染物（C_1）、成熟性（R_1）、去除率（R_2）次之，污染最大厚度（C_2）、包气带介质类型（C_3）、修复费用（R_4）最低。

对于普控源，优先考虑污染源的防护，稳定有效地处理已污染的土壤和地下水。因此，在构建权重判断矩阵时，成熟性（R_1）、去除率（R_2）、技术适用性（R_5）最为重要，目标污染物（C_1）、污染最大厚度（C_2）、修复费用（R_4）次之，包气带介质类型（C_3）、修复时间（R_3）、可处理最小浓度（R_6）最低。

对于一般源，优先考虑污染源的监控，加强污染源和地下水水质的监测工作。因此，在构建权重判断矩阵时，污染最大厚度（C_2）、成熟性（R_1）、修复费用（R_4）最为重要，目标污染物（C_1）、去除率（R_2）、技术适用性（R_5）次之，包气带介质类型（C_3）、修复时间（R_3）、可处理最小浓度（R_6）最低。

基于AHP法构建9级标度判断矩阵（见表5-10），计算不同级别污染源对应筛选指标的权重。

表5-10 指标权重判断矩阵

筛选指标	C_1	C_2	C_3	R_1	R_2	R_3	R_4	R_5	R_6
C_1	1	1/5	3	1/5	1	3	1/5	1	3
C_2	5	1	9	1	5	9	1	5	9
C_3	1/3	1/9	1	1/9	1/3	1	1/9	1/3	1
R_1	5	1	9	1	5	9	1	5	9
R_2	1	1/5	3	1/5	1	3	1/5	1	3
R_3	1/3	1/9	1	1/9	1/3	1	1/9	1/3	1
R_4	5	1	8	1	5	9	1	5	9
R_5	1	1/5	3	1/5	1	3	1/5	1	3
R_6	1/3	1/9	1	1/9	1/3	1	1/9	1/3	1

按照AHP法计算步骤，对各指标进行权重计算，权重计算结果如表5-11所列。

表5-11 指标权重计算结果

筛选指标	C_1	C_2	C_3	R_1	R_2	R_3	R_4	R_5	R_6
权重（w）	0.06	0.25	0.02	0.25	0.06	0.03	0.25	0.06	0.02

对计算结果的有效性进行验证，结果显示：λ_{max}=9.09，$C.R$=0.0075＜0.10，通过了一致性检验，说明指标权重的计算结果可用。

前文在源强评价结果与防控对策之间建立了良好衔接，对于不同级别的地下水污染源制定了相应的污染防控对策。为了对不同污染源继续开展防控技术优化筛选，需要将防控对策落实到防控技术筛选指标上：对于优控源，重视修复时间（R_3）、技术适用性（R_5）、可处理最小浓度（R_6）三个指标，以反映“快速高效”的防控要求；对于普控源，重视成熟性（R_1）、去除率（R_2）、技术适用性（R_5）三个指标，以反映“稳定有效”的防控要求；对于一般源，重视污染最大厚度（C_2）、成熟性（R_1）、修复费用（R_4）三个指标，以反映“监测管理”的防控要求。具体权重赋值计算结果见表5-12。

表5-12 不同级别地下水污染源的指标权重w

污染源	C_1	C_2	C_3	R_1	R_2	R_3	R_4	R_5	R_6
优控源	0.06	0.02	0.02	0.06	0.06	0.25	0.03	0.25	0.25
普控源	0.06	0.06	0.02	0.25	0.25	0.03	0.06	0.25	0.02
一般源	0.06	0.25	0.02	0.25	0.06	0.03	0.25	0.06	0.02

（5）基于改进TOPSIS法的防控技术优选

防控技术优化筛选指标体系是一个综合考虑了污染源及地下水环境特征和防控技术特征的多指标体系，指标评分包括专家打分、经验值和实际数赋值等方法。为解决防控技术优化筛选中的多属性指标赋值问题，选择逼近理想解排序法（TOPSIS）作为本书的研究基础。TOPSIS 法具有较好的逼近性和客观性，对原始数据进行归一化处理后，消除了不同指标量纲的影响，可充分利用原始数据，在可行方案中找到一个距离正理想解最近的方案，从而解决多目标属性决策问题。

本书对TOPSIS法进行了改进，结合不同污染源的评价等级和防控要求，在计算中增加了适用于地下水污染防控技术优化筛选的加权规范矩阵，进一步明确不同级别污染源对应指标的相对重要性，显著提高了TOPSIS法在地下水污染防控技术优化筛选中的科学性和准确性，形成了适用于地下水污染防控技术优化筛选的改进的TOPSIS法。

具体计算步骤如下：

① 根据各防控技术评价指标评分，建立初始矩阵$Y=(y_{ij})_{m\times n}$，y_{ij}为指标初始评分，如表5-13所列。

表5-13　TOPSIS法初始矩阵Y

项目	C_1	C_2	C_3	R_1	R_2	R_3	R_4	R_5	R_6
技术方案1	y_{11}	y_{12}	y_{13}	y_{14}	y_{15}	y_{16}	y_{17}	y_{18}	y_{19}
技术方案2	y_{21}	y_{22}	y_{23}	y_{24}	y_{25}	y_{26}	y_{27}	y_{28}	y_{29}
…									
技术方案m	y_{m1}	y_{m2}	y_{m3}	y_{m4}	y_{m5}	y_{m6}	y_{m7}	y_{m8}	y_{m9}

② 用向量规范法求得规范决策矩阵$T=(t_{ij})_{m\times n}$，t_{ij}为规范矩阵指标评分，由式（5-1）计算所得，规范矩阵如表5-14所列。

$$t_{ij}=y_{ij}\Big/\sqrt{\sum_{i=1}^{m}y_{ij}^2},(i=1,\cdots,m;j=1,\cdots,n) \tag{5-1}$$

表5-14　TOPSIS法规范矩阵T

项目	C_1	C_2	C_3	R_1	R_2	R_3	R_4	R_5	R_6
技术方案1	t_{11}	t_{12}	t_{13}	t_{14}	t_{15}	t_{16}	t_{17}	t_{18}	t_{19}
技术方案2	t_{21}	t_{22}	t_{23}	t_{24}	t_{25}	t_{26}	t_{27}	t_{28}	t_{29}
…									
技术方案m	t_{m1}	t_{m2}	t_{m3}	t_{m4}	t_{m5}	t_{m6}	t_{m7}	t_{m8}	t_{m9}

③ 在规范决策矩阵中加入了不同级别地下水污染源的指标权重$W=\{\omega_1,\omega_2,\cdots,\omega_n\}$（见表5-12），得到$z_{ij}=\omega_i t_{ij}$，从而构成适合地下水污染防控技术筛选的加权规范矩阵$Z=(z_{ij})_{m\times n}$，如表5-15所列。

表5-15　TOPSIS法加权规范矩阵Z

项目	C_1	C_2	C_3	R_1	R_2	R_3	R_4	R_5	R_6
技术方案1	z_{11}	z_{12}	z_{13}	z_{14}	z_{15}	z_{16}	z_{17}	z_{18}	z_{19}
技术方案2	z_{21}	z_{22}	z_{23}	z_{24}	z_{25}	z_{26}	z_{27}	z_{28}	z_{29}
…									
技术方案m	z_{m1}	z_{m2}	z_{m3}	z_{m4}	z_{m5}	z_{m6}	z_{m7}	z_{m8}	z_{m9}

④ 计算各方案的正理想解（PIS）和负理想解（NIS）。

$$\mathrm{PIS}=\{(\max z_{ij}|\, i\in I^{+})\},\ j=1,\cdots,n \tag{5-2}$$

$$\mathrm{NIS}=\{(\min z_{ij}|\, i\in I^{-})\},\ j=1,\cdots,n \tag{5-3}$$

⑤ 计算各方案到正理想解和负理想解之间的距离。

$$D_i^{+}=\sqrt{\sum_{j=1}^{n}(\mathrm{PIS}-z_{ij})^2},\quad i=1,\cdots,m \tag{5-4}$$

$$D_i^{-}=\sqrt{\sum_{j=1}^{n}(\mathrm{NIS}-z_{ij})^2},\quad i=1,\cdots,m \tag{5-5}$$

式中 D_i^{+} —— 方案到正理想解的距离；

D_i^{-} —— 方案到负理想解的距离。

⑥ 计算各方案与理想解的接近程度。L_i越接近于1，方案越理想。

$$L_i=D_i^{-}/(D_i^{+}+D_i^{-}) \tag{5-6}$$

5.4.5.4 点源污染地下水分类防控技术优化

选取4类典型污染源作为案例开展地下水污染分类防控技术的优化，分别为我国北方某非正规垃圾填埋场的垃圾堆体（S_1）、北方某化工厂的铬渣堆（S_2）、北方某化工厂的排污渗坑（S_3）和南方某稀土矿开发工程的排土场（S_4）。

（1）污染源信息

1）污染源S_1

污染源S_1位于我国北方某非正规垃圾填埋场，场址所在地自西向东第四系厚度逐渐加大，厚度约为30～40m。地表以下4～8m由砂土组成，其下为砂砾石层，中间夹有薄层细砂或亚砂土透镜体，砂砾石层厚度为18～22m。目前该区浅层地下水埋深＞25m，含水层厚度为11～51m，含水层岩性以砂砾石为主。地下水主要补给来源于大气降水入渗补给，其次是上游侧向径流补给、河流入渗补给及农业灌溉回归补给，地下水自西向东流动。

由2011年场地监测资料得知，垃圾渗滤液中氨氮浓度为1810mg/L，堆体附近的地下水水质监测井中氨氮浓度为63.9mg/L，地下水水质监测井位于场地西南角，钻探深度35m，与堆体渗滤液采集点相距30m。S_1所在地附近的地质结构剖面见图5-7。

2）污染源S_2

污染源S_2所在的北方某化工厂建于20世纪80年代，场址所在地第四系厚度达几百米，岩性以粉质黏土、粉土、砂层为主。包气带主要由粉质黏土组成，渗透系数小于10^{-4}cm/s。孔隙含水层可划分两层：第一含水层顶板标高65～67m，自南向北，含水层

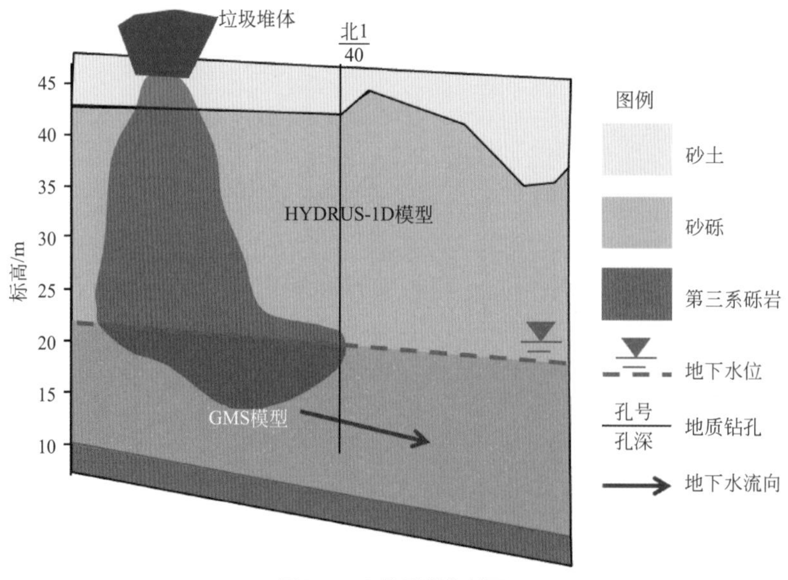

图5-7　S_1地质结构剖面

厚度逐渐增大，其大小由3m过渡至15m，含水层岩性以细砂、中细砂为主；第二含水层顶板标高自北向南由53m过渡至45m，自西向东由56m过渡至60m，含水层厚度自北向南、自西向东逐渐增大。第一含水层与第二含水层之间存在以粉土、粉质黏土为主的隔水层，就现有钻孔揭露情况而言该隔水层在工作区内连续稳定分布。

S_2渣堆占地面积为400m^2，由于历史遗留问题，长期露天堆放且无防渗措施，污染物在淋滤作用可直接进入包气带，根据渗滤液监测结果，主要污染物有Cr、Pb、Zn和Cu。S_2的存在已对地下水构成严重威胁。S_2所在地的地质结构剖面见图5-8。

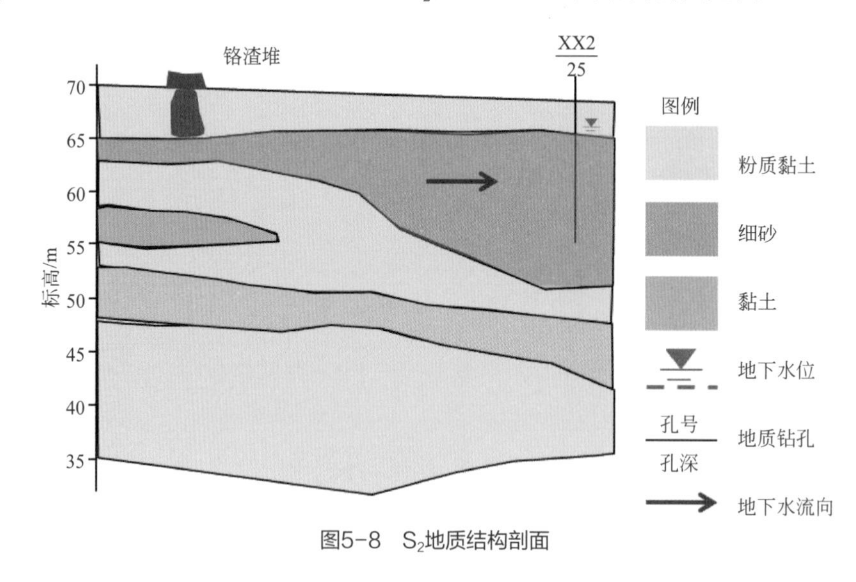

图5-8　S_2地质结构剖面

3）污染源S_3

污染源S_3是北方某化工厂内存在的一个面积约为25000m^{2}的废水排放渗坑。根据地质钻探结果，可将渗坑周边场地的岩性特征划分为5个地层：第1层以粉质黏土为主，黄褐色，可塑或软塑，稍有光泽，中等韧性，表层为耕种土，能见植物根系，该层平均厚度2.5m左右；第2层以粉土为主，并夹有薄层粉砂，黄褐色，湿，摇振反应迅速，具有黄色锈斑，该层平均厚度小于3m；第3层为粉质黏土，褐灰色，稍湿，可塑，稍有光泽，中等韧性，含有机质，该层平均厚度为3.5m；第4层以粉砂为主，黄褐色，湿，摇振反应迅速，可见石英云母，该层向北逐渐变厚，平均厚度4m；第5层为黏土-粉质黏土，黄色，可塑～硬塑，局部坚硬，稍有光泽，具锈斑，场区普遍分布，属中压缩性土，该层平均厚度为8m；该层为区域上部浅层含水层隔水底板。钻孔平均钻进至22m左右，未揭穿。孔隙潜水含水层地下埋深8～10m左右，主要由粉土、粉砂构成，此层分布稳定，平均厚度大于1.5m，往北厚度进一步增加。

该化工厂主要生产OB酸（噻吩-2,5-二羧酸）和碱性红两种产品，生产这两种产品所涉及的主要化学原料包括邻苯二甲酸酐、氯乙烷、氯苯、二氯苯等；化工厂在1996～2000年间曾向渗坑中排放废水。2014年对渗坑周边2km^{2}范围内的地下水污染现状进行检测，发现大多数检测指标均符合水质标准，检出的超标项为氯苯，表明S_3地下水存在一定程度的有机污染。

S_3所在地的地质结构剖面见图5-9。

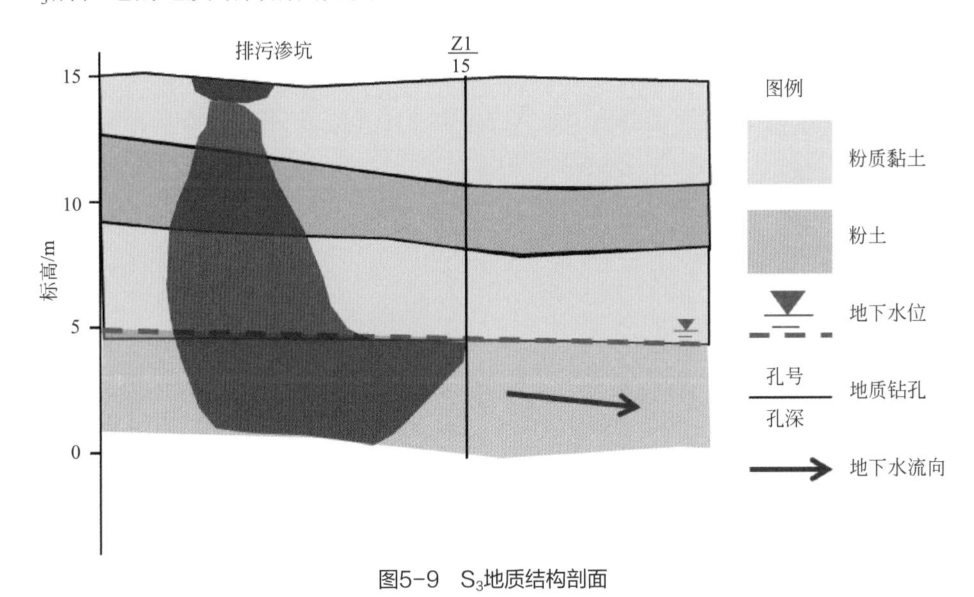

图5-9　S_3地质结构剖面

4）污染源S_4

污染源S_4位于福建省长汀县西南部，总面积为4450m^2，最大堆存量为6540m^3。根据矿山废石的危险性鉴别试验结果，废石淋滤液中主要有Cu、Cr、Cd、As、Pb和Hg等污染物。污染物浓度分别为Cu 0.354 mg/L、Cr 0.055 mg/L、Cd 0.0015mg/L、As 0.0024mg/L、Pb 0.227mg/L、Hg 0.0035mg/L。污染源所在地包气带介质依次为杂填土0.2～0.5m、粉质黏土和砂土1～3m等，主要为粉质黏土层，渗透系数小于10^{-2}cm/s，地下水位埋深约3.0～5.0m。地下水主要受大气降水补给，污染路径为间歇入渗型。根据2014年地下水监测结果，所在地地下水水质总体较好。

（2）污染源防控现状

通过现场调研和查阅资料，对地下水污染源（S_1、S_2、S_3、S_4）的实际污染治理情况进行分析。

S_1所属的北方某非正规垃圾填埋场，目前已经对位于地表的垃圾堆体采取了整体开挖、移除、筛分和资源化利用等的修复措施；对于受污染的地下水，则采用了人工强化氨氮转化与去除技术，通过布水添加氨氧化工程细菌（AOB）的方法，控制并降低了地下水中氨氮的浓度。

S_2为某化工的铬渣堆，目前该企业已经对其遗留的渣堆进行了移除。对于重金属污染的土壤和包气带，则是将螯合剂和表面活性剂等注入，通过调节和改变重金属在包气带中的物理化学性质，并使其产生吸附、离子交换和氧化还原等系列反应，从而快速降低了包气带中重金属的浓度和毒性。

S_3为某化工厂的排污渗坑，目前企业对排污渗坑中的坑塘水和污泥进行了抽出处理，并对坑塘底部进行压实，铺设防渗层，阻断了渗坑的排污路径。对于已经受到污染的地下水，则是将表面活性剂等注入到地下水中，快速降低了氯苯等有机物的浓度。

S_4是某稀土矿开发工程的排土场，实际中项目方已在排土场选址处采用了单层HDPE膜防渗结构。在HDPE膜上，采用规格大于等于600g/m^2、厚度为1.5mm的土工布作为保护层；在HDPE膜下，采用渗透系数小于1×10^{-7}cm/s、厚度为750mm的压实土壤作为保护层。目前S_4选址处的实际防渗效果，基本与渗透系数为1×10^{-7}cm/s、厚2m的黏土层等效。

通过上述分析可知，本书的优化防控技术筛选结果与各个污染源正在开展的实际工程情况基本相符，基于源强评价的地下水污染分类防控技术优化方法有效性显著。

（3）防控对策与防控技术初筛

通过分析，给出S_1、S_3、S_3、S_4的地下水污染源强分级评价结果和防控等级，如表5-16所列。

表5-16　案例地下水污染源强分级评价结果

污染源	污染源类型	污染源危害性分级	包气带阻控性分级	地下水污染源强分级	污染源防控等级
S_1	已存在污染源	Ⅲ	“弱”，未考虑	Ⅲ	优控源
S_2	已存在污染源	Ⅲ	Ⅲ	Ⅲ	优控源
S_3	已存在污染源	Ⅱ	Ⅲ	Ⅲ	优控源
S_4	潜在污染源	Ⅱ	暂不考虑	Ⅱ	普控源

根据表5-16，对不同级别的污染源制定相应的防控对策并开展技术初筛，具体如下：

① 污染源S_1属于已存在污染源中的优控源，需要优先考虑污染源的移除。由于填埋垃圾组分以生活垃圾为主，且周边正在规划正规垃圾填埋场，因此可进行污染源移除。根据当地地下水监测井监测资料可知，S_1所在地周边地下水中氨氮普遍超过《地下水质量标准》Ⅴ类要求，为保证地下水使用功能，需要将氨氮的绝对浓度“快速高效”地降至Ⅲ类水质以下。依据前文，S_1防控技术初步选取“第二类”技术中的原位化学修复、生物修复技术和“第三类”技术中的监测自然衰减和抽出处理。

② 污染源S_2属于已存在污染源中的优控源，需要优先考虑污染源的移除。由于铬渣堆露天堆放，利于铬渣堆的清运，因此可进行污染源移除。根据当地土壤样品检测结果，S_2所在地包气带中铬的浓度严重超过了《地下水质量标准》Ⅴ类要求，为保证地下水使用功能，需要将铬的绝对浓度“快速高效”地降至Ⅲ类水质以下。依据前文，S_2防控技术初步选取“第一类”技术中的电动修复、固化/稳定化技术和“第二类”技术中的原位化学修复和植物修复技术。

③ 污染源S_3属于已存在污染源中的优控源，优先考虑污染源的移除。但是，该排污渗坑不定期接纳周边河流补给以及村庄生活污水，不太可能进行污染源移除，因此需要强制改善防护措施，进行防渗阻隔。根据地下水监测井监测资料可知，S_3所在地周边地下水中有氯苯检出，超过《地表水质量标准》中饮用水特定项目标准限值，为保证地下水使用功能，需要将氯苯的绝对浓度“快速高效”地降至标准限值以下。依据前文，S_3防控技术初步选取“第二类”技术中的原位化学修复、生物修复技术和“第三类”技术中的空气扰动和监测自然衰减。

④ 污染源S_4属于潜在污染源中的普控源，优先考虑污染源的防护与场地防渗等级的划分工作。按照表5-5要求，污染源S_4底部所采取防渗技术的防渗等级，应与1.5m厚黏土层（渗透系数1.0×10^{-7}cm/s）等效。

（4）防控技术优选

上文对于潜在污染源S_4已经给出了最优防控技术，即“防渗技术”对应防渗等级的要求，所以下文重点对3个已存在污染源（S_1、S_2、S_3）开展防控技术的优化筛选。

1）污染源S_1

污染源S_1的初筛防控技术为原位化学修复、生物修复、监测自然衰减和抽出处理技术，将“优控源”对应的指标权重与最初决策矩阵结合，形成防控技术优选加权规范矩阵，如表5-17所列。

表5-17　S_1防控技术优选加权规范矩阵

项目	C_1	C_2	C_3	R_1	R_2	R_3	R_4	R_5	R_6
原位化学修复	0.033	0.010	0.010	0.017	0.030	0.183	0.010	0.110	0.035
生物修复	0.033	0.008	0.008	0.034	0.029	0.137	0.017	0.138	0.175

续表

项目	C_1	C_2	C_3	R_1	R_2	R_3	R_4	R_5	R_6
监测自然衰减	0.027	0.010	0.010	0.017	0.029	0.046	0.023	0.110	0.017
抽出处理	0.027	0.010	0.010	0.043	0.031	0.091	0.001	0.138	0.175

依据防控技术筛选过程，确定正理想解PIS和负理想解NIS，并计算各方案的综合评价值$L_i=D_i^-/(D_i^-+D_i^+)$，从而给出排序，具体结果如图5-10所示。

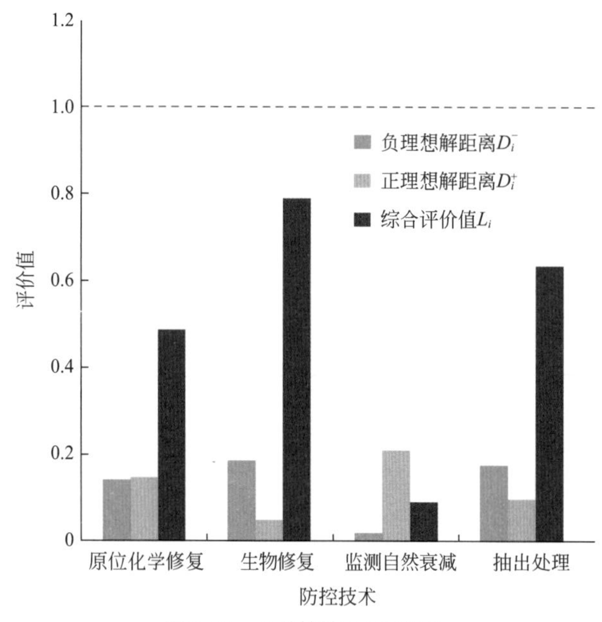

图5-10　S_1防控技术优选结果

根据计算结果，对于优控源S_1，应优先使用污染源移除加生物修复技术。

2）污染源S_2

污染源S_2的初筛防控技术为电动修复、固化/稳定化、原位化学修复和植物修复技术，将“优控源”对应的指标权重与最初决策矩阵结合，形成防控技术优选加权规范矩阵，如表5-18所列。

表5-18　S_2防控技术优选加权规范矩阵

项目	C_1	C_2	C_3	R_1	R_2	R_3	R_4	R_5	R_6
电动修复	0.038	0.032	0.006	0.128	0.150	0.016	0.004	0.121	0.012
固化/稳定化	0.030	0.036	0.012	0.114	0.120	0.014	0.020	0.121	0.008
原位化学修复	0.019	0.036	0.011	0.142	0.120	0.020	0.040	0.135	0.012
植物修复	0.030	0.007	0.010	0.114	0.105	0.004	0.040	0.121	0.006

依据防控技术筛选过程，确定正理想解PIS和负理想解NIS，并计算各方案的综合评价值$L_i=D_i^-/(D_i^-+D_i^+)$，从而给出排序，具体结果如图5-11所示。

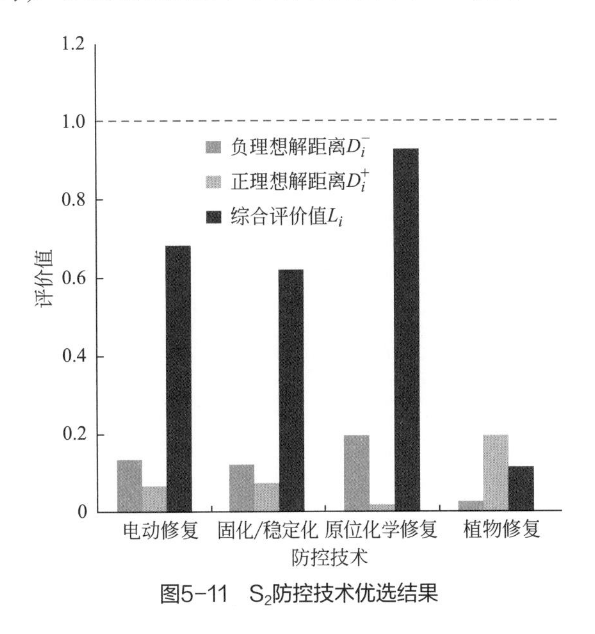

图5-11 S_2防控技术优选结果

根据计算结果，对于优控源S_2，应优先使用污染源移除加原位化学修复技术。

3）*污染源*S_3

污染源S_3的初筛防控技术为原位化学修复、生物修复、空气扰动和监测自然衰减技术，将“优控源”对应的指标权重与最初决策矩阵结合，形成防控技术优选加权规范矩阵，如表5-19所列。

表5-19 S_3防控技术优选加权规范矩阵

项目	C_1	C_2	C_3	R_1	R_2	R_3	R_4	R_5	R_6
原位化学修复	0.033	0.010	0.011	0.017	0.030	0.168	0.015	0.110	0.175
生物修复	0.027	0.008	0.011	0.034	0.029	0.126	0.024	0.138	0.116
空气扰动	0.033	0.010	0.009	0.017	0.032	0.126	0.003	0.110	0.116
监测自然衰减	0.027	0.010	0.009	0.043	0.029	0.050	0.009	0.138	0.070

依据防控技术筛选过程，确定正理想解PIS和负理想解NIS，并计算各方案的综合评价值$L_i=D_i^-/(D_i^-+D_i^+)$，从而给出排序，具体结果如图5-12所示。

根据计算结果，对于优控源S_3，应优先使用污染源防渗阻隔加原位化学修复技术。

（5）防控技术优化对比

由于常规技术筛选一般都是针对已存在污染源展开的，所以本书将已存在污染源（S_1、S_2、S_3）的优化防控技术筛选结果、常规技术筛选结果分别列于表5-20。

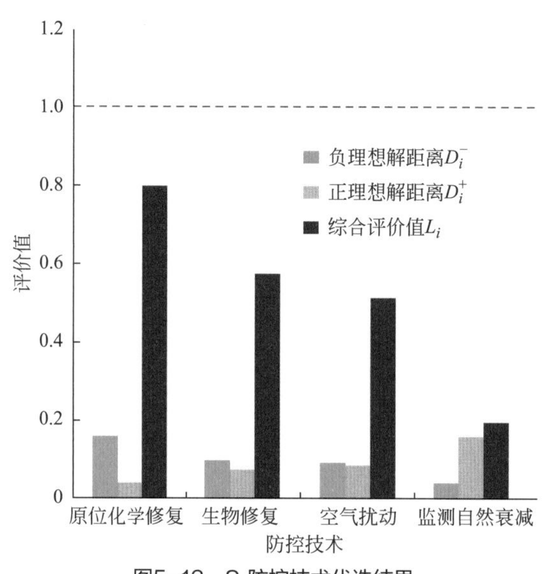

图5-12　S_3防控技术优选结果

表5-20　已存在污染源防控技术筛选结果对比

污染源	优化技术筛选结果	常规技术筛选结果
S_1	生物修复	原位化学修复
S_2	原位化学修复	固定稳定化
S_3	原位化学修复	监测自然衰减

将优化技术筛选结果、常规技术筛选结果与实际情况进行对比，可知本书提出的优化技术筛选结果与实际情况更为相符。究其原因，主要在于以下2个方面。

① 本书提出的优化技术筛选方法是在常规技术筛选指标的基础上，结合污染源危害性分析与包气带阻控性分析，增加了目标污染物、污染最大厚度、可处理最小浓度、成熟性、去除率5个指标，从污染源环境特征和防控技术特征两方面对现有技术体系进行了补充，分析评价更为全面。其中，“目标污染物”和“污染最大厚度”可检验防控技术的针对性，“可处理最小浓度”和“去除率”可以定量化检验防控技术的应用效果，“成熟性”则可以表征防控技术的可靠性。

② 在制定地下水污染防控对策时，对于不同类型、不同防控等级的污染源分别制定防控对策和技术筛选方法，使得防控技术的筛选和方案的制定更具针对性。基于地下水污染源强分级评价结果，对优控源、普控源和一般源分别给出指标权重，其中，优控源突出“可处理最小浓度”“修复时间”两个指标的权重，体现了污染物“快速高效”去除的核心要求；普控源突出“成熟性”“去除率”两个指标的权重，体现了污染物“稳定有效”去除的核心要求；一般源突出“污染最大厚度”“成熟性”两个指标权重，体现了加强“监测管理”的防控要求，使得整个筛选指标体系和对策方法更加科学、有效。

参考文献

[1] 张红振，於方，曹东，等. 发达国家污染场地修复技术评估实践及其对中国的启示［J］. 环境污染与防治，2012, 34(02): 105-111.

[2] 王炯. 以色列何以走出缺水困境［N］. 黄河报，2019-08-13(004).

[3] 高伟，韩煜，宋海燕，等. 以色列城镇水务管理经验与启示［J］. 给水排水，2020, 56(06): 11-14.

[4] 张扬. 极度缺水的以色列，有何治水高招?——以色列污水治理和水资源循环利用经验对我国的启示［J］. 中国生态文明，2018(04): 82-85.

[5] 刘伟江，丁贞玉，文一，等. 地下水污染防治之美国经验［J］. 环境保护，2013, 41(12): 33-35.

[6] 谭新华. 英国地下水资源的保护及对我国的启示［J］. 科教文汇（下旬刊），2008(07): 193, 252.

[7] 姜斌，邵天一. 国外地下水管理制度经验借鉴［J］.水利发展研究，2010, 10(06): 68-73.

[8] 梁宁，刘蒨，那英军. 荷兰地下水税的终结及借鉴［J］.水利经济，2019, 37(04): 64-68, 78.

[9] 王敏，彭玥. 荷兰地下水税消亡对我国水资源税改革的启示［J］. 河南财政税务高等专科学校学报，2020, 34(02): 13-16.

[10] 方玉莹. 我国地下水污染现状与地下水污染防治法的完善［D］. 青岛：中国海洋大学，2011.

[11] 谭海涛，刘涛，曹兴涛，等. 石化场地土壤与地下水污染防控研究进展［J］. 应用化工，2020, 49(08): 2112-2115, 2121.

[12] 王利. 我国地下水污染防治立法现状及完善策略分析［J］. 齐鲁学刊，2014(01): 104-110.

[13] Yufei Jiao,Jia Liu,Chuanzhe Li, et al. Regulation storage calculation and capacity evaluation of the underground reservoir in the groundwater overdraft area of northern China［J］. Environmental Earth Sciences,2020,79(1).

[14] 文婷. 水资源优化配置与地下水可开采量量化分析［J］. 河南水利与南水北调，2019, 48(12): 35-36.

[15] 陈飞，丁跃元，李原园，等. 华北地区地下水超采治理实践与思考［J］. 南水北调与水利科技（中英文），2020, 18(02): 191-198.

[16] 陈政. 原位修复技术在地下水污染中的应用研究［J］. 化工管理，2019(34): 146-147.

[17] 叶粤婷，方宏萍，张美崎，等. 浅析地下水污染现状及修复技术［J］. 贵州农机化，2019(03): 22-24, 31.

[18] 闫素云，匡颖，张焕祯. 硝酸盐氮污染地下水修复技术［J］. 环境科技，2011, 24(S2): 7-10.

[19] 周书葵，张建，刘迎九，等. Fe^0-PRB技术在铀污染地下水修复中的应用与展望［J］. 南华大学学报（自然科学版），2018, 32(06): 1-8,36.

[20] Bossa Nathan,Carpenter Alexis Wells,Kumar Naresh, et al. Cellulose nanocrystal zero-valent iron nanocomposites for groundwater remediation.［J］. Environmental science. Nano,2017,6(6).

[21] Phenrat Tanapon,Schoenfelder Daniel,Kirschling Teresa L, et al. Adsorbed poly(aspartate) coating limits the adverse effects of dissolved groundwater solutes on Fe^0 nanoparticle reactivity with

trichloroethylene.［J］. Environmental science and pollution research international,2018,25(8).
［22］朱娇燕，冯晓洲. PRB渗透反应墙施工技术研究［J］. 低碳世界，2020, 10(03): 36-37.
［23］刘琴，刘文芳. 我国地下水污染治理技术研究综述［J］. 中国矿业，2016, 25(S2): 158-162.
［24］茹佳欢. 城市地下水污染特征及治污策略研究［J］. 砖瓦，2020(04):93-94.
［25］Biotechnology - Bioelectrochemistry; Recent Findings from University of Pavia Provide New Insights into Bioelectrochemistry (In situ groundwater remediation with bioelectrochemical systems: A critical review and future perspectives)［J］. Biotech Week, 2020.
［26］于艺彬，杨四福，侯愷. 近10年地下水中重金属与石油烃污染物修复研究进展［J］. 江西化工，2020(04):64-69.
［27］Sharma Radhika,Kaur Ramneek,Rana Neha, et al. Termite’s potential in solid waste management in Himachal Pradesh: A mini review.［J］. Waste management & research : the journal of the International Solid Wastes and Public Cleansing Association, ISWA,2020.
［28］唐啸. 城市固体废物处置现状及对策研究［J］. 节能与环保，2020(08):32-33.
［29］李亮洪. 新形势下石化企业危险废物规范化管理存在的风险及政策建议［J］. 广东化工，2020, 47(15): 95-96.
［30］杨徐烽. 浅谈固废处置现状及处理技术［J］. 资源节约与环保，2020(07): 105-106.
［31］杨帆. 城市固体废物的渗滤液处理与处置研究［J］. 节能与环保，2020(07): 82-83.
［32］陈勇，刘华. 固体废物处理现状及方法改进措施［J］. 科技经济导刊，2020, 28(16): 99.
［33］浙江省质量技术监督局. 农村生活垃圾分类处理规范［S］. 杭州：浙江省质量技术监督局，2018.
［34］吴庆琪. 我国地下水污染管制政策研究［D］. 杭州：浙江财经大学，2016.
［35］张学伟. 我国地下水资源开发利用现状及保护措施探讨［J］. 地下水，2017, 39(03): 55-56.
［36］周伟. 城市河道修建中人工水环境污染防治对策研究［J］. 环境科学与管理，2018(4): 83-86.
［37］周思寒. 基于云平台的水污染预警方法研究［D］. 重庆：重庆理工大学，2020.
［38］郑春苗，齐永强. 地下水污染防治的国际经验——以美国为例［J］. 环境保护，2012(4): 30-32.
［39］赵璐，邓一荣，黄霞，等.加油站土壤与地下水环境管理问题思考与对策［J］. 环境监测管理与技术，2019, 31(04): 4-7.
［40］张兆吉，费宇红，郭春艳，等. 华北平原区域地下水污染评价［J］. 吉林大学学报（地球科学版）. 2012, 5: 1456-1461.
［41］张秋花，贾洪波. 生活垃圾填埋场污染防控监管问题及解决办法［J］. 资源节约与环保，2020(01): 110-112.
［42］张青. 我国地下水污染治理资金来源途径探讨——美国超级基金制度之启示［J］. 环境卫生工程，2016, 24(2):87-89.
［43］张倩，蒋栋，谷庆宝，等. 基于AHP和TOPSIS的污染场地修复技术筛选方法研究［J］. 土壤学报，2012, 49(6): 1089-1094.
［44］张明霞. 城市河道污染治理研究［J］. 城市建设理论研究：电子版，2015, 5(14).
［45］张健. 天津市中心城区二级河道污染治理方法浅议［J］. 海河水利，2019(01): 10-12.
［46］谢雨虹. 城镇河道水污染及其防治——以南昌市赣江河段为例［J］. 农村实用技术，2018, 000(006):44-46.
［47］尹世洋，吴文勇，刘洪禄，等. 再生水灌区地下水硝态氮空间变异性及污染成因分析［J］. 农业

工程学报，2012, 28(18): 200-207.

［48］石笑娜，陈红，江旭聪，等.农业园区中农业面源污染防治策略初探［J］.中国农学通报，2020, 36(26):112-117.

［49］吴红，陈俊红，赵姜.京津冀农业绿色发展成效、问题及对策［J］. 北方园艺，2020(17):166-171.

［50］Shouqin Zhong,Fangxin Chen,Deti Xie, et al. A three-dimensional and multi-source integrated technology system for controlling rural non-point source pollution in the Three Gorges Reservoir Area, China［J］. Journal of Cleaner Production,2020,272.

［51］王磊，席运官，潘阳，等. 生态空间格局优化与景观要素耦合视角下环水有机农业面源污染控制技术［J/OL］. 农业资源与环境学报：1-13［2020-10-12］.https://doi.org/10.13254/j.jare.2020.0219.

［52］马莉. 农业面源水环境污染治理思路［J］. 环境与发展，2020, 32(08):46-47.

［53］Science - Technological Science; New Technological Science Findings from China University of Geosciences Beijing Described ［Woodchip-sulfur Packed Biological Permeable Reactive Barrier for Mixotrophic Vanadium (V) Detoxification In Groundwater］［J］. Chemicals & Chemistry,2020.

［54］Environment - Environmental Remediation; Faculty of Natural Sciences Researchers Discuss Research in Environmental Remediation (Tracing the Scientific History of Fe° -Based Environmental Remediation Prior to the Advent of Permeable Reactive Barriers)［J］. Ecology Environment & Conservation,2020.

［55］Nanotechnology - Electrokinetics; Researchers from Tarbiat Modares University Describe Findings in Electrokinetics (Application of enhanced electrokinetic approach to remediate Cr-contaminated soil: Effect of chelating agents and permeable reactive barrier)［J］. Chemicals & Chemistry,2020.

［56］王泓泉. 污染地下水可渗透反应墙(PRB)技术研究进展［J］. 环境工程技术学报，2020, 10(02): 251-259.

［57］陈琦楠，张雷，苗月等. 浅层地下水石油类污染原位曝气修复技术研究进展［J］. 环境保护科学，2020, 46(02): 30-34.

［58］王哲. 地下水重金属污染成因及修复技术研究进展［J］. 科技与创新，2020(03): 134-135.

［59］崔永高. 酚污染地下水化学氧化修复技术进展［J］. 上海国土资源，2019, 40(04): 82-88.

［60］董璟琦. 污染场地绿色可持续修复评估方法及案例研究［D］.北京：中国地质大学（北京），2019.

［61］张海静，何银晖，肖武，等. 缓/控释技术在有机污染地下水修复的研究进展［J］. 地下水，2019, 41(06): 7-11.

［62］陈楠纬. 地下水污染修复技术研究进展［J］. 云南化工，2019, 46(06): 1-5.

［63］郭江波，张永波，常丽芳. 焦化厂对土壤和地下水污染特征及修复技术研究进展［J］. 煤炭技术，2018, 37(09): 230-232.

［64］覃海富，张卫民，马文洁，等. PRB技术修复地下水硝酸盐污染研究进展［J］. 工业安全与环保，2018, 44(08): 65-68.

［65］谷倩，刘欢，张宝刚，等. 钒污染土壤地下水的修复技术研究进展［J］. 地球科学，2018, 43(S1): 84-96.

［66］戴翌晗. 重金属污染土壤与地下水一体化修复技术及数值模拟［D］.上海：上海交通大学，2018.

［67］李艳荣，甘志永，刘浩. 地下水复合法修复技术应用与研究进展［J］. 中国资源综合利用，2017,

35(08): 66-68, 88.

[68] 陶静，李铁纯，刁全平. 我国地下水污染现状及修复技术进展［J］. 鞍山师范学院学报，2017, 19(04): 51-57.

[69] 任丽霞. 地下水修复多属性决策分析方法与应用研究［D］. 北京：华北电力大学（北京），2017.

[70] 鄂佳楠. 污染场地地下水修复技术筛选方法［D］. 长春：吉林大学，2017.

[71] 姜永海. 地下水硝酸盐污染阻断与修复技术及装备研究年度进展报告［J］. 科技资讯，2016, 14(09): 172-173.

[72] 杨征，梁久正，李印. 地下水有机污染释氧化合物修复技术研究进展［J］. 地下水，2016, 38(03): 84-86.

[73] 贺亚雪，代朝猛，苏益明，等. 地下水重金属污染修复技术研究进展［J］. 水处理技术，2016, 42(02): 1-5, 26.

[74] 方伟，刘松玉，刘志彬，等. 地下水曝气修复技术现场试验与应用研究进展［J］. 环境污染与防治，2014, 36(10): 73-78, 87.

[75] 吕晓立，孙继朝，刘景涛，等. 地下水石油烃污染修复技术研究进展［J］.安徽农业科学,2014,42(17):5567-5571.

[76] 何理，李晶，任丽霞，等. 地下水环境修复工艺优化设计研究进展［J］. 水资源保护，2014, 30(03): 1-4,18.

[77] 李小平，程曦. 场地污染土壤和地下水修复中受监控的自然修复/恢复技术的应用与研究进展［J］. 环境污染与防治，2013, 35(08): 73-78.

[78] 阳艾利. 基于模拟的地下水石油污染风险评估与修复过程优化技术研究［D］. 保定：华北电力大学，2013.

[79] 胡雪丽，陈安，吴波，等. 生态修复多元融资机制探索与实践［N］. 中国环境报，2020-10-09(003).

[80] 王建伟. 基于生态修复目标指引的国家级湿地公园设计方法研究——以河南安阳漳河峡谷国家湿地公园修建项目为例［J］. 农业开发与装备，2020(09): 211-212.

[81] Libor Závorka,Rémy Lassus,John Robert Britton, et al. Phenotypic responses of invasive species to removals affect ecosystem functioning and restoration［J］. Global Change Biology,2020,26(10).

[82] 苏伟，陈凯麒，彭文启，等. 新时期河流水生态系统修复设计研究［J/OL］. 水力发电：1-6［2020-10-12］.http://kns.cnki.net/kcms/detail/11.1845.TV.20200924.1054.002.html.

[83] 王栋. 乡村振兴战略背景下农村水污染治理面临的困境及对策［J］. 乡村科技，2020,11(24): 116-117.

[84] 严方婷. 生物修复技术在水环境污染治理中的应用研究［J］. 资源节约与环保，2020(06):6.

[85] 王晓辉. 生物修复技术在城市水环境治理中的应用［J］. 资源节约与环保，2019(11): 65.

[86] 于忠臣，孙伟楠，李晨曦，等. 污染水体原位生物修复技术研究及发展［J］. 工业用水与废水，2020, 51(02): 1-4.

[87] 蒋雪，温超，曹珊珊，等. 重金属污染水体植物修复研究进展［J］. 应用化工，2016, 45(10):1982-1985, 1990.

[88] 马跃. 基于水体污染生物修复技术探讨［J］. 民营科技，2016(02): 220.

[89] 梁钟璇. 环境修复技术在处理水污染中的应用研究［J］. 资源节约与环保，2017(06): 58-59.

[90] 赵图雅. 农药污染控制与环境保护措施 [J]. 新农业，2019(21): 77-78.
[91] 王峪芬. 土壤污染特点及防治措施 [J]. 河北农业，2019(07): 26-28.
[92] 高叶玲，王刚. 农药的污染现状及其防治措施研究 [J]. 科技风，2019(15): 126.
[93] 彭梅，陈明策. 农药污染对生态环境的影响及防治对策 [J]. 农家参谋，2018(10): 17.
[94] 王怀彪. 农药污染控制与现代植物保护技术 [J]. 农村科学实验，2018(04):76.
[95] 刘秋山. 耕地农药污染防治法律制度研究 [D]. 重庆：西南大学,2016.
[96] 欧冬良. 我国农药污染防治法律制度研究 [D]. 海口：海南大学,2015.
[97] 赵根. 浅谈化肥农药污染控制与防治 [J]. 农业科技通讯，2018(01): 188-190.
[98] 李学斐. 永昌灌区高效节水灌溉工程建设中存在的问题与对策 [J]. 农业科技与信息，2020(17): 91-92.
[99] 黄大明. 浅析农业水利灌溉模式与节水技术措施 [J]. 种子科技，2020, 38(17): 43-44.
[100] 梁甜，王进，肖振兴. 农业灌溉光伏水跟踪发电系统应用浅析 [J]. 低碳世界，2020, 10(09): 27-29.
[101] Syed Faiz-ul Islam,Bjoern Ole Sander,James R Quilty,et al. Mitigation of greenhouse gas emissions and reduced irrigation water use in rice production through water-saving irrigation scheduling, reduced tillage and fertiliser application strategies [J]. Science of the Total Environment,2020,739.
[102] 尤丽红. 农田水利节水灌溉存在的问题及解决途径研究 [J]. 珠江水运，2020(15): 95-96.
[103] 王同广. 农田水利工程高效节水灌溉发展探析 [J]. 农业科技与信息，2020(15): 111-112, 114.
[104] Environmental Management; Recent Findings from Hohai University Advance Knowledge in Environmental Management (Effect of biochar addition on CO_2 exchange in paddy fields under water-saving irrigation in Southeast China) [J]. Ecology Environment & Conservation,2020.
[105] 朱跃龙. 农田水利工程高效节水灌溉发展思路探析 [J]. 内蒙古水利，2020(08): 39-40.
[106] Environmental Research; Data on Environmental Research Detailed by Researchers at Wageningen University (Mitigation of greenhouse gas emissions and reduced irrigation water use in rice production through water-saving irrigation scheduling, reduced tillage and ...) [J]. Ecology Environment & Conservation,2020.
[107] 杨波，魏文政，陈盟，等. 基于神经网络的智能化节水灌溉系统设计研究 [J]. 水利技术监督，2020(05): 44-48.
[108] 苑永魁，蔡飞翔，汪奇，等. 3种生态化改造模拟沟渠系统净化农田退水的试验研究 [J]. 安徽农学通报，2020,26(04): 65-68.
[109] 游海林，吴永明，刘丽贞，等. 生态沟渠对农村小流域面源污染物的拦截效应研究 [J]. 环境科学与技术，2020, 43(04): 130-138.
[110] 金聪颖,韩建华,刘文政,等. 不同植物配置的生态沟渠对稻田氮磷养分流失拦截效果分析 [J]. 天津农林科技，2020(03): 4-5,7.
[111] Junli Wang,Guifa Chen,Zishi Fu, et al. Application performance and nutrient stoichiometric variation of ecological ditch systems in treating non-point source pollutants from paddy fields [J]. Agriculture, Ecosystems and Environment,2020,299.
[112] 邵建均，吕旭东，王永尚，等. 浙江省农田氮磷生态拦截沟渠系统建设实例与分析建议 [J]. 浙江农业科学，2020, 61(09):1915-1917,1921.
[113] Agriculture - Agricultural Ecosystems; Reports Outline Agricultural Ecosystems Study Results from

Shanghai Academy of Agricultural Sciences (Application Performance and Nutrient Stoichiometric Variation of Ecological Ditch Systems In Treating Non-point Source Pollutants From Paddy ...)［J］. Agriculture Week,2020.

［114］朱晓瑞，张春雪，郑向群，等. 天津地区生态沟渠不同植物配置对氮磷去除效果研究［J］. 环境污染与防治，2020, 42(02): 170-175.

［115］吴迪民，莫彩芬，柯杰，等. 农业面源污染生态拦截系统构建技术研究［J］. 上海交通大学学报（农业科学版），2019, 37(04): 12-18.

［116］李昱，孟冲，李亮，等. 生态沟渠处理农业面源污水研究现状［A］. 中国环境科学学会(Chinese Society for Environmental Sciences).2019中国环境科学学会科学技术年会论文集（第二卷）［C］. 中国环境科学学会，2019:5.

［117］席北斗. 危险废物填埋场地下水污染风险分级管理与防控技术［M］. 北京：中国环境科学出版社，2012.

［118］杜明泽，李宏杰，李文，等. 煤矿区场地地下水污染防控技术研究进展及发展方向［J］. 金属矿山，2020(09): 1-14.

［119］喻鹏，贺宏，张宇桐，等. 输油管线泄漏地下水污染模拟技术浅析及其防控［J］. 大众科技，2020, 22(06): 5-7.

［120］王传志. 地下水重金属污染迁移模拟及防控技术研究［J］. 世界有色金属，2020(09): 283-284.

［121］陈菲菲，丁佳锋，钟宇驰，等. 不同阻控技术在土壤重金属污染修复中的应用研究［J］. 世界有色金属，2019(18): 194-196.

［122］郝丽雯. 地下水污染迁移模拟及防控技术研究［D］. 吉林：吉林化工学院，2019.

［123］赵江. 层状非均质粘性土防污性能研究及固废原位处置的地下水污染防控系统构建［D］. 北京：中国地质大学，2019.

［124］王胜. 全周期可控节能减排与污染防控成套技术示范［D］. 大连：中国科学院大连化学物理研究所，2019-02-27.

第6章 典型场地地下水污染防治技术应用

地下水污染防治技术由于受地质条件的复杂性和污染物特性的差异影响，针对具体的场地而言存在着很大的不确定性，防治效果也由于场地条件的不同而差异很大。因此，开展土壤、地下水的污染防治技术研究是我们面临的一项重要而艰巨的任务。本章针对有机污染和重金属污染场地两类典型污染场地，采取主动防控的策略，通过室内实验和模拟计算的手段研究了技术措施的有效性和技术参数的影响，为类似场地地下水污染防控工作提供了系统的方法参考及案例借鉴。

6.1 地下水有机污染防治技术应用案例

地下水中的有机污染长期以来备受人们重视，其包含的污染物种类繁多，且一些类型的污染物常具有含量少、毒性大、降解缓慢和中间产物复杂等特性，因此被列为环境中潜在危险性大、应优先控制的毒害性污染物[1-7]。本部分以已污染的典型石化污染场地地下水中的苯系物（BTEX）污染为例，以包气带为防控对象，选择土壤气相抽提技术（SVE）对场地实施主动防控。结合实验室物理模拟和数值模拟的方法，探究了污染物的迁移分布规律和修复影响因素，建立了BTEX污染场地SVE去除率定量评价模型，为BTEX污染场地的SVE修复提供理论依据和技术支撑。

6.1.1 地下环境中BTEX迁移转化规律

BTEX常以非水相液体（Nonaqueous Phase Liquid，NAPL）形式进入地下环境，在地下环境中主要呈现如图6-1所示的3种形式，分别是气相、液相和NAPL相[8-13]。

（1）气相（Gas phase）

BTEX属于易挥发类物质，一旦泄漏进入地下环境中，会与土壤孔隙中的空气直接接触，在浓度梯度作用下不断逸散到大气中，并由空气携带发生长距迁移，同时通过呼吸、皮肤接触等途径对人类的健康造成威胁。

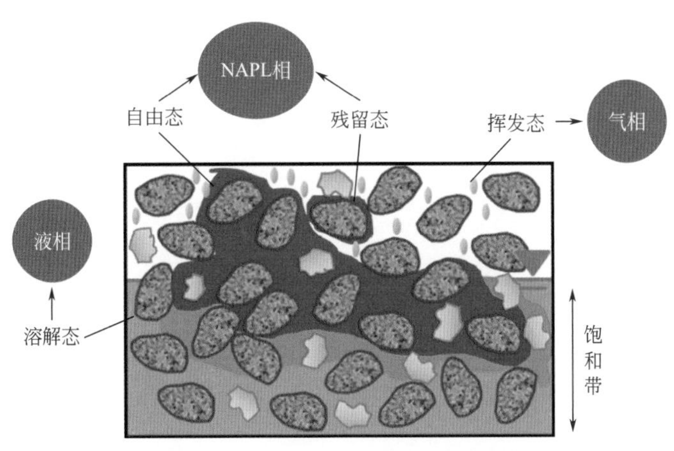

图6-1 BTEX在地下环境中的存在形态

（2）液相（Aqueous phase）

由于BTEX本身具有的溶解性，其进入地下环境中与土壤孔隙水、地下水等水体直接接触后会发生溶解作用，以液相BTEX的形式存在于地下介质中，液相BTEX会在重力作用下相对自由地向土层深处迁移，并在水体中发生平面扩散，同时随地下水流进行长距迁移，造成污染范围的进一步扩大。

（3）NAPL相（NAPL phase）

NAPL相BTEX主要是指以自由态和吸附态存在于地下环境中的BTEX。自由态BTEX是指泄漏进入地下环境后可在重力作用下自由移动的BTEX。作为比水密度小的NAPL类物质，土壤孔隙中的自由态BTEX会漂浮在地下水面上，并随地下水流发生侧向迁移。由于污染物的挥发性和溶解性，自由态BTEX会作为一个长期的污染源，不断向环境中释放污染物质。因此，污染修复时应及早、彻底地清除自由态BTEX；吸附态BTEX是指泄漏进入地下环境后，因BTEX自身的黏滞性和疏水性，吸附在土壤颗粒表面、不会发生明显迁移的BTEX。影响BTEX在土壤中的吸附的因素有很多，主要包括土壤pH值、温度、颗粒比表面积、土壤有机质含量等，前两者增大会使土壤颗粒对BTEX的吸附能力减弱，而后两者增大使土壤颗粒对BTEX的吸附能力增强。由于与土壤颗粒的紧密结合，吸附态的BTEX往往是实际工程中很难清除的部分。

BTEX进入地下环境后，会在重力和毛细作用力作用下不断向地层深处渗透，地下环境中BTEX的入渗能力取决于多种影响因素，包括环境因素（如非饱和带的岩性、厚度、颗粒大小、降雨淋滤等）和污染物性质（如黏滞性等）[14-26]。渗透到地下环境中的BTEX，在地下环境中的迁移转化会受到多种因素的影响，从宏观上来看主要为天然地质条件、水文地质条件、土地利用类型以及人类活动强弱等多种因素的影响；从微观上来看，主要为挥发、吸附-解吸、淋溶、生物吸收、化学与生物降解等多种作用机制共同影响，这也导致了BTEX在地下环境中的迁移转化复杂且难以预测[27-45]。

作为典型的NAPL类物质，BTEX在地下环境中的迁移转化过程大体可以分为三个阶段，依次为泄漏后进入非饱和带、由非饱和带进一步向饱和带扩散迁移、到达饱和带后污染地下水并发生更大范围的扩散[24-36]。BTEX在地下环境中的迁移过程，受多种物理、化学和生物过程的影响。研究表明，BTEX在地表或近地表处泄漏后，首先受到重力作用发生垂向迁移，同时在毛细压力、表面张力作用下发生横向迁移。当污染物泄漏量较大、土壤截留能力较小时，部分污染物会到达地下水面处形成透镜体并溶解于地下水中，在地下水流及毛细压力作用下形成可溶污染物羽并发生侧向迁移[24,25,30,38]。迁移过程中，受到土壤颗粒吸附和毛细截留作用，土壤孔隙中会有部分BTEX残留，这些残留的BTEX因挥发和溶解作用，不断向周围环境中释放出污染物，或在生物化学作用下降解。

地下环境中BTEX会在物理、化学和生物作用下，在多种环境界面（土-气界面、土-水界面、气-水界面），进行跨环境介质的“气-液-NAPL”三相间迁移和传质。BTEX三相间的迁移和传质过程，不仅涉及复杂的挥发、溶解、吸附、生物降解等过程，还与土壤性质（颗粒级配、孔隙状况、有机质含量等）、地下水特征（埋深、流速等）、污染物性质（溶解度、蒸气压、黏滞度等）密切相关。因此研究BTEX迁移转化规律及其影响因素，对研究BTEX污染场地特别是土壤污染问题控制和修复的工程技术具有重要的现实意义。

6.1.2 BTEX污染场地修复技术

BTEX污染往往具有难降解、易挥发、毒性大、治理难度大等特点，如果不能及时发现并对其进行有效的修复治理，将会对场地周围的生态环境、人体健康和构筑物安全造成严重威胁。

针对BTEX污染场地修复技术的研究始于20世纪80年代，发展到目前已经形成一系列修复技术。

BTEX污染场地修复技术，按污染土壤的位置是否移动可以分为两大类，分别是原位修复技术和异位修复技术。

① 原位修复技术是指在不扰动污染土体结构的前提下，使用物理、化学和生物方法，将土壤污染修复到标准规定浓度以下的一种修复技术。该技术具有破坏性小、成本低等优点，常被用作大面积的场地污染修复。

② 异位修复技术是通过开挖、转运等手段，将污染土壤转移到专门的地点进行集中处理的一种修复技术。异位修复技术在构筑物分布密集的场地往往难以实施，同时因其

具有使用成本高、破坏土体结构、易发生扬尘污染等特点，导致其在实际工程中的应用受到限制，目前该类技术仅在小范围、重污染的场地有一定的应用。

BTEX污染场地修复技术，按作用原理可大体分为三类，分别是化学修复方法、生物修复方法和物理修复方法[46]。

① 化学修复方法是通过污染物与化学反应试剂发生的化学反应作用（如氧化、还原作用等），分解或转化土壤中的污染物以达到污染修复的目的，主要包括化学氧化/还原、光催化法、电动修复法等。该技术虽然修复效果较好，但适用范围小、成本高且容易引发二次污染。

② 生物修复方法是通过某些特定的生物（如植物、微生物等）的吸收、转化、降解等作用，转移或转化土壤中的污染物以达到污染修复的目的，主要包括植物修复、微生物修复等。该技术修复成本低，但修复周期较长。

③ 物理修复方法是通过物理作用（如挥发、吸附解析等）及特定的工程技术，转化或置换土壤中的污染物以达到污染修复的目的，主要包括SVE、热脱附、空气曝气等。物理修复方法具有快速、高效、低成本等优点，因此广泛应用于国内外VOCs污染场地的修复治理。据美国超基金组织在2005～2011年的统计数据显示，由其资助的131个污染场地中涉及SVE技术的场地就有57个。在综合考虑BTEX污染场地修复治理的目标、成本、时间、适用条件及工程难度等后，SVE技术成为目前最值得推荐的治理技术之一。

6.1.3 SVE技术在土壤和地下水中的BTEX修复应用

SVE又称“土壤通风”或“真空抽提”，由美国Terra Vac公司于1984年开发并获得专利权，随后发展成为20世纪80年代最常用的土壤及地下水VOCs污染修复技术。该技术具有成本低、设备简单、可操作性强、不引起二次污染、具有标准化成套设备等一系列优点[47]。SVE装置示意如图6-2所示，其使用鼓风机或真空泵等设备在污染土壤中产生平流蒸汽通量，从而引起NAPL的蒸发，通过提取气相从土壤中去除污染物。SVE修复过程往往涉及污染物在“气-液-NAPL”三相之间的转化，同时其修复效果还受大量的化学、场地和系统设计因素的影响，如土壤含水量、渗透率、亨利系数、抽提速率、抽提方式等[47-50]。因此，为高效应用SVE技术，人们围绕SVE的修复机理、影响因素、实地修复试验、数值模拟技术等方面开展了大量的研究[50-68]。

SVE的影响因素研究是SVE系统设计、预测模型构建的前提，SVE的操作虽简单，但影响因素十分复杂，加之实际应用时环境条件的复杂多变，要完全摸清其修复机理变

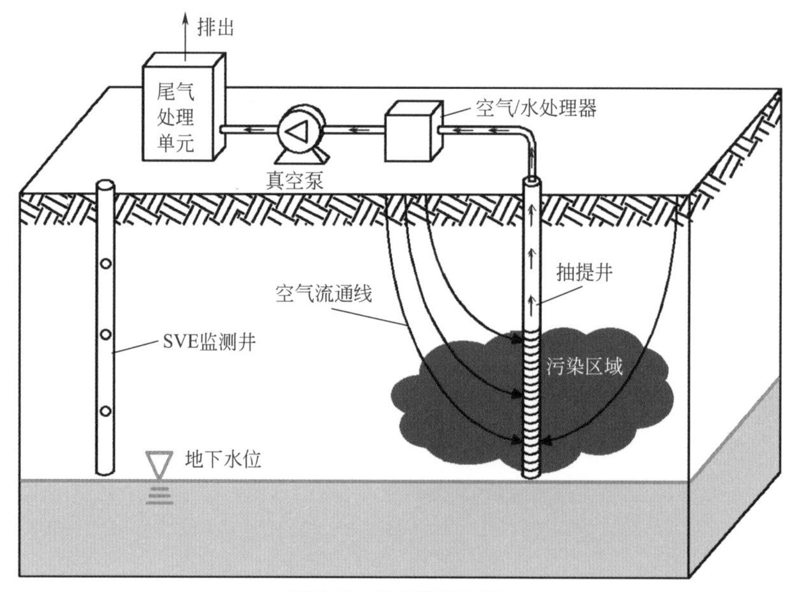

图6-2　SVE装置示意

得极为困难，从这项技术诞生以来人们就一直在努力地寻求机理上的突破，到目前为止有关SVE影响因素的研究工作仍在继续。现在普遍认同的影响因素主要有土壤渗透率、土壤含水率、有机物性质、抽提流量等。

（1）土壤渗透率

土壤渗透率是SVE的重要影响因素。土壤的渗透率是定量描述土壤通气性能的参数，影响着土壤中空气的流动及流速[46]。SVE技术适用于土壤渗透率≥$10^{-6}cm^2$的场地，土壤的渗透率越高，土壤孔隙中的气相流动越快，土壤中的气体更易被抽取[46-50]。Frank等[69]的研究表明，SVE技术在实际场地中的有效应用取决于能否有足够的气体流过污染土壤，并将气体在土壤中的通透性视为主要的决定因素，它不仅能确定场地中SVE技术是否可行，还是设计SVE装置的标准。土壤渗透率对SVE修复效果的影响研究一般是通过室内土柱试验或小规模试验实现的。然而在大尺度场地尺度应用时，由于土壤中的流体饱和度及土层结构的空间分布不同，导致空间上的土壤渗透率也存在显著差异。

（2）土壤含水率

土壤含水率也是影响SVE修复效果的重要因素之一。一方面，受水分子和VOCs极性大小的影响，土壤更易与吸附极性较强的水分子结合，因此含水率的适度增加会降低土壤微粒对有机物分子的吸附程度，增大挥发速率；另一方面土壤孔隙中增加的水分会阻塞气体流动，降低土壤透气率，不利于污染物的挥发。因此，土壤含水率的持续增加也会降低土壤的通透性，反而降低了有机污染物的去除率[46-54]，所以土壤含水率过高或过低均不利于VOCs的去除，因此确定最佳含水率比较重要。

（3）有机物性质

有机物性质主要包括污染物的亨利系数、蒸气压、有机物分配系数、溶解度等。其中蒸气压对SVE修复效果的影响较大，一般情况下，认为SVE可以有效去除环境温度为20℃时，蒸气压大于133.3Pa、亨利常数大于0.01的VOCs，例如苯、甲苯、己烷等。但对于蒸气压较低、难挥发的重组分物质，如煤油、柴油、润滑油和民用燃料油等，SVE的修复效果往往并不理想，其应用也会受到严重的限制[56-61]。殷甫祥等[70]通过模拟对比黄棕壤中甲苯、乙苯、正丙苯等污染物的SVE修复效果，发现有机物的分子结构和大小是影响修复效果的重要因素，苯环上支链越长，分子量越大，沸点越高，去除率越低。

（4）抽提流量

抽提流量对VOCs的去除有直接影响。一般来说抽气流量的增加能提高SVE去污效果、缩短修复时间，同时也会增加设备投资和能耗，然而过大的抽提流量还可能在土壤中产生优先流，造成污染物的去除出现“拖尾”现象。Wilson等[71]的研究表明，SVE修复时存在最佳的气体流速，超过此数值对去除速率无明显影响，参考试验计算出的最佳气体流量可减少尾气处理量并降低净化成本。在实际的SVE修复过程中，最佳抽气流量随场地特性而变化。因此，如何确定最佳抽气速率极为重要。

（5）其他

另外，抽提井位置及数量也是SVE系统设计时不能忽略的因素。抽提井布设时，应遵循影响半径相互交迭能完全覆盖污染区域的原则，确定抽提井位置及数量。

然而，这些研究大部分是讨论单一因素对SVE修复效果的影响，实际SVE应用过程中各种影响因素对SVE修复效果的影响是一个综合作用的过程，各因素间可能存在相互制约、相互影响的关系，导致各影响因素对修复效果的贡献不同，这也为SVE系统设计和效果预测带来困难。因此，如何定量表达不同影响因素对修复效果的贡献对于准确预测SVE修复效果至关重要，这可以有效地避免时间、资源和资金的浪费。

6.1.4 SVE模拟技术

数值模拟技术作为SVE技术发展的重要工具，可用于深入了解BTEX迁移转化规律、SVE治理机制并预测SVE修复效果。SVE修复过程涉及污染物在“气-液-NAPL”

多相间的迁移转化，其模拟研究也主要集中在污染物的迁移机制、相间传质、参数设计、修复时间及效果预测等方面。从Marley等[72]提出局部相平衡理论开始，SVE过程相关数学模型开始飞速发展，随着数学模型的不断发展和完善，其预测结果对实际工程的指导作用不断加强。Zaidel等[73]以Roult定律和介质传输基本定理为基础，研究了多元化合物的气相抽提数学模型，预测了污染物净化时间。Zhao等[74]研发了一个SVE系统控制的模型CTI，该模型可预测修复系统的停止时间。Alvim-Ferraz等[75]开发了一种简单的数学模型，并利用该模型预测了不同含水率条件下SVE修复环己烷污染土壤的时间。Albergaria等[51]利用多元线性回归和人工神经网络，预测分析了试验条件下SVE修复时间和效率。然而，目前建立的SVE修复效果预测模型较少考虑实际场地修复时复杂的场地环境对SVE修复效果的影响，因此无法全面、精确地对各类污染场地的修复效果进行预测，SVE模拟预测研究仍需改进完善。

目前，针对地下环境中的NAPL类物质迁移模拟的数值模型包括TOUGH2（T2VOC, TMVOC）、MISTER、STOMP和NAPL simulator等。这些数值模型虽能模拟NAPL的迁移转化过程，但仅有少数模型可以模拟SVE修复技术。TMVOC是TOUGH2中用于模拟分析饱和-非饱和带区域中涉及VOCs的环境污染问题的模块，它可以再现“自然”条件下多维非均相系统中三相多组分（水、空气和VOCs）非等温流的污染行为，解释不同类型的NAPL相VOCs因其物理化学性质不同而表现出挥发性和溶解性的差异。同时，该模块还可以针对地下环境中污染物（原油、汽油、柴油以及有机溶剂等）修复过程中各项技术手段进行模拟，例如SVE、地下水抽取（P & T）和蒸汽辅助修复等工程系统。然而，TMVOC的建模过程及参数设置十分复杂，这不仅会给SVE影响因素研究带来困难，还会因部分参数无法获得，而使模拟预测结果的精度降低。

为综合考虑多种因素（场地特征参数、SVE工艺参数）对SVE修复效果的影响，解决模拟预测时建模、计算过程复杂等问题，本章从综合考虑场地特征参数、SVE工艺参数对SVE修复效果的影响以及SVE去除率定量评价模型构建三个方面的研究进行论述，为实际工程中SVE修复技术的优化应用提供理论支撑。

6.1.5 不同地质环境BTEX迁移转化数值模拟

利用TMVOC软件，在拟合室内土柱试验结果、验证模型可行性的基础上，模拟了15个典型石化场地BTEX迁移转化过程，探讨了不同地质环境中（不同岩性、水位埋深等）BTEX的迁移转化规律。

6.1.5.1 TMVOC软件概述

TMVOC是TOUGH2中侧重应用于烃类燃料或有机溶剂在地下环境污染问题的子模块，该模块可以通过一维、二维和三维的形式模拟NAPL在饱和-非饱和带的污染行为，包括模拟研究NAPL在地下环境中的迁移、地下水面油状透镜体的形成、VOCs在地下水中的溶解与迁移、VOCs在土壤孔隙中的挥发及其在多孔介质上的可逆吸附等过程。

该软件可以再现“自然”条件下多维非均相系统中三相多组分（水、空气和VOCs）非等温流的污染行为，解释不同类型的NAPL相VOCs因其物理化学性质不同而表现出挥发性和溶解性的差异。此外，该模块还可以针对地下环境中污染物（原油、汽油、柴油以及有机溶剂等）修复过程中各项技术手段进行模拟，例如SVE、地下水抽取（P & T）和蒸气辅助修复等工程系统。

（1）模型程序

TMVOC作为TOUGH2框架中针对有机类物质在饱和-非饱和带内污染物在多相流体内迁移转化问题专用模块，保留了TOUGH2中的常规功能和用户操作特征。模型采用FORTRAN编程语言编写，可在含FORTRAN 77编译器的PC机、工作站以及高性能计算机群等平台上运行。通过将所需的模拟参数按TOUGH2规定的文本格式编入文件中，可将已编好的数据文件导入TMVOC执行程序中计算，计算完毕后程序会按照一定格式将结果以文本形式保存到计算机上。然后可将计算结果文件中的数据提取，并放到相关的图形绘制软件进行绘图分析。目前后处理分析中常用的绘图软件是Tecplot。

（2）多相流控制方程

TMVOC模型假设多相流系统由水、VOCs和不可压缩气体（Non-Condensible Gases，NCG）组成，流体组分可以在气相、液相和NAPL相之间通过挥发、溶解作用任意组合分配，由于热力学条件不同和组成部分相对丰度不同，相变过程中随着相态的出现和消失，流体可能以7种不同相的组合存在，如图6-3所示。图6-3中，箭头表示因热力学条件改变导致Newton-Raphson迭代过程中相态出现或消失的路线。

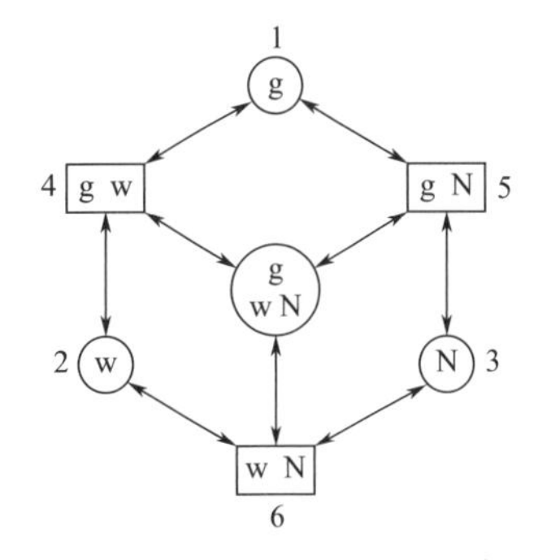

图6-3 TMVOC中组分的相态组成和变化

g—气相；w—液相；N—NAPL相

TMVOC模拟过程中假设同种组分在不同相态之间分配时化学势相同：

$$\mu_g^k=\mu_w^k=\mu_N^k \tag{6-1}$$

式中 μ_g^k —— 组分k的气相化学势；

μ_w^k —— 组分k的液相化学势；

μ_N^k —— 组分k的NAPL相化学势。

其中气相化学势表示为：

$$\mu_g^k=\varphi_g^k X_g^k P_g \tag{6-2}$$

式中 φ_g^k —— 组分k的逸度系数；

X_g^k —— 组分k在气相中的摩尔分数；

P_g —— 气相压力。

液相和NAPL相（β=w, N）的化学势表示为：

$$\mu_\beta^k=\gamma_\beta^k X_\beta^k f_\beta^{k,0} \tag{6-3}$$

式中 γ_β^k —— 组分k的活度系数；

X_β^k —— 组分k在β相中的摩尔分数；

$f_\beta^{k,0}$ —— 相态β中组分k在标准状态时的逸度系数。

TMVOC模拟过程中设定理想混合组分中的逸度系数和活度系数等于1，各相态间的分配系数根据摩尔分数的比例以平衡常数表示：

$$\frac{x_w^k}{x_N^k}=K_{wN}^k \tag{6-4}$$

$$\frac{x_w^k}{x_g^k}=K_{wg}^k \tag{6-5}$$

$$\frac{x_N^k}{x_g^k}=K_{Ng}^k \tag{6-6}$$

式中 K_{wN}^k —— 液相-NAPL相间的分配系数；

K_{wg}^k —— 液相-气相间的分配系数；

K_{Ng}^k —— NAPL相-气相间的分配系数；

x —— 组分k的摩尔分数。

TMVOC中质量和能量平衡的总控制方程如下：

$$\frac{\mathrm{d}}{\mathrm{d}t}\int_{V_n} M^k \mathrm{d}V_n=\int_{\Gamma_n} F^k \cdot n\mathrm{d}\Gamma_n+\int_{V_n} q^k \mathrm{d}V_n \tag{6-7}$$

式中 V_n —— 流动单元体体积；

Γ_n —— 表面积；

M^k —— 组分k在单位土壤介质中的质量；

F^k —— 进入到流动单元体的组分k的总通量；

q^k —— 组分k在单元体的源汇项；

n —— 流动区单元体表面的外法向单位矢量。

（3）多相流计算原理

NAPL类物质在进入地下环境后会在气相、液相和NAPL相之间通过挥发、溶解作用进行传质。传质过程中涉及的影响因素繁多且十分复杂，其中与流体迁移和相间变化的联系最为紧密的因素主要包括组成流体的物质组成、各组分的热物理性质以及流体组分间的能量传递。模型中假设三种相态处于化学和热平衡状态，模拟期间考虑相间传质、生物降解和土壤吸附等作用。计算时，地下环境中各种相态组分在压力和重力作用下发生多相流动，其运移规律遵循达西定律。其中各相态间的分子扩散以组分传递方式进行，多相扩散按照可变相位饱和度条件下的相间分配法以完全耦合的方式进行，非均质介质中的弥散过程用“多重相互作用连续法”进行处理。

6.1.5.2 BTEX垂向一维运移模拟

（1）BTEX垂向一维运移

1）试验装置与材料准备

为提高数值模型对实际污染预测工作的指导作用，精确了解BTEX在泄漏、迁移、SVE修复阶段的迁移转化过程，设计BTEX垂向运移一维土柱试验并建立相关模型，拟合BTEX在饱和-非饱和带的迁移过程，探明TMVOC模型对模拟BTEX迁移转化过程的适用性。试验装置如图6-4所示，土柱材料为有机玻璃，总高1 m、直径30 cm，土柱外壁均匀分布10个取样和监测孔，孔间距为10cm。

试验所用土壤取自北京顺义区潮白河河道附近，采样深度0.5 ～ 2m，取样地点包气带岩性单一，土壤类型主要为砂土。采集的原状土，由TST-55渗透仪测定渗透系数为1.2×10^{-3}cm/s，FE28-Standard pH计测定pH值为6.2，并由烘箱等仪器测定土壤的其他理化性质分别为土壤容重2650kg/m^3、含水率21%、孔隙度0.41、天然有机质含量＜2%，同时不存在BTEX污染情况。试验所添加的污染物为加油站购买92号机动车汽油，其BTEX的相对含量分别为苯0.11%、甲苯21.33%、乙苯0.65%、邻二甲苯0.43%。

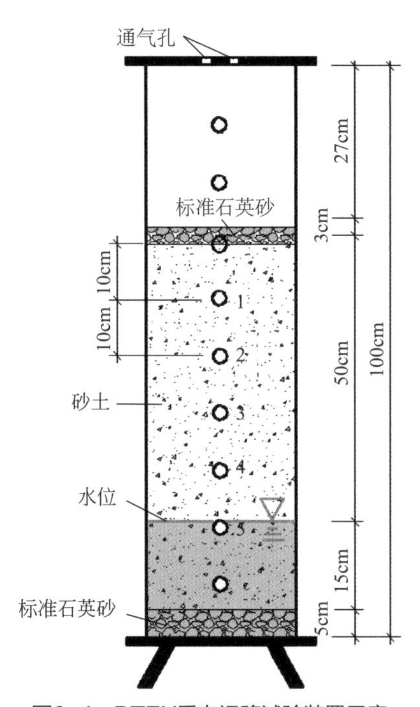

图6-4　BTEX垂向运移试验装置示意

注：符号1～5代表1～5号取样点。

2）试验及采样测试方法

土柱装填时，为防止下部土体流失，先在底部装填5cm厚的石英砂，形成承托层。然后将试验所用砂土每5cm进行装填并不断捣实，用来保证装填的土壤介质的密度均匀一致，砂土装填总高度70cm。最后在土体的上部再装填3cm厚的石英砂，用来确保上部污染物均匀下渗。土柱装填完毕后，通过底部注水使土柱内水位高度达到20cm，静置1d后开始试验。汽油从土柱顶部一次性添加，添加量为200mL。试验周期为7d，试验期间对1～5号采样孔共进行2次液体采样，采样试验分别间隔3d和4d，采集的液体样品采用GC-MS（GCMS-TQ8040，日本岛津）测定并分析样品中BTEX含量。

（2）土柱试验概念模型

1）模型概化

根据搭建的试验装置，将土柱模型概化为高为70.1cm、宽为30cm的一维模型。概念模型采用笛卡尔*xyz*正交坐标系，*z*方向共剖分15层，其中顶层层高为0.001m，用于设置顶部边界，其余14层层高均为0.05m；*x*方向共剖分6列，列宽均为0.05m，共计90个网格，网格剖分如图6-5所示。结合试验条件，土柱内砂土上部为空气层，故将概念模型上边界设置为固定大气边界；而土柱内砂土四周及底部为土柱物理隔水边界，故将概念模型左、右和下边界设置为无通量边界。模型中水位高度为20cm，模拟温度为20℃。

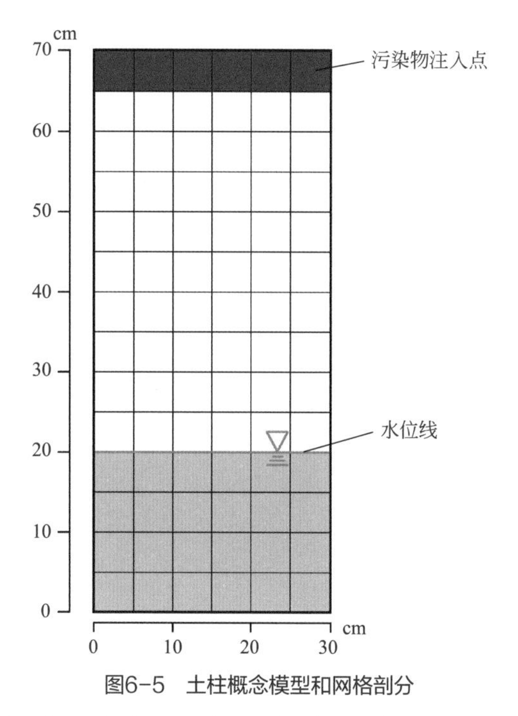

图6-5　土柱概念模型和网格剖分

注：红色网格表示污染物注入点，蓝色网格表示含水层。

2）模型过程

模型搭建完毕后，设置网格中的初始条件、孔隙压力及摩尔分数，模拟土柱装置中的初始状态。通过在模型大气边界下6个网格设置源汇相，模拟污染物的实际添加过程，同时考虑对流、弥散、溶解及吸附作用对污染物迁移过程的影响。根据实际BTEX中各组分添加量，计算出每个网格各污染组分注入速率分别为苯7.38×10^{-9}kg/s、甲苯1.43×10^{-6}kg/s、乙苯4.36×10^{-8}kg/s、邻二甲苯2.89×10^{-8}kg/s，注入时间为1h。为便于比对模拟值与试验值，根据试验过程中的取样点及取样时间输出对应网格的模拟结果。

（3）试验及模拟拟合结果分析

对比5个采样点第3天和第7天，苯和甲苯质量分数的模拟值和试验值如表6-1所列。以R^2表示模型与试验的拟合优度的评估指标，计算出的拟合值越接近1，数值模型与室内土柱试验的拟合程度越好，计算过程如式（6-8）所列：

$$R^2=\frac{\sum_{i=1}^{N}(\mathrm{cal}_i-\overline{\mathrm{cal}})(\mathrm{obs}_i-\overline{\mathrm{obs}})}{\sqrt{\sum_{i=1}^{N}(\mathrm{cal}_i-\overline{\mathrm{cal}})}\sqrt{\sum_{i=1}^{N}(\mathrm{obs}_i-\overline{\mathrm{obs}})}} \tag{6-8}$$

式中　cal_i —— $w_{苯}$或$w_{甲苯}$的试验值；

$\overline{cal}$ —— $w_{苯}$或$w_{甲苯}$的试验平均值；

obs_i—— $w_{苯}$或$w_{甲苯}$的模拟值；

$\overline{obs}$ —— $w_{苯}$或$w_{甲苯}$的模拟平均值。

表6-1 TMVOC模型拟合优度统计结果

项目	采样点	采样高度/cm	第3天		第7天	
			试验值	模拟值	试验值	模拟值
$w_{苯}$	1	50	4.37×10^{-7}	2.19×10^{-6}	3.05×10^{-7}	2.18×10^{-6}
	2	40	1.33×10^{-7}	3.75×10^{-9}	1.50×10^{-7}	2.41×10^{-8}
	3	30	1.31×10^{-7}	9.50×10^{-13}	1.55×10^{-7}	4.07×10^{-11}
	4	20	9.94×10^{-8}	1.32×10^{-16}	1.62×10^{-7}	3.40×10^{-14}
	5	10	2.58×10^{-8}	1.60×10^{-18}	1.74×10^{-7}	2.28×10^{-17}
$w_{甲苯}$	1	50	2.62×10^{-7}	9.61×10^{-5}	2.47×10^{-7}	9.61×10^{-5}
	2	40	1.15×10^{-8}	2.26×10^{-7}	1.09×10^{-7}	1.37×10^{-6}
	3	30	2.06×10^{-8}	6.39×10^{-11}	1.10×10^{-7}	2.56×10^{-9}
	4	20	1.46×10^{-8}	9.12×10^{-15}	1.11×10^{-7}	2.18×10^{-12}
	5	10	6.15×10^{-9}	3.28×10^{-18}	9.63×10^{-8}	1.40×10^{-15}

根据式（6-8）计算，$w_{苯}$与$w_{甲苯}$的拟合优度值分别为0.89和0.88，基本接近于1，表明所建立的土柱模型模拟结果与实际试验结果相关性较好。但因试验过程中添加的污染物组分繁多，且存在监测误差、模型概化误差、环境条件复杂等其他影响因素，导致模拟结果与试验结果产生一定的偏差。总的来说，TMVOC模型可以较好地模拟BTEX的迁移转化过程，可用于后续场地尺度上BTEX迁移转化及SVE修复过程模拟分析。

6.1.5.3 场地BTEX转化数值模拟

为证明模型的普适性，共收集了来自15个典型石化场地（S_1，S_2，S_3，…，S_{15}）的地质环境数据进行模拟。这些场地分布在北京、兰州、新疆、江苏苏州（吴江）、厦门、山西吕梁、山东、辽宁、贵州毕节、内蒙古、云南安宁、宁夏银川、浙江嘉兴、四川南充、吉林通化等地。利用PetraSim软件（TOUGH2的商用可视化软件）模拟饱和-非饱和带BTEX的迁移转化过程，并从污染分布、相间转化、饱和度分布等角度分析场地参数对BTEX迁移转化的影响。

（1）场地基本概况

1）场地S_1

该场地位于甘肃省中部，属于温带半干旱气候，气候干燥寒冷，冬季长，温差大，多年平均气温9.1℃，极端最高气温39.1℃，极端最低气温−23.1℃。年平均降水量为317.6mm，降水多集中于7～9月。场地地下水属于河流河谷Ⅰ级阶地第四系松散岩类孔隙水，含水层主要岩性为粉土或粉质黏土，厚度在3m左右，包气带主要由砂土或粉质砂土组成，厚度为1.20 ～ 2.00m。地下水资源的主要来源是大气降水入渗以及河谷南岸高阶地地下水的侧向径流补给，地下水水位标高在1534.50 ～ 1538.75m之间，总体由南向北方向径流，即从河谷后缘向河流方向径流。

2）场地S_2

该场地位于我国华北地区，属于北温带半湿润大陆性季风气候，夏季高温多雨，冬季寒冷干燥，春、秋短促。年平均气温在11 ～ 13℃之间，最高气温一般在35 ～ 40℃之间，极端最低气温一般在−14 ～ −20℃之间。多年平均降水量609.78mm，降水多集中于6 ～ 9月份。场地第四系沉积岩性主要为砂卵砾石层，结构较为单一，呈现由西向东逐渐增厚的趋势。含水层主要岩性为砂砾石，厚度在11 ～ 51m。地下水资源的主要补给来源是大气降雨入渗、上游侧向径流补给。

3）场地S_3

该场地位于我国西北部，属于暖温带大陆性干燥气候，日照时间长，热量条件好，无霜期较长。年平均气温在11.4℃左右，极端最低气温−24.1℃。场地第四系全新统冲洪积层岩性以粉砂、细砂为主。地面高程为1019m，地势平坦开阔，北高南低，自然坡度在2%左右，地表有少量冲沟，冲刷痕迹不明显。地下水含水层组岩性为第四系多层结构的砂砾石。水位埋深在5 ～ 50m之间，含水层厚度为5 ～ 30m，富水性较贫乏。

4）场地S_4

该场地位于江苏省南部，属于亚热带季风气候区，冬季干冷少雨，夏季温暖湿润。年平均气温16.6℃，极端最高气温39.2℃，极端最低气温−8.5℃。年平均降水量1182.9mm，雨量充沛。场地所在地区地势低平，自东北向西南缓慢倾斜。土壤以壤土质的黄泥土和黏土质的青紫泥为主，其次为小粉土，还有少量的灰土和堆叠土地。场地地下水水位埋深在1.1～1.8m之间，其土层分布从上到下依次为耕土以及淤泥质粉质黏土、粉质黏土、粉砂土、黏土等交替土层。

5）场地S_5

该场地位于福建西部，属于中亚热带季风气候，气候温和，雨量充沛。年平均气温18.4℃，夏季最高气温39.4℃，冬季最低气温−6.5℃。年平均降水量为1500 ～ 2100mm，降水多集中于5 ～ 6月。场地所在地地下水主要赋存于全新统中粗砂及更新统砂层中，富水性好，透水性强，地下水静止水位埋深为3.0 ～ 4.0m，主要接受大气降水、上游河流及山区地下水的补给。

6）场地S_6

该场地位于山西西北部，属于大陆性半干旱气候，气温变化大，四季分明。年平均气温为7.90℃，1月最冷，平均气温为−11.00℃；7月最热，平均气温为23.50℃。年平均降雨量为387.90mm，降水多集中在6 ～ 9月。场地所在区域为黄土地貌，该地层结构松散，垂直裂隙发育，易接受大气降水的补给。

7）场地S_7

该场地位于山东省西部，属于半干旱大陆性季风气候，具有显著的季节变化和季风气候特征。历年平均气温13.1℃，最高气温41.2℃，最低气温−20.8℃。历年平均降雨量574mm，降水量较小。场地所在地区地形平坦，以约0.1‰～0.16‰坡降自西南向东北倾斜，深、浅层地下水流向总的规律是自西南向东北。地层浅部以黏土、粉质黏土、粉土为主，中部为黏土和粉质黏土互层，深部以粉细砂、细砂和中粗砂交替互层。地下水位埋深为0.30～2.40m，水位年变幅一般在1.0m左右，受季节性降雨影响较大，其径流以水平方向为主，排泄的主要方式为蒸发和浅水井季节性灌溉抽水。含水层厚度在6m左右，岩性多为中细砂和粉细砂，且有黏性土隔层不连续分布。

8）场地S_8

该场地位于辽宁省西南部，属于大陆性季风气候，四季分明，温差较大，年平均气温为7.8℃，年平均降水量为528.3mm。场地地下水赋存于第四系松散堆积物中，含水层由第四系砂、砾石构成，厚度1～5m，水位埋深2.0～8.0m，渗透系数10～30m/d。上覆粉土或粉质黏土厚度2.0～4.0m。地下水主要受大气降水和基岩裂隙水补给，主要通过地下径流向下游排泄，部分补给河水。

9）场地S_9

该场地位于贵州省西北部，属于亚热带季风气候，冬季寒冷，夏季湿润多雨。多年平均气温11.7℃，多年平均年降水量1155mm，最大降水量1518.3mm。场地内地层主要为上覆第四系全新统人工回填土、黏性土等，素填土层的厚度不均，一般约为1.50～5.00m；黏土层广泛分布于厂区表层，厚度约为0.60～9.10m。场地地下水在第四系覆盖层中广泛存在，主要受大气降水水源补给，水量较小，主要以蒸发及向基岩下渗的形式排泄，由于覆盖层厚度变化较大，下伏基岩透水性相对较小，本次测得的地下水位埋深变化范围为0.00～8.30m。

10）场地S_{10}

该场地位于内蒙古自治区中部，属于中温带大陆性季风气候。年平均气温14℃，年降水量431mm。场地地形坡度为0.5%，包气带介质为粉土和粉质黏土，含水层介质以中粗砂、砾砂和粉细砂为主，水位埋深6m左右。

11）场地S_{11}

该场地位于我国西南部，属于亚热带高原季风温凉气候。年平均气温15.4℃，年降水量898.7mm，最大降水量1191mm。场地地层由上到下依次为回填土、黏土、含砾黏土、黏土。地下水主要赋存于黏土、含砾黏土或粉砂中，水位埋深在10m左右，地下水水量较小，属于弱含水地层地下水。主要补给方式为大气降水及附近水体径流补给，排泄方式以大气蒸发及向林区径流排泄为主。

12）场地S_{12}

该场地位于宁夏北部，属于典型的大陆性季风气候，表现为降水少、蒸发量大、日照充足、温差大。年平均气温8.9℃，年均降水量为192.9mm，最大降水量出现在7～9月。场地地形总体平坦开阔，局部略有起伏。在地层岩性上，地表均为第四系风积、洪积形成的黄土状粉土及砂土。包气带岩性以粉土为主，厚度在3～20m之间，含水层岩性为中、细粒砂岩，厚度小于10m。地下水主要接受大气降水及周围沙丘凝结水的补给，排泄方式为蒸发、径流或沿地形低洼处及沟谷汇入下游河流。

13）场地S_{13}

该场地位于浙江省东北部，属于亚热带海洋性季风气候，全年气候温和湿润。年平均气温15.7℃，年平均降水量1218.1mm，降水充沛。场地表层土(0～16m)为洪积含砾亚黏土，水位埋深12m左右，含水层(10～18m)由细砂、砂砾石含少量黏性土组成，水量中等。

14）场地S_{14}

该场地位于吉林省东南部，属于北温带大陆性季风气候，多年平均气温4.9℃，年日照量2065.7h，降水量较少，年平均降水量为642.9mm。受季风影响，降水主要集中于夏季（6～8月）。场地所在区域地质属新华夏构造冲断层系，区域内地貌类型除低山、丘陵外，还包括山间河谷、河流阶地。地下水沿松散层的空隙流动赋存，水量甚微，一般埋深0.5～1.5m。含水层主要由河床相的卵石、砾石及砂砾组成。

15）场地S_{15}

位于四川盆地东北部，属于中亚热带湿润季风气候。多年平均气温在17.1℃，多年平均降水量在1000mm左右，降水丰富。场地所在区域总体地势北高南低，山脉总体走向近东西向。场地包气带岩性主要为黏土和卵石，黏土分布面积较小，厚度最大为2m，卵石分布则相对较广，厚度最大为10m。含水层主要由砂卵石组成，结构较松散，渗透性强。

（2）场地概念模型剖分

为了确保计算快速简单，用S_1、S_2、S_3、…、S_{15}表示15个场地。根据15个场地的调查资料，对每个场地地层岩性、水位埋深及入渗系数等参数进行概化，并利用PetraSim模拟污染物的泄漏、迁移及SVE修复过程。建立BTEX迁移转化的概念模型可分为3个步骤：a.建立研究区概念模型；b.自然条件初始化；c.BTEX泄漏及迁移模拟。

污染物将会随顺水流方向产生较大的横向迁移距离，15个场地均从顺水流方向截取长100m、宽1m的二维剖面，概念模型的高度与各场地饱和-非饱和带的厚度有关（表6-2），概念模型如图6-6所示。概念模型采用笛卡尔*xyz*正交坐标系，为便于设置边界条件（左右边界、大气边界），左右两侧网格单元列宽为0.001m，顶层网格单元层高为0.001m，网格剖分如表6-2和表6-3所列。

表6-2　概念模型垂直方向（z方向）网格剖分

分区	项目						
S_1	总高/m	5					
	行数	1	2～6	7～10	10～11		
	层高/m	0.001	0.2	0.5	1		
S_2	总高/m	32					
	行数	1	2～11	12～32	33～45	46～48	49
	层高/m	0.001	0.2	0.5	1	1.5	2
S_3	总高/m	15					
	行数	1	2～6	7～16	17～21	22～23	
	层高/m	0.001	0.2	0.5	1	2	
S_4	总高/m	5					
	行数	1	2～6	7～8	9	10	
	层高/m	0.001	0.2	0.5	1	2	
S_5	总高/m	9					
	行数	1	2～6	7～14	15～16	17	
	层高/m	0.001	0.2	0.5	1	1	
S_6	总高/m	8					
	行数	1	2～11	12～19	20～21		
	层高/m	0.001	0.2	0.5	1		
S_7	总高/m	8					
	行数	1	2～6	7～10	11～13	14	
	层高/m	0.001	0.2	0.5	1	2	
S_8	总高/m	7.5					
	行数	1	2～6	7～13	14	15	
	层高/m	0.001	0.2	0.5	1	2	

分区	项目					
S_9	总高/m	10				
	行数	1	2～6	7～14	15～17	18
	层高/m	0.001	0.2	0.5	1	2
S_{10}	总高/m	11				
	行数	1	2～6	7～18	19～20	21
	层高/m	0.001	0.2	0.5	1	2
S_{11}	总高/m	15				
	行数	1	2～6	7～28	29～31	
	层高/m	0.001	0.2	0.5	1	
S_{12}	总高/m	12				
	行数	1	2～6	7～17	18～21	22
	层高/m	0.001	0.2	0.5	1	1.5
S_{13}	总高/m	20				
	行数	1	2～11	12～33	34～36	37～38
	层高/m	0.001	0.2	0.5	1	2
S_{14}	总高/m	8				
	行数	1	2～6	7～10	11～13	14
	层高/m	0.001	0.2	0.5	1	2
S_{15}	总高/m	10				
	行数	1	2～6	7～16	17～18	19
	层高/m	0.001	0.2	0.5	1	2

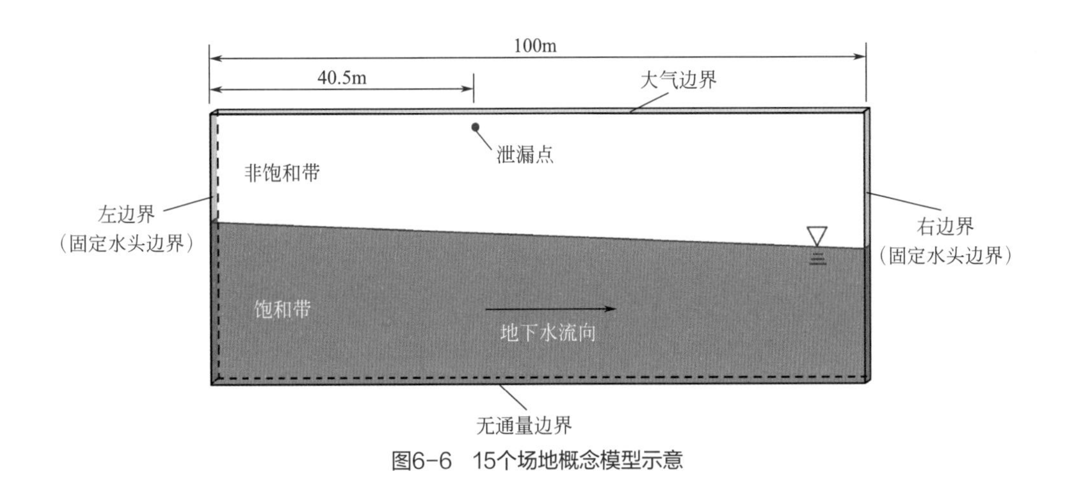

图6-6　15个场地概念模型示意

表6-3　概念模型水平方向（x方向）网格剖分

	x									
列数	1	2～3	4～5	6～9	10～25	26～35	36	37	38	39	40
列宽/m	0.001	10	5	2	1	2	3	5	8	10	0.001

（3）场地模型的参数设置

模拟过程中的参数主要从现场试验和文献调研两方面获得。由于地下水温度较为稳定，15个典型石化场地模型中的环境温度均设置为20℃。结合各场地水文地质调查数据、相关文献以及TMVOC模型中提供的经验参数，概化的各场地模型中非饱和带厚度（水位埋深）、含水层厚度、降雨入渗参数如表6-4所列，设置所有岩性的密度均为2650kg/m^3，岩石颗粒比热容均为1000J/(kg·℃)，其他岩性参数（孔隙度、渗透率等）如表6-5所列。为确保模拟结果的可比性，概念模型中地下水流均从左到右流动，平均水力梯度为0.01，计算过程如式（6-9）所列，15个场地模型左右边界的水位埋深如表6-5所列。

$$I=\frac{H_1-H_2}{L}=\frac{1}{100}=0.01 \tag{6-9}$$

式中　H_1 —— 模型左侧水位高度，m；

H_2 —— 模型右侧水位高度，m；

L —— 模型长度，m。

表6-4　15个场地的场地参数

场地	年入渗量/mm	非饱和带				饱和带			
		土壤类型	厚度/m	孔隙度	垂直渗透率/m^2	土壤类型	厚度/m	孔隙度	垂直渗透率/m^2
S_1	133.20	砂土	2	0.34	1.50×10^{-11}	粉质黏土	3	0.45	2.78×10^{-14}
S_2	324.28	砂土	24	0.29	1.08×10^{-11}	砂土	8	0.29	1.00×10^{-11}
S_3	680	砂土	9.5	0.41	1.00×10^{-12}	砂土	5.5	0.41	1.00×10^{-12}

续表

场地	年入渗量/mm	非饱和带				饱和带			
		土壤类型	厚度/m	孔隙度	垂直渗透率/m^2	土壤类型	厚度/m	孔隙度	垂直渗透率/m^2
S_4	59.15	壤土	1.5	0.42	1.76×10^{-13}	粉质黏土	3.5	0.45	2.78×10^{-14}
S_5	658	壤土	3.5	0.39	3.25×10^{-11}	砂土	5.5	0.34	2.26×10^{-10}
S_6	193.95	壤土	5	0.41	9.10×10^{-13}	砂土	3	0.41	1.00×10^{-12}
S_7	172.20	砂土	2	0.43	3.64×10^{-12}	砂土	6	0.41	1.00×10^{-12}
S_8	211.32	粉质黏土	3.5	0.45	1.37×10^{-14}	砂土	4	0.3	2.00×10^{-11}
S_9	115.50	壤土	5.5	0.41	2.15×10^{-13}	粉质黏土	4.5	0.45	5.88×10^{-14}
S_{10}	172.40	粉土	6	0.4	3.41×10^{-14}	砂土	5	0.34	2.26×10^{-10}
S_{11}	287.58	壤土	9.5	0.49	6.92×10^{-13}	黏土	5.5	0.5	5.79×10^{-13}
S_{12}	61.73	粉质黏土	5.5	0.45	2.78×10^{-14}	砂土	6.5	0.41	1.00×10^{-12}
S_{13}	487.24	黏土	12	0.45	1.90×10^{-14}	砂土	8	0.41	1.00×10^{-12}
S_{14}	257.16	粉质黏土	1.5	0.45	1.19×10^{-13}	砂土	6.5	0.34	3.32×10^{-11}
S_{15}	389.72	粉质黏土	4.5	0.45	8.38×10^{-14}	砂土	5.5	0.41	2.13×10^{-13}

表6-5　15个场地模型左右边界的水位埋深

场地	水位埋深/m		场地	水位埋深/m		场地	水位埋深/m		场地	水位埋深/m	
	左	右		左	右		左	右		左	右
S_1	1.5	2.5	S_5	3	4	S_9	5	6	S_{13}	11.5	12.5
S_2	23.5	24.5	S_6	4.5	5.5	S_{10}	5.5	6.5	S_{14}	1	2
S_3	9	10	S_7	1.5	2.5	S_{11}	9	10	S_{15}	4	5
S_4	1	2	S_8	3	4	S_{12}	5	6			

（4）自然条件初始化

为使模拟结果更符合现场实际状况，在开展BTEX迁移转化和SVE修复模拟前，通过设定概念模型左右边界的地下水面处初始压力，在给定参数条件下，令模型自动计算至重力和毛细压力平衡来表明各场地潜水层在不同深度下静水压力的分布状况。15个场地概念模型左右边界为固定水头边界，边界网格在模拟过程中始终保持恒定状态，为保证模型中物料平衡与地下水流动，左右边界单元格始终与外界保持热物理化学和物质交换。概念模型上边界为固定大气边界，压力为1.013×10^5Pa，为不影响模型中的气相流动以及物料平衡，模拟过程中上部边界始终保持与大气的热物理化学和物质交换。概念模型下边界为无通量边界，模拟过程中始终保持恒定状态。概念模型在重力和毛细压力作用下达到平衡时，非饱和带的压强与大气压相差较小，饱和带的压强随着深度的增加不断增大，底部压强最大值如表6-6所列。

表6-6 15个场地模型平衡状态时底部压强最大值

场地	压强/10^5Pa	场地	压强/10^5Pa	场地	压强/10^5Pa
S_1	1.31	S_6	1.31	S_{11}	1.55
S_2	1.75	S_7	1.55	S_{12}	1.62
S_3	1.50	S_8	1.36	S_{13}	1.75
S_4	1.31	S_9	1.40	S_{14}	1.60
S_5	1.50	S_{10}	1.45	S_{15}	1.50

(5) BTEX泄漏及迁移过程模拟

首先对场地进行BTEX泄漏及迁移过程模拟，泄漏点距地表0.03m，左边界40.5m，其中苯、甲苯、乙苯、邻二甲苯的泄漏速率均为2×10^{-5}kg/s，泄漏持续时间1a，此时间段记为泄漏阶段。泄漏1a后，在模型中去掉泄漏点，令BTEX自由扩散1a，此时间段记为迁移阶段。模拟期间主要考虑对流、弥散、溶解及吸附作用，污染物参数设置如表6-7所列。

表6-7 15个场地模型的污染物参数

污染物	空气中扩散系数/(m^2/s)	水中扩散系数/(m^2/s)	NAPL中扩散系数/(m^2/s)	吸附分配系数/(m^3/kg)	水中溶解度/(mol/mol)
苯	7.7×10^{-6}	6.0×10^{-10}	6.0×10^{-10}	0.0891	4.11×10^{-4}
甲苯	8.8×10^{-6}			0.273	1.01×10^{-4}
乙苯	7.1×10^{-6}			0.681	2.58×10^{-4}
邻二甲苯	8.0×10^{-6}			0.55	2.97×10^{-4}

6.1.5.4 BTEX迁移转化规律

(1) BTEX质量分数分布

BTEX泄漏及迁移后场地中BTEX质量分数分布范围如图6-7所示，可以看出BTEX在地表泄漏后，首先在重力和毛细压力作用下发生纵向和横向迁移，并形成以污染源为核心的污染扩散区域，污染程度由内向外逐渐降低。进一步分析BTEX污染分布特征，发现BTEX在地表泄漏后首先在重力作用下向土层深处迁移，此时虽有毛细压力和表面张力的影响，但由于重力作用影响较大，非饱和带中BTEX的污染以垂向分布为主；非饱和带中BTEX的迁移过程，受自身的黏滞性和非饱和带的截留作用的影响，部分BTEX将残留于土壤孔隙中，这些残留的BTEX会经挥发和溶解作用不断向周围环境中释放出污染物；当BTEX在重力及降雨淋滤作用下进一步迁移至地下水面处，由于BTEX密度比水小，大部分的BTEX浮在地下水面处并形成油状透镜体，在水流和浮力作用下横向迁移，故地下水面处BTEX的污染以横向分布为主。

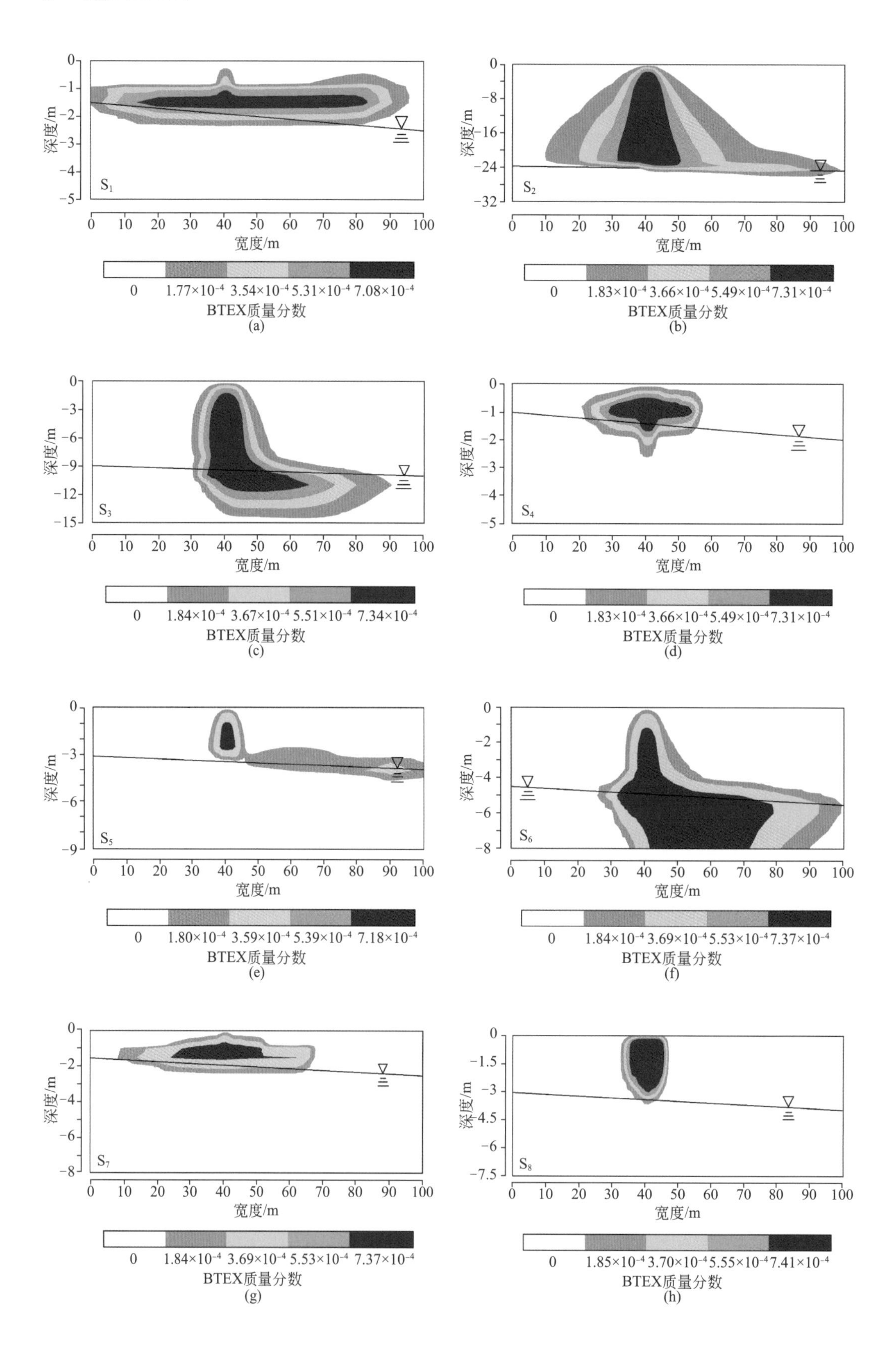

S1
深度/m
宽度/m
0
1.77×10⁻⁴ 3.54×10⁻⁴ 5.31×10⁻⁴ 7.08×10⁻⁴
BTEX质量分数
(a)
S2
1.83×10⁻⁴ 3.66×10⁻⁴ 5.49×10⁻⁴ 7.31×10⁻⁴
(b)
S3
1.84×10⁻⁴ 3.67×10⁻⁴ 5.51×10⁻⁴ 7.34×10⁻⁴
(c)
S4
1.83×10⁻⁴ 3.66×10⁻⁴ 5.49×10⁻⁴ 7.31×10⁻⁴
(d)
S5
1.80×10⁻⁴ 3.59×10⁻⁴ 5.39×10⁻⁴ 7.18×10⁻⁴
(e)
S6
1.84×10⁻⁴ 3.69×10⁻⁴ 5.53×10⁻⁴ 7.37×10⁻⁴
(f)
S7
1.84×10⁻⁴ 3.69×10⁻⁴ 5.53×10⁻⁴ 7.37×10⁻⁴
(g)
S8
1.85×10⁻⁴ 3.70×10⁻⁴ 5.55×10⁻⁴ 7.41×10⁻⁴
(h)

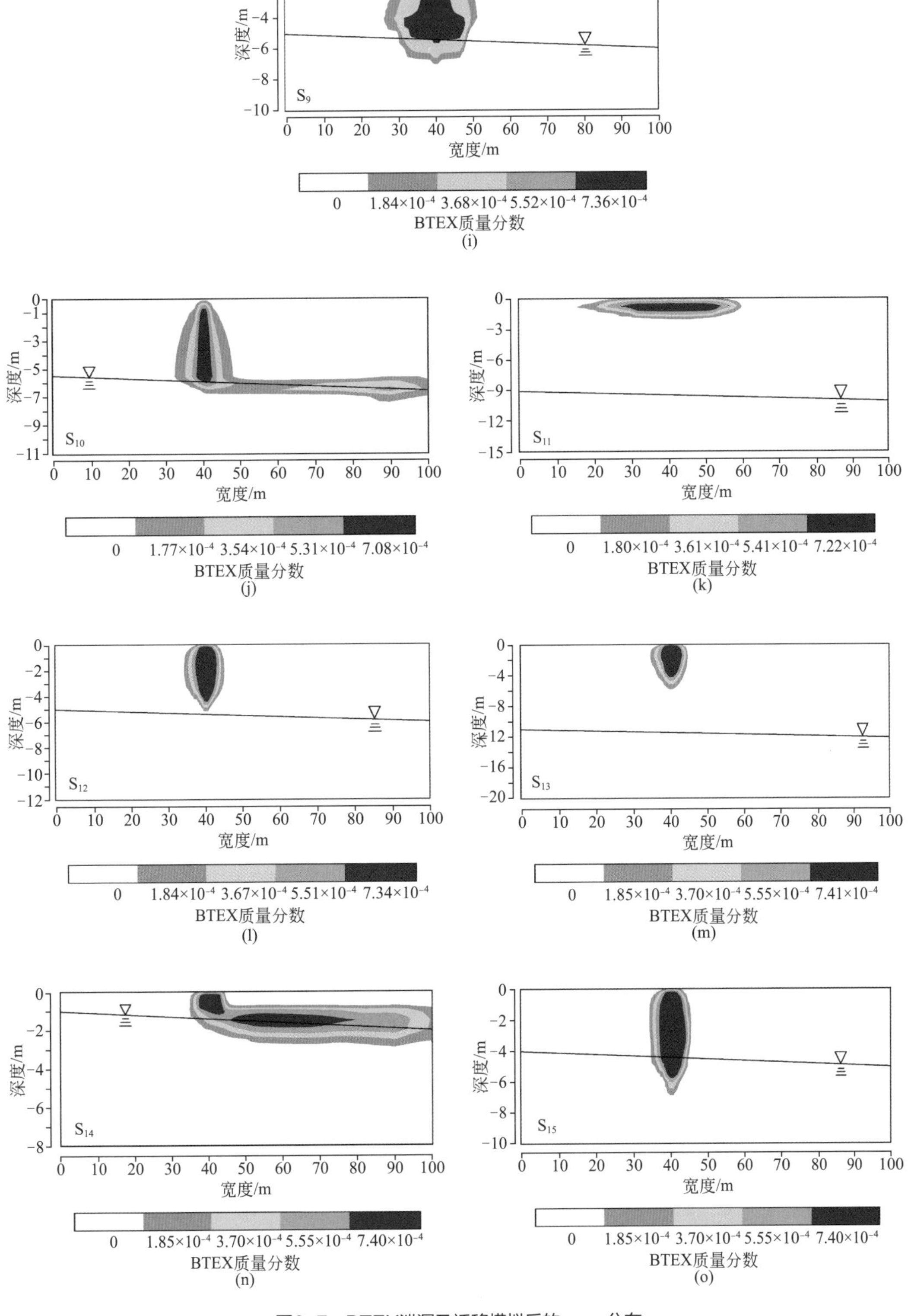

图6-7 BTEX泄漏及迁移模拟后的w_{BTEX}分布

BTEX泄漏及迁移后场地中BTEX污染参数统计如表6-8所列，可以发现BTEX泄漏条件一致的前提下，不同地质环境对BTEX在地下环境中的分布有很大影响。结合土柱试验的模拟结果并查阅相关文献，可知场地参数（渗透率、孔隙度、水位埋深、降雨入渗等）对污染物在地下的分布有影响。因此，利用SPSS软件对15个场地的场地参数与污染参数进行相关性分析，结果如表6-9所列。

表6-8 BTEX泄漏迁移后污染参数的模拟值

场地	污染深度/m	污染宽度/m	污染面积/m^2	NAPL饱和度峰值	质量分数峰值×10^4	m_{BTEX}/kg
S_1	2.5	96	144	0.147	7.08	2372.87
S_2	24	95	1140	0.060	7.31	2383.18
S_3	15	77.5	637.5	0.122	7.34	2330.05
S_4	2.5	37	74	0.630	7.31	2281.51
S_5	4.5	66	119.5	0.051	7.18	805.98
S_6	8	75	422	0.166	7.37	2345.63
S_7	2.5	64	121	0.242	7.37	2476.79
S_8	4.5	15	52	0.228	7.41	1579.94
S_9	7	23.5	147	0.393	7.36	2326.89
S_{10}	8	69	213	0.383	7.08	2170.30
S_{11}	2.5	46	80	0.199	7.22	1508.33
S_{12}	5	10.5	40.5	0.243	7.34	1349.46
S_{13}	6.5	11	31.5	0.247	7.41	1214.27
S_{14}	3	66	133	0.114	7.40	1112.01
S_{15}	7	12	66	0.247	7.40	1945.88

表6-9 污染参数与场地参数的相关系数

项目	NAPL饱和度峰值	质量分数峰值	污染宽度	污染深度	污染面积
降雨入渗量	−0.549*	0.181	0.159	0.383	0.086
非饱和带渗透率	−0.602*	−0.549*	0.735**	−0.067	0.607*
非饱和带孔隙度	0.311	0.595*	−0.747**	−0.371	−0.723**
饱和带渗透率	−0.449	0.050	0.161	0.313	0.142
饱和带孔隙度	0.428	−0.202	−0.162	−0.439	−0.156
水位埋深	−0.023	−0.075	0.004	0.669**	0.199

注：1.** 表示在0.01水平（双侧）上显著相关。
2.* 表示在0.05水平（双侧）上显著相关。

从表6-9中可以看出，BTEX在地下的分布主要受非饱和带渗透率、孔隙度、降雨入渗量、水位埋深等参数的影响。NAPL饱和度峰值与降雨入渗量（−0.549）和非饱和带渗透率（−0.602）呈负相关性，降雨强度与非饱和带渗透率越大，场地中NAPL饱和度峰值越低；质量分数峰值与非饱和带渗透率（−0.549）呈负相关性，与非饱和带孔隙度（0.595）呈正相关性，岩性较粗且渗透性较高的土层介质越不易留存污染物，污染物的质量分数峰值越低，反之则相反。污染宽度和污染面积则与非饱和带渗透率呈正相关性，相关系数分别为0.735和0.607，与非饱和带孔隙度呈负相关性，相关系数分别为−0.747和−0.723，可知岩性较粗且渗透性较高的土层介质土壤颗粒对BTEX的吸附性和扩散阻力较小，越易发生污染扩散迁移，当污染物迁移至地下水面处时会造成污染范围的进一步扩大，反之则相反。污染深度与水位埋深（0.669）呈高度正相关性，由于BTEX密度比水小，当BTEX迁移至地下水面时，会因浮力作用漂浮在地下水面上形成透镜状油层，造成污染物不能进一步向土层深处迁移。

（2）BTEX在“气-液-NAPL”三相间的转化

BTEX在土壤中的迁移往往涉及“气-液-NAPL”三相的转化，统计15个场地BTEX在气、液和NAPL相的质量如图6-8所示。图中BTEX总质量为场地模型中BTEX在气、液和NAPL相的总和。

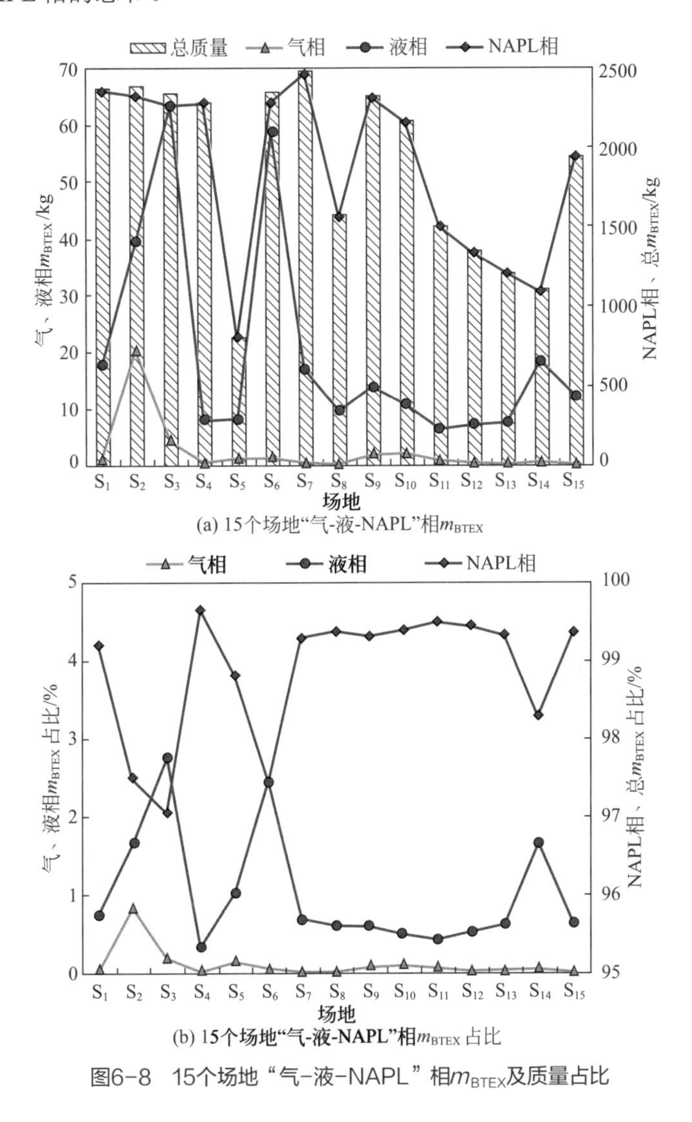

图6-8　15个场地“气-液-NAPL”相m_{BTEX}及质量占比

如图6-8（a）所示，场地中BTEX总质量与NPAL相BTEX的质量变化一致，结合图6-8（b）发现15个场地NAPL相BTEX的质量占比均在97%以上，BTEX在地下环境中主要以NAPL相的形式存在，场地中BTEX的污染程度很大程度上取决于NAPL相BTEX的含量；场地中液相BTEX的质量在不同场地差别较大，从图6-8（b）可以发现场地S_3和S_6液相BTEX质量占比相对较高（>2%），结合BTEX质量分数分布（见图6-7），可知这两个场地BTEX污染均已到达地下水面，在地下水流进一步作用下更多的NAPL相BTEX溶解到地下水中，造成场地中液相BTEX含量增多；场地中气相BTEX的质量均较低，从图6-8（b）可以看出15个场地气相BTEX的质量占比均未超过1%，主要是由于BTEX泄漏量较大，随着BTEX向土层深处迁移，其挥发性受到污染物迁移深度、地层岩性、水位埋深等因素制约，挥发速率相对较慢。为进一步明确泄漏和迁移时污染场地中BTEX在“气-液-NAPL”三相转化的规律，以苯为例统计场地S_1中“气-液-NAPL”相中苯的质量变化，如图6-9所示。

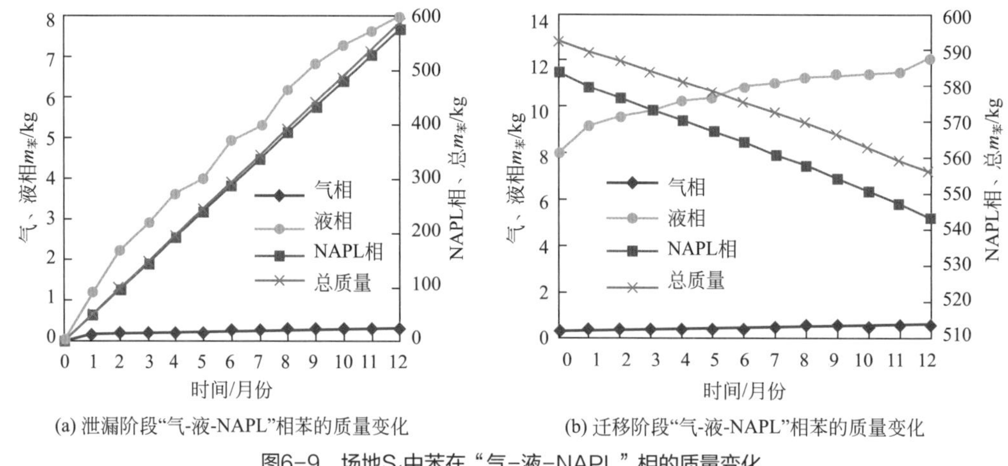

图6-9　场地S_1中苯在“气-液-NAPL”相的质量变化

图6-9中苯的总质量为场地模型中苯在“气-液-NAPL相”质量的总和。泄漏阶段，由于泄漏点持续释放污染物，场地S_1中苯的总质量呈线性上升的趋势，共增加584.07 g，同时“气-液-NAPL”相中苯的质量也均增加，分别增加0.31g、7.94g、575.81g，三相占比分别为0.05%、1.36%、98.59%。迁移阶段，苯的总质量呈线性下降的趋势，共减少36.39g，减少率为6.14%，场地中剩余苯的总质量为556.07g，其中苯在“气-液-NAPL”相的质量占比分别为0.10%、2.17%、97.73%；气相和液相中苯的质量呈线性增加的趋势，增加率分别为74.90%和49.01%，可知在场地中NAPL相BTEX的浓度较高的情况下，为保持气、水和NAPL间物质交换与分配的平衡状态，NAPL相BTEX会通过挥发和溶解作用不断向气相和液相转化，导致迁移阶段气、液相中BTEX的质量不断增加，同时BTEX在空气中扩散系数大于水中的扩散系数，NAPL相的BTEX更易向气相转化。最终气相BTEX会因浓度梯度通过大气边界挥发，液相BTEX会因地下水流作用流出右边界，因此场地中BTEX的总质量不断减少。同时

由于地下环境中BTEX浓度较高，污染物的挥发和溶解速度较慢，导致自然衰减状态下场地中BTEX的去除率较低。

6.1.6 BTEX污染场地SVE修复效果数值模拟

本章结合15个场地BTEX迁移转化数值模拟结果，设计了15个场地的SVE工艺参数，开展了15个场地SVE修复过程模拟。以污染物质量变化率为准则，确定了15个场地的SVE去除率，研究了多种参数（场地特征参数、SVE工艺参数）对SVE去除率的影响，为SVE去除率定量评价模型构建提供数据基础。

6.1.6.1 BTEX污染场地SVE工艺参数设计

SVE工艺参数的合理、精确设计，是经济、高效、准确修复场地中污染物的关键。因此在场地SVE修复模拟前，需通过理论公式计算和模型模拟等手段确定SVE运行所需的工艺参数，包括最佳抽提井压强、影响半径、抽提井位置与抽提流量、深度、数量等[68]，并以此为依据确定15个场地的抽提方案。

（1）抽提压强

模拟15个场地BTEX泄漏和迁移后，针对各场地中模拟的BTEX污染情况，设计15个场地SVE抽提参数。通过查阅文献可知，场地设计中的抽提井压强范围为$9.1\times10^4\sim9.6\times10^4$Pa，为确定15个污染场地较适合的抽提井压强，分别设置9.1×10^4Pa、9.2×10^4Pa、9.3×10^4Pa、9.4×10^4Pa、9.5×10^4Pa、9.6×10^4Pa 6种不同的抽提井压强，模拟不同压强作用下每个场地的单井修复过程，模拟期为1年。模拟结束后，统计不同抽提井压强作用下场地内BTEX的残留总质量，通过比较BTEX残留量的大小挑选出各场地较合适的抽提井压强，模拟结果如图6-10所示。

通过比较不同抽提井压强作用下场地BTEX残留质量，可知同一场地不同抽提井压强作用下场地中残余BTEX的质量各有不同。其中场地S_2、S_3、S_5、S_6、S_9、S_{10}、S_{11}、S_{12}、S_{13}、S_{14}、S_{15}中BTEX残余质量随抽提井压强增大而增加，场地S_1、S_7、S_8中BTEX残余质量随抽提井压强增大总体呈波动增加的趋势，而场地S_4中BTEX残余质量则随抽提井压强增大而减少。因此，根据各个场地单井抽提1a后的模拟结果，选择SVE修复后BTEX残余质量最小的抽提井压强，作为该场地后期抽提设计时的抽提井压强。

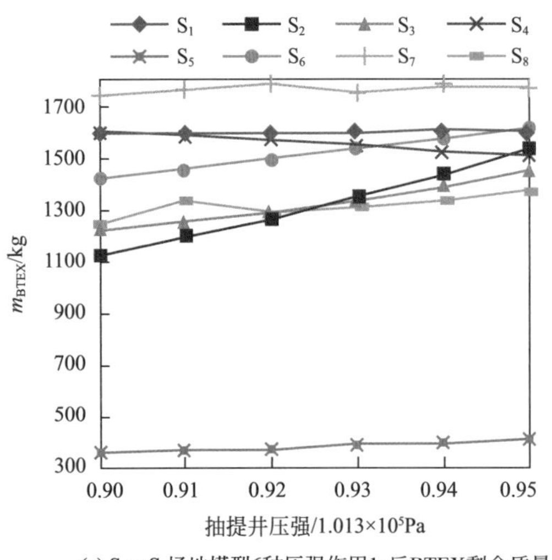

(a) S_1～S_8场地模型6种压强作用1a后BTEX剩余质量

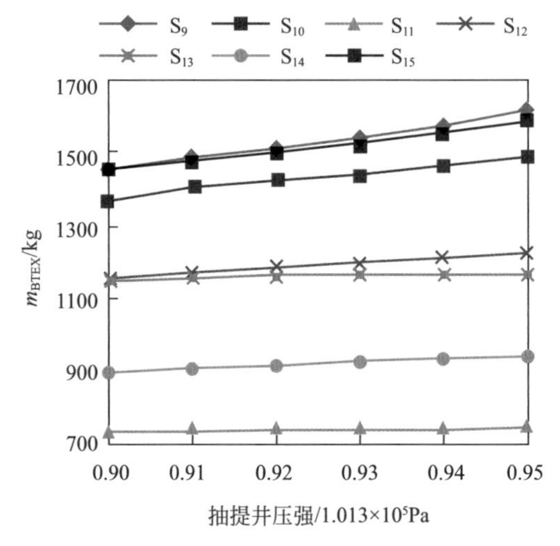

(b) S_9～S_{15}场地模型6种压强作用1a后BTEX剩余质量

图6-10 15个场地模型6种压强作用1a后BTEX剩余质量

（2）影响半径

影响半径（R_I）是原位SVE系统设计中的重要参数之一，它是确定气体抽提井数量和位置的重要依据。R_I的大小以抽提井到压降极小处的距离（$P@R_I≈1.013×10^5$Pa）为准，精确的压降数据应从稳态中试试验中获得。本次研究中15个场地并未进行场地中试试验，故从模型模拟中获得抽提井及监测井的压力降数据。根据所选取的抽提井压强，对场地进行单井抽提1a的模拟，确定抽提井及井周围的压力降数据，再运用存在边界条件的稳态径向流计算公式（$P=P_w@r=R_w$，$P=P_{atm}@r=R_I$），由式（6-10）导出抽提井影响半径：

$$P_r^2-P_w^2=(P_{R_I}^2-P_w^2)\frac{\ln(r/R_w)}{\ln(R_I/R_w)} \tag{6-10}$$

式中 P_r —— 距离气相抽提井r处的压强，Pa；

P_w —— 气相抽提井的压强，Pa；

P_{R_I} —— 影响半径处的压强（大气压或某预设值），Pa；

r —— 与气相抽提井的距离，m；

R_I —— 影响半径，m；

R_w —— 气相抽提井的半径，m。

（3）抽提井位置与抽提流量

抽提井的位置及数量与影响半径密切相关，以影响半径相互交迭可以完全覆盖污染区域为原则，对15个模拟场地的抽提井的位置进行布设。抽提井位置确定后，根据各场地污染深度设计各场地抽提井深度的原则如下：BTEX污染未到达地下水面处的场地，抽提井深度为该场地BTEX的最大污染深度；BTEX污染已到达地下水面处的场地，抽提井深度为该场地的地下水位埋深。15个场地的抽提井深度如表6-10所列。

表6-10 15个场地模型SVE工艺参数

场地	抽提井压强 /10^4Pa	抽提流量 /(m^3/s)	影响半径/m	抽提井深度/m	抽提井距左边界距离/m	抽提井数量/个
S_1	9.1	2.44×10^{-2}	5	2	11，21，31，40.5，50，60，70，80，90	9
S_2	9.1	2.48×10^{-1}	2.5	24	37，41.5	2
S_3	9.1	5.76×10^{-3}	24	9.5	40.5	1
S_4	9.6	9.73×10^{-5}	7	1.5	28，37，44，53	4
S_5	9.1	8.39×10^{-2}	8	3.5	40.5	1
S_6	9.1	2.76×10^{-3}	24	5	40.5	1
S_7	9.1	4.81×10^{-3}	3.5	1.9	17，23，29，52，58，64，35，40.5，46	9
S_8	9.1	3.15×10^{-5}	15	3.5	40.5	1
S_9	9.1	7.76×10^{-4}	15	5.5	40.5	1
S_{10}	9.1	1.34×10^{-4}	15	6	40.5，58，78，98	4
S_{11}	9.1	1.31×10^{-3}	7	2.5	30，40，48，58	4
S_{12}	9.1	1.13×10^{-4}	8	5.5	40.5	1
S_{13}	9.1	8.01×10^{-5}	16	6.5	40.5	1
S_{14}	9.1	1.08×10^{-2}	5	1.7	38，42.5，50，58，68	5
S_{15}	9.1	2.66×10^{-4}	10	4.5	40.5	1

由于15个场地包气带土壤类型、抽提压强、影响半径等参数不同，需计算场地中抽提井流量，公式如下：

$$u_w=\frac{k}{2\mu}\ \frac{P_w}{R_w\ln(R_w/R_I)}\left[1-\left(\frac{P_{R_I}}{P_w}\right)^2\right] \tag{6-11}$$

$$\frac{Q_w}{H}=2\pi R_w u_w \tag{6-12}$$

$$Q_{井}=\frac{Q_w}{H}\cdot H \tag{6-13}$$

式中 u_w —— 井壁处的气体流速，m/s；

k —— 地层渗透率，m^2；

μ —— 空气黏度，N/(s・m^2)，此处取$\mu=1.8\times10^{-5}$N/(s・m^2)。

根据本节中SVE工艺参数的选取及计算方法设置15个场地模型中抽提压强、流量、影响半径、抽提井布设等SVE工艺参数，如表6-10所列。

6.1.6.2 场地SVE修复模拟结果分析

根据表6-10中所设计的SVE工艺参数模拟15个场地的SVE修复过程，抽提方式为连续不间断抽提，抽提时间为2a。

（1）去除率统计及分析

为便于统计污染物的修复效果，用 Y_i（i=1,2,3,…,15）表示15个场地SVE对BTEX的去除率，即场地SVE去除率模拟值，Y_k计算公式如下：

$$Y_k=\frac{m_k-m'_k}{m_k} \tag{6-14}$$

式中　m_k——SVE修复前模型中待去除污染物的总质量，kg；

m'_k——SVE修复后模型中BTEX总质量，kg；

k——场地编号，k=1、2、3、…、n。

通过上式计算 Y_k 的值如图6-11所示，可以发现不同场地参数（渗透率、孔隙度、温度等）、污染参数（污染面积）、系统设计参数（抽提流量、抽提井位置及深度等）等因素影响下，15个场地SVE对BTEX去除率的效果各有不同，其中场地 S_7 去除率最高，可达99%，而场地 S_{13} 去除率最低，仅为9%。

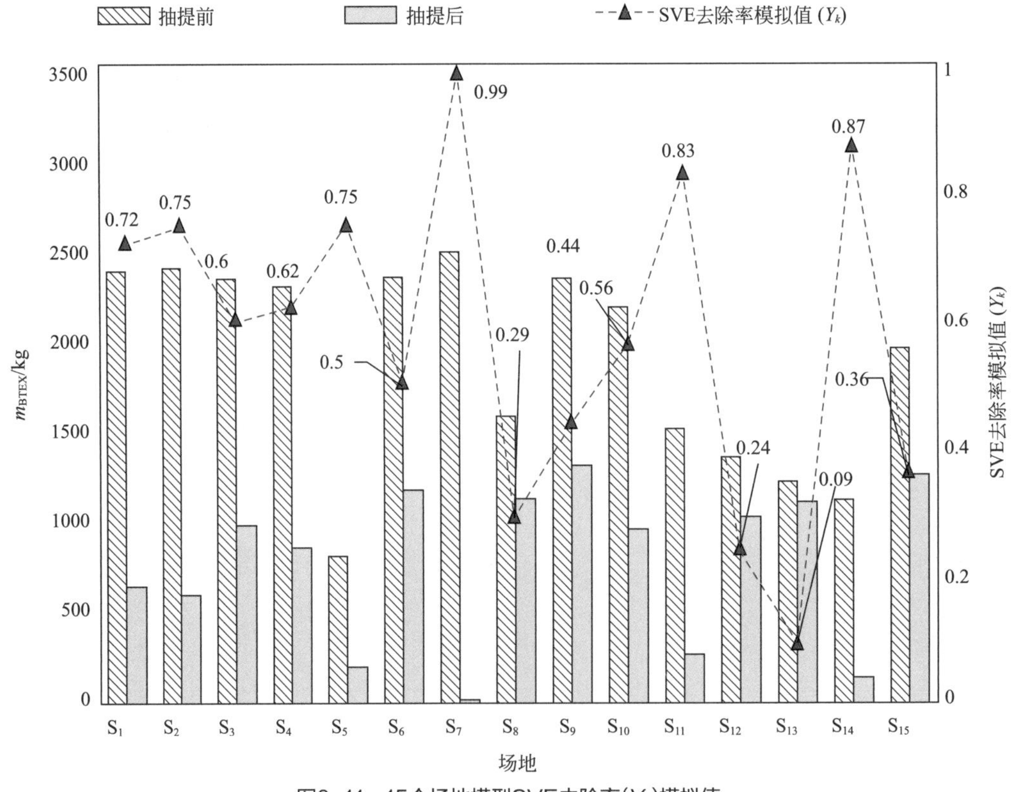

图6-11　15个场地模型SVE去除率(Y_k)模拟值

（2）BTEX质量分数分布

SVE修复2年后场地BTEX分布范围如图6-12所示，SVE修复后BTEX污染参数如表6-11所列。

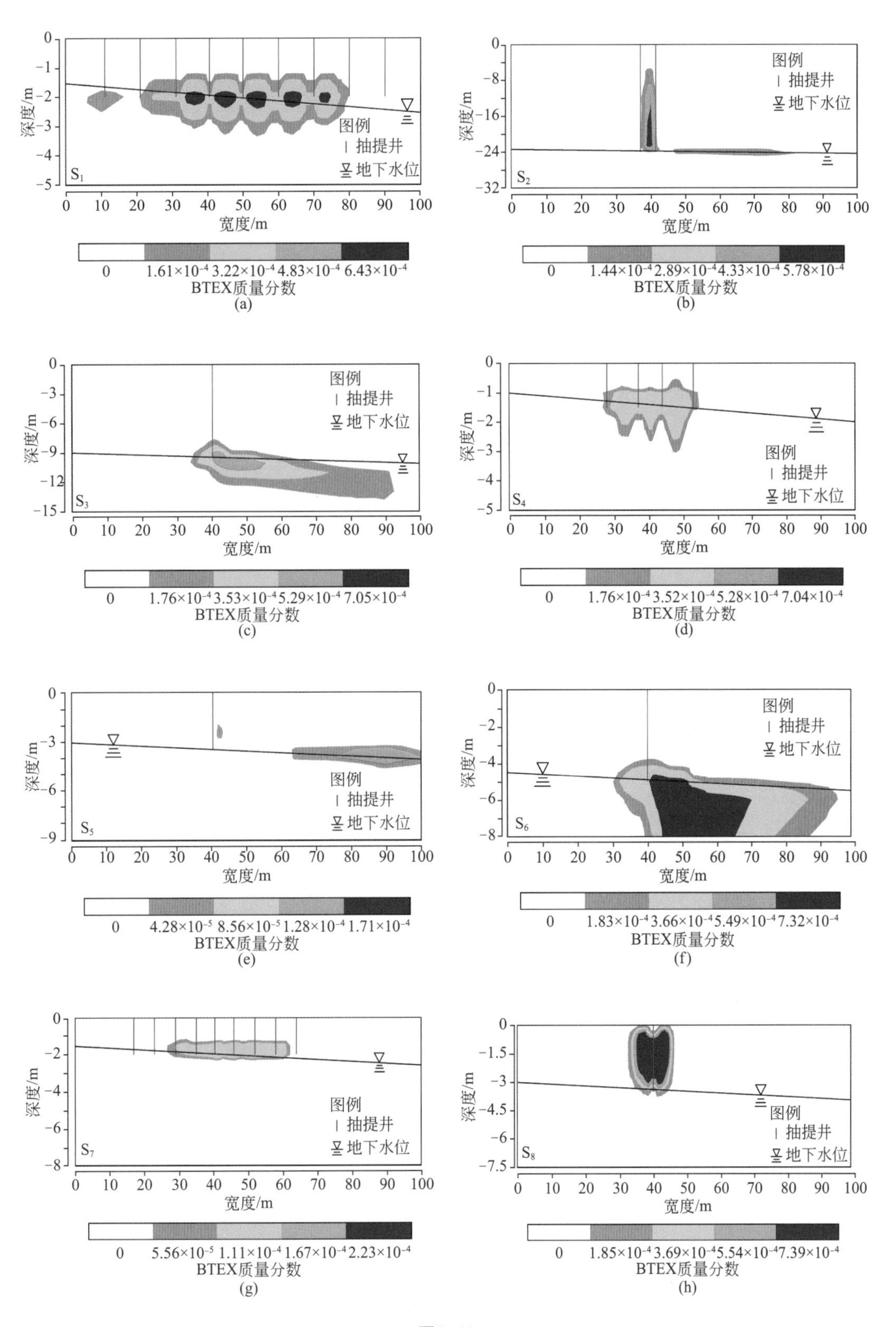
深度/m
宽度/m
图例
抽提井
地下水位
S1
S2
S3
S4
S5
S6
S7
S8
BTEX质量分数
0 1.61×10⁻⁴ 3.22×10⁻⁴ 4.83×10⁻⁴ 6.43×10⁻⁴
(a)
0 1.44×10⁻⁴ 2.89×10⁻⁴ 4.33×10⁻⁴ 5.78×10⁻⁴
(b)
0 1.76×10⁻⁴ 3.53×10⁻⁴ 5.29×10⁻⁴ 7.05×10⁻⁴
(c)
0 1.76×10⁻⁴ 3.52×10⁻⁴ 5.28×10⁻⁴ 7.04×10⁻⁴
(d)
0 4.28×10⁻⁵ 8.56×10⁻⁵ 1.28×10⁻⁴ 1.71×10⁻⁴
(e)
0 1.83×10⁻⁴ 3.66×10⁻⁴ 5.49×10⁻⁴ 7.32×10⁻⁴
(f)
0 5.56×10⁻⁵ 1.11×10⁻⁴ 1.67×10⁻⁴ 2.23×10⁻⁴
(g)
0 1.85×10⁻⁴ 3.69×10⁻⁴ 5.54×10⁻⁴ 7.39×10⁻⁴
(h)

图6-12

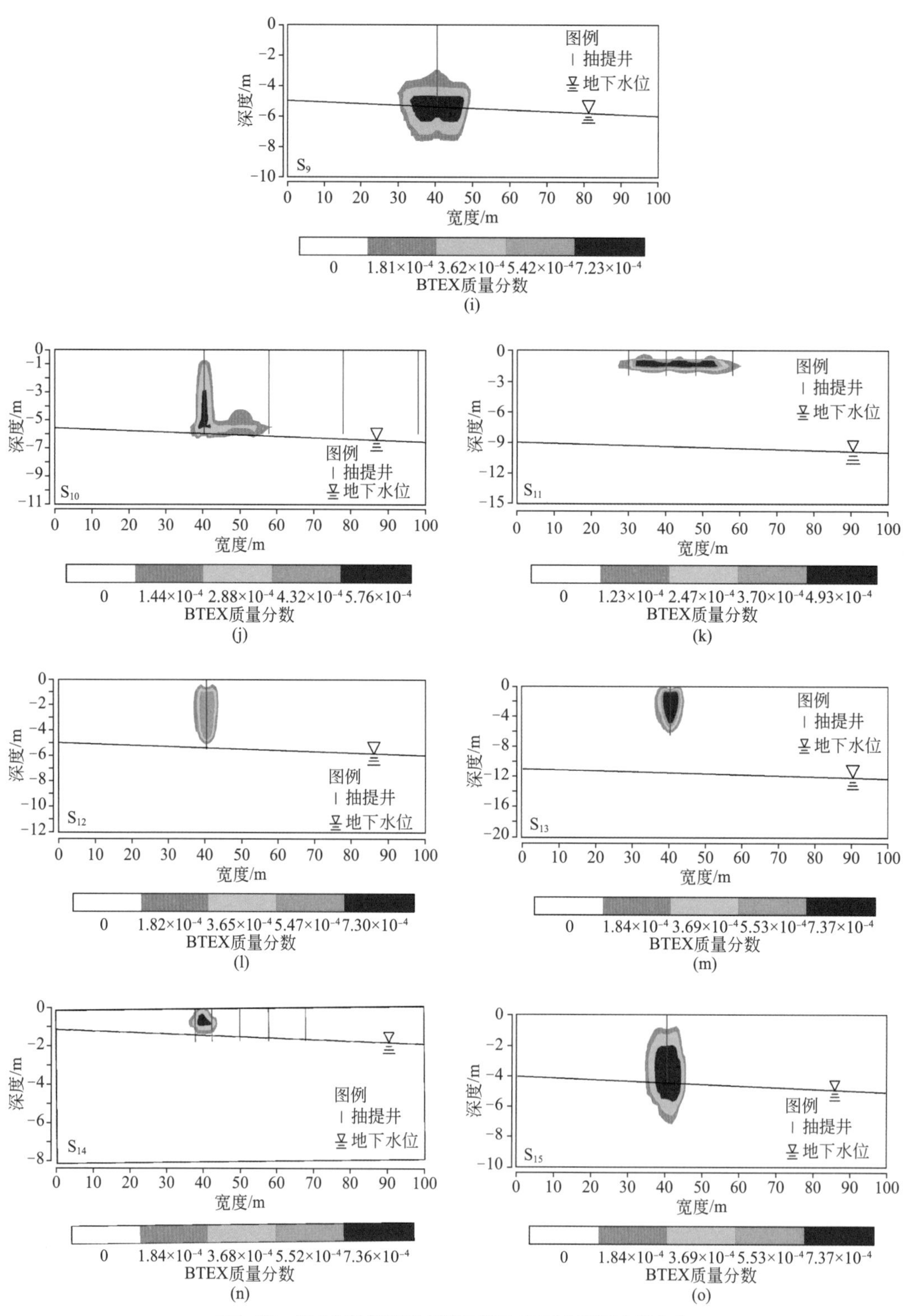

图6-12　15个场地模型SVE修复2年后BTEX质量分数分布

表6-11 15个场地模型SVE修复2年后BTEX的污染参数

场地	污染深度/m	污染宽度/m	污染面积/m^2	NAPL饱和度峰值	质量分数峰值×10^4	m_{BTEX}/kg
S_1	3.3	70	126	0.038	6.43	653.40
S_2	24	42	100	0.045	5.78	591.71
S_3	14	55	165	0.070	7.05	979.78
S_4	3	30	45	0.110	7.04	856.47
S_5	4.5	37	55.5	0.043	1.71	201.62
S_6	8	63	189	0.093	7.32	1171.61
S_7	2.2	32	57.6	0.003	2.23	15.03
S_8	3.5	15	51.5	0.150	7.39	1129.37
S_9	7.5	20	70	0.136	7.23	1301.15
S_{10}	6.5	21	57.5	0.173	5.76	951.84
S_{11}	2.5	32	57.6	0.057	4.93	262.24
S_{12}	5	8.5	34	0.199	7.30	1023.05
S_{13}	6	10	30	0.198	7.37	1106.28
S_{14}	1	10	5	0.071	7.36	148.54
S_{15}	7.5	10	60	0.120	7.37	1245.37

从污染分布的角度来看（图6-12），由于各个场地土层结构、介质属性、水位埋深、抽提井布设、污染分布范围等条件不同，导致各场地BTEX在修复后的污染分布呈现不同的结果。大部分场地SVE修复后，其BTEX残留分布可归纳为两种形式：一种是集中在泄漏点下方的非饱和带中竖向残留分布（如场地S_2、S_8、S_{10}、S_{12}、S_{13}、S_{14}、S_{15}）；另一种是集中在地下水面或非饱和带中横向或片状残留分布（如场地S_1、S_3、S_4、S_5、S_6、S_7、S_9）。仅有场地S_{11}中BTEX在非饱和带横向条状分布，分析场地S_{11}的数据可知，该场地非饱和带渗透率（$6.92\times10^{-13}m^2$）与表层素填土渗透率（$1.65\times10^{-12}m^2$）相差较大，且非饱和带渗透率较低，土壤颗粒对BTEX的吸附性和扩散阻力较大，导致污染物泄漏、迁移及SVE修复后污染物仍在土层分界处聚集，使其污染残留表现出与大部分场地不同的结果。

从污染分布参数变化的角度来看（见表6-11），SVE修复后，各场地中BTEX的污染深度、宽度、面积、饱和度和质量分数峰值相较于修复前均有不同程度的改变。与修复前相比，场地中BTEX的总质量、污染宽度、面积、质量分数和NAPL饱和度峰值均有不同程度的减小，SVE较适用于BTEX污染场地；污染深度的变化范围不超过1m，变幅较小且增减不定，主要是由于SVE对低渗透非饱和带中的污染物修复效果较好，而大部分场地污染物都已迁移至饱和带，导致SVE对污染物污染深度的减少作用不大。

（3）BTEX在“气-液-NAPL”三相间的转化

抽提前后BTEX在“气-液-NAPL”相质量及占比如图6-13所示。SVE抽提前，场地内NAPL相BTEX质量占比均在97%以上，BTEX主要以NAPL相存在于地下环境中。与SVE作用前BTEX在“气-液-NAPL”相中的质量相比，抽提后15个场地NAPL相中BTEX质量均有不同程度的减小，且大多数场地NAPL相BTEX质量占比仍保持在95%以上，场地中BTEX总质量减少主要以NAPL相BTEX减少为主；气、液相中BTEX的质量，在大部分（≥85%）的场地是减少的，仅有少数场地（S_4、S_8、S_{13}）气、液相中BTEX的质量有少量增加，主要由于抽提后期，SVE对BTEX的去除进入拖尾阶段，场地中易被空气携带去除的BTEX减少，而场地中残余的BTEX仍在不断地溶解和挥发，当污染物的挥发和溶解量超过SVE对污染物的抽取量时气相和液相中BTEX的质量相应增加。

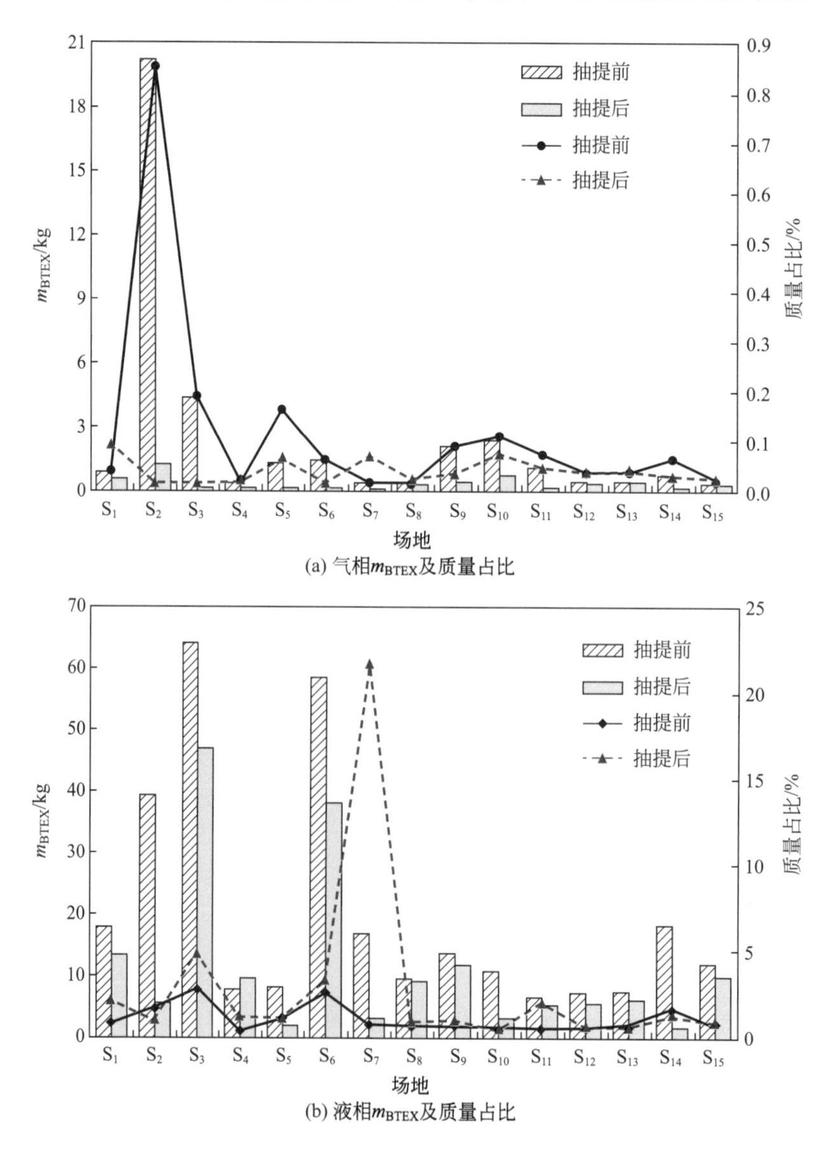

(a) 气相m_{BTEX}及质量占比

(b) 液相m_{BTEX}及质量占比

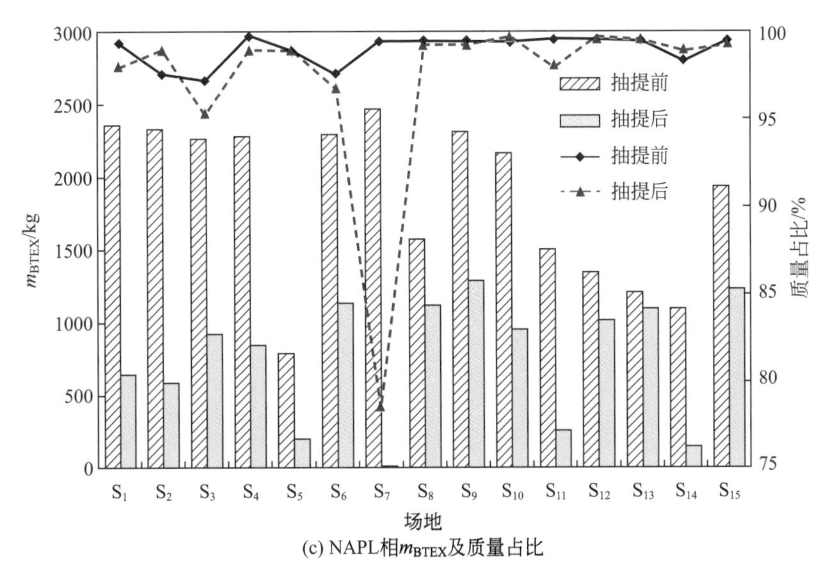

(c) NAPL相m_{BTEX}及质量占比

图6-13 SVE修复前后“气-液-NAPL”相m_{BTEX}及质量占比

为进一步明确SVE作用期间“气-液-NAPL”相中BTEX的变化关系，以场地S_1为例，统计SVE作用期间苯的质量变化如图6-14所示，SVE月去除率变化如图6-15所示。抽提期间，场地中苯的总质量随SVE的运行不断降低，共减少436g。结合图6-14可发现，抽提初期（0～1月）苯在“气-液-NAPL”相中的质量及总质量均有明显的减少，其中气相去除率最高，为68%；液相去除率最低，为19%。可知BTEX在气相中的扩散系数高于其在液相中的扩散系数，NAPL相BTEX通过挥发、解吸和蒸发等作用快速向气相转化，并由SVE产生的空气流携带去除，致使场地中BTEX的浓度迅速下降。随着抽提时间的增加（1～6月），模型中BTEX的总质量及液相、NAPL相的质量持续减少，

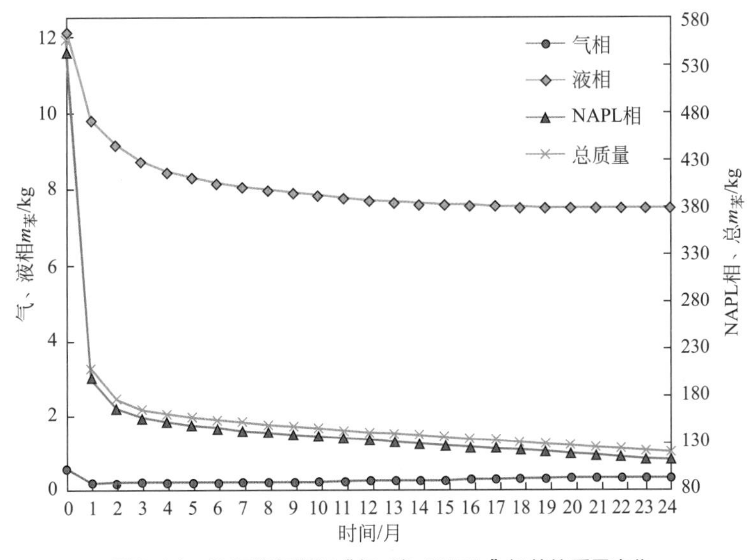

图6-14 SVE修复期间“气-液-NAPL”相苯的质量变化

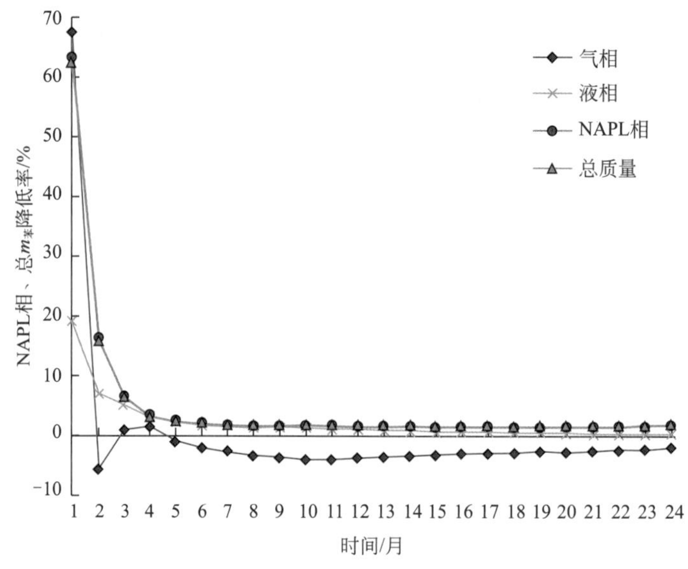

图6-15　SVE修复期间"气-液-NAPL"相苯去除率的月变化

但SVE月去除率逐渐降低，同时气相BTEX的质量或有增加现象。到抽提后期（6～24月），模型中BTEX的总质量及液相、NAPL相的质量变化趋于平缓，气相BTEX质量则持续上升，可知随着SVE系统的进一步运行，土壤中NAPL相BTEX的浓度降低，土壤颗粒孔隙中较易挥发位置里的BTEX已基本消除，残存在土壤颗粒更细更深部结构中及液相中的BTEX通过缓慢扩散进入气孔通道，最后通过挥发去除，因此在SVE运行后期场地中BTEX去除率趋于平缓。

6.1.7　BTEX污染场地SVE去除率定量评价模型

本章基于BTEX迁移转化和SVE修复过程的模拟研究成果，定量化评价不同影响因素与SVE去除率的关联性，筛选关联度计算结果最大的影响因素作为SVE去除率主控因子，构建了BTEX污染场地SVE去除率定量评价模型。构建的SVE去除率定量评价模型为快速、准确预测SVE去除率，高效应用SVE技术提供新方法。

6.1.7.1　灰色关联度分析

灰色系统理论是研究和解决现实世界信息不完全、数据不准确等不确定性问题的主要方法之一[76]，灰色关联度分析是灰色系统理论的基础，其基本思想就是通过比较参考序列与若干比较序列所形成的曲线，它们的几何形状越相似，序列间的关联程度越大，反之就越小。灰色关联度分析与经典的精确数学方法的不同之处在于其可以把抽象的概念具体化、模型化，从而使所研究的灰色系统从结构、模型、关系上逐渐由黑变白，使不明确的因素逐渐明确，这一特点也使得灰色关联度分析在非数学领域（如环境科学、社会科学、心理学等）应用广泛。因此，本书利用灰色关联度分析场地特征参数、SVE工艺参数与SVE去除率的关联程度，筛选出SVE去除率的主控因子。

（1）因素分析

灰色关联度分析采用系统和定量分析，在统计数据有限和无规律的情况下仍能较好地对系统的关系和规律进行分析。基本上，灰色关联度分析可以从影响目标值的各种重要因素中筛选出主控因子。通过灰色关联度计算可以研究SVE去除率与场地、污染和SVE工艺参数中几个特征影响因素之间的关系。场地参数包括饱和-非饱和带的厚度、土壤类型、孔隙度、渗透率、降雨量；污染参数包括污染宽度、深度、面积；SVE工艺参数包括抽提流量、影响半径、抽提井数量、深度。因素分析可以为典型污染场地选择SVE去除率的主控因子。筛选出的主控因子将被作为构建多元线性回归方程和预测SVE去除率回归值的关键因素。

（2）灰色关联度计算过程

通过对n个场地SVE模拟，获得n个场地SVE去除率，并利用灰色关联度分析SVE去除率的主控因子。

场地编号序列计为k（k=1，2，3，…，n），设X_i为SVE去除率影响因素，$x_i(k)$为因素X_i在场地k的观测数据，则$\{X_i(k) \mid k=1，2，3，…，n\}$是SVE效果行为序列，其中$i$=1，2，3，…，$m$，$m$为影响因素的数量。设$y(k)$为场地$k$的BTEX的去除率。

详细的计算过程如下所述。

① 无量纲化。由于进行关联度计算的数列的量纲有可能不同，因此需要先对原始数列进行无量纲化处理。令：

$$x_i'(k)=\frac{x_i(k)}{\overline{X}_i}, \overline{X}_i=\frac{1}{n}\sum_{k=1}^{n}x_i(k) \quad k=1,2,3,\cdots,n \tag{6-15}$$

② 获得差异序列。记：

$$\Delta_i(k)=|y(k)-x_i'(k)| \quad i=1,2,3,\cdots,m;\ k=1,2,\cdots,n \tag{6-16}$$

③ 求两极最大差与最小差。令：

$$M=\max_i \max_k \Delta_i(k)m \quad m=\min_i \min_k \Delta_i(k)m \tag{6-17}$$

④ 分析相关系数。令：

$$\zeta_i(k)=\frac{m+\rho M}{\Delta_i(k)+\rho M},\ \rho\in[0,1] \qquad (6\text{-}18)$$
$$i=1,2,3,\cdots,m;\ k=1,2,3,\cdots,n$$

式中　ρ —— 分辨系数，其值为$\rho\in(0,1)$，一般取值0.5。

⑤ 计算关联度。

$$r_i(y,x_i)=\frac{1}{n}\sum_{k=1}^{n}\zeta_i(k) \qquad (6\text{-}19)$$
$$i=1,2,3,\cdots,m$$

关联度r_i为衡量指标序列相似程度的指标，$r_i\in[0,1]$，当关联度r_i越接近1，则该子序列对母序列的影响越敏感；反之，关联度越接近0，其对母序列的影响越不敏感。

（3）主控因子筛选

选择SVE去除率的影响因子共11个，包括场地参数中的入渗量（X_1）、水位埋深（X_2）、孔隙度（X_3）、渗透率（X_4），污染参数中的污染深度（X_5）、宽度（X_6）、面积（X_7）以及抽提参数中的抽提流量（X_8）、影响半径（X_9）、抽提井深度（X_{10}）、抽提井数量（X_{11}）。通过相关度计算（4.1.2部分相关内容），求解每个SVE去除率影响因子X_i与SVE去除率模拟值Y之间的相关度r_i，筛选SVE去除率的主控因子，结果如表6-12所列。

表6-12　11个影响因子的灰色关联度计算结果

项目	场地参数				污染参数			抽提参数			
	入渗量	水位埋深	非饱和带孔隙度	非饱和带渗透率	污染深度	污染宽度	污染面积	抽提流量	影响半径	抽提井深度	抽提井数量
影响因子	X_1	X_2	X_3	X_4	X_5	X_6	X_7	X_8	X_9	X_{10}	X_{11}
r_i	0.736	0.813	0.651	0.841	0.745	0.667	0.838	0.807	0.618	0.796	0.760

结果显示11个影响因子的关联度r_i的数值大小排序为$X_4>X_7>X_2>X_8>X_{10}>X_{11}>X_5>X_1>X_6>X_3>X_9$，选择多元线性回归方程变量的两个标准，分别是高度正相关和获得变量的容易程度。通过比较可以发现X_5、X_1、X_6、X_3、X_9对SVE去除率的影响不显著，因此筛选出灰色关联度结果大于0.75的影响因子作为SVE去除率的主控因子，选定的主控因子共6个，这6个主控因子也都是容易获得的。选定的6个主控因子分别是场地参数中水位埋深X_2、非饱和带渗透率X_4，污染参数中污染面积X_7，抽提参数中抽提流量X_8、抽提井深度X_{10}和抽提井数量X_{11}。

6.1.7.2 多元线性回归方程构建

回归分析是一种处理变量间相关关系的统计分析方法，其目的之一就是可以通过给定独立自变量的值预测和控制另一个因变量平均值或某个特定值。多元线性回归是回归分析中数学表达的一种，它可以展现某一个变量（响应变量、因变量或指标）与另一组变量（自变量或因素）间的相关关系。然而，传统的多元线性回归分析在对参数进行预测时，常因数据量不足、数据不准确等原因使预测结果失真，导致无法精确地表达变量间的关系，进而无法对实际情况做出合理解释。

（1）多元线性回归方程

通过灰色关联度分析筛选出6个主控因子后，可以建立关于自变量（主控因子X_i，i=2、4、7、8、10、11）的因变量（SVE去除率的模拟值Y'）的多元线性回归方程。

假设SVE去除率的模拟值为Y'，多元线性回归方程为X_2、X_4、X_7、X_8、X_{10}、X_{11}，则得到以下等式：

$$Y'=b_0+b_2X_2+b_4X_4+b_7X_7+b_8X_8+b_{10}X_{10}+b_{11}X_{11} \tag{6-20}$$

式中 b_0，b_2，b_4，b_7，b_8，b_{10}，b_{11} ——1个常数和6个主控因子未确定的系数，每个系数都是一个估计值。

采用最小二乘法，对式（6-20）进行标定，求解系数的估计值为$b\{b_0$，b_2，b_4，b_7，b_8，b_{10}，$b_{11}\}$，从而建立多元线性回归方程。

$$Y'=0.596+0.016X_2-3.52\times10^9X_4+0.001X_7+3.71X_8-0.096X_{10}+0.034X_{11} \tag{6-21}$$

为了验证多元线性回归方程，需要对方程的估计值进行显著性和误差测试。

（2）方程检验

1）拟合优度检验

多元线性回归方程的拟合优度可通过系数R^2来评估，其中：

$$R^2=\frac{ESS}{TSS}=1-\frac{RSS}{TSS},0\leqslant R^2\leqslant 1 \tag{6-22}$$

式中 TSS —— 总离差平方和；

ESS —— 回归平方和；

RSS —— 剩余平方和。

如果R^2越接近1，则多元线性回归方程的拟合优度就越高。本次建立的多元线性回归方程，R^2为0.819，拟合度较高。

2）F检验

F检验是对回归方程的显著性检验。

$$F=\frac{ESS/p}{RSS/(n-p-1)}\sim F(k,n-p-1) \tag{6-23}$$

如果$F<F_\alpha$（p，$n-p-1$），表明回归方程没有显著差异；$F\geqslant F_\alpha$（p，$n-p-1$），表明回归方程存在显著差异。

对于上述计算，F为6.047；变量（p）的数量为6；样本数（n）为15。从标准F统计表中，当显著性α=0.05时，F（6，8）=3.581。可知6.047>3.581，多元线性回归方程的显著性很高，具有统计学意义。

（3）错误分析

多元线性回归方程的精度检验，主要为后验差检验和小误差概率。具体计算步骤如下：

① 求原始数据均值$\overline{Y}$：

$$\overline{Y}=\frac{1}{n}\sum_{k=1}^{n}Y(k) \tag{6-24}$$

② 求原始数据方差S_i^2：

$$S_i^2=\frac{1}{n}\sum_{k=1}^{n}[Y(k)-\overline{Y}]^2 \tag{6-25}$$

③ 求残差ε均值：

$$\varepsilon(k)=Y(k)-Y'(k) \tag{6-26}$$

$$\bar{\varepsilon}=\frac{1}{n}\sum_{k=1}^{n}\varepsilon(k) \tag{6-27}$$

④ 求残差方差S_i^2：

$$S_i^2=\frac{1}{n}\sum_{k=1}^{n}[\varepsilon(k)-\bar{\varepsilon}]^2 \tag{6-28}$$

⑤ 计算方差比C与小概率误差P：

$$C=\frac{S_2}{S_1} \tag{6-29}$$

$$P=\{|\varepsilon(k)-\bar{\varepsilon}|<0.6745S_1\} \tag{6-30}$$

当后验差比值C小于0.5时，认为模型精度合格；C越小模型精度越高。小误差概率P大于0.8时，认为模型精度合格；P越大模型精度越高。通过计算本次建立的多元线性回归方程的后验差比值C为0.43，该值小于0.5；15个场地的小误差绝对值变化如图6-16所示，仅场地S_1小误差绝对值超过小误差限，多元线性回归方程的小误差概率P为0.93，该值大于0.8。因此，多元线性回归方程是合格的。

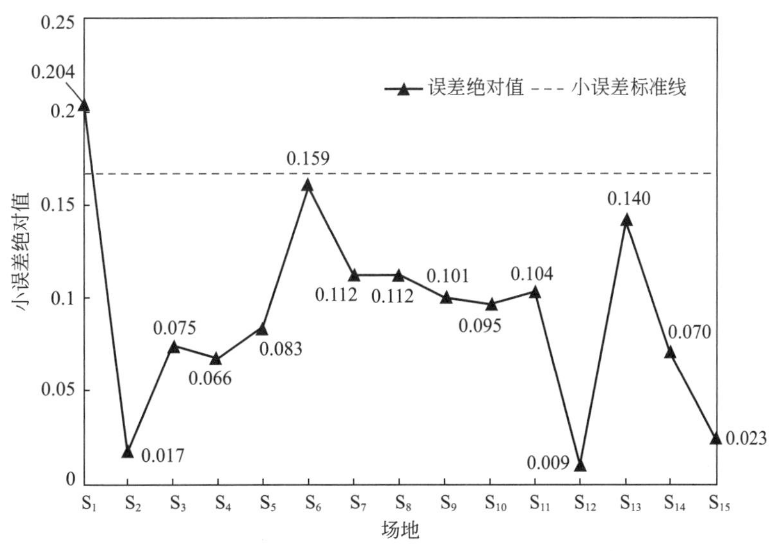

图6-16　SVE去除率的回归值和模拟值小误差绝对值

（4）结果分析

如上所述，展示出了SVE去除率的两个计算结果（见图6-17），即基于TMVOC软件的模拟值和基于灰色关联度分析的回归值。为了明确两种SVE去除率结果产生差异的原因，对15个场地的调查数据进行对比分析。

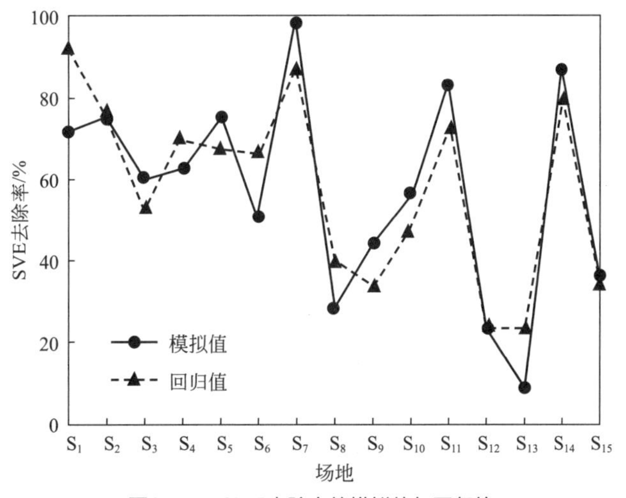

图6-17　SVE去除率的模拟值与回归值

统计SVE去除率模拟值，其中场地S_7、S_{11}、S_{14}的修复效果较好，修复率均可达到80%以上；而场地S_8、S_{12}、S_{13}的修复效果较差，修复率均未达到30%。对比6个场地的统计数据，可以发现非饱和带渗透率、抽提流量、抽提井深度（污染深度）及抽提井数量这4个因素对抽提效果影响较大，SVE适用于渗透率高且地下水埋深较浅（污染深度较浅）的场地；同时，抽提流量及抽提井数量的适当增加会促进污染物的去除。

分析对比两种计算结果，场地S_3、S_5、S_7、S_9、S_{10}、S_{11}、S_{12}、S_{14}、S_{15}中SVE去除率的模拟值大于回归值，且在场地S_7两种计算结果的误差超过10%；场地S_1、S_2、S_4、S_6、S_8、S_{13}修复率的回归值大于模拟值，且在场地S_1、S_6、S_8、S_{13}两种计算结果的误差超过10%。分析产生回归值与模拟值大小差异的原因，主要是抽提流量X_8与非饱和带渗透率X_4的值的差异较大造成的。上述结果表明，SVE的场地适用性应从非饱和带渗透率与地下水埋深两个角度考虑，并重点考虑抽提流量、非饱和带渗透率与抽提井数量对抽提效果及方程结果的影响。

6.1.7.3 模型验证

选取区域水文地质、地层结构等地质条件以及场地内污染物、污染来源、污染途径等地质环境及污染条件具有一定的代表性的场地，用于方程验证。

（1）场地概况

验证场地位于安徽省的东北部，该地属于暖温带半湿润季风气候，冬季干寒，夏热多雨，年平均气温14.7℃，多年平均无霜期208d，年平均降水量841.8mm，雨季主要集中在6～9月，旱季主要在12月至翌年1月，降水量在15～25mm以下。厂区所在区域的地势平坦，地势由西北向东南倾斜，形成西北高、东南低的总地势。根据场地实际踏勘、原位测试及土工试验结果，可知研究区为第四季地层所覆盖，土层的分布是连续和稳定的，第四纪地层可划分为下更新统（Q1）、中更新统（Q2）、上更新统（Q3）及全新统（Q4），主要岩性为河湖相沉积的黏土、亚黏土夹粉细砂层，区域水文地质条件示意如图6-18所示。研究区含水层主要由第四季上更新统粉土、粉砂、细砂组成，水位埋深在3.9m左右。地下水资源的主要来源是降雨入渗、地表水体入渗及灌溉回归，侧向及越流补给微弱，属于“入渗-蒸发-开采”型。地下水流向与地形坡度基本保持一致，大致由西北向东南流动。

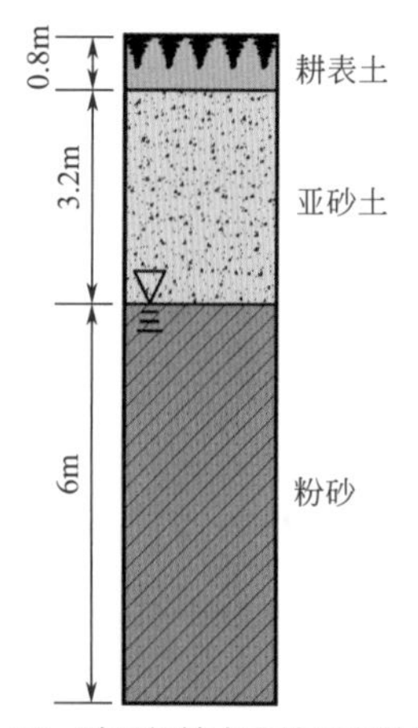

图6-18 验证场地水文地质条件示意

（2）模拟值计算

1）建立概念模型

研究区沿顺水流方向概化一个长、宽、高分别为100m、1m、10m的二维剖面模型，采用笛卡尔*xyz*正交坐标系将模型剖面离散为18行40列共计720个有效单元，网格剖分见表6-13。为设置模型中的边界条件，左、右边界网格单元列宽均为0.001m，边界类型为固定水头边界，上边界网格层高为0.001m，边界类型为固定大气边界，底部边界类型为无通量边界。概念模型如图6-19所示，根据研究区地层属性，将包气带岩性概化为细砂，饱和带为粉砂，岩性的密度均为2650kg/m^3，岩石颗粒比热容均为1000J/(kg·℃)，其他场地参数如表6-14所列。地下水位埋深左侧为3.5m，右侧为4.5m，地下水从左向右流动，平均水力梯度为0.01。由于地下水温度比较稳定，环境温度设置为20℃。

表6-13 概念模型网格剖分

项目	行					列										
行/列数	1	2～6	7～14	15～17	18	1	2～3	4～5	6～9	10～25	26～35	36	37	38	39	40
距离/m	0.001	0.2	0.5	1	2	0.001	10	5	2	1	2	3	5	8	10	0.001

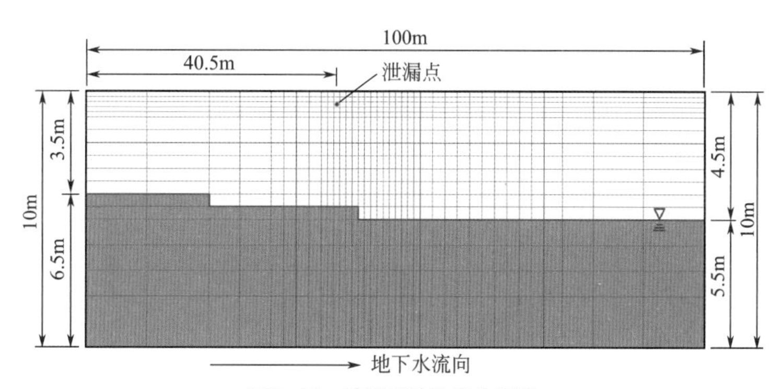

图6-19 验证场地的概念模型

表6-14 验证场地的场地参数

年入渗量/mm	非饱和带				饱和带			
	土壤类型	厚度/m	孔隙度	渗透率/m^2	土壤类型	厚度/m	孔隙度	渗透率/m^2
336.72	细砂	4	0.41	1×10^{-12}	粉砂	6	0.4	3.07×10^{-12}

2）BTEX迁移转化模拟及SVE修复模拟

首先对场地进行BTEX泄漏及迁移的模拟，模拟时泄漏点、污染物类型、污染物泄漏速率与前15个场地一致，泄漏持续时间1年，并模拟泄漏1年后去掉泄漏点，令BTEX自由扩散1年，模拟后污染物的质量分数分布如图6-20所示，污染参数如表6-15所列。根据模拟出的污染结果，设计场地SVE工艺参数如表6-15所列，并对模型进行抽提2年的处理，抽提后污染物分布如图6-20所示，统计抽提前后BTEX在“气-

液-NAPL”相的质量变化如表6-16所列。

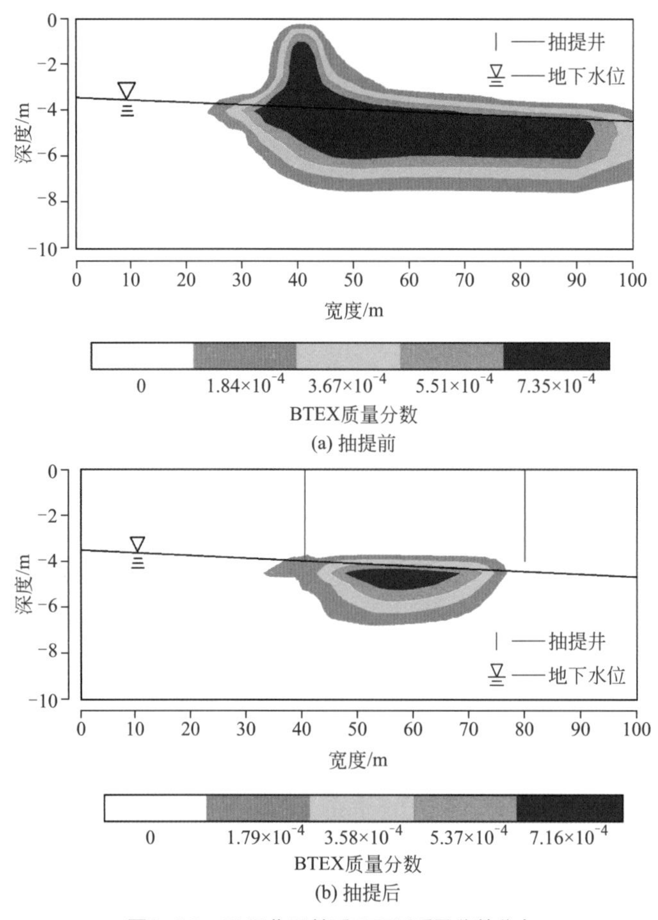

图6-20 SVE作用前后BTEX质量分数分布

表6-15 验证场地模型的污染参数和SVE工艺参数

污染参数					SVE工艺参数					
污染深度/m	污染宽度/m	污染面积/m^2	NAPL最大饱和度	BTEX质量/kg	抽提井压强/Pa	井内流量/(m^3/s)	影响半径/m	抽提井深度/m	抽提井距左边界距离/m	抽提井的数量
7.5	75	210	0.148	2316	9.1×10^4	2.5×10^{-3}	20	4	40.5、80	2

表6-16 SVE作用前后“气-液-NAPL”相BTEX质量变化

抽提前				抽提后				总质量减少率/%
气相/kg	液相/kg	NAPL相/kg	总质量/kg	气相/kg	液相/kg	NAPL相/kg	总质量/kg	
0.9	61.47	2253.15	2315.52	0.07	15.21	712.62	727.9	68

（3）结果对比分析

统计BTEX迁移转化模拟及SVE修复模拟两阶段的模拟所用参数，结合6.1.7.2部分建立的多元线性回归方程，给出方程中所需6个参数的数值分别是：X_2为4m，X_4为

$1\times10^{-12}m^2$，X_7为$210m^2$，X_8为$0.0025m^3/s$，X_{10}为4m，X_{11}为5个。将这些参数代入式（6-21）计算得Y'的值为69%。

根据表6-16统计结果可以看出，利用TMVOC模拟出的SVE去除率Y值为68%，而建立的多元线性回归方程计算得Y'的值为69%。结论差距在2%以内，结论相符。

6.1.8 案例应用结论

以BTEX为特征污染物，利用TMVOC软件模拟了场地尺度上BTEX迁移转化和SVE修复过程，结合灰色关联度分析和多元线性回归等分析方法，研究了场地参数、污染参数、SVE工艺参数对SVE去除率的综合影响，建立了BTEX污染场地SVE去除率定量评价模型，主要结论如下：

① 对比分析室内土柱试验与TMVOC模拟BTEX垂向运移结果，$w_{苯}$与$w_{甲苯}$试验值与模拟值的拟合优度值分别为0.89和0.88，TMVOC模型可以较好地模拟BTEX的迁移转化过程。

② 通过室内试验、数值模拟、数值分析等手段，研究15个典型石化场地BTEX迁移转化过程，发现非饱和带渗透率、孔隙度、降雨入渗量、水位埋深等参数对BTEX分布有较大影响；15个场地NAPL相BTEX的质量占比均在97%以上，BTEX在地下环境中主要以NAPL相的形式存在；自然衰减状态下，场地S_1中苯的去除率仅达6.14%，当污染泄漏量较大时应引进适当的修复技术，快速、高效地去除场地中的污染物。

③ 不同场地参数、污染参数、SVE工艺参数影响下，15个场地SVE去除率各有不同，最高可达到99%，最低仅为9%；场地残余BTEX的质量与井内压强呈非线性关系，SVE实际应用时应综合考虑场地特性，确定该场地适合的抽提井压强；SVE可有效减少场地中BTEX的污染面积、污染宽度、质量分数峰值、NAPL相饱和度峰值，但对污染深度的作用较小。

④ 基于BTEX迁移转化和SVE修复模拟，提出了一种基于灰色关联度分析的改进多元线性回归方程（BTEX污染场地SVE去除率定量评价模型）。利用灰色关联度分析了变量之间的相关关系，通过因素分析筛选了SVE去除率主控因子共6个，关联度从大到小依次为非饱和带渗透率＞污染面积＞水位埋深＞抽提流量＞抽提井深度＞抽提井数量，实现了多元线性回归方程中其他不重要因子的消除；所建立的多元线性回归方程通过了方程检验和错误分析，并且通过其他代表性场地模拟验证了该方法符合客观实际，具有一定的应用前景。

⑤ 分类对比15个场地SVE去除率模拟值，SVE适用于渗透率高且地下水埋深较浅（污染深度较浅）的场地，同时抽提流量及抽提井数量的适当增加会促进污染物去除；对比SVE去除率模拟值与回归值误差超过10%的5个场地，发现抽提流量与非饱和带渗

透率对SVE回归值有较大影响，实际应用SVE去除率定量评价模型时应重点关注这两个参数对模型预测结果的影响。

6.2 地下水重金属污染防治技术应用案例

我国与重金属污染相关的行业较多，地域分布广泛，主要涉及全国31个省市自治区的冶金、金属矿采选业、化工、电子、医药、交通运输、皮革及废弃资源和废旧材料回收加工等8个行业，涉及的主要重金属元素及其典型化合物约45种，其中以汞、镉、铬、铅、镍、银、铜、锌、锰等9种重金属元素及其22种化合物，以及砷和铍2种类金属元素及其4种化合物为重点[77-79]。近年来，随着国民经济的快速发展，产生的重金属废水、废渣也逐年增加。而很多含重金属废水、废渣并没有及时回收利用或处理，造成了严重的土壤和地下水污染。据不完全统计，我国受重金属污染的耕地有1.5亿亩，每年造成的经济损失超过200亿元。很多地区因冶炼厂、矿山开采等工业活动导致当地的地下水重金属严重超标。本章以我国南方某铅锌冶炼固废场地为案例，采取天然防渗（被动控制）与人工防渗构筑物（主动防渗）相结合的方式，从污染源调查开始，通过实验及场地工勘等手段，分析天然防渗的有效性及人工防控工程的设计方案。结合实验室物理模拟和数值模拟的方法，评估了不同防控方案下的防渗有效性，为我国重金属开采/加工等行业的地下水污染防控工作提供理论和技术支撑。

6.2.1 场地概况

6.2.1.1 基本信息

某铅锌冶炼企业渣场位于中国南方某盆地边缘，是该盆地的主要污染源之一，由某铅锌冶炼企业70余年来冶炼产生的废渣堆积而成，为露天堆场，未进行人工防渗处理。渣堆下为第四系松散沉积层，红黏土，可作为天然黏土衬层（地质屏障）阻滞水淬渣淋滤液渗入地下水环境。本书以此为背景，评价红黏土作为天然黏土衬层对地下水环境重金属污染防控的有效性，以及多种综合防控技术联用有效性评估。

6.2.1.2 场地地质、水文地质条件

山区为喷出岩玄武岩P_2^β，因风化严重破碎，富水性差，上覆风化而成的薄层黏土，接受大气降水来源补给，形成风化裂隙潜水，沿地势向下径流，渣堆处水文地质剖面示意见图6-21。

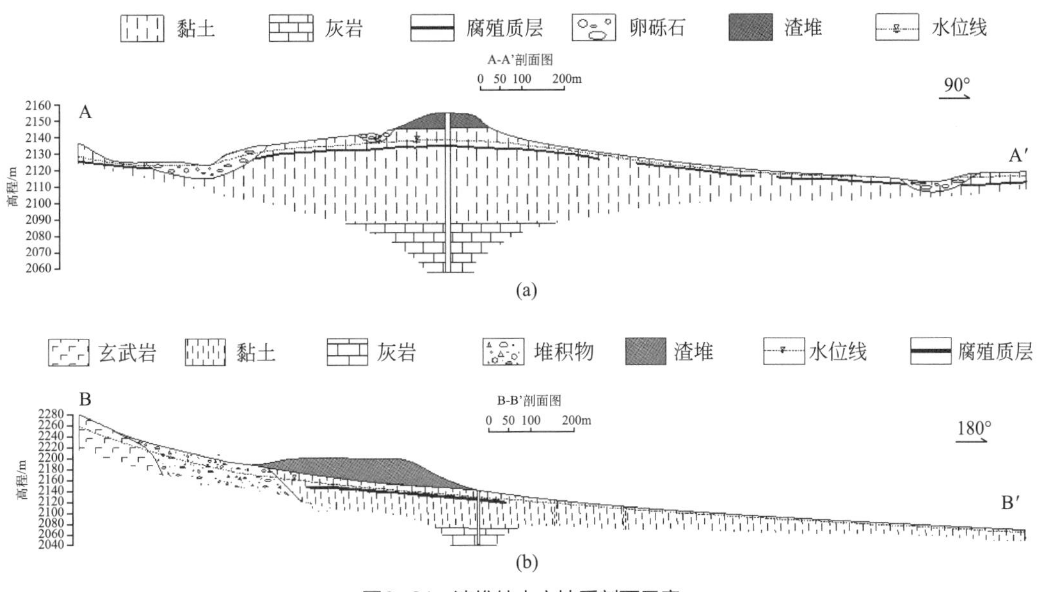

图6-21 渣堆处水文地质剖面示意

渣堆位于山麓坡积物Q_2^{pl}之上，厚50～130m，岩性主要为棕红、棕黄、棕褐色洪积、冰碛、冲湖积含砾砂质黏土、粉砂与泥砂、碎石互层，局部夹劣质褐煤。上受风化裂隙水补给，下向湖积物区域补给径流。渣堆下方存在局部承压水，腐殖质层为隔水顶板，水位埋深为7m。渣堆下游逐渐转化为潜水，受上游补给，并继续向下游盆地补给径流。

渣堆下游地表为$Q_{3\text{-}4}a^{l+l}$湖积物，厚10～120m，岩性主要为棕黄、黄灰、灰黑色冲洪积、湖积、冰碛砂质黏土、砾块石，夹草煤、钙华，局部含铁质，杂色冲洪积、残坡积黏土、砂、卵砾石。接受上游的地下水补给，地下水为孔隙潜水，低洼处可能溢出成泉，为此区域的主要排泄区。

渣堆南边界处打一钻孔，揭露此处地下水为承压水，地下水水位埋深7m，12m处为腐殖质层，为隔水顶板，约20m处为含水层底板。渣堆下70m见基岩，为P_1q^{+m}石灰岩，至150m处未见岩溶水，且岩溶裂隙不发育。腐殖质层为原有河流沉积而成，并推测主要仅在渣堆下方及周边不连续分布。

6.2.2 防渗技术的有效性研究

6.2.2.1 防渗技术关键参数研究

为了给防渗设计提供水文地质参数依据，本示范研究工作开展了野外现场及室内实验，内容包括：

① 野外现场入渗试验。目的是分别测定坡洪积层、坡残积层、素填土以及渣堆实体的渗透系数，为评价降水入渗量大小和包气带防污性能提供依据。

② 钻孔水位恢复实验。查明坡洪积层的渗透系数，利用钻孔抽水过程的水位恢复试验数据，确定主要给水部分的平均渗透系数。

③ 室内渗透实验。主要选取坡洪积层、坡残积层不含砾石的纯黏土进行室内加压渗透实验，用于比较评价纯黏土的防渗性能。

④ 特征土层吸附实验。主要选取坡洪积层、坡残积层、淤泥质层及玄武岩风化层土样进行吸附性能实验研究，用于评价地层对重金属的阻滞能力。

（1）野外现场入渗试验

渗透系数是一个极其重要的水文地质参数，它反映了包气带的防污性能，也是评价地下水获取降雨补给的能力关键指标，是在地下水数值模拟中不可或缺的关键参数。根据场地地质条件，选取了素填土、坡洪积层、坡残积层和渣堆等进行现场入渗试验。渣堆长期堆放过程中被压密，为了解渣堆的渗透系数，在渣堆上也进行入渗试验。选用最常用的双环法测量各对象的渗透系数。

试验在素填土、坡残积层、坡洪积层、渣堆各选两处进行试验。试验点的选取以可以代表各类地层岩性特征为主，同时考虑同种地层的不同地区、岩性的细节差异。所有入渗试验进行前地表开挖为30cm左右，将表层土壤去除，减少表层松散堆积土壤的影响。

根据达西定律，渗透系数计算方法如下：

$$v=k\frac{H_s+0.5H_c+L_w}{L_w} \tag{6-31}$$

式中 v —— 内环底部的入渗速度，m/min；

k —— 渗透系数，m/min；

H_s —— 渗坑内水层厚度，m；

H_c —— 毛细上升高度，水向干土中渗透时所产生的毛细压力，以水柱高表示，m；

L_w —— 湿润带深度，在试验时间段内水由试坑底向土层中渗透的深度，可在试验后挖坑观测，m。

按以上计算方法所得结果如表6-17所列。

表6-17　各试验点渗透系数

目标地层	编号	场地特征	砾石含量/%	k/(cm/s)
坡洪积层	RS-1	砾石较多	15	9.4086×10^{-4}
	RS-4	较致密、砾石少	8	3.1515×10^{-6}
坡残积层	RS-5	致密	<5	6.9069×10^{-5}
	RS-6	致密	<5	8.7877×10^{-5}
素填土	RS-2	松散、砾石较多	25	1.1568×10^{-3}
	RS-3	致密	<5	7.3010×10^{-7}
渣堆	RS-7	—	—	5.5729×10^{-3}
	RS-8	—	—	1.1977×10^{-2}

表6-17为RS-1 ～ RS-8共8处试验点的岩性特征及其相应的垂向渗透系数。由表6-17可知，渗透系数受砾石含量及土壤堆积形态影响而差异较大。基本规律是：a.除渣堆外，坡洪积层渗透系数最大，因为坡洪积层近地表处砾石含量较高；b.素填土由于被压密程度不一样，所以渗透系数差异较大；c.坡残积层由于选取的试验位置均有一定程度风化，所以渗透系数相对较大；d.渣堆顶部渗透试验显示其渗透系数最大，比坡洪积层的渗透系数要大两个数量级，说明渣堆本身可以接受大量降雨补给。

除渣堆外，坡洪积层、坡残积层、素填土等测定渗透系数在10^{-7} ～ 10^{-3}cm/s范围内，差异非常大，偶然性的影响因素较多，试验结果具有一定的参考价值。

（2）钻孔水位恢复试验

由于工作区的地层都属于低渗透性地层，钻孔口径不大、给水透水的层位比较薄，因此无法根据抽水试验的数据来计算渗透系数。现场在多个钻孔进行过抽水试验，一般仅抽数分钟便导致钻孔中的地下水抽干，而井孔中的水位恢复过程持续时间长，所以只能用水位恢复过程数据来获取地层渗透系数。

根据各钻孔揭露情况，渣堆下部地层的砾石含量不均，差异很大，钻孔内水位恢复主要来自砾石含量较高部分的渗透补给，纯黏土对水位恢复基本没有贡献，所以仅选砾石含量大于5%的部分进行厚度累加，计算中作为有效给水厚度。本次试验共进行了8组单孔水位恢复试验。

根据水位降深-时间曲线计算水文地质参数的方法一般有直线法和配线法，通过与标准曲线匹配来计算渗透系数。目前可采用Aquifertest软件进行数据处理、自动匹配并计算出相应的参数。

Aquifertest软件由WaterlooHydrogeologic Inc.开发研制，是一款专门用于抽水试验数据处理与分析的软件。该软件可以针对潜水、承压水、非承压水、弱透水和基岩裂隙含水层等背景条件，专门进行抽水（或水位恢复）试验资料的分析、数据处理及求参等，可在较短的时间里有效地处理来自含水层试验的所有信息并完成更多的分析。

由于试验区地层渗透性整体偏小，岩层透水能力较弱，抽水过程中短时间内便将钻孔内地下水抽干，抽水降深曲线并未稳定，因此采取水位恢复段数据进行计算。

如表6-18所列为各钻孔水位恢复试验必要参数及结果。

表6-18　各钻孔水位恢复试验必要参数及结果

编号	给水厚度/m	抽水时间	最大降深/m	水位恢复时间/h	渗透系数/（cm/s）
GK4	5.0	17min49s	7.4	11	$1.406\times10^{-7}\sim1.278\times10^{-6}$
SK8	8.0	10min8s	13.34	14	$1.69\times10^{-8}\sim1.95\times10^{-7}$
SK10	7.4	16min16s	13.37	6	2.67×10^{-5}
SK11	6.4	15min03s	12.4	8	$8.55\times10^{-8}\sim6.95\times10^{-7}$
SK12	6.7	2min07s	6.4	14	4.94×10^{-5}
SK13	2.2	2min09s	8	3	2.15×10^{-6}
SK15	7.6	6min24s	7.65	5	3.76×10^{-5}
SK16	2.8	26min26s	13.75	4	$4.71\times10^{-6}\sim5.21\times10^{-6}$

计算过程中，根据岩性描述，选砾石含量大于15%的部分确定透水层厚度，所以计算结果是钻孔内砾石含量大于15%处透水层的平均渗透系数，渗透系数在$10^{-8}\sim10^{-5}$cm/s范围内变化，差异很大，是因为各钻孔砾石含量相差较大，所以渗透性能相差也较大。

（3）室内渗透实验

渗透实验供试土样为坡洪积土和坡残积土。根据原状土干密度测试及含水率测定，本次测试拟根据原状土最大湿密度及平均含水率制备扰动土样，即干密度1.41g/cm^3，含水率43.68%；计算填柱所需土量：$M=\rho V$=1.41g/cm$^3\times$3.14$\times$5cm$\times$5cm$\times$10cm=277.26g。

取土样300.00g/份；按含水率43.68%，向300.00g土中加232.67g水；将湿土样密封混匀、过夜，让水分分布均匀。

样品填装：称取492.29g湿土样，分层填柱并压实至10cm，计算压实度。

样品测试：温度20℃，压力0.02～0.8MPa；测试不同土样的渗透系数随压力变化曲线，测试结果见图6-22。

由图6-22可见，坡洪积物与坡残积物渗透系数均较小，其中坡残积物渗透系数不大于10^{-8}cm/s，且渗透系数随渗透压力变化不大。坡洪积物渗透系数显著高于坡残积物渗透系数1个数量级，且在0～0.2MPa条件下渗透系数随渗透压力显著增大。坡洪积物渗透系数较大可能与其含有较多砂粒相关。

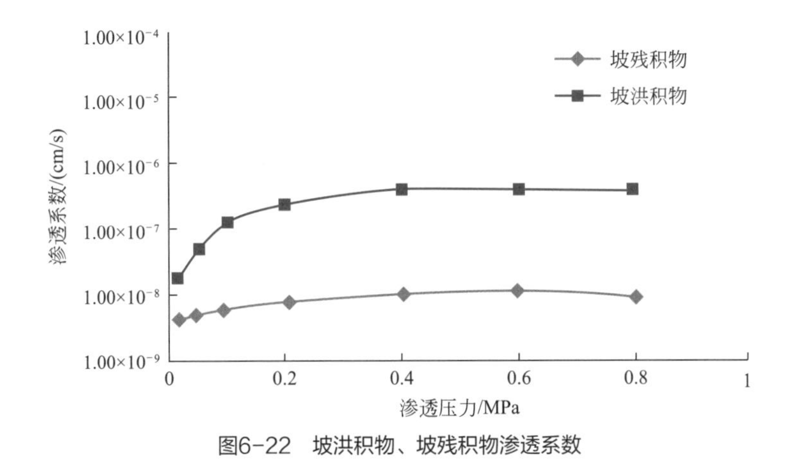

图6-22 坡洪积物、坡残积物渗透系数

6.2.2.2 防渗技术数值模拟

（1）不同防渗结构设计条件下渗滤液渗漏量模拟结果

UnSat Suite中HELP模块专门用于模拟固体废物堆存场地不饱和带中地下水流运移的问题，通过Weathering工具模拟降水量等气象参数，其后对渗滤液一维运移情况进行模拟。

1）防渗层设计情景

防渗层设计分4种情景：

情景1：顶层无盖层，下部为天然黏性土防渗层。

情景2：顶部有盖层，下部为天然黏性土防渗层。

情景3：顶部无盖层，下部铺设1层HDPE膜。

情景4：顶部有盖层，下部铺设1层HDPE膜。

根据场地条件及风险评估方法，场地气象资料选用中国南方某地区，降水及气温条件见图6-23，情景2、3、4假设条件为盖层/HDPE膜与上下层接触关系较差，膜破损密度为2个/hm^2，安装破损密度为4个/hm^2，预测堆渣场地下伏防渗层中不同层位的50年累计渗漏量。

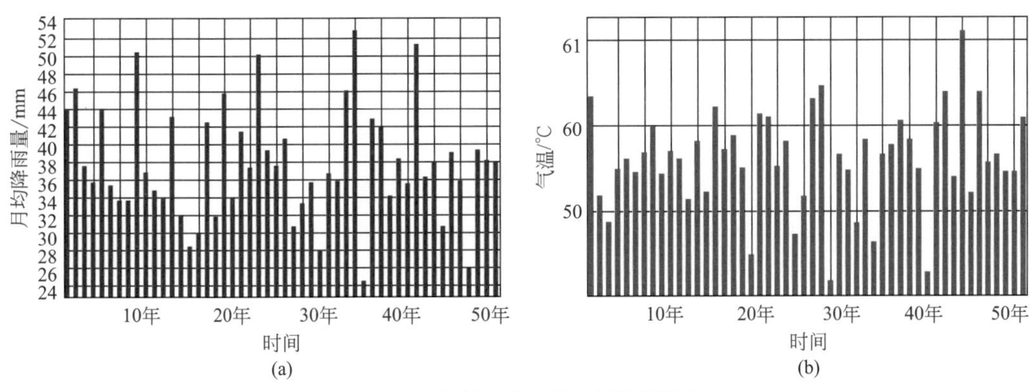

图6-23 场地50年降水、气温柱状图

2）预测结果

① 情景1：顶层无盖层，下部为天然黏性土防渗层。情景1预测结果如图6-24所示。

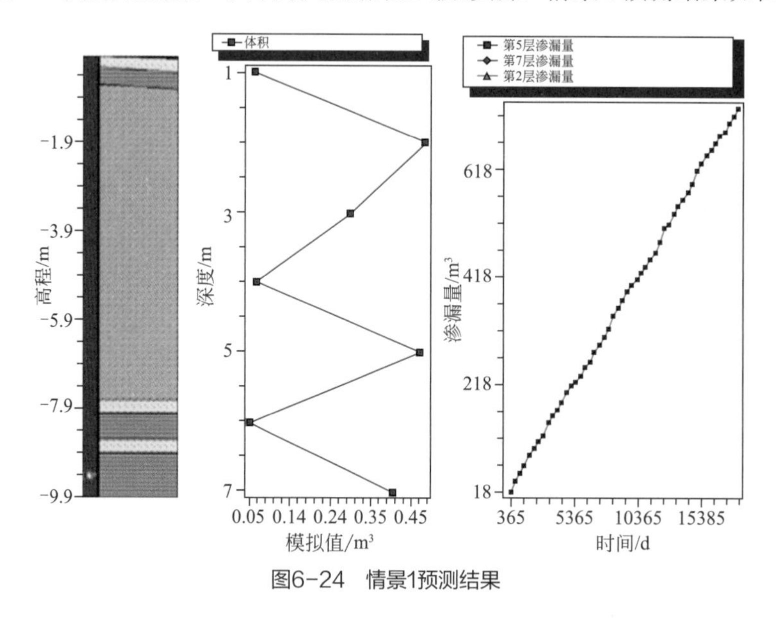

图6-24　情景1预测结果

② 情景2：顶部有盖层，下部为天然黏性土防渗层。情景2预测结果如图6-25所示。

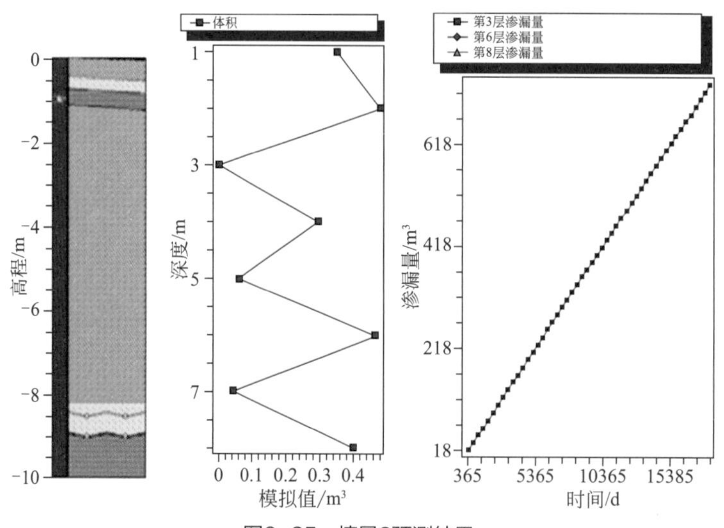

图6-25　情景2预测结果

③ 情景3：顶部无盖层，下部铺设1层HDPE膜。情景3预测结果如图6-26所示。

通过以上示范性研究，发现在固体废物顶部加盖的条件下，可减少渗滤液产生量的75%～90%；无加盖时，黏性土衬层对污染液阻控效果较差，加盖后由于底部水头降低，导致渗漏率降低90%，而HDPE膜对水头变化响应较小。此外，黏性土对重金属优异的吸附性能可降低地下水污染风险，因此源强评价应结合非饱和带水流与污染物迁移模型进行评价。

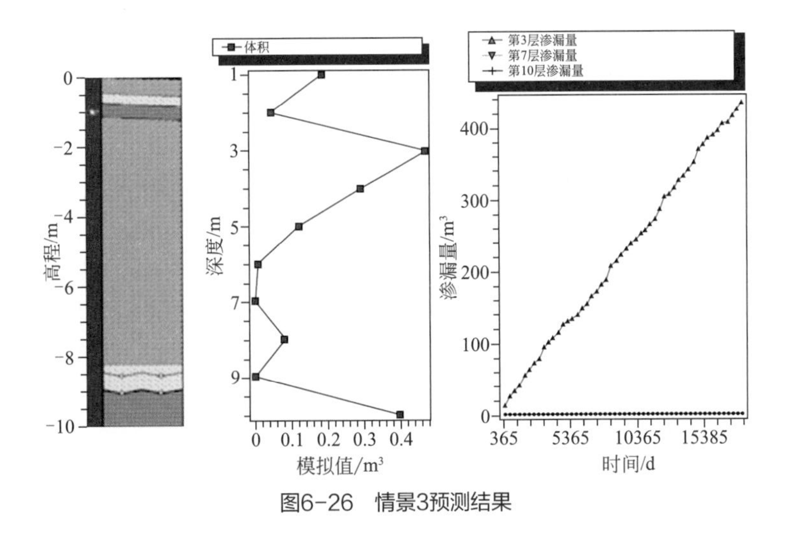

图6-26 情景3预测结果

④ 情景4：顶部有盖层，下部铺设1层HDPE膜。情景4预测结果如图6-27所示。

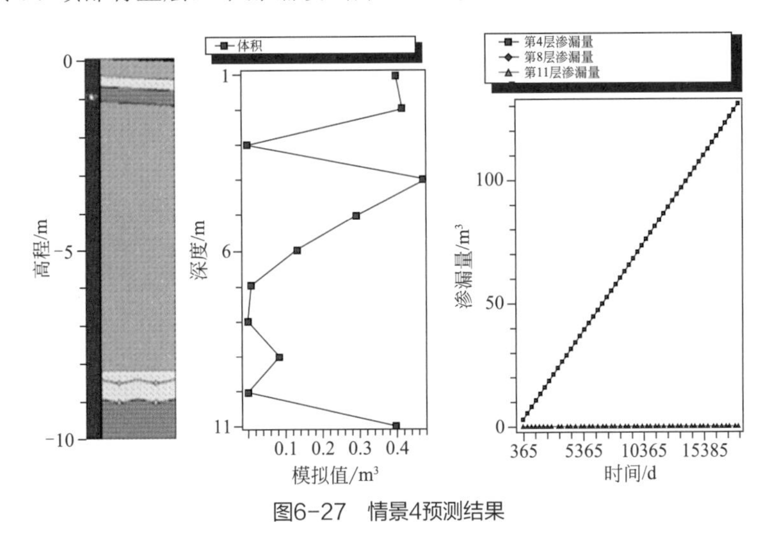

图6-27 情景4预测结果

HDPE可有效阻滞渗滤液，铺设防渗膜铺设质量（膜破损度，与相邻层的接触关系）对污染阻控影响需进一步研究。

（2）被动防渗技术条件下地质屏障对污染物阻滞能力研究

地质屏障阻滞能力主要通过UnSat Suite与Hydrus 1D耦合进行分析。UnSat Suite中HELP模块专门用于模拟固体废物堆存场地不饱和带中地下水流运移的问题，通过Weathering工具模拟降水量等气象参数，其后对渗滤液一维运移情况进行模拟，并将模拟结果代入Hydrus 1D软件进行溶质运移模拟，分析场地条件下地层对污染物阻滞能力。

1）模型建立及参数取值

根据大渣堆周边水土污染调查结果，渣堆对地下水的污染仅限于浅层地下水，对土壤的污染深度也较浅，所以仅研究坡洪积层以及淤泥质层对重金属的阻滞能力，根据钻孔结果，地层概化为图6-28结构，模型地层结构厚度为17m，其中坡洪积层厚15m，淤泥质层厚2m。设置4个观测点位（见图6-29），分别位于模型顶部、坡洪积层中部、淤泥质层顶部及淤泥质层底部。模拟时段为50a。

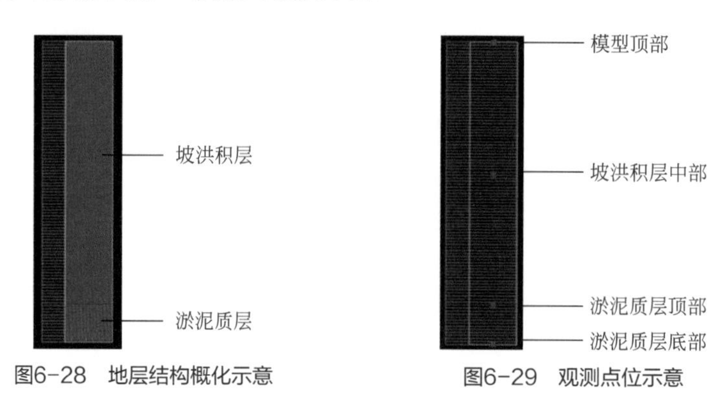

图6-28　地层结构概化示意　　图6-29　观测点位示意

模型所需参数如表6-19所列。

表6-19　污染一维运移模型所需参数

地层	孔隙度/%	含水率/%	持水度/%	渗透系数/（cm/s）
坡洪积层	0.453	0.19	0.085	7.2×10^{-4}
淤泥质层	0.475	0.756	0.265	1.7×10^{-7}

地层	R_L		R_F	
	Zn	Cd	Zn	Cd
坡洪积层	3.09	4.3	6.77	8.04
淤泥质层	1.7	1.69	6.32	9

表6-19中R_L、R_F为阻滞因子，是结合土样物理性质及污染物与土样吸附反应的函数，用于反映土样对污染物阻滞能力，可通过式（6-32）和式（6-33）进行计算。式（6-32）和式（6-33）分别适用于Langmuir及Freundlich等温吸附模型：

$$R_L=1+\frac{\rho_b}{n}\frac{K_{\text{ads}}S_m}{(1+K_{\text{ads}}c)^2} \tag{6-32}$$

$$R_F=1+\frac{\rho_b}{n}Kn_F c^{n_F-1} \tag{6-33}$$

式中　ρ_b——土样干密度，g/cm^3；

n——含水率；

K_{ads}——Langmuir吸附平衡常数，L/mg；

S_m——最大吸附量；

c——初始液相浓度，mg/L；

n_F——Freundlich吸附参数，参数来自室内吸附实验结果。

2）模拟结果

结合气象模拟结果，运用HELP模块、Hydrus 1D软件模拟一维污染物运移。

对于渗滤液中的Zn^{2+}，设定其初始浓度为0.8mg/cm^3。依据等温吸附实验结果，取Freundlich等温吸附拟合参数进行模拟，则包气带液态水中Zn^{2+}浓度随时间变化见图6-30～图6-32。

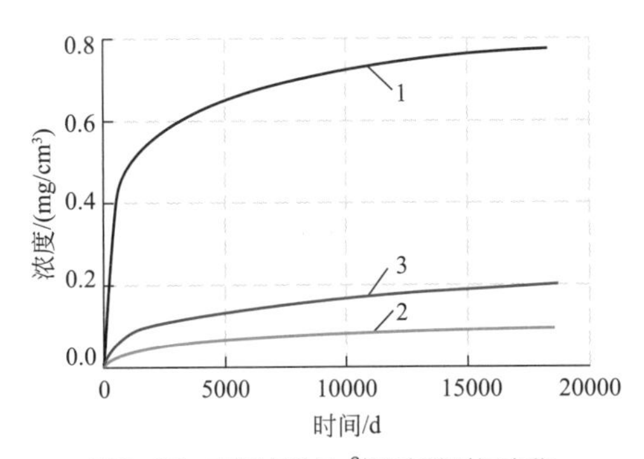

图6-30 观测点位Zn^{2+}浓度随时间变化

1—模型顶部；2—坡洪积层中部；3—淤泥质层顶部

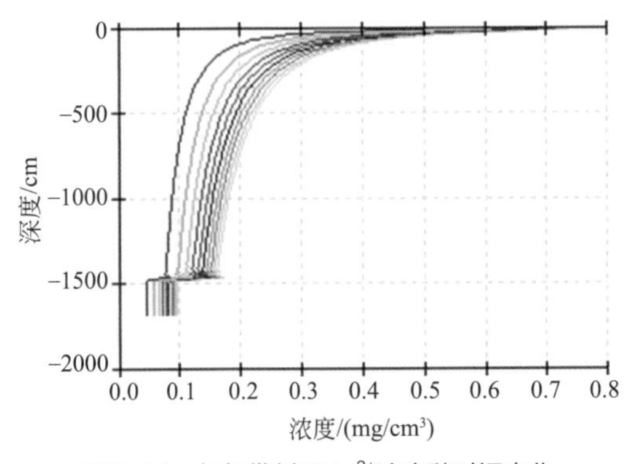

图6-31 包气带剖面Zn^{2+}浓度随时间变化

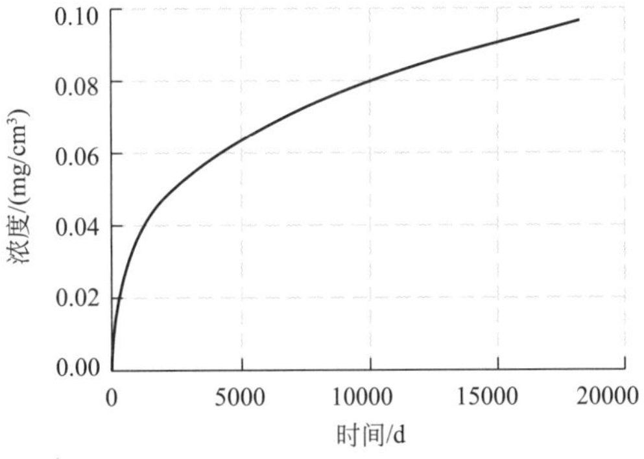

图6-32 包气带底部Zn^{2+}浓度随时间变化

对于渗滤液中的Cd^{2+}，设定其初始浓度为0.016 mg/cm^3。依据等温吸附实验结果，取Freundlich等温吸附拟合参数进行模拟，则水中Cd^{2+}浓度随时间变化见图6-33～图6-35。

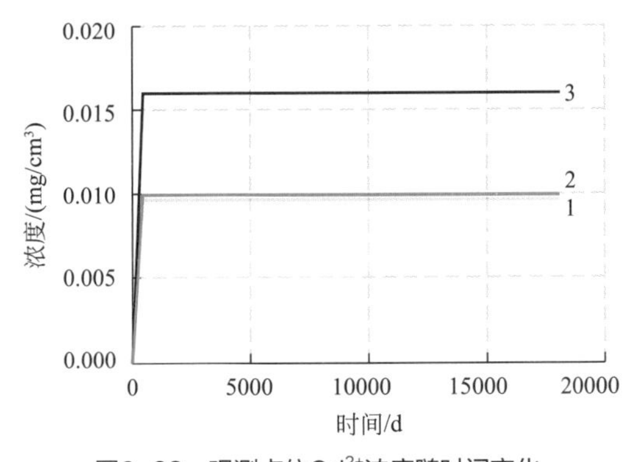

图6-33 观测点位Cd^{2+}浓度随时间变化

1—模型顶部；2—坡洪积层中部；3—淤泥质层顶部

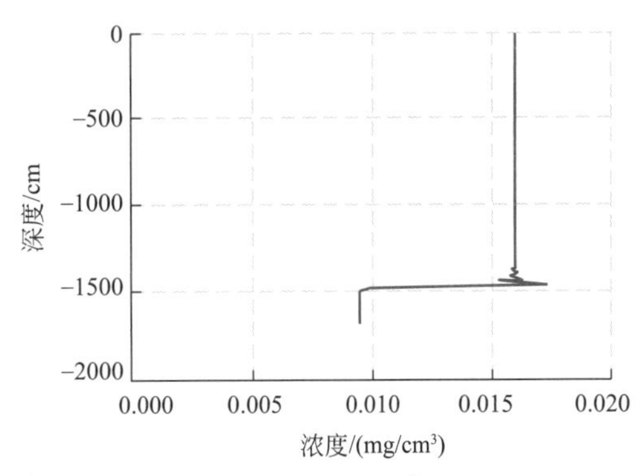

图6-34 包气带剖面Cd^{2+}浓度变化

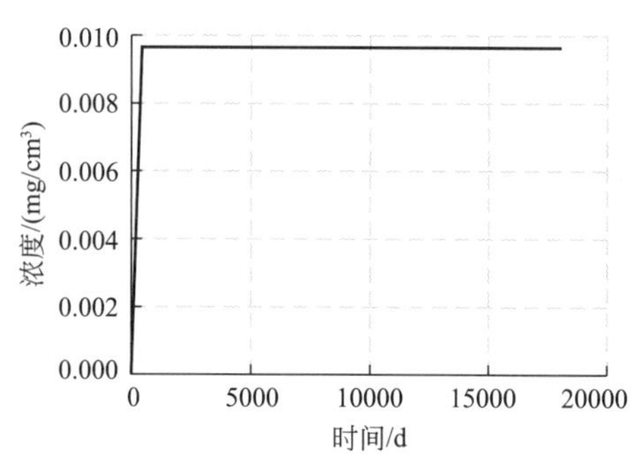

图6-35 包气带底部Cd^{2+}浓度随时间变化

由模拟结果可见，Zn^{2+}对Cd^{2+}的竞争吸附作用明显增强了Cd^{2+}的迁移性。在模拟时段末期，底部污染物浓度分别达到Zn^{2+} 0.095 mg/cm^3、Cd^{2+} 0.009 mg/cm^3，阻滞率分别达到88.1%和40.6%。因此，该场地包气带对污染物具有一定的阻滞能力。

本章通过以防渗层渗漏率为基础的防渗技术有效性评估方法，研究了场地地质屏障对污染物Zn^{2+}、Cd^{2+}的阻滞能力，结果表明，模拟结果与场地调查中污染物垂向分布规律一致，该场地可利用被动防渗技术为主、主动防渗技术为辅的综合防控技术控制地下水污染。本书所开发的防渗技术有效性评估方法可行。

参考文献

[1] 尹秀贞. 地下水污染特征及其修复技术应用探析［J］. 地下水，2018, 40(1): 73-75, 118.

[2] 刘玉利，贾超. 基于GMS处置有机污染质运移数值模拟研究［J］. 水科学与工程技术，2016, (5): 78-82.

[3] 宋晓薇，张立宏，赵侣璇. 地下水有机污染研究进展［A］. 中国科学技术协会学会学术部、吉林省人民政府.湖泊湿地与绿色发展——第五届中国湖泊论坛论文集［C］. 中国科学技术协会学会学术部、吉林省人民政府，2015: 5.

[4] 董敏刚，张建荣，罗飞，等. 我国南方某典型有机化工污染场地土壤与地下水健康风险评估［J］. 土壤，2015, 47(1): 100-106.

[5] Xiaosi Su,Wenzhen Yuan,Wei Xu, et al. A groundwater vulnerability assessment method for organic pollution: a validation case in the Hun River basin, Northeastern China［J］. Environmental Earth Sciences,2015,73(1):467-480.

[6] 李志萍，李慧，张帅，等. 地下水有机污染健康风险评价研究综述［J］. 华北水利水电大学学报（自然科学版），2014, 35(6): 21-24.

[7] 黄海英. 地下水有机污染来源分析及防治对策［J］. 河南科技，2014, (22): 148-149.

[8] 彭进进，李琳，郑川，等. 某染料化工厂地块苯系物分布特征研究［J/OL］. 环境工程：1-9. http://kns. cnki. net/kcms/detail/11. 2097. X. 20200902. 1327. 002.html.

[9] 杨青，陈小华，孙从军，等. 地下水浅埋区某加油站特征污染物空间分布［J］. 环境工程学报，2014, 8(1): 98-103.

[10] 王昭，石建省，张兆吉，等. 污水河地区地下水土中苯系物分布特征分析——以太行山前平原为例［J］. 安徽农业科学，2013, 41(12): 5537-5538.

[11] 潘静，黄毅，杨永亮，等. 沈阳地区地表水、浅层地下水及沿岸土壤中苯系物的污染分布［J］. 环境科学研究，2010, 23(1): 14-19.

[12] 章剑丽. 地下水石油类污染物(BTEX)的微生物降解试验研究［D］. 上海：上海交通大学，2010.

[13] 李志萍，陈肖刚，郝仕龙，等. 污染河流中苯系物对浅层地下水影响的室内模拟试验［J］. 地球科学与环境学报，2007, (1): 70-74.

[14] 童玲. 石油污染含水介质的水理和力学特征研究［D］. 青岛：中国海洋大学，2008.

[15] 安玉姿. 土壤石油污染的危害与修复［J］. 中国资源综合利用，2017, 35(5): 72-73.

[16] Wang J, Zhang Z, Su Y, et al. Phytoremediation of petroleum polluted soil［J］. Petroleum Science, 2008, 5(2):167-171.

[17] Dumitran C, Onuþu I, Dinu F. Extraction of hydrophobic organic compounds from soils contaminated with crude oil［J］. Revista De Chimie, 2009, 60(11):1224-1227.

[18] 程金香，马俊杰，王伯铎，等. 石油开发工程生态环境影响分析与评价［J］. 环境科学与技术，2004, 27(6):64-65.

[19] 陆秀君，郭书海，孙清，等. 石油污染土壤的修复技术研究现状及展望［J］. 沈阳农业大学学报，2003, 34(1):63-67.

[20] Laureys D, Vuyst L D. Microbial species diversity, community dynamics, and metabolite kinetics of water kefir fermentation［J］. Applied & Environmental Microbiology, 2014, 80(8):2564-2572.

[21] Giebler J, Wick L Y, Harms H, et al. Evaluating T-RFLP protocols to sensitively analyze the genetic diversity and community changes of soil alkane degrading bacteria［J］. European Journal of Soil Biology, 2014, 65:107-113.

[22] KÖChling T, Sanz J L, Gavazza S, et al. Analysis of microbial community structure and composition in leachates from a young landfill by 454 pyrosequencing.［J］. Appl Microbiol Biotechnol, 2015, 99(13):5657-5668.

[23] 王苗苗. 论我国土壤石油污染的危害及治理措施［J］. 中国化工贸易，2015, (20): 145.

[24] 詹研. 中国土壤石油污染的危害及治理对策［J］. 环境污染与防治，2008, 30, (3): 91-93.

[25] Abriola L M, Pinder G F. A multiphase approach to the modeling of porous media contamination by organic compounds: 2. Numerical simulation［J］. Water Resources Research, 1985, 21(1):11-18.

[26] Mckenzie E R, Siegrist R L, Mccray J E, et al. The influence of a non-aqueous phase liquid (NAPL) and chemical oxidant application on perfluoroalkyl acid (PFAA) fate and transport［J］. Water Research, 2016, 92:199.

[27] Van Geel P J, Roy S D. A proposed model to include a residual NAPL saturation in a hysteretic capillary pressure-saturation relationship.［J］. Journal of Contaminant Hydrology, 2002, 58(1-2):79.

[28] Dane J H, Hofstee C, Corey A T. Simultaneous measurement of capillary pressure, saturation, and effective permeability of immiscible liquids in porous media［J］. Water Resources Research, 1998, 34(34):3687-3692.

[29] 张丹，姜林，夏天翔，等. 土壤-地下水系统中石油类污染物的迁移和生物降解述评［J］. 环境工

程，2015, 33(7): 1-6.

［30］张亮. 某炼油厂地下水系统石油类污染物运移机理研究［D］. 济南：济南大学，2010.

［31］李晓华，许嘉琳，王华东，等. 污染土壤环境中石油组分迁移特征研究［J］. 中国环境科学，1998, 18(S1):55-59.

［32］张学佳，纪巍，康志军，等. 石油类污染物在土壤中的吸附与迁移特性［J］. 中国石油大学胜利学院学报，2008, 22(3):20-23.

［33］黄廷林，李仲恺，史红星. NAPL态石油类污染物在黄土中迁移的稳态数学模型［J］. 四川环境，2003, 22(1):71-73.

［34］Panday S, Wu Y S, Huyakorn P S, et al. A composite numerical model for assessing subsurface transport of oily wastes and chemical constituents［J］. Journal of Contaminant Hydrology, 1997, 25(1–2):39-62.

［35］Freeze R A, Mcwhorter D B. A framework for assessing risk reduction due to DNAPL mass removal from low-permeability soils［J］. Groundwater, 1997, 35(1):111-123.

［36］Parker B L, Mcwhorter D B, Cherry J A. Diffusive loss of non-aqueous phase organic solvents from idealized fracture networks in geologic media［J］. Ground Water, 2010, 35(6):1077-1088.

［37］张俊杰. 多孔介质中石油残留及其水动力效应研究［D］. 青岛：中国海洋大学，2010.

［38］罗凌云. LNAPL在包气带形成的透镜体形状及水位波动对其的影响［D］. 长春：吉林大学，2017.

［39］Yadav B K, Hassanizadeh S M. An overview of biodegradation of LNAPLs in coastal (semi)-arid environment［J］. Water Air & Soil Pollution, 2011, 220(1-4):225.

［40］Kamon M, Li Y, Endo K, et al. Experimental study on the measurement of sprelations of LNAPL in a porous medium［J］. Soils and foundations, 2007, 47(1): 33-45.

［41］Jun Kong, Pei Xin, Guofen Hua, et al. Effects of vadose zone on groundwater table fluctuations in unconfined aquifers［J］. Journal of Hydrology, 2015, 528: 397-407.

［42］Mostafa Mohamed, Omar El Kezza, Mohamad Abdel-Aal, et al. Effects of coolant flow rate, groundwater table fluctuations and infiltration of rainwater on the efficiency of heat recovery from near surface soil layers. Geothermics, 2015, 53: 171-182.

［43］Dobson R, Schroth M H, Zeyer J. Effect of water-table fluctuation on dissolution and biodegradation of a multi-component, light nonaqueous-phase liquid.［J］. Journal of Contaminant Hydrology, 2007, 94(3-4):235.

［44］Zhou A X, Zhang Y L, Dong T Z, et al. Response of the microbial community to seasonal groundwater level fluctuations in petroleum hydrocarbon-contaminated groundwater［J］. Environmental Science & Pollution Research, 2015, 22(13):10094-10106.

［45］Oostrom M, White M D, Porse SL, et al. Comparison of relative permeability – saturation – capillary pressure models for simulation of reservoir CO_2 injection［J］. International Journal of Greenhouse Gas Control, 2016, 45: 70-85.

［46］王志刚，张雷，陈琦楠. 地下水中苯系物污染修复研究进展［J］. 四川环境，2020, 39(2):201-206.

［47］罗成成，张焕祯，毕璐莎，等. 气相抽提技术修复石油类污染土壤的研究进展［J］. 环境工程，2015, 33(10):158-162.

［48］Qin C Y, Zhao Y S, Wei Z, et al. Study on influencing factors on removal of chlorobenzene from unsaturated zone by soil vapor extraction.［J］. Advanced Materials Research, 2010, 176(1-3):294.
［49］贺晓珍，周友亚，汪莉，等. 土壤气相抽提法去除红壤中挥发性有机污染物的影响因素研究［J］. 环境工程学报，2008, 2(5):679-683.
［50］Johnson P C, Kembloski M W, Colthart J D. Quantitative analysis for the cleanup of hydrocarbon-contaminated soils by in-situ soil venting.［J］. Groundwater, 1990, 28(3):413-429.
［51］Albergaria J T, Da A F M, Delerue-Matos C. Remediation efficiency of vapour extraction of sandy soils contaminated with cyclohexane: Influence of air flow rate, water and natural organic matter content［J］. Environmental Pollution, 2006, 143(1):146-152.
［52］Poulsen T G, Moldrup P, Hansen J A, et al. VOC vapor sorption in soil: soil Type dependent model and implications for vapor extraction［J］. Journal of Environmental Engineering, 1998, 124(2):146-155.
［53］Parker J C, Lenhard R J, Kuppusamy T, et al. Parametric model for constitutive properties governing multiphase flow in porous media［J］. Water Resources Research, 1987, 23(9):618-624.
［54］Yoon H, Valocchi A J, Werth C J. Modeling the influence of water content on soil vapor extraction［J］. Vadose Zone Journal Vzj, 2003, 84(2):323-324.
［55］Rathfelder K M, Lang J R, Abriola L M. A numerical model (MISER) for the simulation of coupled physical, chemical and biological processes in soil vapor extraction and bioventing systems［J］. Journal of Contaminant Hydrology, 2000, 43(3):239-270.
［56］Khan F I, Husain T, Hejazi R. An overview and analysis of site remediation technologies［J］. Journal of Environmental Management, 2004, 71(2):95-122.
［57］Pruess K, Finsterle S, Moridis G, et al. Advances in the TOUGH2 family of general-purpose reservoir simulators［J］. Office of Scientific & Technical Information Technical Reports, 1996.
［58］Al-Maamari R S, Hirayama A, Sueyoshi M N, et al. The application of air-sparging, soil vapor extraction and pump and treat for remediation of a diesel-contaminated fractured formation［J］. Energy Sources, 2009, 31(11):911-922.
［59］Harper B M, Stiver W H, Zytner R G. Influence of water content on SVE in a silt loam soil［J］. J Environ Eng, 1998, 124(11): 1047-1053.
［60］Poulsen T G, Moldrup P, Yamaguchi T, et al. Predicting soil-water and soil-air transport properties and their effects on soil-vapor extraction efficiency［J］. Ground Water Monit R, 1999, 19(3): 61-70.
［61］Albergaria J T，Alvim-Ferraz M D C M，Delerue-Matos C. Soil vapor extraction in sandy soils: Influence of airflow rate［J］.Chemosphere, 2008, 73(9): 1557-1561.
［62］Du C, Chen S Y, Niu G. Application analysis of extracting vacuum and related parameters in SVE technology［J］. J Environmental Engineering, 2017, 35 (12): 189-193.
［63］Crow W L, Anderson E P, Minugh E M. Subsurface venting of vapors emanating from hydrocarbon product on ground water［J］. Ground Wate Monit R, 1987, 7(1): 51-57.
［64］Fall E W. In-site hydrocarbon extraction: A case study［J］. Hazardous Waste Contaminant, 1989, 10(1): 1-7.
［65］Fischer R, Schulin M, Keller, et al. Environmental and numerical investigation of soil vapour extraction［J］. Water Resour Res, 1996, 32: 3413–3427.
［66］Qin C, Zhao Y, Zheng W, et al. Study on influencing factors on removal of chlorobenzene from

unsaturated zone by soil vapor extraction［J］. J Hazard Mater, 2010, 176: 294-299.

［67］Yin P X, Zhang S T, Zhao X. Soil Vapor Extraction（SVE）to remove volatile organic compounds in soil［J］. Journal of Agro-Environment Science, 2010, 29(8): 1495-1501.

［68］［美］杰夫·郭（Jeff Kuo）编著. 土壤及地下水修复工程设计［M］. 北京建工环境修复有限责任公司译. 北京：电子工业出版社，2013.

［69］Frank U, Barkley N. Remediation of low permeability subsurface formations by fracturing enhancement of soil vapor extraction［J］. Hazardous Mater,1995,40(2):191-201.

［70］殷甫祥，张胜田，赵欣，等. 气相抽提法(SVE)去除土壤中挥发性有机污染物的试验研究［J］. 环境科学，2011,32(5):1454-1461.

［71］Wilson D J, Gomezlahoz C, Rodriguezmaroto J M. Soil cleanup by in-situ aeration. 16. Solution and diffusion in mass-transport-limited operation and calculation of Darcy constants［J］. Separation Science and Technology,1994,29(9):1133-1163.

［72］Marley M C. Quantitative and qualitative analysis of gasoline fractions stripped by air, from the unsaturated soil zone［D］. University of Connecticut,1985.

［73］Zaidel J, Zazovsky A. Theoretical study of multicomponent soil vapor extraction: propagation of evaporation–condensation fronts［J］. Journal of contaminant hydrology,1999,37(3-4):225-268.

［74］Zhao L, Zytner R G. Estimation of SVE closure time［J］. Journal of Hazardous Materia-ls, 2008,153(1-2):575-581.

［75］Alvim-Ferraz M C M, Albergaria J T, Delerue-Matos C. Soil remediation time to achieve clean-up goals Ⅰ: Influence of soil water content［J］. Chemosphere, 2006,62(5), 853-860.

［76］周文浩，曾波. 灰色关联度模型研究综述［J］. 统计与决策，2020, 36(15): 29-34.

［77］张鑫. 土壤重金属污染的危害及修复技术研究［J］. 中国资源综合利用，2019, 37(11): 89-90, 93.

［78］柳春莉. 环境监测中重金属污染现状及对策研究［J］. 资源节约与环保，2019, (11): 30.

［79］王玉岭. 水环境重金属元素污染现状分析［J］. 中小企业管理与科技（中旬刊），2019, (10): 44-45.

附录

附录1 《地下水环境状况调查评价工作指南》(节选)

第二章 工作内容和流程

2.1 工作内容

2.1.1 更新清单和确定重点调查对象

定期更新集中式地下水型饮用水源和污染源清单，确定重点调查对象。

2.1.2 初步调查

通过资料收集、现场踏勘，对可能的污染进行识别，确定收集资料的准确性，分析和推断调查对象存在污染或潜在污染的可能性；布设初步监测点位，采集样品，初步确定污染物种类、浓度（程度）和空间分布，为下一阶段详细调查方案的制定提供科学指导。若初步调查确认调查区内及周围区域历史上和当前均无可能的污染，则认为调查区的环境状况可以接受，调查活动可以结束。

2.1.3 详细调查

详细调查是以采样分析为主的污染证实阶段，主要内容包括制定工作计划、现场采样、数据评估和结果分析等。详细调查采用系统布点、加密布点等方式确定地下水采样点位，根据初步调查的检测结果筛选特征指标，标准中没有涉及到的污染物，可根据专业知识和经验综合判断。详细调查的主要目的是在初步采样分析的基础上，进一步确定污染物种类、浓度（程度）和空间分布。

2.1.4 补充调查

在开展风险评估、风险管控和治理修复时，若发现已有调查结果不能完全满足需要，可通过补充采样和测试，开展补充调查。主要目的是完善调查结果，获取相应参数，以支撑风险评估、风险管控和治理修复等。

2.2 工作流程

地下水环境状况调查评价工作主要包括更新清单和确定重点调查对象、初步调查、详细调查、补充调查、调查评价报告编写等。见图1。

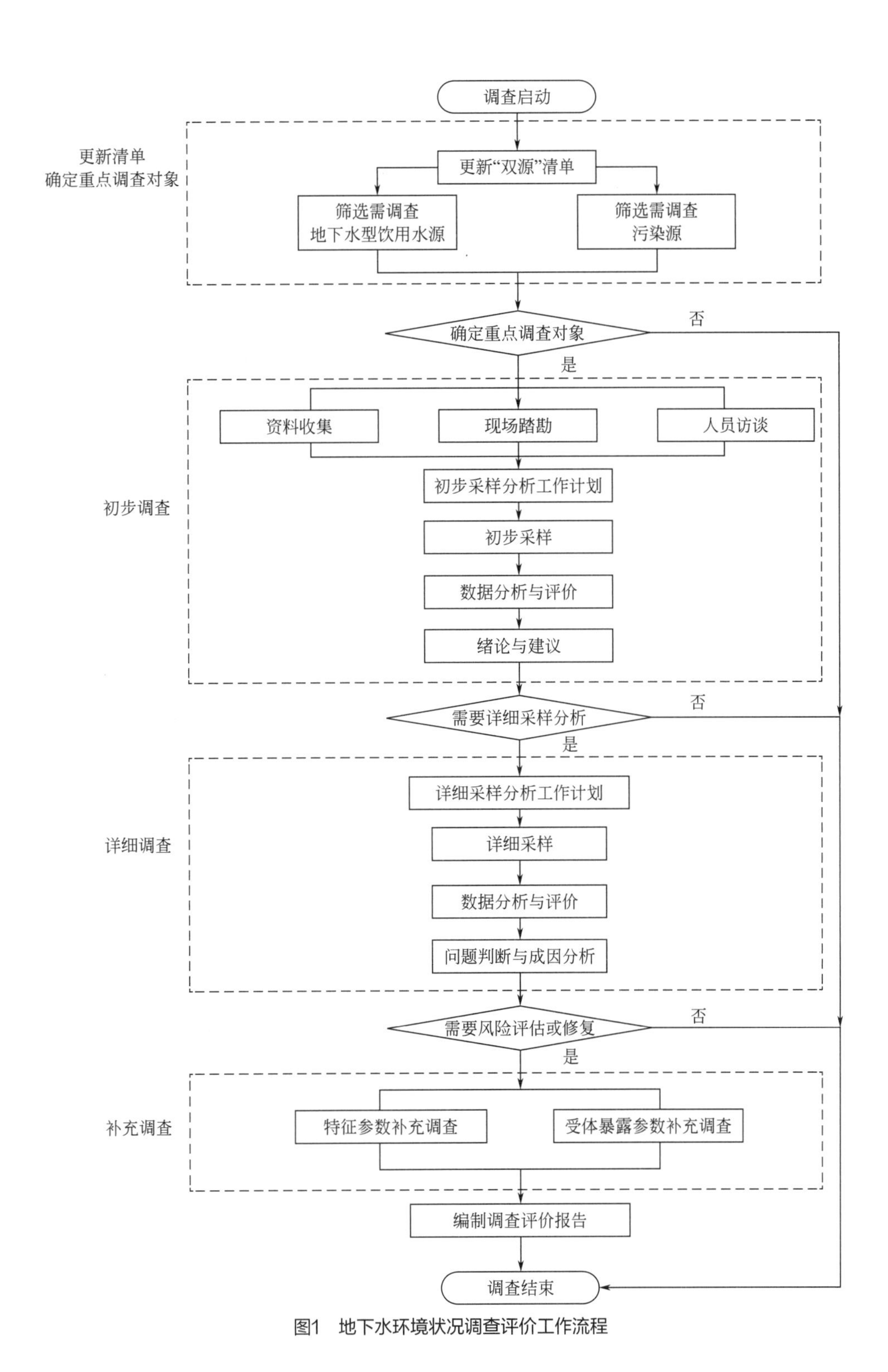

图1　地下水环境状况调查评价工作流程

第三章 地下水环境状况调查评价

3.1 更新清单

定期更新集中式地下水型饮用水源、工业污染源、矿山开采区、危险废物处置场、垃圾填埋场、加油站、农业污染源、高尔夫球场等“双源”清单及数据库。

3.1.1 集中式地下水型饮用水源

定期更新集中式地下水型饮用水源清单，主要包括水源地名称、所在地区、所属水文地质单元、地理坐标、服务人口、取水量、监测指标及频次、水质类别、超标指标及倍数和超标原因等，完成不同调查对象清单表的填写。水源地清单建立以资料调研为主，现场实地调研为辅。

资料来源包括城市饮用水源基础环境状况调查评价报告、水源地供水勘察报告、水利普查和全国农村饮水安全工程规划等。

3.1.2 污染源

污染源清单信息主要包括污染源名称、所在地区、所属水文地质单元、地理坐标、监测井信息和水质监测状况、主要污染指标等信息。完成不同污染源对象清单表的填写。污染源清单建立以资料收集为主，现场实地调研为辅。考虑到工业污染源类别较多，选择可能对地下水环境产生影响的，且储存、使用、生产排放有毒有害物质的工业污染源进行清单信息收集。资料来源包括污染源普查、土壤污染状况详查、环境影响评价报告等，详见表1。有毒有害物质可参见GB/T 14848中的毒理学指标和《有毒有害水污染物名录》。

表1 污染源清单填报范围和资料来源

编号	污染源类型	填报范围	资料来源
1	工业污染源	工业集聚区、重点行业工业污染企业、废弃场地	污染源普查、土壤污染状况调查和详查
2	矿山开采区	大中型矿山	矿山调查、污染源普查
3	危险废物处置场	全部	污染源普查
4	垃圾填埋场	正规垃圾填埋场和400吨以上的非正规垃圾填埋场	污染源普查
5	加油站	全部	加油站名单、环境影响评价报告
6	农业污染源	再生水农用区、规模化畜禽养殖场（小区）	水利普查、污染源普查
7	高尔夫球场	全部	环境影响评价报告

3.2 确定重点调查对象

3.2.1 集中式地下水型饮用水源

3.2.1.1 筛选条件

满足下列条件之一的作为重点调查对象。

（1）取水口水质已遭受污染的水源地。

（2）取水口水质虽未遭受污染，但水源保护区或补给区（优先采用准保护区）内地下水存在人为污染的水源地。

（3）若水源取水口、保护区和补给区内地下水均不存在污染，但水源保护区、补给区内存在工业污染源、矿山开采区、危险废物处置场、垃圾填埋场、加油站、农业污染源［再生水农用区和规模化畜禽养殖场（小区）］、高尔夫球场等污染源的水源地。

3.2.1.2　圈定重点调查地下水型饮用水源调查范围

（1）孔隙裂隙水源地

a）优先以水源地所在水文地质单元为调查区。

b）若水文地质单元范围过大（面积大于300km^2），水源地调查区包括水源地保护区（包括水源地一级、二级保护区）和水源补给区（优先采用水源准保护区），在核定水源地一级、二级保护区边界和范围的基础上，以二级保护区边界为基准，未划定水源准保护区的，沿地下水流向向上游拓展地下水1000天流程等值线为边界，将该边界圈定的范围作为扩展调查区。

若所圈定的扩展调查区边界范围内存在以下情况，则需按如下方法对边界进行修订。

a）存在另外一个地下水型饮用水源，则取两个水源地地下水分水岭作为调查区的边界。

b）若存在目标含水层的天然边界，则以其为边界。

c）若目标含水层为承压含水层，则应将其补给区纳入调查范围，承压含水层的补给区可利用区域水文地质剖面图和水动力场来识别。

d）若边界附近存在地下水污染现象，则应将其污染源纳入边界范围内。

（2）岩溶水源地

在地下河发育的岩溶区，优先以水源地所在的地下河系统为单元，确定为水源地调查范围，地下河系统可根据通过收集研究区岩溶水文地质图和剖面图识别。若水源地地下河系统范围较大（地下河主管道长度大于5km），调查区以水源地所在的地下河出口或泉点、天窗等为起点，沿地下河主管道上溯5000m设定，暗河如有支管道，则沿地下暗河支管道顺延上溯至5000m，宽度则沿地下河主管道和一级支流管道向两侧各延伸600m水平距离，污染物极易进入地下的负地形区，如落水洞等亦纳入调查区，范围为负地形所处第一地形分水岭或落水洞周边200m水平距离（不足200m的，以第一地形分水岭为界）。

3.2.2　重点污染源

3.2.2.1　工业污染源

考虑到工业污染源涉及行业门类众多、环境管理水平各异、污染排放状况复杂等特点，凡满足下述原则之一的工业集聚区、企业或废弃场地建议列入重点调查对象清单。

（1）属于重污染行业，且运行年限5年以上（含5年）的工业污染源。

a）以重污染行业为主导，批准并正式运行至少5年的工业集聚区。

b）工业集聚区外的重污染行业，生产运行至少7年的工业企业。

c）工业集聚区外的重污染行业，且废弃场地面积达到0.1km^{2}以上的废弃场地。

（2）位于地下水型饮用水源保护区、补给区和径流区内的且涉及重污染的工业污染源。

（3）发生过地下水污染事件的工业集聚区、企业或废弃场地。

重污染行业可参见表2。

表2　工业污染源重污染行业名录一览表

编号	行业类别	行业种类
1	石油加工/炼焦及核燃料加工业	精炼石油产品的制造
		炼焦
2	有色金属冶炼及压延加工业	常用有色金属冶炼
		贵金属冶炼
3	化学原料及化学制品制造业	农药制造
		造纸、印染、涂料、油墨、颜料、原料药制造及类似产品制造
		专用化学产品制造
4	纺织业	棉、化纤纺织及印染精加工
		毛纺织和染整精加工
		丝绢纺织及精加工
5	皮革、毛皮、羽毛（绒）及其制品业	皮革鞣制加工
		毛皮鞣制及制品加工
6	金属制品业	金属表面处理及热处理加工

3.2.2.2　矿山开采区

由于我国有色金属、黑色金属等矿类（种）矿山污染风险程度相对较高，尾矿库、固体废弃物的堆放对地下水环境造成严重污染，建议确定以下矿山行业为主要筛选对象（矿山污染源重污染行业可参见表3）。

表3　矿山污染源重污染行业名录一览表

编号	行业类别	行业种类
1	有色金属矿采选业	常用有色金属矿采选
		贵金属矿采选
		稀有稀土金属矿采选
2	黑色金属矿采选业	铁矿采选
		其他黑色金属矿采选
3	煤炭开采和洗选业	烟煤和无烟煤的开采洗选
		褐煤的开采洗选
		其他煤炭采选
4	非金属矿采选业	土砂石开采
		化学矿采选
		石棉及其他非金属矿采选
		磷矿开采及磷石膏堆场

选择位于地下水型饮用水源保护区、补给区和径流区内的生产及闭矿矿山，在此范围外的还应考虑矿山规模，选择（特）大、中型矿山；对于具有区域特征的，处于同一成矿带内的分散矿山开采区，应综合考虑它们对同一水文地质单元内的地下水的影响及因矿山开采导致的地下水严重疏干区域。在矿山企业中，尽管不满足上述条件，但对当地环境造成重大影响，已严重影响当地社会经济发展的矿山纳入调查范围。

3.2.2.3 危险废物处置场

综合考虑危险废物处置场的典型性，优先筛选位于地下水型饮用水源保护区、补给区和径流区内的危险废物处置场。省级规划的危险废物处置场采取普查原则；各大型企业自行建设的危险废物处置场，采取的调查原则为选择具有代表性的危险废物处置场进行调查。

3.2.2.4 垃圾填埋场

正规垃圾填埋场，全部列入调查对象范围之内；非正规垃圾填埋场需同时满足以下三个条件，则确定为重点调查对象。

（1）位于地下水型饮用水源保护区、补给区和径流区内。

（2）运行时间在5年以上或目前已经封闭的。

（3）填埋容量大于400吨以上。

3.2.2.5 加油站

在建立加油站清单基础上，根据加油站重点调查对象的筛选原则，确定需要进行重点地下水调查评价的加油站。

（1）已确认发生过油品泄漏事故的加油站。

（2）尚未确认是否发生过油品泄漏的加油站选取原则。

a）位于地下水型饮用水源保护区、补给区和径流区内的加油站均进行重点调查。

b）在上述区域外，优先选择初始建站时间在20年以上的加油站进行重点调查，有条件的地方可以选择初始建站时间较短的加油站。

3.2.2.6 农业污染源

农业污染源主要涉及再生水农用区及规模化畜禽养殖场（小区）。

（1）根据《再生水农用区清单》，对符合以下两个条件之一的再生水农用区进行重点调查。

a）地下水型饮用水源保护区、补给区和径流区部分或全部位于再生水农用区内。

b）灌溉面积在1万亩及以上的大中型灌区，以未经处理的污水直接灌溉或污水处理厂出水（再生水）灌溉，且灌溉历时达5年以上。

（2）对列入清单之内，满足以下两个条件之一的规模化畜禽养殖场（小区），需进行重点调查。

a）位于集中式地下水型饮用水源保护区、补给区和径流区内的规模化畜禽养殖场

（小区）。

b）对位于冲洪积扇轴部、河漫滩、古河道带以及地下水浅埋区等地下水脆弱性较强地带的规模化畜禽养殖场（小区）。

3.2.2.7 高尔夫球场

根据高尔夫球场清单信息，对符合以下两个条件之一的高尔夫球场进行重点调查。

（1）位于地下水型饮用水源保护区、补给和径流区内的高尔夫球场。

（2）运行5年以上，同时占地面积大于60公顷的高尔夫球场。

3.3 初步调查

3.3.1 资料收集与分析

主要包括：气象资料、水文资料、土壤资料、地形地貌地质、水文地质资料、土地利用、经济社会发展、地下水型饮用水源和污染源相关信息。

对于工业污染企业、废弃场地、危险废物处置场、垃圾填埋场、加油站等污染源，水文地质相关资料收集和制作的精度不低于1 ∶ 2000；对于集中式地下水型饮用水源、工业集聚区、再生水农用区、矿山开采区、高尔夫球场、规模化畜禽养殖区（小区）等，水文地质资料收集和制作的精度不低于1 ∶ 10000。

3.3.1.1 气象资料

收集调查区近20年来主要气象站的气象系列资料，包括多年平均及月平均降水量、蒸发量、气温等资料；大气及降水主要污染物。

3.3.1.2 水文资料

收集调查区地表水系分布状况，流量与水位变化，各水体或河系不同区段的化学成分分析资料、污染情况，水体底泥的污染情况，水体纳污历史等资料。

3.3.1.3 土壤资料

收集地表岩性、土壤类型与分布、土壤有机质含量、土壤微生物、土壤化学与土壤污染等方面的调查分析资料。

3.3.1.4 地形地貌、地质与水文地质资料

包括调查区地形地貌类型与分区、地层岩性、地质构造，包气带岩性、厚度与结构，地下水系统结构、岩性、厚度，含水层、隔水层的岩性结构及空间分布，地下水补径排条件，水量、水质、水位和水温，地下水可开采资源量和集中式地下水型饮用水源分布情况，开发利用状况及其主要环境地质、水文地质问题等调查研究资料。地下水水质监测资料，污染物组分及浓度，污染状况，污染分布特征及其变化情况等资料。

3.3.1.5 土地利用

土地利用现状及其变化情况，城市、工矿用地和变迁、建设规模及其布局，农业用

地现状及变化资料。

3.3.1.6 经济社会发展

近30年来国民生产总值、产业结构、人口数量、人口密度及变化情况，区域经济发展规划等资料。

3.3.1.7 污染源相关信息

污染源的类型、分布，主要污染物组成、污染物的排放方式、排放量和空间分布等资料。重大水污染和土壤污染事件发生的时间、原因、过程、危害、遗留问题和防范措施等资料。

3.3.1.8 综合分析

（1）整理、汇编各类资料，对各类量化数据进行统计，编制专项和综合图表，建立相关资料数据库。

（2）综合分析调查区地质、水文地质资料，系统了解区域地下水资源形成、分布与开发利用情况。

（3）编录污染源信息，了解重要污染源类型及其分布情况。

（4）分析地表水、地下水质量分布及污染情况。

3.3.2 现场踏勘

通过对调查对象的现场踏勘，确认资料信息是否准确，现场识别关注区域和周边环境信息，确定初步采样的布设点位等。

（1）核对信息

对现场的水文地质条件、水源和污染源（区）信息、井（泉）点信息、土地利用情况、产业结构、居民情况、环境管理状况等进行考察，确认与资料是否一致。

（2）识别关注区域

通过调查下列情况识别关注区域，包括污染物生产、储存及运输等重点设施、设备的完整情况、物料装卸等区域的维护状况、原料和产品堆放组织管理状况、车间、墙壁或地面存在污染的遗迹、变色情况、存在生长受抑制的植物、存在特殊的气味等，同时可采用现场快速筛查设备（X射线荧光光谱分析仪、PID气体探测器等）配合开展污染识别。

（3）敏感目标

调查对象周边环境敏感目标（需特殊保护地区、生态敏感与脆弱区和社会关注区等）的情况，包括数量、类型、分布、影响、变更情况、保护措施及其效果。

（4）已有监测设备

调查对象地下水环境监测设备的状况，特别是置放条件、深度以及地下水水位。

（5）地形地貌

观察现场地形及周边环境，以确定是否适宜开展地质测量或使用其他地球物理勘察技术。

3.3.3 人员访谈

3.3.3.1 访谈内容

应包括资料收集和现场踏勘所涉及的疑问确定，以及信息补充和已有资料的考证。

3.3.3.2 访谈对象

受访者为场地现状或历史的知情人，应包括场地管理机构、地方政府和生态环境保护行政主管部门的人员，场地过去和现在各阶段的使用者，以及场地所在地或熟悉场地的第三方，如相邻场地的工作人员和附近的居民。

3.3.3.3 访谈方法

可采取当面交流、电话交流、填写电子或书面调查表等方式。

3.3.3.4 内容整理

应对访谈内容进行整理，对照已有资料，对其中可疑处和不完善处进行核实和补充，作为调查报告的附件。

可参照调查对象的基础信息表开展资料收集、综合分析、现场踏勘、人员访谈等工作，基础信息表见附录B。

3.3.4 初步采样分析工作计划

若通过资料收集、现场踏勘表明调查对象内存在可能的污染，如工业污染源、加油站、垃圾填埋场、矿山开采区等可能产生有毒有害物质的设施或活动；以及由于资料缺失等原因无法排除无污染时，将其作为潜在污染调查对象开展初步采样分析工作。

制定初步采样分析工作计划，内容包括核查已有信息、判断污染物的可能分布、制定采样方案、制定样品分析方案、制定健康和安全防护计划、确定质量保证和质量控制程序等。可结合环境物探、勘察基本确定调查区水文地质条件，如包气带、含水岩组的岩性结构、厚度与分布、边界条件，基本摸清调查对象周边地下水补径排条件，初步确定污染物种类和浓度分布。

3.3.4.1 核查已有信息

对已有信息进行核查，如土壤类型和地下水埋深；查阅污染物在土壤、地下水、地表水或调查对象周围环境的可能分布和迁移信息；查阅污染物排放和泄漏的信息。核查上述信息的来源，以确保真实性和有效性。

3.3.4.2 判断污染物的可能分布

根据调查区的污染源分布、水文地质条件以及污染物的迁移和转化等因素，判断调查区污染物在土壤和地下水中的可能分布，为制定采样方案提供依据。

3.3.4.3 制定采样方案

采样方案一般包括：采样点的布设、样品数量、样品的采集方法、现场快速检测方法，样品收集、保存、运输和储存等要求。

3.3.4.4 制定样品分析方案

检测项目应根据保守性原则，按照资料收集和现场踏勘调查确定的调查区潜在污染源和污染物，同时考虑污染物的迁移转化，判断样品的检测分析项目；对于不能确定的项目，可选取潜在典型污染样品进行筛选分析。可参考《地下水环境状况调查评价工作指南》附录C和HJ 25.2。

3.3.4.5 制定健康和安全防护计划

根据有关法律、法规和工作现场的实际情况，制定场地调查人员的健康和安全防护计划。

3.3.5 初步采样

3.3.5.1 地下水监测点布设要求

（1）监测点应能反映调查与评价范围内地下水总体水质状况，对于面积较大的调查区域，沿地下水流向为主与垂直地下水流向为辅相结合布设监测点；对同一个水文地质单元，可根据地下水的补径排条件布设控制性监测点，调查对象的上下游、垂直于地下水流方向调查区的两侧、调查区内部以及周边主要敏感带点均有监测点控制；若调查区面积较大，地下水污染较重，且地下水较丰富，可在地下水上游和下游各增加1～2个监测井。

（2）地下水监测以浅层地下水为主，钻孔深度以揭露浅层地下水，且不穿透浅层地下水隔水底板为准；对于调查对象附近有地下水型饮用水源时，应兼顾主开采层地下水；如果调查区内没有符合要求的浅层地下水监测井，则可根据调查结论在地下水径流的下游布设监测井；如果调查期内调查区没有地下水，则在径流的下游方向可能的地下水蓄水处布设监测井；若前期监测的浅层地下水污染非常严重，且存在深层地下水时，可在做好分层止水的条件下增加一口深井至深层地下水，以评价深层地下水的污染情况；存在多个含水层时，应在与浅层地下水存在水力联系的含水层中布设监测点，并将与地下水存在水力联系的地表水纳入监测。

（3）一般情况下采样深度应在地下水水面0.5m以下。对于低密度非水溶性有机物污染，监测点位应设置在含水层顶部；对于高密度非水溶性有机物污染，监测点位应设置在含水层底部和不透水层顶部。

（4）重点以已有监测点为基础，补充监测点需满足调查精度要求，尽可能地从周边已有的民井、生产井及泉点中选择监测点。在选用已有的地下水监测点时，必须满足监测设计的要求。

（5）岩溶区监测点的布设重点在于追踪地下暗河，按地下河系统径流网形状和规模布设采样点，在主管道露头、天窗处，适当布设采样点，在重大或潜在的污染源分布区适当加密。

（6）裂隙发育的调查区，监测布点应布设在相互连通的裂隙网络上。

（7）地下水样品分析项目参照《地下水环境状况调查评价工作指南》附录C和HJ

25.2执行。

3.3.5.2 土壤采样点布设要求

土壤采样布点参照HJ 25.1、HJ 25.2执行，土壤样品采集可与地下水监测井建设统筹考虑。土壤样品分析项目参照GB 36600、HJ 25.2执行。

3.3.5.3 地表水采样点布设要求

调查对象周边3km范围内，存在与地下水可能有水力联系的地表水体时，地表水采样位置应设在调查对象上下游及调查区内所有已确认污染的地下水排泄带及可能排泄区。地表水样品分析项目参照地下水污染特征指标。

3.3.6 初步采样布点方法

基于采样布点要求，初步调查的监测采样布点方法见表4。

表4 初步采样布点方法

调查对象	布置地下水监测点数量/个	布设方法
地下水型饮用水源	孔隙水：至少7～10个；岩溶水：主管道至少3个，一级支流至少1～2个；裂隙水：至少10～20个	1.孔隙水：①调查范围小于50km^{2}时，水质监测点至少为7个；②调查范围为50～100km^{2}时，水质监测点不少于10个；③调查范围大于100km^{2}时，每增加25km^{2}水质监测点应至少增加1个。 2.岩溶水：原则上主管道上不得少于3个采样点，一级支流管道长度大于2km布设2个点，一级支流管道长度小于2km布设1个点；岩溶裂隙参见裂隙水的布点方法。 3.裂隙水：①调查区面积小于50km^{2}时，建议水质监测点至少为10个；②调查区面积为50～100km^{2}时，建议水质监测点至少为20个；③调查区面积大于100km^{2}时，建议每增加25km^{2}水质监测点应至少增加1个点。
工业污染源	孔隙水：工业集聚区至少8个；工业企业5个；岩溶水：至少3个；裂隙水：至少3个	1.孔隙水：(1) 工业集聚区：①对照监测点1个，设置在工业集聚区地下水流向上游30～50m处；②污染扩散监测点至少5个，垂直于地下水流向呈扇形布设不少于3个，在集聚区两侧沿地下水流方向各布设1个监测点；③工业集聚区内部监测点要求1～2个/10km^2，若面积大于100km^{2}时，每增加15km^{2}监测点至少增加1个；工业集聚区内监测点总数要求不少于3个。监测点的布设宜位于主要污染源附近的地下水下游，同类型污染源布设1个监测点为宜；④以浅层地下水监测为主，如浅层地下水已被污染且下游存在地下水型饮用水源，则在集聚区内增加1个主开采层（集聚区周边以饮用水开采为主的含水层）地下水的监测点。(2) 工业企业：①对照监测点1个，布设在工业企业地下水上游30～50m处；②工业企业内部监测点布置在可见污染源（污染物堆积点、污水井、坑塘等）附近。一般来说，同一类污染源布置一个监测点，选择规模大，地层污染防护性能差的污染源附近布置监测点。内部监测点要求1～2个/10km^2；③污染扩散监测点不少于3个，应分别布设在场地地下水下游及两侧；④以浅层地下水监测为主，如浅层地下水已被污染且下游存在地下水型饮用水源，则在工业企业内增加1个主开采层（工业企业周边以饮用水开采为主的含水层段）地下水的监测点。 2.岩溶水：岩溶暗河分布区监测点的布设重点追踪地下暗河，确定工业企业及集聚区周边地下河的分布。在地下河的上中下游各布设1个监测点。具体地下水流向上游30～50m处，以明显不受工业企业及集聚区污染影响的地方布设不少于1个监测点，或距离较近的暗河入口；工业企业及集聚区内部监测井布置在可见污染源（污染物堆积点、污水井、坑塘等）附近；工业企业及集聚区下游在距离工业企业及集聚区边界30～50m，沿地下水流方向布设地下水监测点1个（或距离较近的暗河出口）；如厂区/场地地下水已被污染且下游存在地下水型饮用水源，则在水源地（暗河出口处）增加1个地下水的监测点。 3.裂隙水：风化裂隙和成岩裂隙水调查区的布点同孔隙水调查区一致，但宜布设在相互连通的裂隙网络上。构造裂隙水若存在主径流带，则监测点的布设重点应追踪主径流带；在主径流带的上中下游各布设1个监测点。具体为地下水上游30～50m处，在明显不受工业企业及集聚区污染影响的地方布设不少于1个监测点；工业企业及集聚区内部监测井布置在可见污染源（污染物堆积点、污水井、坑塘等）附近；工业企业及集聚区下游30～50m处，沿地下水流方向布设地下水监测点1个。

续表

调查对象	布置地下水监测点数量/个	布设方法
矿山开采区	孔隙水：至少5～7个；岩溶水：至少3个；裂隙水：至少12～22个	1.孔隙水：(1) 采矿区、分选区和尾矿库位于同一个水文地质单元。①对照监测点1个，位于矿山影响区上游边界30～50m处；②污染扩散监测点不少于3个，地下水下游及两侧的地下水监测点均不得少于1个；③矿山开采区内的地下水监测点不得少于1个；④尾矿库下游30～50m设置1个监测点，以评价尾矿库对地下水的影响。(2) 采矿区、分选区和尾矿库位于不同水文地质单元。①对照监测点1个，设置在尾矿库影响区上游边界30～50m；②污染扩散监测点不少于2个，分别垂直于地下水流方向影响区两侧；③尾矿库地下水影响区的监测点不得少于1个；④在尾矿库下游30～50m内设置1个监测点，以评价尾矿库对地下水的影响；⑤采矿区与分选区分别设置1个监测点以确定其是否对地下水产生影响。 2.岩溶水：原则上岩溶主管道上监测点布设不得少于3个，根据地下河的分布及流向，在地下河的上、中、下游布设3个监测点，分别作为对照监测点、污染监测点及污染扩散监测点。岩溶发育完善，地下河分布复杂的，根据现场情况增加2～4个监测点，一级支流管道长度大于2km布设2个监测点，一级支流管道长度小于2km布设1个监测点。岩溶裂隙水参见裂隙水的布点方法。 3.裂隙水：调查区的背景区域和污染源扩散区域均需布置监测点，面积小于$50km^2$时，建议水质监测点至少为12个；调查区面积为50～$100km^2$时，建议水质监测点至少为22个；调查区面积大于$100km^2$时，建议每增加$25km^2$水质监测点应至少增加1个点。
危险废物处置场	孔隙水：4个； 岩溶水：至少4个； 裂隙水：至少5～6个	1.孔隙水：(1) 对照监测点1个，设置在处置场地下水流向上游30～50m处；(2) 污染扩散监测点至少3个，分别在垂直处置场地下水流向的一侧30～50m处布设1个污染扩散监测点，在处置场地下水流向下游30～50m处布设1个扩散监测井，两井之间垂直水流方向距离为80～120m；距处置场地下水流向下游80～120m处布设1个污染扩散监测井。 2.岩溶水和裂隙水：对照监测点，在处置场地下水流向上游30～50m处设置1个监测点；污染扩散监测点，可选择线形、"T"形、三角形或四边形等布点方式布设3～5个污染扩散监测点；线形监测点可沿处置场排泄山区地下水流向等距布设，两两间距不应小于30m，三角形与四边形沿地下水流向对称分布；下游污染扩散监测井如有地下水暗河出露点，可在其附近设置监测井。
垃圾填埋场	孔隙水：5～7个； 岩溶水：至少4个； 裂隙水：至少5～6个	1.孔隙水：(1) 对照监测点1个，设置在填埋场地下水流向上游30～50m处；(2) 污染扩散监测点，一般正规垃圾填埋场可布设4～6个，规模较大的正规垃圾填埋场和非正规垃圾填埋场要布设6个。在垂直填埋场地下水流向距填埋场边界两侧30～50m处各设1个；在地下水流向下游距填埋场下边界30m处1～2个，两者之间距离为30～50m；在地下水流向下游距填埋场下边界50m处1～2个。 2.岩溶水和裂隙水：对照监测点，在处置场地下水流向上游30～50m处设置1个监测点；污染扩散监测点，可选择线形、"T"形、三角形或四边形等布点方式布设3～5个污染扩散监测点；线形监测点可沿处置场排泄山区地下水流向等距布设，两两间距不应小于30m，三角形与四边形沿地下水流向对称分布；下游污染扩散监测井如有地下水暗河出露点，可在其附近设置规范监测井。
加油站	孔隙水：2～3个； 岩溶水：至少2个； 裂隙水：至少5～6个	1.孔隙水：(1) 地下水流向清楚时：对照监测点1个，设置在地下水上游；污染扩散监测点至少1个，设置于地下水下游距离埋地油罐不应超过30m处；(2) 地下水流向不清楚时，布设3个监测点，呈三角形分布，且间距尽可能大；对照监测点布设1个，设置在地下水流向上游；污染扩散监测点不少于2个，设置于地下水下游距埋地油罐不应超过30m处。 2.岩溶水：原则上主管道不得少于2个监测点，根据地下河的分布及流向，在地下河的上、下游布设2个监测点，分别作为对照监测点、污染扩散监测点。岩溶发育完善，地下河分布复杂的，根据现场情况增加1～2个点，一级支流管道长度大于2km布设2个点，一级支流管道长度小于2km布设1个点。岩溶裂隙参见裂隙水的布点方法。 3.裂隙水：裂隙水调查区的背景区域布置2个点，污染源扩散区域布置监测点3～4个。

续表

调查对象	布置地下水监测点数量/个	布设方法
农业污染源	孔隙水：再生水农用区7个；规模化畜禽养殖场（小区）5个； 岩溶水：至少3个； 裂隙水：至少12～22个	1.孔隙水：(1) 再生水农用区：再生水农用区一般不低于7个。对照监测点布设1个，设置在再生水农用区地下水流向上游边界；污染扩散监测点布设不少于6个，分别在再生水农用区两侧各1个，再生水农用区及其下游不少于4个；面积大于$100km^2$的，监测点不少于20个，且面积以$100km^2$为起点每增加$15km^2$，监测点数量增加1个；(2) 规模化畜禽养殖场（小区）：对照监测点1个，位于养殖场上游30～50m；污染扩散监测点不少于3个，分别位于养殖场场区内1个，垂直地下水流向在养殖场两侧各1个，养殖场下游1个。若养殖场面积≥$1km^2$，养殖场区地下水监测点增加为2个，养殖场下游监测点同养殖场场区边界距离应不大于300m。 2.岩溶水：原则上主管道上监测点布设不得少于3个，根据地下河的分布及流向，在地下河的上、中、下游布设3个监测点，分别作为对照监测点、污染监测点及污染扩散监测点。岩溶发育完善，地下河分布复杂的，根据现场情况增加2～4个监测点，一级支流管道长度大于2km布设2个点，一级支流管道长度小于2km布设1个点。岩溶裂隙水参见裂隙水的布点方法。 3.裂隙水：裂隙水调查区的背景区域和污染源扩散区域均需布置监测点，面积小于$50km^2$时，建议水质监测点至少为12个；调查区面积为50～$100km^2$时，建议水质监测点至少为22个；调查区面积大于$100km^2$时，建议每增加$25km^2$水质监测点应至少增加1个点。
高尔夫球场	孔隙水：6～10个； 岩溶水：至少3个； 裂隙水：至少12～22个	1.孔隙水：(1) 对照监测点1个，设在高尔夫球场地下水流向上游30～50m处；(2) 污染扩散监测点：在球场内布设2个监测点；在球场外布设污染扩散监测点2个，分别在垂直高尔夫球场地下水流向的两侧30～50m处各设1个，在地下水流向下游影响区设置1个。当球场附近有污染源时需增加监测井的数目，原则上按10～20%比例增加；高尔夫区域面积大于$100km^2$时，每增加$15km^2$水质监测点应至少增加1个点；球场内的河流或人工湖增设1个监测点。 2.岩溶水：岩溶水调查区原则上主管道上不得少于3个采样点，根据地下河的分布及流向，在地下河的上中下游布设3个监测点，分别作为对照监测点、污染监测点及污染扩散点。岩溶发育完善，地下河分布复杂的，一级支流管道长度大于2km布设2个点，一级支流管道长度小于2km布设1个点。岩溶裂隙参见裂隙水的布点方法。 3.裂隙水：裂隙水调查区的对照区域和污染源扩散区域均需布置监测点，面积小于$50km^2$时，建议水质监测点至少为12个；调查区面积为50～$100km^2$时，建议水质监测点至少为22个；调查区面积大于$100km^2$时，建议每增加$25km^2$水质监测点应至少增加1个点。

3.3.7 结论与分析

本阶段调查结论应明确调查对象及周边可能的污染源及敏感点（水源地、水源井和居民区等），说明可能的污染类型、污染状况和来源。根据采样分析，确定污染物种类、浓度（程度）和空间分布；分析初步采样获取的调查对象信息，包括地下水类型、水文地质条件、现场和实验室检测数据等。

若污染物浓度超过相关质量标准以及对照点浓度，并经过不确定性分析，确认为人为污染，需要进行详细调查，否则调查结束。

3.4 详细调查

3.4.1 详细采样分析工作计划

根据初步采样分析的结果，结合地下水流向、污染源的分布和污染物迁移能力等，制定详细采样分析工作计划。

3.4.2 详细采样

3.4.2.1 地下水监测点布设要求

（1）布点数量要求

应采用系统布点法加密布设采样点。对于需要划定污染边界范围的区域，采样单元面积不大于1600m^2。垂直方向采样深度和间隔根据初步采样的结果判断。

（2）布点位置要求

污染源区应设置地下水背景井和监测井。背景井应设置在与调查区水文地质条件相类似的地下水上游、未污染的区域；监测井应设置在污染源区内。对现有可能受地下水污染的饮用水井和水源井进行布点。

对于低密度非水溶性有机物污染，监测点应设置在含水层顶部；对于高密度非水溶性有机物污染，监测点应设置在含水层底部和隔水层顶部。针对不同含水层设置监测井时应分层止水。如果潜水含水层受到污染，则应对下伏承压含水层布设监测井，评估可能受污染的状况。

布点位置要求可参见《场地环境监测技术导则》（HJ 25.2）规定执行。

3.4.2.2 布点方式要求

（1）地下水污染详细调查监测井的布设应考虑场地地下水流向、污染源区的分布和污染物迁移能力等，采用点线面结合的方法进行布设，可采用网格式、随机定点或辐射式等布点方法。对于低渗透性含水层，在布点时应采用辐射布点法。

（2）结合地下水污染概念模型，选择适宜的模型，模拟地下水污染空间分布状态，对布点方案进行优化。

（3）基于污染羽流空间分布的初步估算进行布点。

污染羽流纵向布点：根据污染物排放时间、地下水流向和流速，初步估算地下水污染羽流的长度（长度=渗透速度/有效孔隙度×时间），在污染羽流下游边界处布设监测点。

污染羽流横向布点：对于水文地质条件较为简单的松散地层，可以按照污染羽流宽度和长度之比为0.3～0.5的原则初步确定污染羽流的宽度，在羽流轴向上增加1～2行横向取样点。

污染羽流垂向布点：对于厚度小于6m的污染含水层（组），一般可不分层（组）采样；对于厚度大于6m的含水层（组），应根据调查区含水层的水力条件、污染物的种类和性质，确定具体的采样方式，原则上要求分层采样。

3.4.2.3 地下水监测项目

监测项目以地下水初步采样分析确定的特征指标为主。

3.4.2.4 土壤采样点布设要求

当存在土壤污染时，土壤详细采样参照HJ 25.1和HJ 25.2执行。

3.4.3 结论与分析

根据地下水检测结果进行统计分析，进一步明确调查区水文地质条件，进一步确定关注污染物种类、浓度（程度）和空间分布。当需进行风险评估、风险管控和治理修复且不满足相关要求时，需开展补充调查，并编制补充调查方案。

3.5 补充调查

补充调查以补充采样和测试为主，主要目的是完善调查结果，获得满足风险评估、风险管控和治理修复等工作所需的参数。主要工作内容包括特征参数和受体暴露参数的调查，特征参数和受体暴露参数具体可参见HJ 25.1、HJ 25.3。

3.5.1 调查区特征参数

调查区特征参数宜包括下列信息。

（1）地质与水文地质条件：地层分布及岩性、地质构造、地下水类型、含水层系统结构、地下水分布条件、地下水流场、地下水动态变化特征、地下水补径排条件等。

（2）地下水污染特征：污染源、目标污染物浓度、污染范围、污染物迁移途径、非水溶性有机物的分布情况等。

（3）受体与周边环境情况：结合地下水使用功能和用地规划，分析污染地下水与受体的相对位置关系、受体的关键暴露途径等。

3.5.2 受体暴露参数

调查和收集的受体暴露参数包括下列信息：调查区土地利用方式；调查区人口数量、人口分布、人口年龄和人口流动情况；评价区人群用水类型、地下水用途及占比及建筑物等相关信息，详细参见《地下水污染健康风险评估工作指南》。

根据风险评估、风险管控和治理修复实际需要，可选取适当的参数进行调查。调查区特征参数和受体暴露参数可采用资料查询、现场实测和实验室分析测试等方法获取。

3.6 地下水质量评价和污染状况评价

3.6.1 地下水质量评价

根据收集资料和调查结果，对地下水质量进行评价，评价方法参照GB/T 14848执行。

（1）地下水质量评价应以地下水质量检测报告为基础；

（2）地下水质量单指标评价，按指标所在的限值范围确定地下水质量类别，指标限值相同时，从优不从劣；

（3）地下水质量综合评价，按单指标评价结果最差的类别确定，并指出最差类别的指标。

对于未列入GB/T 14848的指标，需指明检出组分名称和检出值，并开展健康风险评估。

现状监测结果应进行统计分析，给出最大值、最小值、均值、标准差、检出率和超标率等。

3.6.2 地下水污染状况评价

地下水污染现状评价是反映地下水受人类活动影响的污染程度。评价过程中，在除去对照值的前提下，以GB/T 14848、GB 3838为对照，能直观反映人为影响，同时反映水化学指标超过国际公认危害标准的程度。采用污染指数P_{ki}法进行地下水污染评价。

$$P_{ki}=\frac{C_{ki}-C_0}{C_{\text{Ⅲ}}}$$

式中

P_{ki} —— k水样i指标的污染指数；

C_{ki} —— k水样i指标的测试结果；

C_0 —— k水样无机组分i指标的对照值，有机组分等原生地下水中含量微弱的组分对照值按零计算；

$C_{\text{Ⅲ}}$ —— GB/T 14848中Ⅲ类水标准或GB 3838中“集中式生活饮用水地表水源地特定项目标准限值”。

若能确定调查对象的地下水用途，可用用途对应的标准进行评价。评价基准使用地下水对照值，对照值选取的主要来源为：对照监测井结果；地区最早的分析资料或区域中无明显污染源部分补充调查资料的统计结果。优先考虑使用对照监测井结果。

3.7 地下水污染问题和成因分析

3.7.1 地下水污染问题判断

根据调查对象地下水质量评价和污染状况评价结果，排除由地质成因造成的指标异常，针对污染源的特征污染指标，识别地下水污染物种类、浓度（程度）和空间分布等特征。确定调查对象及周边地下水污染主要问题。

3.7.2 地下水污染成因分析

结合资料收集、现场踏勘，根据污染源分布和污染物特性，识别地下水污染分布特征，分析调查区水文地质条件，确定地下水污染的途径和方式，根据地下水污染羽与地下水型饮用水源等敏感受体的空间关系、水力联系等，判断其对下游敏感受体的影响。

附录2 《建设用地土壤污染状况调查技术导则》（HJ 25.1—2019）（节选）

4 基本原则和工作程序

4.1 基本原则

4.1.1 针对性原则

针对地块的特征和潜在污染物特性，进行污染物浓度和空间分布调查，为地块的环境管理提供依据。

4.1.2 规范性原则

采用程序化和系统化的方式规范土壤污染状况调查过程，保证调查过程的科学性和客观性。

4.1.3 可操作性原则

综合考虑调查方法、时间和经费等因素，结合当前科技发展和专业技术水平，使调查过程切实可行。

4.2 工作程序

土壤污染状况调查可分为三个阶段，调查的工作程序如图1所示。

4.2.1 第一阶段土壤污染状况调查

第一阶段土壤污染状况调查是以资料收集、现场踏勘和人员访谈为主的污染识别阶段，原则上不进行现场采样分析。若第一阶段调查确认地块内及周围区域当前和历史上均无可能的污染源，则认为地块的环境状况可以接受，调查活动可以结束。

4.2.2 第二阶段土壤污染状况调查

4.2.2.1 第二阶段土壤污染状况调查是以采样与分析为主的污染证实阶段。若第一阶段土壤污染状况调查表明地块内或周围区域存在可能的污染源，如化工厂、农药厂、冶炼厂、加油站、化学品储罐、固体废物处理等可能产生有毒有害物质的设施或活动；以及由于资料缺失等原因造成无法排除地块内外存在污染源时，进行第二阶段土壤污染状况调查，确定污染物种类、浓度（程度）和空间分布。

4.2.2.2 第二阶段土壤污染状况调查通常可以分为初步采样分析和详细采样分析两步进行，每步均包括制定工作计划、现场采样、数据评估和结果分析等步骤。初步采样

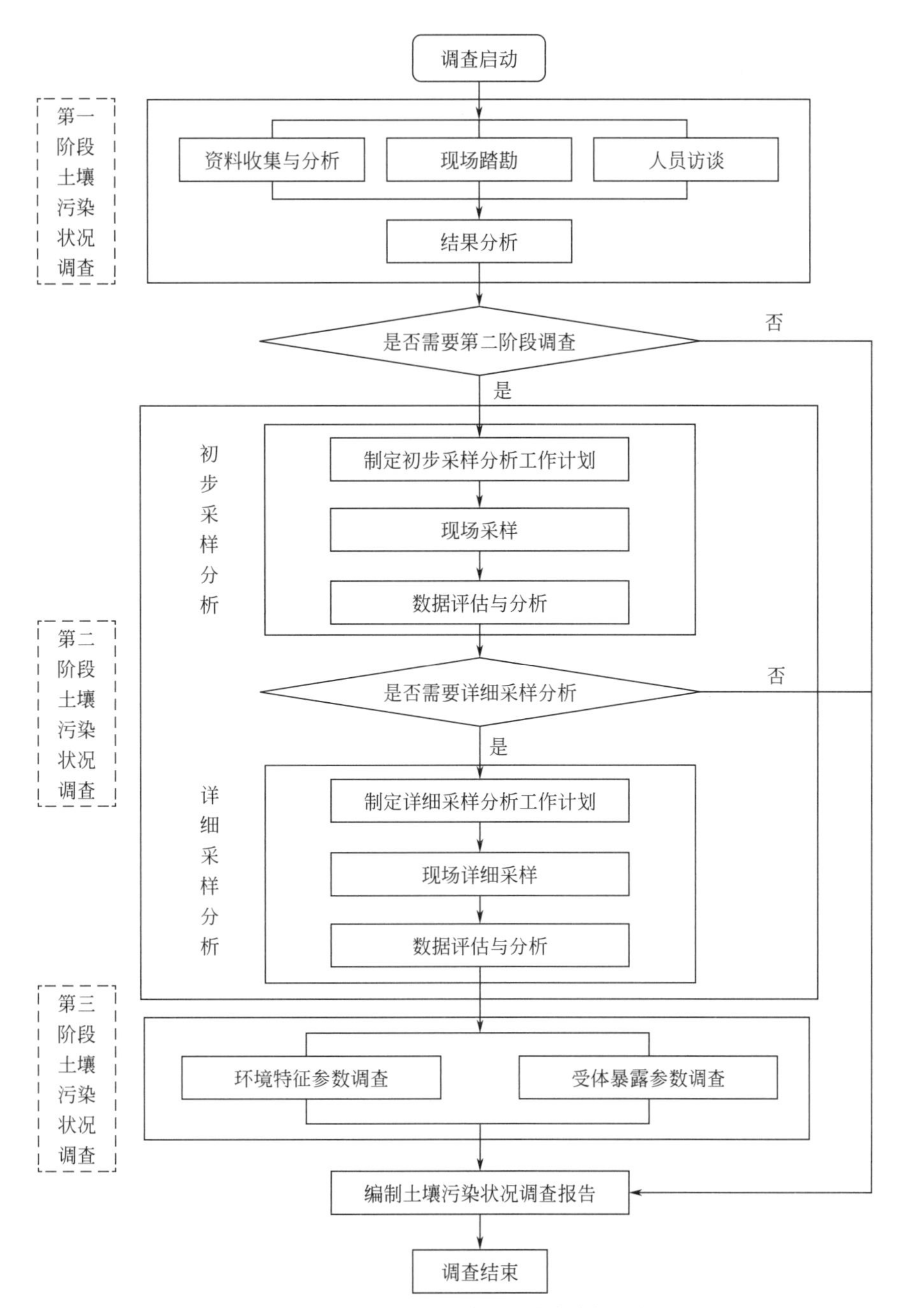

图1　土壤污染状况调查的工作内容与程序

分析和详细采样分析均可根据实际情况分批次实施，逐步减少调查的不确定性。

4.2.2.3　根据初步采样分析结果，如果污染物浓度均未超过GB 36600等国家和地方相关标准以及清洁对照点浓度（有土壤环境背景的无机物），并且经过不确定性分析确认不需要进一步调查后，第二阶段土壤污染状况调查工作可以结束；否则认为可能存在环境风险，必须进行详细调查。标准中没有涉及的污染物，可根据专业知识和经验综合判断。详细采样分析是在初步采样分析的基础上，进一步采样和分析，确定土壤污染程度和范围。

4.2.3 第三阶段土壤污染状况调查

第三阶段土壤污染状况调查以补充采样和测试为主，获得满足风险评估及土壤和地下水修复所需的参数。本阶段的调查工作可单独进行，也可在第二阶段调查过程中同时开展。

5 第一阶段土壤污染状况调查

5.1 资料收集与分析

5.1.1 资料的收集

主要包括：地块利用变迁资料、地块环境资料、地块相关记录、有关政府文件，以及地块所在区域的自然和社会信息。当调查地块与相邻地块存在相互污染的可能时，必须调查相邻地块的相关记录和资料。

5.1.1.1 地块利用变迁资料包括：用来辨识地块及其相邻地块的开发及活动状况的航片或卫星图片，地块的土地使用和规划资料，其它有助于评价地块污染的历史资料，如土地登记信息资料等。地块利用变迁过程中的地块内建筑、设施、工艺流程和生产污染等的变化情况。

5.1.1.2 地块环境资料包括：地块土壤及地下水污染记录、地块危险废物堆放记录以及地块与自然保护区和水源地保护区等的位置关系等。

5.1.1.3 地块相关记录包括：产品、原辅材料及中间体清单、平面布置图、工艺流程图、地下管线图、化学品储存及使用清单、泄漏记录、废物管理记录、地上及地下储罐清单、环境监测数据、环境影响报告书或表、环境审计报告和地勘报告等。

5.1.1.4 由政府机关和权威机构所保存和发布的环境资料，如区域环境保护规划、环境质量公告、企业在政府部门相关环境备案和批复以及生态和水源保护区规划等。

5.1.1.5 地块所在区域的自然和社会信息包括：自然信息包括地理位置图、地形、地貌、土壤、水文、地质和气象资料等；社会信息包括人口密度和分布，敏感目标分布，及土地利用方式，区域所在地的经济现状和发展规划，相关的国家和地方的政策、法规与标准，以及当地地方性疾病统计信息等。

5.1.2 资料的分析

调查人员应根据专业知识和经验识别资料中的错误和不合理的信息，如资料缺失影响判断地块污染状况时，应在报告中说明。

5.2 现场踏勘

5.2.1 安全防护准备

在现场踏勘前，根据地块的具体情况掌握相应的安全卫生防护知识，并装备必要的防护用品。

5.2.2 现场踏勘的范围

以地块内为主，并应包括地块的周围区域，周围区域的范围应由现场调查人员根据污染可能迁移的距离来判断。

5.2.3 现场踏勘的主要内容

现场踏勘的主要内容包括：地块的现状与历史情况，相邻地块的现状与历史情况，周围区域的现状与历史情况，区域的地质、水文地质和地形的描述等。

5.2.3.1 地块现状与历史情况：可能造成土壤和地下水污染的物质的使用、生产、贮存，三废处理与排放以及泄漏状况，地块过去使用中留下的可能造成土壤和地下水污染的异常迹象，如罐、槽泄漏以及废物临时堆放污染痕迹。

5.2.3.2 相邻地块的现状与历史情况：相邻地块的使用现况与污染源，以及过去使用中留下的可能造成土壤和地下水污染的异常迹象，如罐、槽泄漏以及废物临时堆放污染痕迹。

5.2.3.3 周围区域的现状与历史情况：对于周围区域目前或过去土地利用的类型，如住宅、商店和工厂等，应尽可能观察和记录；周围区域的废弃和正在使用的各类井，如水井等；污水处理和排放系统；化学品和废弃物的储存和处置设施；地面上的沟、河、池；地表水体、雨水排放和径流以及道路和公用设施。

5.2.3.4 地质、水文地质和地形的描述：地块及其周围区域的地质、水文地质与地形应观察、记录，并加以分析，以协助判断周围污染物是否会迁移到调查地块，以及地块内污染物是否会迁移到地下水和地块之外。

5.2.4 现场踏勘的重点

重点踏勘对象一般应包括：有毒有害物质的使用、处理、储存、处置；生产过程和设备，储槽与管线；恶臭、化学品味道和刺激性气味，污染和腐蚀的痕迹；排水管或渠、污水池或其它地表水体、废物堆放地、井等。同时应该观察和记录地块及周围是否有可能受污染物影响的居民区、学校、医院、饮用水源保护区以及其它公共场所等，并在报告中明确其与地块的位置关系。

5.2.5 现场踏勘的方法

可通过对异常气味的辨识、摄影和照相、现场笔记等方式初步判断地块污染的状况。踏勘期间，可以使用现场快速测定仪器。

5.3 人员访谈

5.3.1 访谈内容

应包括资料收集和现场踏勘所涉及的疑问，以及信息补充和已有资料的考证。

5.3.2 访谈对象

受访者为地块现状或历史的知情人，应包括：地块管理机构和地方政府的官员，环境保护行政主管部门的官员，地块过去和现在各阶段的使用者，以及地块所在地或熟悉地块的第三方，如相邻地块的工作人员和附近的居民。

5.3.3 访谈方法

可采取当面交流、电话交流、电子或书面调查表等方式进行。

5.3.4 内容整理

应对访谈内容进行整理，并对照已有资料，对其中可疑处和不完善处进行核实和补充，作为调查报告的附件。

5.4 结论与分析

本阶段调查结论应明确地块内及周围区域有无可能的污染源，并进行不确定性分析。若有可能的污染源，应说明可能的污染类型、污染状况和来源，并应提出第二阶段土壤污染状况调查的建议。

6 第二阶段土壤污染状况调查

6.1 初步采样分析工作计划

根据第一阶段土壤污染状况调查的情况制定初步采样分析工作计划，内容包括核查已有信息、判断污染物的可能分布、制定采样方案、制定健康和安全防护计划、制定样品分析方案和确定质量保证和质量控制程序等任务。

6.1.1 核查已有信息

对已有信息进行核查，包括第一阶段土壤污染状况调查中重要的环境信息，如土壤类型和地下水埋深；查阅污染物在土壤、地下水、地表水或地块周围环境的可能分布和迁移信息；查阅污染物排放和泄漏的信息。应核查上述信息的来源，以确保其真实性和适用性。

6.1.2 判断污染物的可能分布

根据地块的具体情况、地块内外的污染源分布、水文地质条件以及污染物的迁移和转化等因素，判断地块污染物在土壤和地下水中的可能分布，为制定采样方案提供依据。

6.1.3 制定采样方案

采样方案一般包括：采样点的布设、样品数量、样品的采集方法、现场快速检测方法，样品收集、保存、运输和储存等要求。

6.1.3.1　采样点水平方向的布设参照表1进行，并应说明采样点布设的理由，具体见HJ 25.2。

表1　几种常见的布点方法及适用条件

布点方法	适用条件
系统随机布点法	适用于污染分布均匀的地块。
专业判断布点法	适用于潜在污染明确的地块。
分区布点法	适用于污染分布不均匀，并获得污染分布情况的地块。
系统布点法	适用于各类地块情况，特别是污染分布不明确或污染分布范围大的情况。

6.1.3.2　采样点垂直方向的土壤采样深度可根据污染源的位置、迁移和地层结构以及水文地质等进行判断设置。若对地块信息了解不足，难以合理判断采样深度，可按0.5～2m等间距设置采样位置。具体见HJ 25.2。

6.1.3.3　对于地下水，一般情况下应在调查地块附近选择清洁对照点。地下水采样点的布设应考虑地下水的流向、水力坡降、含水层渗透性、埋深和厚度等水文地质条件及污染源和污染物迁移转化等因素；对于地块内或临近区域内的现有地下水监测井，如果符合地下水环境监测技术规范，则可以作为地下水的取样点或对照点。

6.1.4　制定健康和安全防护计划

根据有关法律法规和工作现场的实际情况，制定地块调查人员的健康和安全防护计划。

6.1.5　制定样品分析方案

检测项目应根据保守性原则，按照第一阶段调查确定的地块内外潜在污染源和污染物，依据国家和地方相关标准中的基本项目要求，同时考虑污染物的迁移转化，判断样品的检测分析项目；对于不能确定的项目，可选取潜在典型污染样品进行筛选分析。一般工业地块可选择的检测项目有重金属、挥发性有机物、半挥发性有机物、氰化物和石棉等。如土壤和地下水明显异常而常规检测项目无法识别时，可进一步结合色谱-质谱定性分析等手段对污染物进行分析，筛选判断非常规的特征污染物，必要时可采用生物毒性测试方法进行筛选判断。

6.1.6　质量保证和质量控制

现场质量保证和质量控制措施应包括：防止样品污染的工作程序，运输空白样分析，现场平行样分析，采样设备清洗空白样分析，采样介质对分析结果影响分析，以及样品保存方式和时间对分析结果的影响分析等，具体参见HJ 25.2。实验室分析的质量保证和质量控制的具体要求见HJ/T 164和HJ/T 166。

6.2　详细采样分析工作计划

在初步采样分析的基础上制定详细采样分析工作计划。详细采样分析工作计划主要包括：评估初步采样分析工作计划和结果，制定采样方案，以及制定样品分析方案等。

详细调查过程中监测的技术要求按照HJ 25.2中的规定执行。

6.2.1 评估初步采样分析的结果

分析初步采样获取的地块信息，主要包括土壤类型、水文地质条件、现场和实验室检测数据等；初步确定污染物种类、程度和空间分布；评估初步采样分析的质量保证和质量控制。

6.2.2 制定采样方案

根据初步采样分析的结果，结合地块分区，制定采样方案。应采用系统布点法加密布设采样点。对于需要划定污染边界范围的区域，采样单元面积不大于1600m^2（40m×40m网格）。垂直方向采样深度和间隔根据初步采样的结果判断。

6.2.3 制定样品分析方案

根据初步调查结果，制定样品分析方案。样品分析项目以已确定的地块关注污染物为主。

6.2.4 其它

详细采样工作计划中的其它内容可在初步采样分析计划基础上制定，并针对初步采样分析过程中发现的问题，对采样方案和工作程序等进行相应调整。

6.3 现场采样

6.3.1 采样前的准备

现场采样应准备的材料和设备包括：定位仪器、现场探测设备、调查信息记录装备、监测井的建井材料、土壤和地下水取样设备、样品的保存装置和安全防护装备等。

6.3.2 定位和探测

采样前，可采用卷尺、GPS卫星定位仪、经纬仪和水准仪等工具在现场确定采样点的具体位置和地面标高，并在图中标出。可采用金属探测器或探地雷达等设备探测地下障碍物，确保采样位置避开地下电缆、管线、沟、槽等地下障碍物。采用水位仪测量地下水水位，采用油水界面仪探测地下水非水相液体。

6.3.3 现场检测

可采用便携式有机物快速测定仪、重金属快速测定仪、生物毒性测试等现场快速筛选技术手段进行定性或定量分析，可采用直接贯入设备现场连续测试地层和污染物垂向分布情况，也可采用土壤气体现场检测手段和地球物理手段初步判断地块污染物及其分布，指导样品采集及监测点位布设。采用便携式设备现场测定地下水水温、pH值、电导率、浊度和氧化还原电位等。

6.3.4 土壤样品采集

6.3.4.1 土壤样品分表层土壤和下层土壤。下层土壤的采样深度应考虑污染物可能释放和迁移的深度（如地下管线和储槽埋深）、污染物性质、土壤的质地和孔隙度、地下水位和回填土等因素。可利用现场探测设备辅助判断采样深度。

6.3.4.2 采集含挥发性污染物的样品时，应尽量减少对样品的扰动，严禁对样品进行均质化处理。

6.3.4.3 土壤样品采集后，应根据污染物理化性质等，选用合适的容器保存。汞或有机污染的土壤样品应在4 ℃以下的温度条件下保存和运输，具体参照HJ 25.2。

6.3.4.4 土壤采样时应进行现场记录，主要内容包括：样品名称和编号、气象条件、采样时间、采样位置、采样深度、样品质地、样品的颜色和气味、现场检测结果以及采样人员等。

6.3.5 地下水水样采集

6.3.5.1 地下水采样一般应建地下水监测井。监测井的建设过程分为设计、钻孔、过滤管和井管的选择和安装、滤料的选择和装填，以及封闭和固定等。监测井的建设可参照HJ/T 164中的有关要求。所用的设备和材料应清洗除污，建设结束后需及时进行洗井。

6.3.5.2 监测井建设记录和地下水采样记录的要求参照HJ/T 164。样品保存、容器和采样体积的要求参照HJ/T 164附录A。

6.3.6 其它注意事项

现场采样时，应避免采样设备及外部环境等因素污染样品，采取必要措施避免污染物在环境中扩散。现场采样的具体要求参照HJ 25.2。

6.3.7 样品追踪管理

应建立完整的样品追踪管理程序，内容包括样品的保存、运输和交接等过程的书面记录和责任归属，避免样品被错误放置、混淆及保存过期。

6.4 数据评估和结果分析

6.4.1 实验室检测分析

委托有资质的实验室进行样品检测分析。

6.4.2 数据评估

整理调查信息和检测结果，评估检测数据的质量，分析数据的有效性和充分性，确定是否需要补充采样分析等。

6.4.3 结果分析

根据土壤和地下水检测结果进行统计分析，确定地块关注污染物种类、浓度水平和空间分布。

7 第三阶段土壤污染状况调查

7.1 主要工作内容

主要工作内容包括地块特征参数和受体暴露参数的调查。

7.1.1 调查地块特征参数

地块特征参数包括：不同代表位置和土层或选定土层的土壤样品的理化性质分析数据，如土壤pH值、容重、有机碳含量、含水率和质地等；地块（所在地）气候、水文、地质特征信息和数据，如地表年平均风速和水力传导系数等。根据风险评估和地块修复实际需要，选取适当的参数进行调查。受体暴露参数包括：地块及周边地区土地利用方式、人群及建筑物等相关信息。

7.2 调查方法

地块特征参数和受体暴露参数的调查可采用资料查询、现场实测和实验室分析测试等方法。

7.3 调查结果

该阶段的调查结果供地块风险评估、风险管控和修复使用。

附录3 《建设用地土壤污染风险管控和修复监测技术导则》(HJ 25.2—2019)(节选)

4 基本原则、工作内容及工作程序

4.1 基本原则

4.1.1 针对性原则

地块环境监测应针对土壤污染状况调查与土壤污染风险评估、治理修复、修复效果评估及回顾性评估等各阶段环境管理的目的和要求开展，确保监测结果的协调性、一致性和时效性，为地块环境管理提供依据。

4.1.2 规范性原则

以程序化和系统化的方式规范地块环境监测应遵循的基本原则、工作程序和工作方法，保证地块环境监测的科学性和客观性。

4.1.3 可行性原则

在满足地块土壤污染状况调查与土壤污染风险评估、治理修复、修复效果评估及回顾性评估等各阶段监测要求的条件下，综合考虑监测成本、技术应用水平等方面因素，保证监测工作切实可行及后续工作的顺利开展。

4.2 工作内容

4.2.1 地块土壤污染状况调查监测

地块土壤污染状况调查和土壤污染风险评估过程中的环境监测，主要工作是采用监测手段识别土壤、地下水、地表水、环境空气、残余废弃物中的关注污染物及水文地质特征，并全面分析、确定地块的污染物种类、污染程度和污染范围。

4.2.2 地块治理修复监测

地块治理修复过程中的环境监测，主要工作是针对各项治理修复技术措施的实施效果所开展的相关监测，包括治理修复过程中涉及环境保护的工程质量监测和二次污染物排放的监测。

4.2.3 地块修复效果评估监测

对地块治理修复工程完成后的环境监测，主要工作是考核和评价治理修复后的地块是否达到已确定的修复目标及工程设计所提出的相关要求。

4.2.4 地块回顾性评估监测

地块经过修复效果评估后，在特定的时间范围内，为评价治理修复后地块对土壤、地下水、地表水及环境空气的环境影响所进行的环境监测，同时也包括针对地块长期原位治理修复工程措施的效果开展验证性的环境监测。

4.3 工作程序

地块环境监测的工作程序主要包括监测内容确定、监测计划制定、监测实施及监测报告编制。监测内容确定是监测启动后按照4.2中的要求确定具体工作内容；监测计划制定包括资料收集分析，确定监测范围、监测介质、监测项目及监测工作组织等过程；监测实施包括监测点位布设、样品采集及样品分析等过程。

5 监测计划制定

5.1 资料收集分析

根据地块土壤污染状况调查阶段性结论，同时考虑地块治理修复监测、修复效果评估监测、回顾性评估监测各阶段的目的和要求，确定各阶段监测工作应收集的地块信息，主要包括地块土壤污染状况调查阶段所获得的信息和各阶段监测补充收集的信息。

5.2 监测范围

5.2.1 地块土壤污染状况调查监测范围为前期土壤污染状况调查初步确定的地块边界范围。

5.2.2 地块治理修复监测范围应包括治理修复工程设计中确定的地块修复范围，以及治理修复中废水、废气及废渣影响的区域范围。

5.2.3 地块修复效果评估监测范围应与地块治理修复的范围一致。

5.2.4 地块回顾性评估监测范围应包括可能对土壤、地下水、地表水及环境空气产生环境影响的范围，以及地块长期治理修复工程可能影响的区域范围。

5.3 监测对象

监测对象主要为土壤，必要时也应包括地下水、地表水及环境空气等。

5.3.1 土壤

土壤包括地块内的表层土壤和下层土壤，表层土壤和下层土壤的具体深度划分应根据地块土壤污染状况调查阶段性结论确定。地块中存在的回填层一般可作为表层土壤。

5.3.2 地下水

地下水主要为地块边界内的地下水或经地块地下径流到下游汇集区的浅层地下水。在污染较重且地质结构有利于污染物向下层土壤迁移的区域，则对深层地下水进行监测。

5.3.3 地表水

地表水主要为地块边界内流经或汇集的地表水，对于污染较重的地块也应考虑流经地块地表水的下游汇集区。

5.3.4 环境空气

环境空气是指地块污染区域中心的空气和地块下风向主要环境敏感点的空气。

5.3.5 残余废弃物

地块土壤污染状况调查的监测对象中还应考虑地块残余废弃物，主要包括地块内遗留的生产原料、工业废渣，废弃化学品及其污染物，残留在废弃设施、容器及管道内的固态、半固态及液态物质，其他与当地土壤特征有明显区别的固态物质。

5.3.6 地块治理修复监测的对象还应包括治理修复过程中排放的物质，如废气、废水及废渣等。

5.4 监测项目

5.4.1 地块土壤污染状况调查监测项目

5.4.1.1 地块土壤污染状况调查初步采样监测项目应根据GB 36600要求、前期土壤污染状况调查阶段性结论与本阶段工作计划确定，具体按照HJ 25.1相关要求确定。可能涉及的危险废物监测项目应参照GB 5085中相关指标确定。

5.4.1.2 地块土壤污染状况调查详细采样监测项目包括土壤污染状况调查确定的地块特征污染物和地块特征参数，应根据HJ 25.1相关要求确定。

5.4.2 地块治理修复、修复效果评估及回顾性评估监测项目

5.4.2.1 土壤的监测项目为土壤污染风险评估确定的需治理修复的各项指标。地下水、地表水及环境空气的监测项目应根据治理修复的技术要求确定。

5.4.2.2 监测项目还应考虑地块治理修复过程中可能产生的污染物，具体应根据地块治理修复工艺技术要求确定，可参见HJ 25.4中相关要求。

5.5 监测工作的组织

5.5.1 监测工作的分工

监测工作的分工一般包括信息收集整理、监测计划编制、监测点位布设、样品采集及现场分析、样品实验室分析、数据处理、监测报告编制等。承担单位应根据监测任务

组织好单位内部及合作单位间的责任分工。

5.5.2 监测工作的准备

监测工作的准备一般包括人员分工、信息的收集整理、工作计划编制、个人防护准备、现场踏勘、采样设备和容器及分析仪器准备等。

5.5.3 监测工作的实施

监测工作的实施主要包括监测点位布设、样品采集、样品分析，以及后续的数据处理和报告编制。一般情况下，监测工作实施的核心是布点采样，因此应及时落实现场布点采样的相关工作条件。在样品的采集、制备、运输及分析过程中，应采取必要的技术和管理措施，保证监测人员的安全防护。

6 监测点位布设

6.1 监测点位布设方法

6.1.1 土壤监测点位布设方法

根据地块土壤污染状况调查阶段性结论确定的地理位置、地块边界及各阶段工作要求，确定布点范围。在所在区域地图或规划图中标注出准确地理位置，绘制地块边界，并对场界角点进行准确定位。地块土壤环境监测常用的监测点位布设方法包括系统随机布点法、系统布点法及分区布点法等，参见图1。

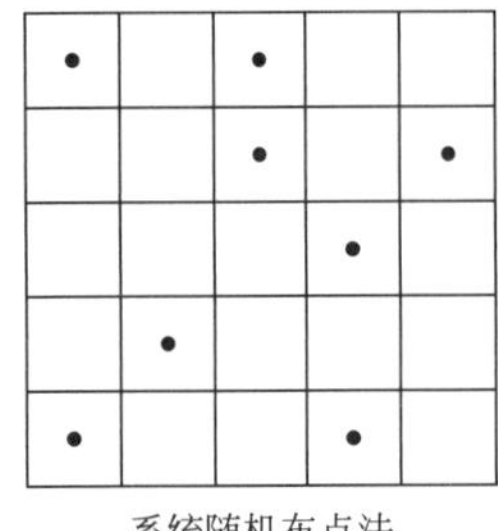
系统随机布点法

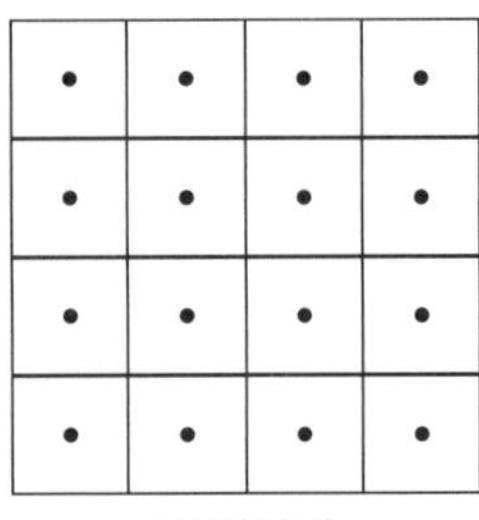
系统布点法

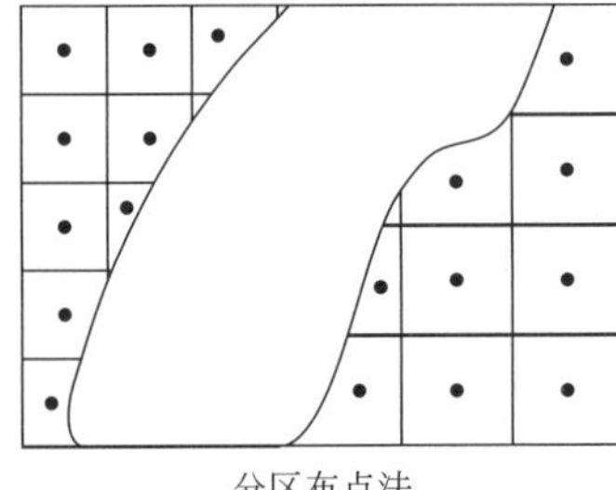
分区布点法

图1 监测点位布设方法示意图

6.1.1.1 对于地块内土壤特征相近、土地使用功能相同的区域，可采用系统随机布点法进行监测点位的布设。

1）系统随机布点法是将监测区域分成面积相等的若干工作单元，从中随机（随机数的获得可以利用掷骰子、抽签、查随机数表的方法）抽取一定数量的工作单元，在每个工作单元内布设一个监测点位。

2）抽取的样本数要根据地块面积、监测目的及地块使用状况确定。

6.1.1.2 如地块土壤污染特征不明确或地块原始状况严重破坏，可采用系统布点法进行监测点位布设。系统布点法是将监测区域分成面积相等的若干工作单元，每个工作单元内布设一个监测点位。

6.1.1.3　对于地块内土地使用功能不同及污染特征明显差异的地块，可采用分区布点法进行监测点位的布设。

1）分区布点法是将地块划分成不同的小区，再根据小区的面积或污染特征确定布点的方法。

2）地块内土地使用功能的划分一般分为生产区、办公区、生活区。原则上生产区的工作单元划分应以构筑物或生产工艺为单元，包括各生产车间、原料及产品储库、废水处理及废渣贮存场、场内物料流通道路、地下贮存构筑物及管线等。办公区包括办公建筑、广场、道路、绿地等，生活区包括食堂、宿舍及公用建筑等。

3）对于土地使用功能相近、单元面积较小的生产区也可将几个单元合并成一个监测工作单元。

6.1.1.4　土壤对照监测点位的布设方法

1）一般情况下，应在地块外部区域设置土壤对照监测点位。

2）对照监测点位可选取在地块外部区域的四个垂直轴向上，每个方向上等间距布设3个采样点，分别进行采样分析。如因地形地貌、土地利用方式、污染物扩散迁移特征等因素致使土壤特征有明显差别或采样条件受到限制时，监测点位可根据实际情况进行调整。

3）对照监测点位应尽量选择在一定时间内未经外界扰动的裸露土壤，应采集表层土壤样品，采样深度尽可能与地块表层土壤采样深度相同。如有必要也应采集下层土壤样品。

6.1.2　地下水监测点位布设方法

地块内如有地下水，应在疑似污染严重的区域布点，同时考虑在地块内地下水径流的下游布点。如需要通过地下水的监测了解地块的污染特征，则在一定距离内的地下水径流下游汇水区内布点。

6.1.3　地表水监测点位布设方法

如果地块内有流经的或汇集的地表水，则在疑似污染严重区域的地表水布点，同时考虑在地表水径流的下游布点。

6.1.4　环境空气监测点位布设方法

在地块中心和地块当时下风向主要环境敏感点布点。对于地块中存在的生产车间、原料或废渣贮存场等污染比较集中的区域，应在这些区域内布点；对于有机污染、恶臭污染、汞污染等类型地块，应在疑似污染较重的区域布点。

6.1.5　地块内残余废弃物监测点位布设方法

在疑似为危险废物的残余废弃物及与当地土壤特征有明显区别的可疑物质所在区域进行布点。

6.2　地块土壤污染状况调查监测点位的布设

6.2.1　土壤监测点位的布设

6.2.1.1　地块土壤污染状况调查初步采样监测点位的布设

1）可根据原地块使用功能和污染特征，选择可能污染较重的若干工作单元，作为土壤污染物识别的工作单元。原则上监测点位应选择工作单元的中央或有明显污染的部位，如生产车间、污水管线、废弃物堆放处等。

2）对于污染较均匀的地块（包括污染物种类和污染程度）和地貌严重破坏的地块（包括拆迁性破坏、历史变更性破坏），可根据地块的形状采用系统随机布点法，在每个工作单元的中心采样。

3）监测点位的数量与采样深度应根据地块面积、污染类型及不同使用功能区域等调查阶段性结论确定。

4）对于每个工作单元，表层土壤和下层土壤垂直方向层次的划分应综合考虑污染物迁移情况、构筑物及管线破损情况、土壤特征等因素确定。采样深度应扣除地表非土壤硬化层厚度，原则上应采集0～0.5m表层土壤样品，0.5m以下下层土壤样品根据判断布点法采集，建议0.5～6m土壤采样间隔不超过2m；不同性质土层至少采集一个土壤样品。同一性质土层厚度较大或出现明显污染痕迹时，根据实际情况在该层位增加采样点。

5）一般情况下，应根据地块土壤污染状况调查阶段性结论及现场情况确定下层土壤的采样深度，最大深度应直至未受污染的深度为止。

6.2.1.2　地块土壤污染状况调查详细采样监测点位的布设

1）对于污染较均匀的地块（包括污染物种类和污染程度）和地貌严重破坏的地块（包括拆迁性破坏、历史变更性破坏），可采用系统布点法划分工作单元，在每个工作单元的中心采样。

2）如地块不同区域的使用功能或污染特征存在明显差异，则可根据土壤污染状况调查获得的原使用功能和污染特征等信息，采用分区布点法划分工作单元，在每个工作单元的中心采样。

3）单个工作单元的面积可根据实际情况确定，原则上不应超过1600m^2。对于面积较小的地块，应不少于5个工作单元。采样深度应至土壤污染状况调查初步采样监测确定的最大深度，深度间隔参见6.2.1.1中相关要求。

4）如需采集土壤混合样，可根据每个工作单元的污染程度和工作单元面积，将其分成1～9个均等面积的网格，在每个网格中心进行采样，将同层的土样制成混合样（测定挥发性有机物项目的样品除外）。

6.2.2　地下水监测点位的布设

6.2.2.1　对于地下水流向及地下水位，可结合土壤污染状况调查阶段性结论间隔一定距离按三角形或四边形至少布置3～4个点位监测判断。

6.2.2.2　地下水监测点位应沿地下水流向布设，可在地下水流向上游、地下水可能污染较严重区域和地下水流向下游分别布设监测点位。确定地下水污染程度和污染范围时，应参照详细监测阶段土壤的监测点位，根据实际情况确定，并在污染较重区域加密布点。

6.2.2.3 应根据监测目的、所处含水层类型及其埋深和相对厚度来确定监测井的深度，且不穿透浅层地下水底板。地下水监测目的层与其他含水层之间要有良好止水性。

6.2.2.4 一般情况下采样深度应在监测井水面下0.5m以下。对于低密度非水溶性有机物污染，监测点位应设置在含水层顶部；对于高密度非水溶性有机物污染，监测点位应设置在含水层底部和不透水层顶部。

6.2.2.5 一般情况下，应在地下水流向上游的一定距离设置对照监测井。

6.2.2.6 如地块面积较大，地下水污染较重，且地下水较丰富，可在地块内地下水径流的上游和下游各增加1～2个监测井。

6.2.2.7 如果地块内没有符合要求的浅层地下水监测井，则可根据调查阶段性结论在地下水径流的下游布设监测井。

6.2.2.8 如果地块地下岩石层较浅，没有浅层地下水富集，则在径流的下游方向可能的地下蓄水处布设监测井。

6.2.2.9 若前期监测的浅层地下水污染非常严重，且存在深层地下水时，可在做好分层止水条件下增加一口深井至深层地下水，以评价深层地下水的污染情况。

6.2.3 地表水监测点位的布设

6.2.3.1 考察地块的地表径流对地表水的影响时，可分别在降雨期和非降雨期进行采样。如需反映地块污染源对地表水的影响，可根据地表水流量分别在枯水期、丰水期和平水期进行采样。

6.2.3.2 在监测污染物浓度的同时，还应监测地表水的径流量，以判定污染物向地表水的迁移量。

6.2.3.3 如有必要可在地表水上游一定距离布设对照监测点位。

6.2.3.4 具体监测点位布设要求参照HJ/T 91。

6.2.4 环境空气监测点位的布设

6.2.4.1 如需要考察地块内的环境空气，可根据实际情况在地块疑似污染区域中心、当时下风向地块边界及边界外500m内的主要环境敏感点分别布设监测点位，监测点位距地面1.5～2.0m。

6.2.4.2 一般情况下，应在地块的上风向设置对照监测点位。

6.2.4.3 对于有机污染、汞污染等类型地块，尤其是挥发性有机物污染的地块，如有需要可选择污染最重的工作单元中心部位，剥离地表0.2m的表层土壤后进行采样监测。

6.2.5 地块残余废弃物监测点位的布设

根据前期调查结果，对可能为危险废物的残余废弃物按照HJ 298相关要求进行布点采样。

6.3 地块治理修复监测点位的布设

6.3.1 地块残余危险废物和具有危险废物特征土壤清理效果的监测

6.3.1.1 在地块残余危险废物和具有危险废物特征土壤的清理作业结束后，应对清理界面的土壤进行布点采样。根据界面的特征和大小将其分成面积相等的若干工作单元，单元面积不应超过100m^2。可在每个工作单元中均匀分布地采集9个表层土壤样品制成混合样（测定挥发性有机物项目的样品除外）。

6.3.1.2 如监测结果仍超过相应的治理目标值，应根据监测结果确定二次清理的边界，二次清理后再次进行监测，直至清理达到标准。

6.3.1.3 残余危险废物和具有危险废物特征土壤清理效果的监测结果可作为修复效果评估结果的组成部分。

6.3.2 污染土壤清挖效果的监测

6.3.2.1 对完成污染土壤清挖后界面的监测，包括界面的四周侧面和底部。根据地块大小和污染的强度，应将四周的侧面等分成段，每段最大长度不应超过40m，在每段均匀采集9个表层土壤样品制成混合样（测定挥发性有机物项目的样品除外）；将底部均分工作单元，单元的最大面积不应超过400m^2，在每个工作单元中均匀分布地采集9个表层土壤样品制成混合样（测定挥发性有机物项目的样品除外）。

6.3.2.2 对于超标区域根据监测结果确定二次清挖的边界，二次清挖后再次进行监测，直至达到相应要求。

6.3.2.3 污染土壤清挖效果的监测可作为修复效果评估结果的组成部分。

6.3.3 污染土壤治理修复的监测

6.3.3.1 治理修复过程中的监测点位或监测频率，应根据工程设计中规定的原位治理修复工艺技术要求确定，每个样品代表的土壤体积应不超过500m^3。

6.3.3.2 应对治理修复过程中可能排放的物质进行布点监测，如治理修复过程中设置废水、废气排放口则应在排放口布设监测点位。

6.3.4 治理修复过程中，如需对地下水、地表水和环境空气进行监测，监测点位应按照工程环境影响评价或修复工程设计的要求布设。

6.4 地块修复效果评估监测点位的布设

6.4.1 对治理修复后地块的土壤修复效果评估监测一般应采用系统布点法布设监测点位，原则上每个工作单元面积不应超过1600m^2。具体布设要求参照HJ 25.5。

6.4.2 对原位治理修复工程措施（如隔离、防迁移扩散等）效果的监测，应依据工程设计相关要求进行监测点位的布设。

6.4.3 对异位治理修复工程措施效果的监测，处理后土壤应布设一定数量监测点位，每个样品代表的土壤体积应不超过500m^3。具体布设要求参照HJ 25.5。

6.4.4　修复效果评估监测过程中，如发现未达到治理修复标准的工作单元，则应进行二次治理修复，并在修复后再次进行修复效果评估监测。

6.4.5　对地下水、地表水和环境空气进行监测，监测点位分别与6.2.2、6.2.3、6.2.4的监测点位相同，可考虑原位修复工程的相关要求适当增设监测点位。

6.4.6　对地下水进行修复效果评估监测，可利用地块土壤污染状况调查、土壤污染风险评估和修复过程建设的监测井，但原监测井数量不应超过修复效果评估时监测井总数的60%，新增监测井位置布设在地下水污染最严重区域。

6.5　地块回顾性评估监测点位的布设

6.5.1　对土壤进行定期回顾性评估监测，应综合考虑土壤污染状况调查详细采样监测、治理修复监测及修复效果评估监测中相关点位进行监测点位布设。

6.5.2　对地下水、地表水及环境空气进行定期监测，监测点位可参照6.2.2、6.2.3、6.2.4监测点位布设方法。

6.5.3　对原位治理修复工程措施（如隔离、防迁移扩散等）效果的监测，应针对工程设计的相关要求进行监测点位的布设。

6.5.4　长期治理修复工程可能影响的区域范围也应布设一定数量的监测点位。

7　样品采集

7.1　土壤样品的采集

7.1.1　表层土壤样品的采集

7.1.1.1　表层土壤样品的采集一般采用挖掘方式进行，一般采用锹、铲及竹片等简单工具，也可进行钻孔取样。

7.1.1.2　土壤采样的基本要求为尽量减少土壤扰动，保证土壤样品在采样过程不被二次污染。

7.1.2　下层土壤样品的采集

7.1.2.1　下层土壤的采集以钻孔取样为主，也可采用槽探的方式进行采样。

7.1.2.2　钻孔取样可采用人工或机械钻孔后取样。手工钻探采样的设备包括螺纹钻、管钻、管式采样器等。机械钻探包括实心螺旋钻、中空螺旋钻、套管钻等。

7.1.2.3　槽探一般靠人工或机械挖掘采样槽，然后用采样铲或采样刀进行采样。槽探的断面呈长条形，根据地块类型和采样数量设置一定的断面宽度。槽探取样可通过锤击敞口取土器取样和人工刻切块状土取样。

7.1.3　原位治理修复工程措施处理土壤样品的采集

对原位治理修复工程措施效果（如客土、隔离、防迁移扩散等）的监测采样，应根据工程设计提出的要求进行。

7.1.4 挥发性有机物污染、易分解有机物污染、恶臭污染土壤的采样，应采用无扰动式的采样方法和工具。钻孔取样可采样快速击入法、快速压入法及回转法，主要工具包括土壤原状取土器和回转取土器。槽探可采用人工刻切块状土取样。采样后立即将样品装入密封的容器，以减少暴露时间。

7.1.5 如需采集土壤混合样时，将等量各点采集的土壤样品充分混拌后四分法取得土壤混合样。含易挥发、易分解和恶臭污染的样品必须进行单独采样，禁止对样品进行均质化处理，不得采集混合样。

7.1.6 土壤样品的保存与流转

7.1.6.1 挥发性有机物污染的土壤样品和恶臭污染土壤的样品应采用密封性的采样瓶封装，样品应充满容器整个空间；含易分解有机物的待测定样品，可采取适当的封闭措施（如甲醇或水液封等方式保存于采样瓶中）。样品应置于4 ℃以下的低温环境（如冰箱）中运输、保存，避免运输、保存过程中的挥发损失，送至实验室后应尽快分析测试。

7.1.6.2 挥发性有机物浓度较高的样品装瓶后应密封在塑料袋中，避免交叉污染，应通过运输空白样来控制运输和保存过程中交叉污染情况。

7.1.6.3 具体土壤样品的保存与流转应按照HJ/T 166的要求进行。

7.2 地下水样品的采集

7.2.1 地下水采样时应依据地块的水文地质条件，结合调查获取的污染源及污染土壤特征，应利用最低的采样频次获得最有代表性的样品。

7.2.2 监测井可采用空心钻杆螺纹钻、直接旋转钻、直接空气旋转钻、钢丝绳套管直接旋转钻、双壁反循环钻、绳索钻具等方法钻井。

7.2.3 设置监测井时，应避免采用外来的水及流体，同时在地面井口处采取防渗措施。

7.2.4 监测井的井管材料应有一定强度，耐腐蚀，对地下水无污染。

7.2.5 低密度非水溶性有机物样品应用可调节采样深度的采样器采集，对于高密度非水溶性有机物样品可以应用可调节采样深度的采样器或潜水式采样器采集。

7.2.6 在监测井建设完成后必须进行洗井。所有的污染物或钻井产生的岩层破坏以及来自天然岩层的细小颗粒都必须去除，以保证出流的地下水中没有颗粒。常见的方法包括超量抽水、反冲、汲取及气洗等。

7.2.7 地下水采样前应先进行洗井，采样应在水质参数和水位稳定后进行。测试项目中有挥发性有机物时，应适当减缓流速，避免冲击产生气泡，一般不超过0.1L/min。

7.2.8 地下水采样的对照样品应与目标样品来自相同含水层的同一深度。

7.2.9 具体地下水样品的采集、保存与流转应按照HJ/T 164的要求进行。

7.3 地表水样品的采集

7.3.1 地表水的采样时避免搅动水底沉积物。

7.3.2 为反映地表水与地下水的水力联系，地表水的采样频次与采样时间应尽量与地下水采样保持一致。

7.3.3 具体地表水样品的采集、保存与流转应按照HJ/T 91、HJ 493的要求进行。

7.4 环境空气样品的采集

7.4.1 对于6.2.4.3的环境空气样品采样，可根据分析仪器的检出限，设置具有一定体积并装有抽气孔的封闭仓（采样时扣置在已剥离表层土壤的地块地面，四周用土封闭以保持封闭仓的密闭性），封闭12 h后进行气体样品采集。

7.4.2 具体环境空气样品的采集、保存与流转应按照HJ/T 194的要求进行。

7.5 地块残余废弃物样品的采集

7.5.1 地块内残余的固态废弃物可选用尖头铁锹、钢锤、采样钻、取样铲等采样工具进行采样。

7.5.2 地块内残余的液态废弃物可选用采样勺、采样管、采样瓶、采样罐、搅拌器等工具进行采样。

7.5.3 地块内残余的半固态废弃污染物应根据废物流动性按照固态废弃物采样或液态废弃物的采样规定进行样品采集。

7.5.4 具体残余废弃物样品的采集、保存与流转应按照HJ/T 20及HJ 298的要求进行。

8 样品分析

8.1 现场样品分析

8.1.1 在现场样品分析过程中，可采用便携式分析仪器设备进行定性和半定量分析。

8.1.2 水样的温度须在现场进行分析测试，溶解氧、pH值、电导率、色度、浊度等监测项目亦可在现场进行分析测试，并应保持监测时间一致性。

8.1.3 采用便携式仪器设备对挥发性有机物进行定性分析，可将污染土壤置于密闭容器中，稳定一定时间后测试容器中顶部的气体。

8.2 实验室样品分析

8.2.1 土壤样品分析

土壤样品关注污染物的分析测试应参照GB 36600和HJ/T 166中的指定方法。土壤的常规理化特征土壤pH值、粒径分布、密度、孔隙度、有机质含量、渗透系数、阳离子交换量等的分析测试应按照GB 50021执行。污染土壤的危险废物特征鉴别分析，应按照GB 5085和HJ 298中的指定方法。

8.2.2 其他样品分析

地下水样品、地表水样品、环境空气样品、残余废弃物样品的分析应分别按照HJ/T 164、HJ/T 91、GB 3095、GB 14554、GB 5085和HJ 298中的指定方法进行。

9 质量控制与质量保证

9.1 采样过程

在样品的采集、保存、运输、交接等过程应建立完整的管理程序。为避免采样设备及外部环境条件等因素对样品产生影响，应注重现场采样过程中的质量保证和质量控制。

9.1.1 应防止采样过程中的交叉污染。钻机采样过程中，在第一个钻孔开钻前要进行设备清洗；进行连续多次钻孔的钻探设备应进行清洗；同一钻机在不同深度采样时，应对钻探设备、取样装置进行清洗；与土壤接触的其他采样工具重复利用时也应清洗。一般情况下可用清水清理，也可用待采土样或清洁土壤进行清洗；必要时或特殊情况下，可采用无磷去垢剂溶液、高压自来水、去离子水（蒸馏水）或10%硝酸进行清洗。

9.1.2 采集现场质量控制样是现场采样和实验室质量控制的重要手段。质量控制样一般包括平行样、空白样及运输样，质控样品的分析数据可从采样到样品运输、贮存和数据分析等不同阶段反映数据质量。

9.1.3 在采样过程中，同种采样介质，应采集至少一个样品采集平行样。样品采集平行样是从相同的点位收集并单独封装和分析的样品。

9.1.4 采集土壤样品用于分析挥发性有机物指标时，建议每次运输应采集至少一个运输空白样，即从实验室带到采样现场后，又返回实验室的与运输过程有关，并与分析无关的样品，以便了解运输途中是否受到污染和样品是否损失。

9.1.5 现场采样记录、现场监测记录可使用表格描述土壤特征、可疑物质或异常现象等，同时应保留现场相关影像记录，其内容、页码、编号要齐全便于核查，如有改动应注明修改人及时间。

9.2 样品分析及其他过程

土壤、地下水、地表水、环境空气、残余废弃物的样品分析及其他过程的质量控制与质量保证技术要求按照HJ/T 166、HJ/T 164、HJ/T 91、HJ 493、HJ/T 194、HJ/T 20中相关要求进行，对于特殊监测项目应按照相关标准要求在限定时间内进行监测。

索引